長岡亮介 線型代数入門講義

——現代数学の《技法》と《心》——

長岡亮介著

東京図書株式会社

まえがき

　最初に,「線型代数」という多くの読者に馴染みのない言葉について,簡単な解説を試みておきたい.というのも,筆者自身も大学で最初に「幾何」という科目の教科書の表題にこの言葉を見い出したときに,その意味がまったく理解できなかったからである.

　今日,「線型代数学」と呼ばれる分野は,半世紀ほど前までは,「行列と行列式」と呼ばれることが多かった.「行列」の概念は,その起源を連立方程式に求めるなら,近代数学の初期の時代にまで遡ることは簡単にできる.実際,連立方程式を解くための道具としての「行列式」に相当する概念の研究は,わが国の和算にも言い出されるほどである.他方,「行列」の概念は「行列式」よりかなり遅く,ガウス (C.F.Gauß) による「2次元の量(実数)」としての「複素数」の理解を経て活発化する「より高次元の量」の概念へのアプローチの中で,形成されて来たものである.つまり,高次元の量の間の変換を表現するための基本的な道具として行列の意義が認識されて来たわけである.その意味で行列の概念は歴史的には比較的新しいものであるが,理論的洗練の過程で,「行列式」は「行列」から派生する概念の1つであると同時に,行列の最も基本的な性質を特徴づけるものであることが明らかになる.こうして,この「行列」と「行列式」の結合が新しい数学の概念とその手法の展開を導くのであるが,今日,物理学をはじめとする理論科学は言うまでもなく,工学,経済学,統計学など身の回りのほとんどすべての領域の数理現象を記述するための必須の手法を提供すると同時に,現代数学そのものの基礎としての重要性が認識されることを通じて,「線型代数」という新しい呼称が普及して来たといってよいであろう.

　線型代数は,linear algebra [英] の翻訳である.linear は line(線,直線)の形容詞であり,数学では,グラフが直線になる1次関数,あるいはその基本である正比例という関係を表現するのに使われる言葉である.他

方,「代数」は昔々はアラビアで誕生した方程式という問題の機械的解法のための数学的手法,あるいはそこから派生した数学的分野を意味するものであったが,17世紀以来次第に意味を変え,19世紀末以降は,加法などの演算がうまく定義される集合を呼ぶのに使われるようになってきている.

線型代数とは,このような意味で,「線型」的にアプローチすることができる数学の基本的方法の総称であると同時に,最も基本的な演算が「線型」に成り立つような代数系の基本でもある.この二重の用法は,「線型代数」という語を使う人の癖や,コンテクストによって変わり得るので,特に初学者には困惑の元になる.さらに,線型代数という用語のわかりにくさは,線型代数の修得の困難にも関係している.それは線型代数が,17世紀的な微積分法を主たる目標に構成されてきた高校までの数学の滑らかな延長上にはなく,19世紀末に整理,再構成の開始される現代数学への入門であり,かつまたその基礎になっているであるからである.この違いは,高校数学と大学数学の間に存在する大きな《ギャップ》と呼ぶべきものものであり,この違いをギャップとしてきちんと意識しないと,大学数学に適応できない可能性も小さくない.特に,高等学校までは部分的に通用していた「習うより慣れろ」的な反復練習によっては,違いを乗り越えることは絶望的であろう.そもそも,大学数学に登場する概念の数,定理の数は高校数学とは比較にならないほど多く,理論的な理解を経ない反復練習型の学習では,学習負担／学習成果の比は無限大に発散してしまうからである.

齋藤正彦先生(東京大学名誉教授)の有名な名著『線型代数入門』(東京大学出版会)をはじめ,線型代数関係の膨大な数の書籍が巷間,流通していることを知りつつ,もう1冊の書籍を世に送ろうとするのは,線型代数との最初の出会いの際に,筆者自身が感じた困難を思い出し,現代数学の基礎となるこの重要な方法を,少しでも多くの人々に伝えるため必要な,このギャップをギャップとして意識し,それを逆手にとって学習者の真に効率的な学習を目指そうとするものは,あまりないと思ったからである.筆者が目指したのは,近年のわが国の高校までの数学教育の弱点を強く意識

して，大学らしい新しい概念や理論が登場するときは，その《登場の背景》を初学者が納得できるように，他方，いままでにない新しい発想や目新しい技法が必要な場面で，若い読者の従来の知識から見るとその新しさが見えないおそれがあるときには，その《新しさの急所》や，学習者に感じて欲しい《異和感の根拠》をできるだけ饒舌に説明するというものである．このようにして，全体としては線型代数の基本部分が《ダイナミックな数学的なストーリー》として学習者の内面に出来るだけ効率的に構築されることを目標とした．

わが国では，官の「指導」で，最近は「線形」と書く人も増えているが，本来は直線の「形」ではなく，直線の「タイプ」であるのだから，本書では伝統に従って「線型」と書くことにした．文化を守るためのこの程度の負担は，流れに逆らう無理に値すると信じている．

本書の前身は，著書が奉職していた放送大学において書いた『線型代数入門』『線型代数学』という TV 講義の印刷教材である．UK の The Open University を訪問したときに受けた「これからの高等教育」の衝撃をもとに，わが国の放送大学の使命（と筆者が考えたもの）を意識して，数学の技術的な基本の修得よりは，数学の文化的側面の理解に重点をおいたものであるが，この特徴は，前身の書籍にあった「現代数学の方法」などの章の省略を別とすれば，本書も継承している．

演習問題に関しては，最近の大学初年級の学生用の書籍に多い，「試験に出るかもしれない問題の詳しい解説」よりは「一題がしっかりわかれば，理論的な理解が得られ，それを通じて百題，千題が解けるようになる」ことを目標に精選した少数の問題を「本質例題」として本文中に組み込んだ．線型代数の演習書に多い計算的な演習問題だけでなく，現代数学の規範になるような論証も例題として組み込むことを通じて，現代数学特有の論証の考え方が理解してもらいたいと考えた．

これら演習問題は，本書の前身を作る際，かつての筆者の学生であり，現在宮崎大学工学部准教授の矢崎成俊氏が，献身的に貢献してくれたものを

元にしたものである．ページ数の関係でこの貢献の「減量」を余儀なくされたが，この場を借りて，同氏に感謝したい．また，本書の刊行は東京図書編集部松永智仁氏の熱心な勧誘と尽力によるものである．企画から校正，編集に至るまで，同氏の助けなしには到底完成の日を迎えなかったはずである．深く感謝の意を表したい．もちろん，このような出版を許諾してくれた放送大学教育振興会にも感謝するものである．

最後に，本書の類書にない特徴である行番号について，一言触れておきたい（行番号は数え方は目次の終わりにある）．筆者は，放送大学時代，メディアを通じた講義の《威力》と《限界》について考えることが多かった．前者は，いうまでもなく，CGをはじめとする《視覚的な情報の力》によるものである．他方，映像が魅力的であるほど，学習者の視線が映像に集中し過ぎ，自発的な思索に集中することが出来なくなるという意味で，後者も無視できないことに気づくようになった．ラジオを通じて数式を読むという，最初はあり得ないと考えていたスタイルですら，講義内容と教材の工夫次第では，思索的な学習の支援に適する面もあるという，実に，意外な事実を発見したのは放送大学の経験によるものである．私事ながら，筆者が放送大学を辞したのは，このときの経験をもとに，インターネットをはじめとするディジタル技術を利用すれば，硬直化と萎縮の進む日本の教育に新しい風を吹き込めるのではないかと考えるようになったためである．本書の企画が進行してきた頃に筆者のこの「馬鹿げた野心」を打ちあけたところ，東京図書株式会社の御理解を得ることが出来たので，とりあえず本書には行番号を簡単に振ってもらった．本書についての音声と映像を使った学習支援サービスは具体化し次第，東京図書のホームページ

http://www.tokyo-tosho.co.jp/

で案内したいと考えている．

2010年8月

長岡亮介

目　　　次

第1章　ベクトルの基本概念　　1

- §1.1　$\mathbb{R}^2$ …………………………………………………… 1
- §1.2　ベクトルのもつ代数構造 ………………………………… 4
- §1.3　ベクトルの幾何学的応用 ………………………………… 6
- §1.4　$\mathbb{R}^3$ ……………………………………………………… 11
- §1.5　$\mathbb{R}^3$ での共面条件 ………………………………………… 13
- §1.6　$\mathbb{R}^3$ から $\mathbb{R}^n$ へ ……………………………………… 16
- §1.7　$\mathbb{R}^n$ の正規直交基底 ……………………………………… 19

第2章　行列の基本概念　　23

- §2.1　$\mathbb{R}^m$ の基底 ………………………………………………… 23
- §2.2　連立1次方程式と行列の起源 …………………………… 24
- §2.3　行列の基礎概念 …………………………………………… 26
- §2.4　行列の演算（加法，スカラー倍，転置）……………… 28
- §2.5　ブロック分割 ……………………………………………… 32
- §2.6　行列の立場から見た加減法のプロセス—掃き出し法 …… 33

第3章　逆行列の概念，正則行列の概念　　39

- §3.1　行列の積の定義 …………………………………………… 39
- §3.2　行列の積の性質 …………………………………………… 41

§ 3.3　行列の積についての際立った性質——非可換性 ………… 47
§ 3.4　単位行列 ………………………………………………………… 47
§ 3.5　逆行列，正則性 ………………………………………………… 50

第4章　連立1次方程式　　57

§ 4.1　変形とその表現 ………………………………………………… 57
§ 4.2　行列の基本変形の数学的な表現——基本行列 ……………… 58
§ 4.3　行基本変形と基本行列 ………………………………………… 59
§ 4.4　列基本変形と基本行列 ………………………………………… 61
§ 4.5　行列の基本変形と連立方程式の解法 ………………………… 66

第5章　階数 (rank) の概念　　75

§ 5.1　階数 (rank) の概念 ……………………………………………… 75
§ 5.2　階数の概念から見た連立1次方程式 ………………………… 78

第6章　行列式に向けて　　85

§ 6.1　置換とは ………………………………………………………… 85
§ 6.2　置換の積 ………………………………………………………… 86
§ 6.3　置換の表現 ……………………………………………………… 87
§ 6.4　置換全体の構造——n次対称群 ……………………………… 93
§ 6.5　置換の分類 ……………………………………………………… 100

第7章　行列式の概念とその計算　　105

§ 7.1　行列式の起源 …………………………………………………… 105
§ 7.2　置換の符号と行列式の定義 …………………………………… 106
§ 7.3　特別な行列の行列式 …………………………………………… 111

§ 7.4　行列式の基本性質 (1)—転置不変性 113
§ 7.5　行列式の基本性質 (2)—交代性 115
§ 7.6　行列式の基本性質 (3)—多重線型性 116

第 8 章　余因子行列の概念　123

§ 8.1　行列式の implicit な定義と行列式の幾何学的意味 123
§ 8.2　その他の行列式の重要な性質 130
§ 8.3　行列式の展開と余因子 133
§ 8.4　行列と行列式 142
§ 8.5　連立 1 次方程式と行列式 144

第 9 章　線型空間の基本概念　147

§ 9.1　線型空間の定義 147
§ 9.2　部分空間 154
§ 9.3　線型独立性，線型従属性 158
§ 9.4　生成する空間 166
§ 9.5　基底と次元 167

第 10 章　線型空間の発展的概念　173

§ 10.1　計量線型空間 173
§ 10.2　正規直交基底 182

第 11 章　線型写像，線型変換の諸概念　187

§ 11.1　線型写像の概念 187
§ 11.2　線型写像の例 188
§ 11.3　線型写像の性質，部分空間 189

- §11.4 同型写像 ·· 192
- §11.5 像，核の次元 ··· 195
- §11.6 数ベクトル空間上の線型写像 ··························· 199
- §11.7 線型空間の基底とベクトルの成分表示 ··················· 201
- §11.8 線型写像の表現 ··· 204
- §11.9 線型写像の重要な具体例 ································· 207
- §11.10 双対空間 ··· 211

第12章 線型写像の表現の単純化 —— 基底の取り替え　215

- §12.1 基底の取り替え行列 ···································· 215
- §12.2 基底の取り替えによる行列の変化 ······················· 223
- §12.3 実用的な場合の考察 ···································· 225

第13章 不変部分空間から固有ベクトルへ　231

- §13.1 部分空間の和 ··· 231
- §13.2 直和分解 ··· 233
- §13.3 不変部分空間 ··· 238
- §13.4 不変部分空間への直和分解 ······························ 242
- §13.5 1次元不変部分空間 ···································· 246

第14章 固有値，固有ベクトルと行列の対角化　251

- §14.1 固有値，固有ベクトル，固有空間の概念 ················· 251
- §14.2 固有ベクトルによる対角化の具体例 ····················· 252
- §14.3 数ベクトル空間での固有値，固有ベクトル ··············· 257
- §14.4 異なる固有値に属す固有ベクトル ······················· 264
- §14.5 固有値が重解（重根）になる場合 ······················· 267
- §14.6 対角化可能であるための必要十分条件 ··················· 269

第15章 複素行列の世界　275

§ 15.1　ユニタリ行列とエルミート行列 ……………………… 275
§ 15.2　エルミート行列（対称行列）の対角化 ……………… 283
§ 15.3　三角化 …………………………………………………… 293

第16章 対角化の応用(1)　——2次形式——　297

§ 16.1　2次同次式 ……………………………………………… 297
§ 16.2　2次同次式の標準化 …………………………………… 298
§ 16.3　いろいろな2次曲線 …………………………………… 301
§ 16.4　いろいろな2次曲面 …………………………………… 304

第17章 対角化の応用(2)　——微分方程式, 差分方程式——　313

§ 17.1　線型微分方程式 ………………………………………… 313
§ 17.2　具体的な微分方程式の解法 …………………………… 320
§ 17.3　線型漸化式の解法 ……………………………………… 322
§ 17.4　線型微分方程式と線型漸化式 ………………………… 323

第18章 ジョルダンの標準形(1)　327

§ 18.1　対角化に代わる"準対角化" …………………………… 327
§ 18.2　行列多項式 ……………………………………………… 330
§ 18.3　フロベニウスの定理, ハミルトン・ケイリーの定理 ……… 333
§ 18.4　行列の級数 ……………………………………………… 338

第19章 ジョルダンの標準形(2)　345

§ 19.1　冪零行列 ………………………………………………… 345

§19.2 冪零行列とそのジョルダンの標準形 ……………………349
§19.3 最も基本的な行列のジョルダンの標準形 ……………354
§19.4 広義固有空間 ……………………………………………358
§19.5 ジョルダンの標準形（一般の場合）…………………363
§19.6 ジョルダンの標準形への変形の具体例 ………………365
§19.7 線型の世界，非線型の世界 ……………………………374

索引　　　　　　　　　　　　　　　　　　　　　　　401

《本文中の行番号に関して，以下を目安にしてください》
・複数行数式は1行としています．
・「本質例題」下部の注釈は1行としています．
・「本質例題のタイトル」は1行に含まれません．
・章見出し，図版，表組み，脚注は行として数えておりません．

◆装幀　戸田ツトム

1

ベクトルの基本概念

線型代数で基本となる概念である「ベクトル」について最も基礎的なイメージをしっかりと持つことは，その後の発展のために不可欠である．本章では，この「ベクトルのイメージ」の確立を目標とする．

■ 1.1　$\mathbb{R}^2$

$\mathbb{R}^2$ とはさしあたっては，直積集合 (direct product) であり，

$$\begin{aligned}\mathbb{R}^2 &= \mathbb{R} \times \mathbb{R} \\ &= \{(x, y) \mid x \in \mathbb{R},\ y \in \mathbb{R}\}\end{aligned}$$

という集合に過ぎない．最後の式に現れた (x, y) という記号は，**順序対**(ordered pair) と呼ばれるものであるが，図 1.1 のように，平面上の点を表す座標 (coordinate) と思っても，点そのものと同一視しても，さらには，原点 O から点 P への"移動の量"（これは，「北北西へ 120 海里」のように方向と距離で決まる）とみなしてもよい．

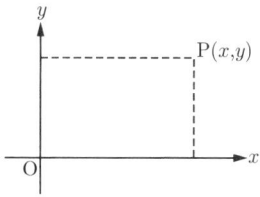

図 1.1　平面上の座標

線型代数における中心概念である**ベクトル**（vector ［英］）はこの最後の意味で使われはじめた概念であり，「動径 (radius vector)」と同じく，乗りもの（vehicle ［英］）と同じ由来をもつ言葉である，という．

より正確に言うと次のようになる．

平面上の任意の 2 点 A, B に対して, "A から B に向かう, 向きをもった線分"(「有向線分」)を考え (このとき, A を始点, B を終点と呼ぶ), これを通常の線分 AB と区別するために $\overrightarrow{AB}$ と表すことにする. 2 つの有向線分 $\overrightarrow{AB}$, $\overrightarrow{A'B'}$ が "平行移動して重なる" とき (わかりやすく言えば, 図形 ABB'A' が平行四辺形をなすとき), これらの有向線分は, 同じ移動量を表しているとみなすことができる (図 1.2).

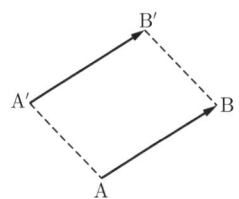

図 1.2　有向線分の考え方

注意　図 1.2 の状況のとき, 有向線分 $\overrightarrow{AB}$ の表すベクトルと有向線分 $\overrightarrow{A'B'}$ の表すベクトルとは同じであるといい,

$$\overrightarrow{AB} = \overrightarrow{A'B'}$$

と書く.

この最後の式が意味するように, $\overrightarrow{AB}$ という記号は, 最初は有向線分として導入されながら, それの表すベクトルを指す記号としても流用される. さらに, 有向線分 $\overrightarrow{AB}$ の表すベクトルを

$$\boldsymbol{v} = \overrightarrow{AB}$$

のように表す.

注意　上で述べたことをより精密に言うと, 「有向線分において, 平行移動して重なるものどうしを同一視したものを, ベクトルという」となる. 言い換

えると,「平行移動すると重なる」という関係（これは同値関係になる）によって，有向線分全体の集合を割ったときの同値類の集合（商集合）の要素をベクトルというのである．

平行移動して重なるものを同一視するということは，ベクトルを表す有向線分を考えるときには，始点をある1点——普通は原点——に統一するということと同じであるから，最初に述べた記号 (x, y) は，ベクトル $\overrightarrow{\mathrm{OP}}$ を表すものと考えることができ，

$$\overrightarrow{\mathrm{OP}} = (x, y)$$

という表現もできることになる．ここで，x や y をベクトルの**成分**と呼ぶ（図 1.3）．

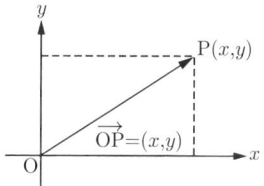

図 1.3　同じ記号で座標とベクトルが表される！

順序対は，その成分が順序で区別されることだけが重要で，左右に並べて表現しなければならないわけではない．たとえば，$\begin{pmatrix} x \\ y \end{pmatrix}$ のように縦に並べて書くこともできる．

(x, y) のように表されたものを**横ベクトル（行ベクトル）**[1]，$\begin{pmatrix} x \\ y \end{pmatrix}$ のように表されたものを**縦ベクトル（列ベクトル）**と形式上区別することの有用性も，追って明らかになるが，とりあえず今の段階では概念的に重要な差異があるわけではないことに注意しておこう．

---

[1]　横ベクトルで表すときは (x, y) のように x, y の間に "," (comma) を打つのが習慣的であるが，$(x \quad y)$ のように十分間をあければ，"," を打つ必要はない．

■ 1.2 ベクトルのもつ代数構造

以上で，$\mathbb{R}^2$ の各要素が移動の量としてのベクトルを表すことがわかった．次に，これらの間に**加法**（足し算）と**実数倍**という"代数的な演算"が定義されることを簡単に確認しよう．

$$\boldsymbol{v}_1 = (x_1, y_1), \quad \boldsymbol{v}_2 = (x_2, y_2)$$

のとき，和 $\boldsymbol{v}_1 + \boldsymbol{v}_2$ は

$$\boldsymbol{v}_1 + \boldsymbol{v}_2 = (x_1 + x_2, y_1 + y_2)$$

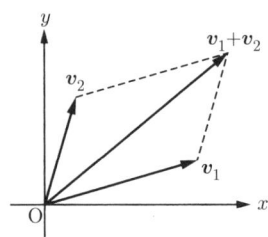

図 1.4　ベクトルの和

と定義される．和に関して，結合法則

$$(\boldsymbol{v}_1 + \boldsymbol{v}_2) + \boldsymbol{v}_3 = \boldsymbol{v}_1 + (\boldsymbol{v}_2 + \boldsymbol{v}_3)$$

が成り立つ（両辺の成分を計算してみよ！）ので，以後，$\boldsymbol{v}_1 + \boldsymbol{v}_2 + \boldsymbol{v}_3$ のように括弧を省いた表記が許される．もちろん，和についての交換法則

$$\boldsymbol{v}_1 + \boldsymbol{v}_2 = \boldsymbol{v}_2 + \boldsymbol{v}_1$$

も成り立つ（図 1.4）．

また，実数 α とベクトル $\boldsymbol{v} = (x, y)$ に対し，$\alpha \boldsymbol{v} = (\alpha x, \alpha y)$ と定義される．これをベクトルの実数倍（スカラー倍）と呼ぶ[2]．

---

[2] ベクトルの和やスカラー倍は，縦ベクトルで表すほうが見やすい．すなわち，
$$\begin{pmatrix} x_1 \\ y_1 \end{pmatrix} + \begin{pmatrix} x_2 \\ y_2 \end{pmatrix} = \begin{pmatrix} x_1 + x_2 \\ y_1 + y_2 \end{pmatrix}, \quad \alpha \begin{pmatrix} x \\ y \end{pmatrix} = \begin{pmatrix} \alpha x \\ \alpha y \end{pmatrix}$$

スカラーは，ベクトルと対照的概念を表すのに使う言葉であり，スカラー量 α の値が，ベクトルの単位となる移動の何倍のスケール (scale) に相当するかを定めることに由来する．

ベクトルの素朴な概念に基づけば，簡単に納得できるように

$$
\begin{aligned}
&1\bm{v} = \bm{v} \\
&\alpha(\beta\bm{v}) = (\alpha\beta)\bm{v} \\
&(\alpha+\beta)\bm{v} = \alpha\bm{v} + \beta\bm{v} \\
&\alpha(\bm{v}_1 + \bm{v}_2) = \alpha\bm{v}_1 + \alpha\bm{v}_2
\end{aligned}
$$

などが成り立つ．

$(0,0)$ を零ベクトル(zero vector) といい，$\bm{0}$ などで表す．

$\bm{v} = (x, y)$ に対し，$(-x, -y)$ というベクトルを $-\bm{v}$ と表し，$\bm{v}$ の逆ベクトルという[3]．簡単にわかるように

$$(-1)\bm{v} = -\bm{v}, \quad \bm{v} + (-\bm{v}) = (-\bm{v}) + \bm{v} = \bm{0}$$

が成り立つ．逆ベクトルを用いて，減法 (引き算) も次のように定義される．

$$\bm{u} - \bm{v} = \bm{u} + (-\bm{v})$$

和とスカラー倍が定義されたとき，$\mathbb{R}^2$ は単なる集合から"ベクトルの作る空間"（線型空間，ベクトル空間）という代数的構造をもつものになる．この空間では，ベクトル $\bm{v}_1, \bm{v}_2, \cdots, \bm{v}_k$ と実数 $\alpha_1, \alpha_2, \cdots, \alpha_k$ に対し，

$$\alpha_1 \bm{v}_1 + \alpha_2 \bm{v}_2 + \cdots + \alpha_k \bm{v}_k$$

というベクトルを定義することができる．このような式を $\bm{v}_1, \bm{v}_2, \cdots, \bm{v}_k$ の線型結合(linear combination) と呼ぶ．これは，以下の理論で重要な役割を果たす基礎概念である．

---

[3] $1\bm{v}$ と $\bm{v}$ とが概念的には異なるように，$(-1)\bm{v}$ と $-\bm{v}$ も概念的には区別される．しかし，それらの指し示す対象は一致することがすぐにわかる．

■ 1.3 ベクトルの幾何学的応用

空間内に 1 点 O を決めると，空間内の任意の点 P に対し，

$$p = \overrightarrow{OP} \tag{1.1}$$

となるベクトル p を考えることができ，また逆に，任意のベクトル p に対し，式 (1.1) を満足する点 P をとることができる．

このように点とベクトルを 1 対 1 に対応させて考えることができるので，このように考えたベクトルをとくに**位置ベクトル**という．点 P の位置ベクトルが p であることを $P(p)$ と表す．

> **本質例題 1** 線分を内分する点の位置ベクトルを求める　　基礎
>
> 2 点 $A(a)$，$B(b)$ に対し，線分 AB を $m:n$ に内分する点 P の位置ベクトル p を求めよ．

◀「内分」という用語の定義をしっかり理解しよう．▶

解答　　　　　　　　　　　　　　　　　　　　長岡流処方せん

P が線分 AB を $m:n$ に内分するとは，

$$\begin{cases} \text{P が線分 AB 上にあって} \\ \text{A, B からの距離の比が } m:n \text{ となる} \end{cases}$$

ことである．これは $\overrightarrow{AP}$ と $\overrightarrow{BP}$ は向きが反対で，大きさの比が

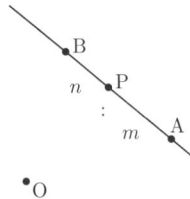

図 1.5　線分 AB を内分する点 P

$m:n$ であるということにほかならないので,
$$n\overrightarrow{\mathrm{AP}} + m\overrightarrow{\mathrm{BP}} = \mathbf{0}$$
と定式化することができる.

> **■ いたみ止め**
> この定式化がポイント！

この関係を位置ベクトルを用いて表すと
$$n(\boldsymbol{p} - \boldsymbol{a}) + m(\boldsymbol{p} - \boldsymbol{b}) = \mathbf{0}$$
となる．これを $\boldsymbol{p}$ について解くと,

> **■ いたみ止め**
> $\mathrm{A}(\boldsymbol{a}), \mathrm{B}(\boldsymbol{b})$ のとき,
> $$\overrightarrow{\mathrm{AB}} = \boldsymbol{b} - \boldsymbol{a}$$
> である．この関係がつねに成り立つとは意外に大きな盲点！

$$n\boldsymbol{p} + m\boldsymbol{p} = n\boldsymbol{a} + m\boldsymbol{b}$$
$$\therefore \boldsymbol{p} = \frac{1}{m+n}(n\boldsymbol{a} + m\boldsymbol{b}) \quad \blacksquare$$

注意

ここで得た結果は,
$$\boldsymbol{p} = \frac{n}{m+n}\boldsymbol{a} + \frac{m}{m+n}\boldsymbol{b}$$
と表現することもできる．ここで右辺は $\boldsymbol{a}$ と $\boldsymbol{b}$ の線型結合であるが, その係数 $\frac{n}{m+n}, \frac{m}{m+n}$ は加え合わせると, ちょうど1になっていることが重要である．

「$m:n$ に内分する」と言う表現は, 本来, 自然数 m, n に対して意味をもつものであるが, たとえば, $4:3$ は $1:0.75$ のように有理数まで拡げても理解できるし, さらには $\sqrt{2}:\sqrt{3}$ のような無理数の比も, 近代人にとっては理解が難しくない．その意味で $t = \frac{m}{m+n}$ とおいて, 上式を
$$\boldsymbol{p} = (1-t)\boldsymbol{a} + t\boldsymbol{b}$$
と表現するのも有力な考え方である．

なお, $m = n \neq 0$ のときは, 線分 AB を $m:n$ に内分する点は**中点**と呼ばれる．$\mathrm{A}(\boldsymbol{a})$, $\mathrm{B}(\boldsymbol{b})$ を両端とする線分の中点の位置ベクトルは $\dfrac{\boldsymbol{a}+\boldsymbol{b}}{2}$ である．

本質例題 2 基本的応用 　基本

下図のような四角形 ABCD について次の 2 つの条件が同値であることをベクトルを用いて示せ.

条件 1. 一組の対辺 AB, DC が平行で, かつ長さが等しい.

条件 2. 対角線 AC, BD が互いに他を二等分する.

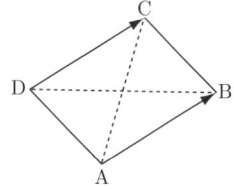

● ベクトルの考えが, 中学校で学んだ初等幾何の問題を鮮やかに解決することをしっかり体験しよう！ ▶

解答

条件 1 は, ベクトルの関係として
$$\overrightarrow{AB} = \overrightarrow{DC} \quad (1.2)$$
と表すことができる.

ここで,
$$\overrightarrow{DC} = \overrightarrow{AC} - \overrightarrow{AD}$$
であるから,
$$\text{式 }(1.2) \iff \overrightarrow{AB} = \overrightarrow{AC} - \overrightarrow{AD}$$
$$\iff \overrightarrow{AB} + \overrightarrow{AD} = \overrightarrow{AC}$$

すなわち, 対角線 BD の中点 M, 対角線 AC の中点 N について
$$\text{式 }(1.2) \iff 2\overrightarrow{AM} = 2\overrightarrow{AN}$$
$$\iff \text{M, N は一致する}$$

これは条件 2 である. ■

長岡流処方せん

■ いたみ止め
ここで (1.2) の右辺に注目して変形しようとしている.

■ いたみ止め
$\overrightarrow{AC} = \overrightarrow{AD} + \overrightarrow{DC}$ であるから.

■ いたみ止め
$\begin{cases} \overrightarrow{AM} = \frac{1}{2}(\overrightarrow{AB} + \overrightarrow{AD}) \\ \overrightarrow{AN} = \frac{1}{2}\overrightarrow{AC} \end{cases}$

異なる2点 A, B に対し，点 P が直線 AB 上にあるための必要十分条件（いわゆる共線条件）は，

$$\overrightarrow{AP} = t\overrightarrow{AB} \text{ となる実数 } t \text{ が存在する}$$

ことである．

上式を，ある定点 O を始点とする有向線分の表すベクトルで表現すると，

$$\overrightarrow{OP} = (1-t)\overrightarrow{OA} + t\overrightarrow{OB}$$

となる．一般に，平面上に三角形 OAB があるとき，

$$\boldsymbol{a} = \overrightarrow{OA},\ \boldsymbol{b} = \overrightarrow{OB}$$

とおくと，平面上の任意のベクトル $\boldsymbol{v} = \overrightarrow{OP}$ は，$\boldsymbol{a}$, $\boldsymbol{b}$ の線型結合

$$\boldsymbol{v} = x\boldsymbol{a} + y\boldsymbol{b}\ (x,\ y\ ;\ \text{実数})$$

でただ一通りに表せる．

上に示したように，ある実数 t を用いて，

$$\begin{cases} x = 1 - t \\ y = t \end{cases} (t\ ;\ \text{ある実数})$$

と表せるとき，すなわち

$$x + y = 1$$

のとき，点 P は直線 AB を描く（図 1.6）．

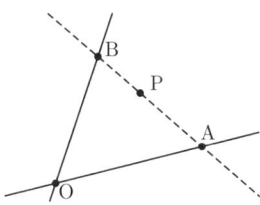

図 1.6　共線条件

ベクトルの大きさの理論的意味

以上では，ベクトルの大きさ（長さ）そのものについて言及してこなかったが，ベクトル
$$\bm{v} = (x,\ y)$$
に対し，$\bm{v}$ の大きさ $|\bm{v}|$ が次のように定義されることを納得することは難しくあるまい（図 1.7）．
$$|\bm{v}| = \sqrt{x^2 + y^2}$$

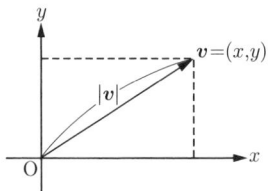

図 1.7　ベクトル v の大きさの定義

長さが定義されると，これを利用して角の大きさが定義される．すなわち，$\bm{0}$ でないベクトル
$$\begin{cases} \bm{v}_1 = (x_1,\ y_1) \\ \bm{v}_2 = (x_2,\ y_2) \end{cases}$$
に対し，$\bm{v}_1, \bm{v}_2$ のなす角が $\theta (0 \leq \theta \leq \pi$，度数法でいうと $0° \leq \theta \leq 180°)$ であるとは，三角形の**余弦定理**から
$$\begin{aligned}
\cos\theta &= \frac{|\bm{v}_1|^2 + |\bm{v}_2|^2 - |\bm{v}_1 - \bm{v}_2|^2}{2|\bm{v}_1||\bm{v}_2|} \\
&= \frac{(x_1{}^2 + y_1{}^2) + (x_2{}^2 + y_2{}^2) - \{(x_1 - x_2)^2 + (y_1 - y_2)^2\}}{2\sqrt{x_1{}^2 + y_1{}^2}\sqrt{x_2{}^2 + y_2{}^2}} \\
&= \frac{x_1 x_2 + y_1 y_2}{\sqrt{x_1{}^2 + y_1{}^2}\sqrt{x_2{}^2 + y_2{}^2}}
\end{aligned}$$
が成り立つことである（図 1.8）．

特に，$\theta = \frac{\pi}{2}$ のとき，つまり
$$\cos\theta = 0 \qquad \therefore \quad x_1 x_2 + y_1 y_2 = 0$$

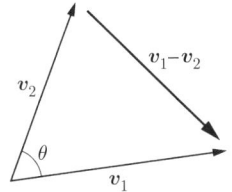

図 1.8 ベクトルのなす角の余弦

のとき，v_1 と v_2 は**直交**するという[4]．

 $x_1 x_2 + y_1 y_2$ は，v_1 と v_2 の**内積** (inner product) と呼ばれる概念の原型である．

 長さや角度，あるいは内積がこのように定義されたとき，$\mathbb{R}^2$ は**実 2 次元計量空間**，あるいは **2 次元ユークリッド空間**と呼ばれる（次元という言葉の意味は後に厳密に定義される）．

 $v_1,\ v_2$ の内積は，$v_1 \cdot v_2$ あるいは (v_1, v_2) という記号で表される．内積 $v_1 \cdot v_2$ を，$v_1,\ v_2$ のなす角を θ として

$$v_1 \cdot v_2 = |v_1||v_2|\cos\theta$$

で定義する，というのが，内積の初等的な導入方法であるが，これが可能なのは，ベクトル v_1, v_2 の「なす角」を図形的に考えることができ，そこで余弦定理を使ったからに過ぎない．われわれはやがて，これとはちょうど反対に，内積を使って角を定義することを学ぶだろう．

■ 1.4 $\mathbb{R}^3$

前節で述べたことは，ほとんどそのまま $\mathbb{R}^3$ に拡張できる．すなわち，$\mathbb{R}^3$ とは，さしあたり

$$\mathbb{R}^3 = \{(x,\ y,\ z) \mid x,\ y,\ z \in \mathbb{R}\}$$

---

[4] $v_1,\ v_2$ の少なくとも一方が $\mathbf{0}$ のときにも
 $\quad x_1 x_2 + y_1 y_2 = 0$
は成り立つ．このことを「零ベクトルは任意のベクトルと直交する」という．

という集合に過ぎないが，ここにおいて和やスカラー倍，そして内積が $\mathbb{R}^2$ のときと同様に定義され，**ベクトル空間**に，そして**計量空間**になるのである．

本質例題 3 ベクトルの線形結合による表現の可能性 　　基礎

$\mathbb{R}^3$ において，$e_1 = (1,0,0)$, $e_2 = (0,1,0)$, $e_3 = (0,0,1)$, $a = (2,1,0)$, $b = (3,2,0)$ とする．

1. $e_1 = x_1 a + y_1 b$, $e_2 = x_2 a + y_2 b$ となる x_1, y_1, x_2, y_2 を求めよ．
2. $e_3 = xa + yb$ となる x, y が存在しないことを示せ．
3. 任意の実数 p, q, r に対し，$v = (p, q, r)$ は a, b, e_3 の線型結合で表されることを示せ．

●ベクトルの間の相等性の関係は，成分どうしの相等性に還元して理解される．これは「平たくして考える」ことの一種である．●

解答

1. $(1,0,0) = x_1(2,1,0) + y_1(3,2,0)$

$\qquad = (2x_1 + 3y_1,\ x_1 + 2y_1,\ 0)$

$\therefore \begin{cases} 2x_1 + 3y_1 = 1 \cdots\cdots ① \\ x_1 + 2y_1 = 0 \cdots\cdots ② \\ 0 = 0 \cdots\cdots ③ \end{cases}$

①，②より $x_1 = 2$, $y_1 = -1$ であり，これは，③を満たす．
同様に，

$$(0,1,0) = x_2(2,1,0) + y_2(3,2,0)$$

より

$\begin{cases} 2x_2 + 3y_2 = 0 \\ x_2 + 2y_2 = 1 \\ 0 = 0 \end{cases}$

上と同様にして，

長岡流処方せん

■ **いたみ止め**

成分を用いて表せば，ベクトルの関係式は，通常の数についての関係に帰着できる！

■ **いたみ止め**

与えられているのは，①から③の3つの方程式であるから，①と②だけで「答」が見つかっても，それが③を満たす保証はない．やるまでもない当たり前のような確認作業であるが，この「③を満たす」は論理的にはとても重要である．

$$\therefore x_2 = -3,\ y_2 = 2$$

2. $(0,0,1) = x(2,1,0) + y(3,2,0)$

    $= (2x+3y, x+2y, 0)$

    $\therefore \begin{cases} 2x+3y &= 0 \\ x+2y &= 0 \\ 0 &= 1 \end{cases}$

■ いたみ止め
いかなる x, y の値に対しても第3式が成り立つことはない．

となるが，これを満たす実数 x, y は存在しない．

3. $\boldsymbol{v} = (p, q, r)$

    $= p\boldsymbol{e}_1 + q\boldsymbol{e}_2 + r\boldsymbol{e}_3$

    $= p(2\boldsymbol{a} - \boldsymbol{b}) + q(-3\boldsymbol{a} + 2\boldsymbol{b}) + r\boldsymbol{e}_3$

    $= (2p - 3q)\boldsymbol{a} + (-p + 2q)\boldsymbol{b} + r\boldsymbol{e}_3$

ゆえに，$\boldsymbol{v}$ は $\boldsymbol{a}, \boldsymbol{b}, \boldsymbol{e}_3$ の線型結合で表せる．

注意 1で示したように，$\boldsymbol{e}_1, \boldsymbol{e}_2$ は $\boldsymbol{a}$ と $\boldsymbol{b}$ の線型結合で表せる．逆に $\boldsymbol{a}$ と $\boldsymbol{b}$ が $\boldsymbol{e}_1$ と $\boldsymbol{e}_2$ の線型結合で表されることは自明である．これらにより，《$\boldsymbol{e}_1$ と $\boldsymbol{e}_2$ の線型結合で表されるもの》と《$\boldsymbol{a}$ と $\boldsymbol{b}$ の線型結合で表されるもの》が全体として一致していることがわかる．実際，$\boldsymbol{e}_3$ は $\boldsymbol{e}_1$ と $\boldsymbol{e}_2$ で表せないし，$\boldsymbol{a}$ と $\boldsymbol{b}$ でも表せない．

■ 1.5　$\mathbb{R}^3$ での共面条件

$\mathbb{R}^2$ になくて，$\mathbb{R}^3$ に新たに入ってくるものは，本質的には共面条件，すなわち"同一平面上にあるための必要十分条件"だけであるが，これも共線条件とほとんど同様にして定義できる．すなわち，同一直線上にない3点 A，B，C に対し，点 P が3点 A，B，C の定める平面上にあるための必要十分条件は，

$$\overrightarrow{\mathrm{AP}} = s\overrightarrow{\mathrm{AB}} + t\overrightarrow{\mathrm{AC}}$$

となる実数 s, t が存在することである．任意の 1 点 O をとり，これを始点として上式を書き換えると

$$\overrightarrow{\mathrm{OP}} = (1-s-t)\overrightarrow{\mathrm{OA}} + s\overrightarrow{\mathrm{OB}} + t\overrightarrow{\mathrm{OC}}$$

となる（図 1.9）．

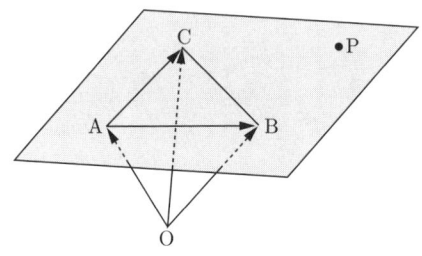

図 1.9 共面条件

一般に空間内に同一平面上にない 3 つのベクトル

$$\boldsymbol{a} = \overrightarrow{\mathrm{OA}},\ \boldsymbol{b} = \overrightarrow{\mathrm{OB}},\ \boldsymbol{c} = \overrightarrow{\mathrm{OC}}$$

をとると，任意のベクトル $\boldsymbol{v} = \overrightarrow{\mathrm{OP}}$ は

$$\boldsymbol{v} = x\boldsymbol{a} + y\boldsymbol{b} + z\boldsymbol{c} \quad (x,\ y,\ z\ ;\text{実数})$$

の形に表され，しかもこの表し方は一通りである．
上にあげた P が平面 ABC 上にあるための条件は，

$$x + y + z = 1$$

という方程式で与えられる．

本質例題 4　同一平面上にあるための条件　　標準

xyz 空間 $\mathbb{R}^3$ 内に 3 点 A(1,1,1), B(2,1,0), C(1,3,−4) がある．点 P(x,y,z) について P が 3 点 A,B,C を含む平面 α 上にあるための必要十分条件を x, y, z の式で表せ．

◾︎点 P(x,y,z) がある平面 α 上にあるための条件を，x, y, z の式として表現したものは，平面 α の方程式である．◾︎

解答

空間内の点 P については $P \in \alpha$ であるための必要十分条件は,

$$\overrightarrow{AP} = t\overrightarrow{AB} + u\overrightarrow{AC} \quad (t, u \text{ は実数})$$

と表せることである. 等式の両辺を成分で表すと,

$$(x-1, y-1, z-1) = t(1, 0, -1) + u(0, 2, -5)$$

$$\therefore \begin{cases} x - 1 = t & (1.3) \\ y - 1 = 2u & (1.4) \\ z - 1 = -t - 5u & (1.5) \end{cases}$$

となる. x, y, z がある実数 t, u について, (1.3), (1.4), (1.5) と表せるのは, x, y, z が (1.3), (1.4) から得られる

$$\begin{cases} t = x - 1 \\ u = \dfrac{y-1}{2} \end{cases}$$

を (1.5) に代入して t, u を消去した式, すなわち

$$z - 1 = -(x - 1) - \frac{5}{2}(y - 1)$$

を満たすときである. これを x, y, z について整理すると

$$2(x - 1) + 5(y - 1) + 2(z - 1) = 0$$
$$\therefore 2x + 5y + 2z = 9$$

となる.

これが $P(x, y, z)$ が α 上にあるための必要十分条件である.

長岡流処方せん

■いたみ止め
これは平面 α の媒介変数表示と考えられる.

注意

上の解答では, 論理的な流れをすっきりとさせるために計算を単純にしてあるが,「(1.3),(1.4),(1.5) からパラメータ t, u を消去して x, y, z の方程式を導く」という筋道は, 式が複雑化しても同様である. 読者はそれを納得するために, 最初の $P \in \alpha$ の条件部分を

$$\overrightarrow{\mathrm{BP}} = t\overrightarrow{\mathrm{BA}} + u\overrightarrow{\mathrm{BC}}$$

に替えて計算してみるとよい.

この本質例題 4 で求めた最後の結果である "$2x+5y+2z=9$" は xyz 空間における**平面**α(= 平面 ABC) **の方程式**と呼ばれるものである. 一般に xyz 空間における平面の方程式は,

$$ax + by + cz = d \quad (a,b,c,d \text{ は定数}) \tag{1.6}$$

という x, y, z の 1 次方程式で与えられる.

これについては, 上と異なるもう 1 つのアプローチがある. すなわち, 点 $\mathrm{A}(x_0, y_0, z_0)$ を含み, ベクトル $\boldsymbol{n} = (a,b,c)$ に垂直な平面上に点 $\mathrm{P}(x,y,z)$ があるための必要十分条件を述べる. ベクトルの内積を利用して,

$$\boldsymbol{n} \cdot \overrightarrow{\mathrm{AP}} = 0$$

と表し, これを成分で計算して

$$a(x - x_0) + b(y - y_0) + c(z - z_0) = 0$$

としてから,

$$ax_0 + by_0 + cz_0 = d$$

とおけば, 上の (1.6) が得られる.

こうして, xyz 空間における平面の方程式が x, y, z についての 1 次方程式で与えられることがわかる. これは, xy 平面における直線の方程式が x, y についての 1 次方程式 $ax + by = c$ で与えられることとまったく同様のことである.

■ 1.6　$\mathbb{R}^3$ から $\mathbb{R}^n$ へ

$\mathbb{R}^3$ におけるベクトルの内積は, $\mathbb{R}^2$ の場合とほとんど同様である. すなわち,

$$\boldsymbol{v}_1 = (x_1,\ y_1,\ z_1),\ \boldsymbol{v}_2 = (x_2,\ y_2,\ z_2)$$

に対し,

$$x_1 x_2 + y_1 y_2 + z_1 z_2$$

をその内積と呼び, $\boldsymbol{v}_1 \cdot \boldsymbol{v}_2$ あるいは $(\boldsymbol{v}_1,\ \boldsymbol{v}_2)$ という記号で表す.

$v_1, v_2 (\neq 0)$ のなす角を θ とすれば，

$$\cos\theta = \frac{v_1 \cdot v_2}{|v_1||v_2|}$$

であることも $\mathbb{R}^2$ の場合と同様である．ベクトル $v = (x, y, z)$ の大きさは，もちろん

$$|v| = \sqrt{v \cdot v} = \sqrt{x^2 + y^2 + z^2}$$

で定義される．

このように内積まで定義されたとき，$\mathbb{R}^3$ を，実3次元計量空間とか3次元ユークリッド空間と呼ぶ．

高次元空間 $\mathbb{R}^n$

以上の議論をさらに一般化して，任意の自然数 n に対し，実 n 次元計量空間 $\mathbb{R}^n$ が次のように定義される．

$$\mathbb{R}^n = \{(x_1, x_2, \cdots, x_n) \mid x_1, x_2, \cdots, x_n \in \mathbb{R}\}$$

において，

$$\begin{cases} v_1 = (x_1, x_2, \cdots, x_n) & \in \mathbb{R}^n \\ v_2 = (y_1, y_2, \cdots, y_n) & \in \mathbb{R}^n \end{cases}$$

に対し，それらの和

$$v_1 + v_2 = (x_1 + y_1, x_2 + y_2, \cdots, x_n + y_n)$$

という $\mathbb{R}^n$ の要素が定義される．

> **注意**
>
> $\mathbb{R}^2 = \{(x, y) \mid x, y \in \mathbb{R}\}$, $\mathbb{R}^3 = \{(x, y, z) \mid x, y, z \in \mathbb{R}\}$ という表記法の流れに従えば，
>
> $$\mathbb{R}^n = \{(x, y, z, w, \cdots) \mid x, y, z, w, \cdots \in \mathbb{R}\}$$
>
> と表したいところだが，$x \to y \to z \to \cdots$ という流れで n 番目に位置する文字がないので，上のように，添え字の使用が避けられない．

また，任意の実数 α に対し，スカラー倍

$$\alpha \boldsymbol{v}_1 = (\alpha x_1,\ \alpha x_2,\ \cdots,\ \alpha x_n)$$

が定義され $\mathbb{R}^n$ の要素になる．

$\mathbb{R}^n$ においても，前節で述べたのと同じ定式化をそのまま使うことで共線条件，共面条件を考えることができる．その意味で，4次元，5次元，……になったところで，格別に不思議な現象が起こるわけではない[5]．

ベクトルの長さや内積も

$\boldsymbol{v} = (x_1,\ x_2,\ \cdots,\ x_n)$ に対して
$$|\boldsymbol{v}| = \sqrt{x_1{}^2 + x_2{}^2 + \cdots + x_n{}^2}$$

$\boldsymbol{v}_1 = (x_1,\ x_2,\ \cdots,\ x_n),\ \boldsymbol{v}_2 = (y_1,\ y_2,\ \cdots,\ y_n)$ に対して
$$\boldsymbol{v}_1 \cdot \boldsymbol{v}_2 = x_1 y_1 + x_2 y_2 + \cdots + x_n y_n$$

と定義される．

また，$\boldsymbol{v}_1,\ \boldsymbol{v}_2(\neq \boldsymbol{0})$ に対して，それらのなす角は

$$\cos\theta = \frac{\boldsymbol{v}_1 \cdot \boldsymbol{v}_2}{|\boldsymbol{v}_1||\boldsymbol{v}_2|}$$

を満たす $\theta(0 \leq \theta \leq \pi)$ として定められる．

このように，和，スカラー倍，内積が定義されたとき，$\mathbb{R}^n$ を実 n 次元計量空間，あるいは n 次元ユークリッド空間と呼ぶ．

本質例題 5 | $\mathbb{R}^4$ 内の2つのベクトルのなす角度 | 基礎

$\mathbb{R}^4$ において，
$$\boldsymbol{a} = (-1,\ 0,\ -1,\ 2),\ \boldsymbol{b} = (-1,\ 2,\ 0,\ 1)$$
のなす角度 θ を求めよ．

---

[5] 4次元というと，"空間の3次元と時間の1次元" という，いわゆる「**時空4次元**」を考えて，形而上的冥想？に耽ける傾向が一部にあるが，数学的には，少なくともこの段階では「高次元の空間」といっても特別な想像力をかきたてる必要はない．

$\mathbb{R}^4$ 内のベクトルである $\boldsymbol{a}$ や $\boldsymbol{b}$ は普通には図示しにくく直観的な想像は難しいが,それらのなす角は成分から簡単に計算できるのである！

解答

$$|\boldsymbol{a}| = \sqrt{6}, \ |\boldsymbol{b}| = \sqrt{6}, \ \boldsymbol{a} \cdot \boldsymbol{b} = 3$$

である．よって，$\boldsymbol{a}, \boldsymbol{b}$ のなす角を θ とおくと

$$\cos\theta = \frac{3}{\sqrt{6} \cdot \sqrt{6}} = \frac{1}{2} \quad \therefore \quad \theta = \frac{\pi}{3}$$

長岡流処方せん

■ **いたみ止め**

直観的な図は描けなくても「なす角」はわかる，ということである．

■ 1.7　$\mathbb{R}^n$ の正規直交基底

$\mathbb{R}^n$ 内に，n 個のベクトル

$$\begin{cases} \boldsymbol{e}_1 = (1, \ 0, \ 0, \ \cdots, \ 0) \\ \boldsymbol{e}_2 = (0, \ 1, \ 0, \ \cdots, \ 0) \\ \quad\quad\quad\quad \vdots \\ \boldsymbol{e}_n = (0, \ 0, \ 0, \ \cdots, \ 1) \end{cases}$$

をとると，次の性質が成り立つ．

(1)　$\mathbb{R}^n$ 内の任意のベクトル $\boldsymbol{v} = (x_1, \ x_2, \ \cdots, \ x_n)$ は，$\boldsymbol{e}_1, \ \boldsymbol{e}_2, \ \cdots, \ \boldsymbol{e}_n$ の線型結合で，ただ一通りに表される．すなわち，

$$\boldsymbol{v} = x_1\boldsymbol{e}_1 + x_2\boldsymbol{e}_2 + \cdots + x_n\boldsymbol{e}_n$$

となる $x_1, x_2, \cdots, x_n$ がただ一組存在する．

(2)　$\boldsymbol{e}_1, \ \boldsymbol{e}_2, \ \cdots, \ \boldsymbol{e}_n$ はどれも大きさが 1 のベクトルであり，しかも，どの 2 つも互いに直交する（互いの内積が 0 である）．

$\boldsymbol{e}_1, \ \boldsymbol{e}_2, \ \cdots, \ \boldsymbol{e}_n$ が，以上 (1), (2) の性質を満たすことを，

$\boldsymbol{e}_1, \boldsymbol{e}_2, \cdots, \boldsymbol{e}_n$ は，$\mathbb{R}^n$ の **正規直交基底**である

というのであるが，この意味は，線型代数の学習の進展につれて次第に詳しく論じられる．

なお，$\mathbb{R}^2$ のところで述べたように，$\mathbb{R}^n$ のベクトルを表すのにも，横一

列に並べて書く代わりに縦一列に並べて書いてもよい．

$$\boldsymbol{e}_1 = \begin{pmatrix} 1 \\ 0 \\ 0 \\ \vdots \\ 0 \end{pmatrix}, \quad \boldsymbol{e}_2 = \begin{pmatrix} 0 \\ 1 \\ 0 \\ \vdots \\ 0 \end{pmatrix}, \quad \cdots, \quad \boldsymbol{e}_n = \begin{pmatrix} 0 \\ 0 \\ 0 \\ \vdots \\ 1 \end{pmatrix}$$

という具合である．今後の理論の解説では，このような縦ベクトル（列ベクトル）のほうがよく使われるであろう．

【1章の復習問題】

1. 空間の 3 点 A(3,0,1), B(5,4,3), C(−1,1,1) が与えられたとき $\angle\mathrm{ABC} = \theta$ の余弦 $\cos\theta$ の値を求めよ.

   また，それを利用して三角形 ABC の面積 S を計算せよ.

2. $\mathbb{R}^2$ において，$\boldsymbol{a} = (3,1)$, $\boldsymbol{b} = (2,1)$ とする.
   (1) $\boldsymbol{e}_1 = (1,0)$ を $\boldsymbol{a}, \boldsymbol{b}$ を用いて表せ.
   (2) $\boldsymbol{e}_2 = (0,1)$ を $\boldsymbol{a}, \boldsymbol{b}$ を用いて表せ.
   (3) $\boldsymbol{c} = (-2,3)$ を $\boldsymbol{a}, \boldsymbol{b}$ を用いて表せ.

3. ベクトル空間としての $\mathbb{R}^4$ において，ベクトル

$$\boldsymbol{a} = \begin{pmatrix} 1 \\ 2 \\ 0 \\ -1 \end{pmatrix}, \quad \boldsymbol{b} = \begin{pmatrix} 2 \\ 3 \\ 1 \\ 0 \end{pmatrix}, \quad \boldsymbol{c} = \begin{pmatrix} 0 \\ 1 \\ 2 \\ 0 \end{pmatrix}$$

が与えられている.

$$\boldsymbol{v} = \begin{pmatrix} x \\ y \\ z \\ w \end{pmatrix}$$

について

$$\boldsymbol{v} = s\boldsymbol{a} + t\boldsymbol{b} + u\boldsymbol{c}$$

となる実数 s, t, u が存在するための x, y, z, w の条件を求めよ.

2

行列の基本概念

実 m 次列ベクトル空間において，（正規直交）基底と呼ばれるベクトルの組がとれることは前に述べた．ここで問題となるのは，《ベクトル空間 $\mathbb{R}^m$ の基底は，これだけに限るか？》，《他にも基底があるとしたら，その基底を構成するベクトルの個数は，一定であるか？》ということである．

■ 2.1　$\mathbb{R}^m$ の基底

任意の $\boldsymbol{b} = \begin{pmatrix} b_1 \\ b_2 \\ \vdots \\ b_m \end{pmatrix} \in \mathbb{R}^m$ に対し，

$$\boldsymbol{b} = x_1 \boldsymbol{a}_1 + x_2 \boldsymbol{a}_2 + \cdots + x_k \boldsymbol{a}_k$$

となるような，実数 $x_1, x_2, \cdots, x_k$ が必ずただ 1 組だけ存在するようなベクトルの組

$$\boldsymbol{a}_1 = \begin{pmatrix} a_{11} \\ a_{21} \\ a_{31} \\ \vdots \\ a_{m1} \end{pmatrix}, \boldsymbol{a}_2 = \begin{pmatrix} a_{12} \\ a_{22} \\ a_{32} \\ \vdots \\ a_{m2} \end{pmatrix}, \cdots, \boldsymbol{a}_k = \begin{pmatrix} a_{1k} \\ a_{2k} \\ a_{3k} \\ \vdots \\ a_{mk} \end{pmatrix}$$

が $\boldsymbol{e}_1, \boldsymbol{e}_2, \cdots, \boldsymbol{e}_m$ の組以外にいくらでも存在するかどうか，存在するとしたら，そのようなベクトルの個数 k は，一定であるかどうか，という問題を立てよう．

注意　上に書いた a_{11} などの記号は，添字が 2 重化したものである．本来なら，2 つの添字を横に並べて書くときには，$a_{1\,1}$ や $a_{1,1}$ のように，十分な余白をとるか，2 つの添字の間に","などを打って表すべきであるが，慣れ

た人には前後関係から明らかであるため，表現の不必要な煩雑化を避けて，上のように表すのだが，これは行列についての最初のつまずきの石である．

ところで，前ページの最後にベクトルの式で表現したものを成分の関係として表現すると，

$$\begin{cases} a_{11}x_1 + a_{12}x_2 + a_{13}x_3 + \cdots + a_{1k}x_k = b_1 \\ a_{21}x_1 + a_{22}x_2 + a_{23}x_3 + \cdots + a_{2k}x_k = b_2 \\ a_{31}x_1 + a_{32}x_2 + a_{33}x_3 + \cdots + a_{3k}x_k = b_3 \\ \cdots\cdots\cdots \\ a_{m1}x_1 + a_{m2}x_2 + a_{m3}x_3 + \cdots + a_{mk}x_k = b_m \end{cases}$$

という連立 1 次方程式になる．

ここで $b_1, b_2, \cdots, b_m$ はベクトル $\boldsymbol{b}$ の成分である．そして問題は，この連立 1 次方程式がつねに（すなわち，b_1, b_2, b_3, $\cdots$, b_m の値によらず）解をもつか，解をもったとして，その解はただ一通りの解を持つような (a_{ij}) がどれほどあるか，ということになる．

未知数の個数が k 個，方程式の個数が m 個（したがって左辺の係数の個数が mk 個）の方程式に関する知識が必要になるのである．

この問題を解決するためには，われわれは，連立 1 次方程式の一般論から始めよう．中学ですでに学び，よく知っているはずの連立 1 次方程式のなかに，いかに多くの"知らなかった知識"，"隠されていた前提"が潜んでいたかに気づいてもらいたい．いわば，**連立 1 次方程式論の理論的な再構築**である．

■ 2.2 連立 1 次方程式と行列の起源

まず，はじめに中学で学んだ連立方程式をやや高い立場から，一般化してみてみよう．連立方程式の解法には，(1) 等置法，(2) 代入法，(3) 加減法などいろいろなものがある．

しかしじつは，等置法は代入法の一種であるし，われわれの主題である

1次方程式に関して言えば代入法も加減法の一種である．それゆえ以下では，いわゆる加減法に限定して述べる．

次の例は，中学校の数学教科書などに見出される標準的な連立1次方程式である．

例 2.1 連立方程式 $\begin{cases} x - 2y = -5 \cdots\cdots ① \\ 2x + 3y = 4 \cdots\cdots ② \end{cases}$ を解け．

ここには未知数と呼ばれる文字が現れる．未知数は代数的手法の鍵であるが，**実は未知数そのものには固有の意味はない**．実際，上の方程式において，x, y をそれぞれ一斉に X, Y あるいは ξ, η に交換しても[1]，方程式の途中の解法や最終的な解の値には影響がまったくない．固有の意味がないのだから省略してもよいが，単純に省略（つまり，機械的に削除）すると意味不明になってしまう（次の注意，その2を参照）．そこで，変数以外の固有の意味を持つ情報である係数を，それがどの文字を修飾していたかの記録を残すために，係数のついていた位置に関する情報としてそれを残して，適当に間を空けて書くと次のようになる．

$$\begin{matrix} 1 & -2 & -5 \\ 2 & 3 & 4 \end{matrix}$$

このように1次方程式の係数を，長方形の鋳型（いがた，matrix [英]）に嵌めるように並べると，行列の概念が生まれる．

注意

その1　ただし，
$$\begin{cases} ax + by = e \\ cx + dy = f \end{cases}$$
のような方程式において，x, y をすでに使われている記号である a や b などに置き換えることは許されない！

その2　たとえば，2次方程式 $ax^2 + bx + c = 0$ において x を単純に消

---

[1] 場合によっては，甲，乙という漢字でもかまわない．

去してしまうと $a\ ^2+b\ +c=0$ のように意味のわからないものになってしまう．

■ 2.3 行列の基礎概念

m, n を与えられた自然数とする．$m \times n$ 個の実数[2]

$$a_{11}, a_{12}, a_{13}, \cdots, a_{1n}; a_{21}, a_{22}, a_{23}, \cdots, a_{2n};$$
$$\cdots\cdots\cdots\cdots ; a_{m1}, a_{m2}, a_{m3}, \cdots, a_{mn}$$

を長方形状に並べたもの $\begin{pmatrix} a_{11} & a_{12} & a_{13} & \cdots & a_{1n} \\ a_{21} & a_{22} & a_{23} & \cdots & a_{2n} \\ & & \cdots & & \\ a_{m1} & a_{m2} & a_{m3} & \cdots & a_{mn} \end{pmatrix}$ を**行列** (matrix [英])

という（全体にまとまりを与えるために括弧（カッコ）でくくって表すのが通常の習慣であるが，この括弧記号それ自身には積極的な意味はない）．

横に並んでいる n 個をまとめて，**行** (row [英]) と呼ぶ．縦に並んでいる m 個をまとめて，**列** (column [英]) という[3]．

そして，この行列において，

$$\begin{pmatrix} a_{i1} & a_{i2} & a_{i3} & \cdots & a_{in} \end{pmatrix}$$

をその**第 i 行**，

$$\begin{pmatrix} a_{1j} \\ a_{2j} \\ a_{3j} \\ \vdots \\ a_{mj} \end{pmatrix}$$

---

[2] やがて線型代数の議論が進んでいくと，実数に限定することが必ずしも合理的でないことが明らかになるであろうが，当面は実数だけを考える．

[3] このように，日本語では"行列"という言葉の中に"行"と"列"が入っているが，これは日本的な述語の長所であると同様に，「一列に整列！」とか「大名行列」のように日本語では「行」と「列」が row と column ほど明確な区別を持つ言葉ではないので，最初は覚えるのに苦労する．

をその**第 j 列**と呼ぶ．また，第 i 行第 j 列にある a_{ij} のことを (i, j) **成分**(component) と呼ぶ．

また，m 行，n 列からなる行列 A を $\boldsymbol{m \times n}$ **型行列**であるという．$m = n$ のとき，すなわち $n \times n$ 型行列を $n(=m)$ **次正方行列**という．形の上では[4]$n = 1$ のとき，すなわち，$m \times 1$ 型行列は m 次列ベクトル，$m = 1$ のとき，すなわち，$1 \times n$ 型行列は n 次行ベクトルである．

例 2.2　$A_1 = \begin{pmatrix} 1 & 2 & 3 \\ 2 & 3 & 4 \end{pmatrix}$, $A_2 = \begin{pmatrix} 1 & 2 \\ 2 & 3 \\ 3 & 4 \end{pmatrix}$, $A_3 = \begin{pmatrix} 1 & 2 & 3 \\ 2 & 3 & 4 \\ 3 & 4 & 5 \end{pmatrix}$ とおくと，A_1 は 2×3 型行列，A_2 は 3×2 型行列，A_3 は 3×3 型行列（3次正方行列）である．

注意　(i, j) 成分が a_{ij} であるような行列 A をしばしば，$A = (a_{ij})$ と略記する．このような記号法には行列の型に関する情報が含まれないが，それが前後関係から明らかな場合などに，この略記法は意外に頻繁に利用される．

例 2.3　例 2.2 であげた A_1, A_2, A_3 はいずれも，その (i, j) 成分が $i + j - 1$ であるので，$A = (i + j - 1)$ と表せる．

例 2.4　$\delta_{ij} = \begin{cases} 1 & \cdots \ i = j \text{ のとき} \\ 0 & \cdots \ \text{その他のとき} \end{cases}$

という記号を利用するとき

$$E = (\delta_{ij}) \text{ で定義される } n \text{ 次正方行列 } E$$

を **n 次単位行列**という．行列の次数を明示的に表現したいときは E_n と表

---

[4] 実質的にもそうであることは，次に行列の加法とスカラー倍を定義したときにわかる．

すこともある．ちなみに，δ_{ij} は**クロネッカ**(L.Kroneker, 1823–1891) の**デルタ**と呼ばれる．

■ 2.4　行列の演算（加法，スカラー倍，転置）

行列の加法は，同じ型の行列に対して次のように定義される．

$m \times n$ 型行列 $A = (a_{ij})$, $B = (b_{ij})$ について

$$A + B = (a_{ij} + b_{ij})$$

要するに，**対応する成分ごとに加える**ということである．

行列のスカラー倍（実数倍）は，次のように定義される．

行列 $A = (a_{ij})$ と実数 k について

$$kA = (ka_{ij})$$

要するに，**対応する成分ごとにk倍する**ということである（このように，加法とスカラー倍が定義されたという意味では，$m \times n$ 型行列は，mn 個の要素からなるベクトルと考えることができる）．

本質例題　6　行列の加法とスカラー倍　　　　　　　　**基礎**

行列 $A = \begin{pmatrix} 1 & 2 \\ -1 & 0 \end{pmatrix}$, $B = \begin{pmatrix} -3 & 0 \\ 1 & 2 \end{pmatrix}$, $C = \begin{pmatrix} -1 & 0 \\ 2 & 1 \end{pmatrix}$ について，次の各問に答えよ．

(1)　$(A+B)+C$, $A+(B+C)$ を計算せよ．

(2)　$3A + 2X = B - C$ となる行列 $X = \begin{pmatrix} x & y \\ z & w \end{pmatrix}$ を求めよ．

▆行列の加法，実数倍についての定義（約束）を知っているだけで解ける基本問題である．しかも行列の加法，実数倍の定義は覚えることを意識する必要もないほど自然であることを納得するのがポイントである．▆

解答

長岡流処方せん

■ いたみ止め

定義に基づいて1つひとつ着実に計算していくだけ．

(1)　成分ごとに計算していくと，

$$A + B = \begin{pmatrix} -2 & 2 \\ 0 & 2 \end{pmatrix}$$

$$\therefore (A + B) + C = \begin{pmatrix} -3 & 2 \\ 2 & 3 \end{pmatrix} \cdots 答$$

同様に

$$B + C = \begin{pmatrix} -4 & 0 \\ 3 & 3 \end{pmatrix}$$

$$\therefore A + (B + C) = \begin{pmatrix} -3 & 2 \\ 2 & 3 \end{pmatrix} \cdots 答$$

■ いたみ止め
以下も，行列の和と実数倍の定義に従って計算するだけ．

(2)
$$\begin{cases} 3A + 2X = \begin{pmatrix} 3+2x & 6+2y \\ -3+2z & 2w \end{pmatrix} \\ B - C = \begin{pmatrix} -2 & 0 \\ -1 & 1 \end{pmatrix} \end{cases}$$

であるから

$$3A + 2X = B - C$$

$$\Leftrightarrow \begin{cases} 3+2x = -2 \\ 6+2y = 0 \\ -3+2z = -1 \\ 2w = 1 \end{cases} \Leftrightarrow \begin{cases} x = -\frac{5}{2} \\ y = -3 \\ z = 1 \\ w = \frac{1}{2} \end{cases}$$

ゆえに

$$X = \begin{pmatrix} -\frac{5}{2} & -3 \\ 1 & \frac{1}{2} \end{pmatrix}$$

注意

その1　この問題の行列 A, B, C について，(1) より

$$(A + B) + C = A + (B + C)$$

が成り立つことがわかる．しかし，その計算プロセスを反省して見ればわかるとおり，計算は成分ごとに行っているにすぎないので，数の加法についての結合法則

$$(a+b)+c = a+(b+c)$$

に基づいて，行列の加法についての

$$(A+B)+C = A+(B+C)$$

という結合法則が成り立つことが証明できる．よって，これ以降は，行列の加法についても括弧を省略して，単に $A+B+C$ のように表すことが許されるのである．

その2 (2) に対し，上の解答では定義に従って計算しているだけであるが，その1の説明でわかるように行列の加法とスカラー倍の計算は成分ごとの数の計算にすぎないので，行列を通常の数のように扱って

$$3A+2X = B-C \Leftrightarrow 2X = B-C-3A$$
$$\Leftrightarrow X = \frac{1}{2}(B-C-3A)$$

と解くこともできる．

行列 $A = (a_{ij})$ に対し，その成分の行と列の位置を交換してできる行列を A の**転置行列** (transposed matrix [英]) と呼び，${}^tA$ と表す[5]．$A = (a_{ij})$ のときは，${}^tA = (a_{ji})$ となる．${}^tA$ は，A の成分を左上から右下にかけての対角線 $a_{11}, a_{22}, a_{33}, \cdots$ に関して折り返したものになる．したがって，次の性質の成立は自明である．

$$A, B : \text{同じ型の行列} \Longrightarrow {}^t(A+B) = {}^tA + {}^tB$$
$$A : \text{行列}, k : \text{実数} \Longrightarrow {}^t(kA) = k\,{}^tA$$
$$A : \text{行列} \Longrightarrow {}^t({}^tA) = A$$

転置行列は，後に重要な役割を演じる．

本質例題 7　対称行列，交代行列，対称行列と交代行列の和　　**標準**

正方行列 A が，${}^tA = A$ を満たすとき A を**対称行列**，${}^tA = -A$ を満

---

[5] A^t と表さないのは，やがて学ぶ「A の t 乗」と混同しないためである．

たすとき A を**交代行列**という．任意の正方行列 X に対して，
$$S = \frac{1}{2}(X + {}^tX), \quad A = \frac{1}{2}(X - {}^tX)$$
と定めると，S は対称行列，A は交代行列となることを示せ．
これによって行列 $M = \begin{pmatrix} 1 & 2 \\ 3 & 4 \end{pmatrix}$ を対称行列と交代行列の和で表せ．

対称行列，交代行列の定義に遡ること（定義をきちんと理解すること）が大切！

解答

$$\begin{cases} {}^tS = {}^t\left\{\dfrac{1}{2}(X+{}^tX)\right\} = \dfrac{1}{2}\left\{{}^tX+{}^t({}^tX)\right\} = \dfrac{1}{2}({}^tX+X) = S \\ {}^tA = {}^t\left\{\dfrac{1}{2}(X-{}^tX)\right\} = \dfrac{1}{2}\left\{{}^tX-{}^t({}^tX)\right\} = \dfrac{1}{2}({}^tX-X) = -A \end{cases}$$

ゆえに，S は対称行列，A は交代行列である．

さて，$X = M = \begin{pmatrix} 1 & 2 \\ 3 & 4 \end{pmatrix}$ のとき，

$$\begin{cases} S = \dfrac{1}{2}(M+{}^tM) = \dfrac{1}{2}\begin{pmatrix} 2 & 5 \\ 5 & 8 \end{pmatrix} \\ A = \dfrac{1}{2}(M-{}^tM) = \dfrac{1}{2}\begin{pmatrix} 0 & -1 \\ 1 & 0 \end{pmatrix} \end{cases}$$

とおくと，S, A はそれぞれ対称行列，交代行列であって
$$M = S + A$$
が成り立つ．

長岡流処方せん

■ **いたみ止め**

$$\begin{cases} {}^t(A+B) = {}^tA + {}^tB \\ {}^t(kA) = k\,{}^tA \end{cases}$$

が基本．
もう 1 つは
$$\,{}^t({}^tA) = A$$
であること．

2.5 ブロック分割

$m \times n$ 型行列 $A = \begin{pmatrix} a_{11} & a_{12} & a_{13} & \cdots & a_{1n} \\ a_{21} & a_{22} & a_{23} & \cdots & a_{2n} \\ \vdots & \vdots & \vdots & & \vdots \\ a_{m1} & a_{m2} & a_{m3} & \cdots & a_{mn} \end{pmatrix}$ は，n 個の列ベクトル

$$\begin{pmatrix} a_{11} \\ a_{21} \\ a_{31} \\ \vdots \\ a_{m1} \end{pmatrix}, \begin{pmatrix} a_{12} \\ a_{22} \\ a_{32} \\ \vdots \\ a_{m2} \end{pmatrix}, \begin{pmatrix} a_{13} \\ a_{23} \\ a_{33} \\ \vdots \\ a_{m3} \end{pmatrix}, \cdots, \begin{pmatrix} a_{1n} \\ a_{2n} \\ a_{3n} \\ \vdots \\ a_{mn} \end{pmatrix}$$

を左から順に並べたものとみることができる．言い換えると，これらをそれぞれ，$\boldsymbol{a}_1, \boldsymbol{a}_2, \boldsymbol{a}_3, \cdots, \boldsymbol{a}_n$ とおくと，

$$A = (\boldsymbol{a}_1, \boldsymbol{a}_2, \boldsymbol{a}_3, \cdots, \boldsymbol{a}_n)$$

と表せるということである．

また，同様に行列 A の m 個の行ベクトルを上から順に，$\boldsymbol{a}_1, \boldsymbol{a}_2, \boldsymbol{a}_3, \cdots, \boldsymbol{a}_m$ とおくと，

$$A = \begin{pmatrix} \boldsymbol{a}_1 \\ \boldsymbol{a}_2 \\ \boldsymbol{a}_3 \\ \vdots \\ \boldsymbol{a}_m \end{pmatrix}$$

と表せるということになる．

行列をこのように複数の列に分割することや，また複数の行に分割することを学んだついでに，このような考え方をさらに一般化して，たとえば

$$A = \left(\begin{array}{ccc:cc} a_{11} & a_{12} & a_{13} & a_{14} & a_{15} \\ a_{21} & a_{22} & a_{23} & a_{24} & a_{25} \\ a_{31} & a_{32} & a_{33} & a_{34} & a_{35} \\ \hdashline a_{41} & a_{42} & a_{43} & a_{44} & a_{45} \end{array} \right)$$

という行列に対して，4つの行列

$$A_{11} = \begin{pmatrix} a_{11} & a_{12} & a_{13} \\ a_{21} & a_{22} & a_{23} \\ a_{31} & a_{32} & a_{33} \end{pmatrix}, \quad A_{12} = \begin{pmatrix} a_{14} & a_{15} \\ a_{24} & a_{25} \\ a_{34} & a_{35} \end{pmatrix},$$

$$A_{21} = (a_{41} \ a_{42} \ a_{43}), \qquad A_{22} = (a_{44} \ a_{45})$$

を考えると，もとの A が，

$$A = \begin{pmatrix} A_{11} & A_{12} \\ A_{21} & A_{22} \end{pmatrix}$$

と分割できると考えられる．このような手法を**ブロック分割**(blocking[英])という．この例で $A_{11}, A_{12}, A_{21}, A_{22}$ は，A の $(1,1)$ ブロック，$(1,2)$ ブロック，$(2,1)$ ブロック，$(2,2)$ ブロックである．

行列 A_{ij} を (i, j) ブロックにもつ行列を $A = (A_{ij})$ と表す．

ブロック分割は，議論を見通しよくするための便利な道具であるので，よく親しんでおきたい．

ブロック分割に関しては，次の定理が成り立つことは明らかであろう．

> **定理 2.5.1** 行列 $A = (A_{ij})$, $B = (B_{ij})$ について，任意の i, j について A_{ij}, B_{ij} の型が同じであるとき，$A + B = (A_{ij} + B_{ij})$.

■ 2.6 行列の立場から見た加減法のプロセス——掃き出し法

例 2.1 にあげた連立1次方程式は，通常，次のように解ける．

$$② - ① \times 2 \text{ より } 7y = 14 \cdots\cdots ③$$
$$③ \text{ より } \qquad\qquad y = 2 \cdots\cdots ③'$$
$$① + ③' \times 2 \text{ より } x = -1 \cdots\cdots ④$$

これらは与えられた連立方程式を

$$\begin{cases} ① \\ ② \end{cases} \iff \begin{cases} ① \\ ③ \end{cases} \iff \begin{cases} ① \\ ③' \end{cases} \iff \begin{cases} ④ \\ ③' \end{cases}$$

のように同値変形していることにほかならないが，この変形は係数と定数項を長方形状に並べた行列だけに注目すれば，

$$\begin{pmatrix} 1 & -2 & -5 \\ 2 & 3 & 4 \end{pmatrix} \xrightarrow{\text{第 2 行に，第 1 行の(-2) 倍を加える}} \begin{pmatrix} 1 & -2 & -5 \\ 0 & 7 & 14 \end{pmatrix} \xrightarrow{\text{第 2 行を 7 で割る}}$$

$$\begin{pmatrix} 1 & -2 & -5 \\ 0 & 1 & 2 \end{pmatrix} \xrightarrow{\text{第 1 行に第 2 行の 2 倍を加える}} \begin{pmatrix} 1 & 0 & -1 \\ 0 & 1 & 2 \end{pmatrix}$$

という操作である．

加減法による連立 1 次方程式の解法は，このように，

1　ある行を 0 でない定数倍する
2　ある行に別のある行の定数倍を加える

という変形に過ぎない．以上に加えて，理論的な都合から，

3　ある行と別のある行とを交換する

という変形もあわせて，これら 3 つを行列についての**行の基本変形**と呼ぶ．

連立 1 次方程式の解法とは，行列の立場から見ると，与えられた $m \times n$ 型の**係数行列** $A = (a_{ij})$ の右横に，連立方程式の定数項に対応する m 次列ベクトル $\boldsymbol{b}$ を付け加えた $m \times (n+1)$ 次行列 $\tilde{A}$——これを**拡大係数行列**という——に対して，上に述べた適当な行の基本変形を繰り返し施し，それを上のように"良い形"に書き換えることであるといえる．

実際，こうすれば与えられた連立方程式が，

$$\begin{cases} x = -1 \\ y = 2 \end{cases}$$

と同値変形できたということになる．

研究　以上は，**掃き出し法**と呼ばれる行列の最も重要な変形の出発点である．ところでこのような変形の《最終形は途中の変形プロセスによらず一意的に決まるか》，あるいは《このような変形で得られた答えが必ず正しい解であるという保証はどこにあるか》という問題が未解決である．行列に対するこのような変形の一般論を作ること，それによって連立 1 次方程式を一

般的,抽象的,理論的に論ずることが求められている.そのために,われわれはまず行列の変形についての一般論を作らなければならない.

連立1次方程式の一般論に向けて,まず最初に少し複雑な連立方程式を実践的に見ておこう.

本質例題 8 やや複雑な連立方程式の解法 　　　　　　　基礎

連立方程式
$$\begin{cases} x - y - z = -4 & (2.1) \\ x + 2y - 3z = -4 & (2.2) \\ 2x + y - z = 1 & (2.3) \\ x + y + az = b & (2.4) \end{cases}$$
を解け.ただし a, b は与えられた定数である.

▌中学校で学ぶ連立方程式では,未知数の個数と方程式の個数が等しく,解がただ一組決定されるというタイプばかりであるが,そのような制約がない問題に対しても通用する一般論を構成するのが,当面の目標である.▌

解答

$(2.2)-(2.1)$, $(2.3)-(2.1)\times 2$, $(2.4)-(2.1)$ より

$$3y - 2z = 0 \quad (2.5)$$
$$3y + z = 9 \quad (2.6)$$
$$2y + (a+1)z = b+4 \quad (2.7)$$

つまり,(2.1) の下で,$(2.2), (2.3), (2.4)$ はそれぞれ $(2.5), (2.6), (2.7)$ と同値である.次に $(2.6)-(2.5)$, $(2.7)-(2.5)\times\frac{2}{3}$ より

長岡流処方せん

■ **いたみ止め**
与えられた4つの方程式の1つを使って,x を消去しようとしている.

■ **いたみ止め**
単に与えられた方程式を「未知数の数を減らす」ように場当たり的に変形するのではなく,連立方程式として同値変形することが大切である.

36　第2章　行列の基本概念

$$3z = 9 \quad (2.8)$$
$$(a + \frac{7}{3})z = b + 4 \quad (2.9)$$

であるので, (2.5) の下で (2.6), (2.7) はそれぞれ (2.8), (2.9) と同値である.

ところで (2.8) かつ (2.9) は

$$3a + 7 = b + 4 \quad \therefore \quad 3a - b + 3 = 0 \quad (2.10)$$

のとき, かつそのときに限って

$$z = 3 \quad (2.11)$$

と同値となり, (2.10) が満たされないときは (2.8) と (2.9) をともに満たす z は存在しない.

よって, (2.10) は満たされているときは, (2.11) の z の値から y, x の値が順に

$$y = 2, \quad x = 1$$

と定まる.

(2.10) が満たされないときは解は存在しない.

■ いたみ止め
(2.10) は, (2.8) と (2.9) をともに満たす z が存在するための必要十分条件である.

■ いたみ止め
(2.10) が与えられた連立方程式が解を持つための必要十分条件である.

注意

拡大係数行列の立場を考えれば

$$\begin{pmatrix} 1 & -1 & -1 & -4 \\ 1 & 2 & -3 & -4 \\ 2 & 1 & -1 & 1 \\ 1 & 1 & a & b \end{pmatrix} \longrightarrow \begin{pmatrix} 1 & -1 & -1 & -4 \\ 0 & 3 & -2 & 0 \\ 0 & 3 & 1 & 9 \\ 0 & 2 & a+1 & b+4 \end{pmatrix}$$

第2行に第1行の (-1) 倍を加える.
第3行に第1行の (-2) 倍を加える.
第4行に第1行の (-1) 倍を加える.

$$\longrightarrow \begin{pmatrix} 1 & -1 & -1 & -4 \\ 0 & 3 & -2 & 0 \\ 0 & 0 & 3 & 9 \\ 0 & 0 & a+\frac{7}{3} & b+4 \end{pmatrix}$$

第 3 行に第 2 行の (-1) 倍を加える.

第 4 行に第 2 行の $(-\frac{2}{3})$ 倍を加える.

という変形をしたことに相当している．これによってはじめに与えられた連立方程式を

$$\begin{cases} x - y - z = -4 \\ 3y - 2z = 0 \\ 3z = 9 \\ (a + \frac{7}{3})z = b + 4 \end{cases}$$

という連立方程式に同値変形したわけである．

後者では，未知数として z しか登場しないものが 2 つあるので，それらが矛盾しないための条件

$$3a + 7 = b + 4$$

が成り立つときは，z の値が決まり，次に y の値が，そして x の値が決まるというわけである．

【2章の復習問題】

1 (i,j) 成分が $i-j$ である行列 $A = (i-j)$ を考える. A が 2×2 型, 2×3 型, 3×2 型である場合について, A を成分で表せ. また ${}^tA$ を成分で表せ.

2 連立方程式
$$\begin{cases} 2x+3y=a \\ 4x+by=5 \\ 6x+9y=12 \end{cases}$$
を解け.

3 $m\times n$ 型行列 A, B について
$$ {}^t(A+B) = {}^tA + {}^tB $$
が成り立つことを証明せよ.

3

逆行列の概念，正則行列の概念

2章では，連立方程式の話題から出発して，行列の和，スカラー倍を含む基礎概念と行の基本変形を紹介した．本章では，行列の最も著しい特徴が現れる行列の積に関して講ずる．なお本章以降，単に $a, b, c, \cdots$ と書いたら，それらは列ベクトル（縦ベクトル）を表すものとする．行ベクトルを表すときは，転置行列の記号を使って，${}^t a$ のように表す．

■ 3.1 行列の積の定義

n 次列ベクトル $a = \begin{pmatrix} a_1 \\ a_2 \\ \vdots \\ a_n \end{pmatrix}, b = \begin{pmatrix} b_1 \\ b_2 \\ \vdots \\ b_n \end{pmatrix}$ に対しても，2次，3次のベクトルの場合と同様，a と b，内積 $a \cdot b$ が，

$$a \cdot b = a_1 b_1 + a_2 b_2 + \cdots + a_n b_n$$

と定義される．これが行ベクトル $= 1 \times n$ 型行列 ${}^t a$ と列ベクトル $= n \times 1$ 型行列 b の積 ${}^t a b$ である，という趣旨で，行列の積を定義するのである．すなわち，これを次のように一般化する．まず $l \times m$ 型行列 A を $\begin{pmatrix} {}^t a_1 \\ {}^t a_2 \\ \vdots \\ {}^t a_l \end{pmatrix}$ のように l 個の行ベクトルが縦に並んだもの（a_i は m 次列ベクトル）と考え，他方 $m \times n$ 型行列 B を $(b_1 \ b_2 \ \cdots \ b_n)$ のように，n 個の列ベクトルが横に並んだもの（b_j は m 次列ベクトル）と考え，これらに対し，ベクトル a_i とベクトル b_k の内積 $a_i \cdot b_k$，すなわち ${}^t a_i b_k = \sum_{j=1}^{m} a_{ij} b_{jk}$ を，その (i, k) 成分にもつ行列を A, B の積 AB と定義するのである．

もっとも，以上の定義は発生的な説明にはなっているが，概念の修得のためには必ずしも能率的でない．そこで，後の学習のためにより明確で効率的な定義を与えよう．

定義 3.1.1　$l \times m$ 型行列 $A = (a_{ij})$, $m \times n$ 型行列 $B = (b_{jk})$ に対し，$l \times n$ 型行列 $C = (c_{ik})$ がそれらの積 AB であるとは

$$c_{ik} = \sum_{j=1}^{m} a_{ij} b_{jk} \qquad \begin{cases} i = 1, 2, \cdots, l \\ k = 1, 2, \cdots, n \end{cases}$$

が成り立つことである．

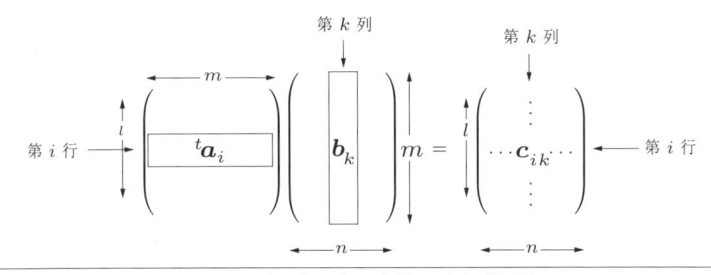

図 3.1　行列の積の定義の直観的理解

解説　図 3.1 のように，行列 A の第 i 行と行列 B の第 k 列の成分を，

$$\begin{cases} A \text{ の行については左から} \\ B \text{ の列については上から} \end{cases}$$

順に 1 つずつとって積を作り，そうしてできる m 個の積の和を (i, k) 成分にもつ行列 C が AB に等しいということである．

上の定義は今後，繰り返し利用されるので，

> 積 AB の (i, k) 成分
> 　= (A の第 i 行) と (B の第 k 列) の対応成分の積の和

という意味の他に，

$$c_{ik} = \sum_j a_{ij} b_{jk}$$

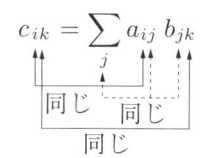

同じ　同じ
同じ

という形式上の特徴もしっかりと心に入れておくとよい．

> **注意**　上の定義から明らかにわかるように，行列 A, B の積 AB が定義できるためには，
> $$A \text{ の列数} = B \text{ の行数}$$
> であることが必須である．この性質
> $$(l \times m \text{ 型}) \times (m \times n \text{ 型}) = (l \times n \text{ 型})$$
> 同じ
> のような形式的な特徴としてとらえると，印象深く覚えられるであろう．

■ 3.2　行列の積の性質

以上の行列の積の定義から，行列の積についてのさまざまな重要な性質が導かれる．まず，例題の形でこれを取り上げよう．

前節で述べた行列の演算が「積」と呼ぶにふさわしいものであることは，それが以下に述べる性質をもつことから納得できる．

本質例題　9　行列の転置と積の性質　　基礎

$l \times m$ 型行列 A, $m \times n$ 型行列 B について ${}^t(AB) = {}^tB\,{}^tA$ が成り立つことを証明せよ．

▎2つの行列が等しいことを証明するには，任意の位置の成分が互いに等しいことを示せばよい．▎

解答　　　　　　　　　　　　　　　　　　　　　　　　　長岡流処方せん

積が定義できるために A は $l \times m$ 型，B は $m \times n$ 型として，

42　第3章　逆行列の概念，正則行列の概念

$$A = (a_{ij}), \quad B = (b_{jk})$$

とおくと，AB は

$$\sum_{j=1}^{m} a_{ij} b_{jk}$$

を (i,k) 成分にもつ $l \times n$ 型行列であり，したがって，その転置行列である $^t(AB)$ は，上の値を (k,i) 成分にもつ $n \times l$ 型行列である．

他方，A, B の転置行列は，それぞれ

$$^tA = (a_{ji}), \quad ^tB = (b_{kj})$$

であり，これらはそれぞれ $m \times l$ 型，$n \times m$ 型行列であるので，積 $^tB\,^tA$ が $n \times l$ 型行列として定義でき，その (k,i) 成分は

$$\sum_{j=1}^{m} (^tB の (k,j) 成分)(^tA の (j,i) 成分) = \sum_{j=1}^{m} b_{jk} a_{ij}$$

である．

よって $^t(AB)$，$^tB\,^tA$ はともに $n \times l$ 型行列であり，その (k,i) 成分は，任意の $k(1 \leq k \leq n)$, $i(1 \leq i \leq l)$ について一致する．

よって

$$^t(AB) = {}^tB\,^tA$$

となる．■

■ いたみ止め
略記法の基本．

■ いたみ止め
積の定義．

■ いたみ止め
ここが出発点．

■ いたみ止め
転置の定義．

■ いたみ止め
積の定義．

■ いたみ止め
ここがポイント．

本質例題　10　行列の積とトレースの性質　　　標準

n 次正方行列 $A = (a_{ij})$ に対し対角成分の和を A のトレース（trace [英], Spur [独]（= シュプール））という．すなわち，

$$\mathrm{tr}\,(A) = \sum_{i=1}^{n} a_{ii}$$

このとき，任意の n 次正方行列 A, B に対し

$$\mathrm{tr}\,(AB) = \mathrm{tr}\,(BA)$$

が成り立つことを証明せよ．

● 行列のトレースは，行列の左上から右下に並ぶ成分の和である．両辺の行列 AB, BA それぞれについてこの和を計算するだけである．▶

解答

$$A = (a_{ij}), \quad B = (b_{ij})$$

とおくと，AB の (i,k) 成分は，$\sum_{j=1}^{n} a_{ij} b_{jk}$ であるから，とくに (i,i) 成分は $\sum_{j=1}^{n} a_{ij} b_{ji}$ であり，したがって

$$\mathrm{tr}\,(AB) = \sum_{i=1}^{n} \left(\sum_{j=1}^{n} a_{ij} b_{ji} \right) \tag{3.1}$$

他方，BA の (i,k) 成分は，$\sum_{j=1}^{n} b_{ij} a_{jk}$ であるから，特に (i,i) 成分は $\sum_{j=1}^{n} b_{ij} a_{ji}$ であり，したがって

$$\mathrm{tr}\,(BA) = \sum_{i=1}^{n} \left(\sum_{j=1}^{n} b_{ij} a_{ji} \right)$$
$$= \sum_{i=1}^{n} \left(\sum_{j=1}^{n} a_{ji} b_{ij} \right)$$

である．最後の式で i と j を書き換えれば，

$$\mathrm{tr}\,(BA) = \sum_{j=1}^{n} \left(\sum_{i=1}^{n} a_{ij} b_{ji} \right) \tag{3.2}$$

となり，(3.1), (3.2) の違いは，$\sum_i$ と $\sum_j$ の順序だけであるので，

$$\mathrm{tr}\,(AB) = \mathrm{tr}\,(BA)$$

長岡流処方せん

■ いたみ止め
行列の積の定義が基本！

■ いたみ止め
トレースは，対角成分の和である．

■ いたみ止め
後半は前半と同様．

が成り立つ. ∎

> **定理 3.2.1** 行列の積に関して,次の結合法則が成り立つ.すなわち,A が $l \times m$ 型,B が $m \times n$ 型,C が $n \times p$ 型であるとき
> $$(AB)C = A(BC)$$

この証明を遂行するために,まず,$\sum$ 記号について次の性質が成り立つことに注意する.

予備定理 $m,\ n$ を与えられた正の整数とする.このとき,mn 個の数 $a_{ij}\ (i = 1,\ 2,\ \cdots,\ m;\ j = 1,\ 2,\ \cdots,\ n)$ について

$$\sum_{i=1}^{m}\sum_{j=1}^{n} a_{ij} = \sum_{j=1}^{n}\sum_{i=1}^{m} a_{ij} \qquad (\text{$\sum$ 記号の交換法則})$$

が成り立つ.

両辺をていねいに書けば,これは証明するまでもない自明の事実であることがわかる.すなわち,まず i を固定しておいて j を動かしてとった和の和

$$\sum_{i=1}^{m}\Bigl(\sum_{j=1}^{n} a_{ij}\Bigr)$$

と,まず j を固定しておいて i を動かしてとった和の和

$$\sum_{j=1}^{n}\Bigl(\sum_{i=1}^{m} a_{ij}\Bigr)$$

が等しいということであるが,下のように図解してみれば,上の 2 つがいずれも,これら mn 個の数全体の和を意味することがわかるだろう.

$$\begin{array}{cccccc}
a_{11} & a_{12} & \cdots & \boxed{a_{1i}} & \cdots & a_{1n} \\
a_{21} & a_{22} & \cdots & \boxed{a_{2j}} & \cdots & a_{2n} \\
\vdots & \vdots & & \vdots & & \vdots \\
\boxed{a_{i1}\quad a_{i2}\quad \cdots\quad a_{ij}\quad \cdots\quad a_{in}} \\
\vdots & \vdots & & \vdots & & \vdots \\
a_{m1} & a_{m2} & \cdots & \boxed{a_{mj}} & \cdots & a_{mn}
\end{array}$$

注意 この予備定理で，$\sum$ の上にある m, n が i, j と無関係な定数であることが本質的である．実際，$\displaystyle\sum_{i=1}^{5}\sum_{j=1}^{i} a_{ij}$ のような場合は，2 つの $\sum$ 記号を交換することはできない！

この準備の上で，結合法則を証明しよう．

証明 $A=(a_{ij})$, $B=(b_{jk})$, $C=(c_{kq})$ とおく．

$$AB \text{ の } (i,\ k) \text{ 成分} = \sum_{j=1}^{m} a_{ij}b_{jk} \quad \begin{cases} i=1,\ 2,\ \cdots,\ l \\ k=1,\ 2,\ \cdots,\ n \end{cases}$$

であるから

$$(AB)C \text{ の } (i,\ q) \text{ 成分} = \sum_{k=1}^{n}\Bigl(\sum_{j=1}^{m} a_{ij}b_{jk}\Bigr)c_{kq} = \sum_{k=1}^{n}\sum_{j=1}^{m} a_{ij}b_{jk}c_{kq}$$

同様に

$$A(BC) \text{ の } (i,\ q) \text{ 成分} = \sum_{j=1}^{m}\sum_{k=1}^{n} a_{ij}b_{jk}c_{kq}$$

この両者は，$\sum$ 記号の順序が違うだけであるから一致している．

よって任意の $i=1,\ 2,\ \cdots,\ l;\ q=1,\ 2,\ \cdots,\ p$ について $(AB)C$ と $A(BC)$ の (i,q) 成分が一致するので，

$$(AB)C = A(BC) \quad \blacksquare$$

行列の積についての結合法則と同様に，分配法則が成り立つ．すなわち，

下の定理が成り立つ．

> **定理 3.2.2**　A が $l \times m$ 型，B, C が $m \times n$ 型であるとき
> $$A(B+C) = AB + AC \quad (左分配法則)$$

本質例題 11　分配法則の証明　　　　　　　　　　　　　基礎

上の定理 3.2.2 を証明せよ．

■結合法則の場合と同様，一般的な形で論証を組み立てることがポイントである．論証の組み立て方法をしっかり理解しよう！■

解答

証明　両辺はともに，$l \times n$ 型行列である．
$$\begin{cases} A = (a_{ij}) \\ B = (b_{jk}),\ C = (c_{jk}) \end{cases}$$
とおけば，
$$B+C \text{ の } (j, k) \text{ 成分は } b_{jk} + c_{jk}$$
であるから，
$A(B+C)$ の (i, k) 成分
$$= \sum_{j=1}^{m} (A \text{ の } (i,j) \text{ 成分})((B+C) \text{ の } (j,k) \text{ 成分})$$
$$= \sum_{j=1}^{m} a_{ij}(b_{jk} + c_{jk}) = \sum_{j=1}^{m} (a_{ij}b_{jk} + a_{ij}b_{jk})$$
$$= \sum_{j=1}^{m} a_{ij}b_{jk} + \sum_{j=1}^{m} a_{ij}c_{jk}$$
$$= AB \text{ の } (i,k) \text{ 成分} + AC \text{ の } (i,k) \text{ 成分}$$
$$= AB + AC \text{ の } (i,k) \text{ 成分}$$
が任意の $i = 1, 2, \cdots, l;\ k = 1, 2, \cdots, n$ について成り立つ．

長岡流処方せん

■**いたみ止め**

行列 P, Q の積 PQ の (i, k) 成分は，"(P の (i, j) 成分) × (Q の (j, k) 成分) を, $j = 1, 2, \cdots$ と加え合わせたもの" が基本！

$$\therefore A(B+C) = AB + AC \quad \blacksquare$$

同様にして，A, B が $l \times m$ 型，C が $m \times n$ 型であるとき

$$(A+B)C = AC + BC \quad \text{（右分配法則）}$$

が成り立つ．この証明は上の例題の理解を試すための簡単な練習問題になろう．

3.3 行列の積についての際立った性質——非可換性

行列の積について最も著しい特徴の1つは**交換法則が成り立たないこと**である．すなわち一般に，行列について，AB と BA とは同じでない．一方が定義できても，他方が定義できないことさえある．両方が定義できても，両者は一致するとは限らない．つまり，行列の積は**非可換**（交換可能でない）である！

例 3.1 $A = \begin{pmatrix} 1 & 3 & 5 \\ 2 & 4 & 6 \end{pmatrix}, B = \begin{pmatrix} 1 & 4 & 7 \\ 2 & 5 & 8 \\ 3 & 6 & 9 \end{pmatrix}$ とすると，

$AB = \begin{pmatrix} 22 & 49 & 76 \\ 28 & 64 & 100 \end{pmatrix}$ である．他方，BA は定義できない．

例 3.2 $A = \begin{pmatrix} 1 & 2 & 3 \\ 0 & 0 & 0 \end{pmatrix}, B = \begin{pmatrix} 1 & 0 \\ 2 & 0 \\ 3 & 0 \end{pmatrix}$ とすると，AB, BA はともに定

義できるが，$AB = \begin{pmatrix} 14 & 0 \\ 0 & 0 \end{pmatrix}, BA = \begin{pmatrix} 1 & 2 & 3 \\ 2 & 4 & 6 \\ 3 & 6 & 9 \end{pmatrix}$ のように，型さえ異なる．

3.4 単位行列

まず以下の叙述を能率良く行うために行列のブロック分割の積の関係をおさえておこう．

> **定理 3.4.1** （ブロック分割と積） 行列 $A = (A_{ij})$, $B = (B_{jk})$ について, A_{ij} が $l_i \times m_j$ 型行列, B_{jk} が $m_j \times n_k$ 型行列であるとき,
> $$AB = \left(\sum_j A_{ij} B_{jk}\right)$$
> が成り立つ.

この性質が成り立つことの厳密な証明は，それ自身として難しいわけではないが，証明をきちんと書くとなると，意外に面倒である．とりあえずは以下のような例で，それが成り立つことを"経験的"に実感するだけでよかろう．

例 3.3
$$\begin{cases} A_{11} = \begin{pmatrix} a_{11} & a_{12} \\ a_{21} & a_{22} \end{pmatrix}, \ A_{12} = \begin{pmatrix} a_{13} \\ a_{23} \end{pmatrix} \\ A_{21} = (a_{31} \ a_{32}), \ A_{22} = (a_{33}) \\ B_1 = \begin{pmatrix} b_{11} & b_{12} & b_{13} & b_{14} \\ b_{21} & b_{22} & b_{23} & b_{24} \end{pmatrix} \\ B_2 = (b_{31} \ b_{32} \ b_{33} \ b_{34}) \end{cases}$$

のとき，
$$AB = \begin{pmatrix} A_{11} & A_{12} \\ A_{21} & A_{22} \end{pmatrix} \begin{pmatrix} B_1 \\ B_2 \end{pmatrix} \quad \text{と} \quad \left(\sum_j A_{ij} B_j\right) = \begin{pmatrix} A_{11} B_1 + A_{12} B_2 \\ A_{21} B_1 + A_{22} B_2 \end{pmatrix}$$

はいずれも，結局は
$$\begin{pmatrix} a_{11} & a_{12} & a_{13} \\ a_{21} & a_{22} & a_{23} \\ a_{31} & a_{32} & a_{33} \end{pmatrix} \begin{pmatrix} b_{11} & b_{12} & b_{13} & b_{14} \\ b_{21} & b_{22} & b_{23} & b_{24} \\ b_{31} & b_{32} & b_{33} & b_{34} \end{pmatrix}$$

を意味している（図 3.2）．

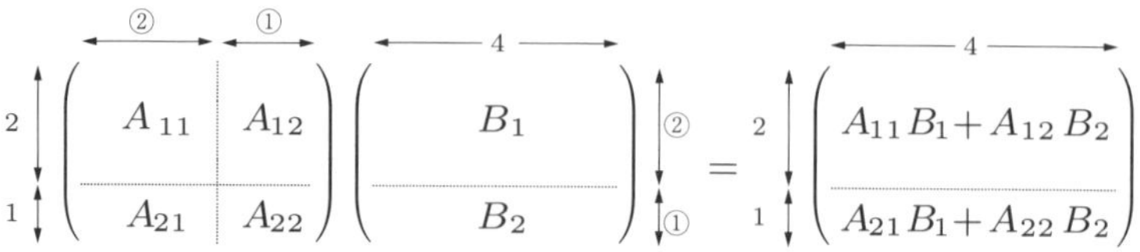

図 3.2　ブロック分割された行列の積

3.4 単位行列

定理 3.4.2 E_n を n 次単位行列とするとき，
  i) 任意の $m \times n$ 型行列 A に対し，$AE_n = A$
  ii) 任意の $n \times l$ 型行列 B に対し，$E_n B = B$
  iii) 任意の n 次正方行列 P に対し，$PE_n = E_n P = P$

証明 i) $A = (a_{ij})$, $E_n = (\delta_{jk})$ とおく（δ_{jk} はクロネッカのデルタである）と，

$$AE_n \text{ の } (i, k) \text{ 成分} = \sum_{j=1}^{n} a_{ij} \delta_{jk}$$
$$= a_{ik}$$
$$= A \text{ の } (i, k) \text{ 成分}$$

↓ $j=1$ から $j=n$ までの和であるが，δ_{jk} の意味から $j=k$ のときのみ，和に contribute する値になる（その他のときは 0）

が任意の i, k について成り立つので，$AE_n = A$.

  ii) も同様である．

  iii) は，i), ii) の自明の帰結である． ∎

E_n を単位行列と呼ぶのは，積に関するこの性質[1]に由来する．

また，性質 iii) を満たすような行列は E_n に限る．実際，もしある n 次正方行列 F が任意の n 次正方行列 P に対し，

$$PF = FP = P$$

を満たすとすると，E_n と F の性質により，

$$F = FE_n = E_n$$

---
[1] 積について，1 (= すべてのものを計る単位 unit) と同じく，**かけても相手を変えない**，という性質．なお，E は「単位」を表すドイツ語の単語 Einheit の頭文字である．

となるからである[2].

■ 3.5 逆行列，正則性

積に関する"単位"が定義されると，次に問題となるのは，"逆"である．このことを理解するには，小学校で学んだ算数を思い出すとよい．掛け算と，掛け算に関する単位である 1 が理解されたとたん，次に問題となったのは，その逆演算である割り算であった．そして割り算を定義することは，次の意味で，逆数を考えることと同じことである．

$$a \div b = a \times \frac{1}{b} \quad \left(\text{あるいは} \frac{1}{b} \times a\right)$$

行列の積に関しては，積が交換可能でないために，事情は少し複雑になるが，逆数に相当する概念を考えるところまでは同じである．

定義 3.5.1 正方行列 A に対して

$$AX = XA = E$$

となる正方行列 X が存在するとき，A は**正則**(non-singular) である[3]といい，このような X を A の**逆行列**と呼び，一般には A^{-1} という記号で表す[4]．ここで X は，A と同じ次数の正方行列である．

---

[2] この証明は"群"における"単位元"の唯一性の証明と同一である．実際，E, E' が両方とも，

$$EP = PE = P \quad \forall P$$
$$E'P = PE' = P \quad \forall P$$

を満たすとすれば，上の 2 式の P に E, E' を代入することにより，

$$E = EE' = E'$$

[3] あるいは，**可逆** (invertible [英]) である，ともいう．
[4] A に対し，その逆行列が複数存在したなら，A^{-1} のような記号には意味がない．ただ 1 つだからこそ命名できるのである．

> **注意**
>
> A^{-1} が存在する（言い換えれば，A が正則である）とは限らないが，**存在するときはただ1つであることは定義から明らかである**．実際，B, B' が両方とも上の X の性質を満たすとすると，
>
> $$B = BE = B(AB') = (BA)B' = EB' = B'$$
>
> となってしまう．そこで，そのただ1つしかない A の逆行列を A^{-1} という記号で表すことができる，というわけである．なお，この議論は "群" における "逆元" の唯一性の証明と同一である．

例 3.4　$A = \begin{pmatrix} 1 & 3 \\ 1 & 2 \end{pmatrix}$, $B = \begin{pmatrix} -2 & 3 \\ 1 & -1 \end{pmatrix}$

とおくと

$$AB = \begin{pmatrix} 1 & 0 \\ 0 & 1 \end{pmatrix}, \quad BA = \begin{pmatrix} 1 & 0 \\ 0 & 1 \end{pmatrix}$$

ゆえに，A は正則であって，$A^{-1} = B = \begin{pmatrix} -2 & 3 \\ 1 & -1 \end{pmatrix}$

本質例題 12　非正則性の証明　　　　　　　　　　　　　　　基礎

$A = \begin{pmatrix} 1 & -1 \\ 1 & -1 \end{pmatrix}$ は正則でないことを示せ．

◀ A の正則性，非正則性の判定条件は，後に学ぶ行列式の概念やランク (rank) の概念を用いると，より簡単に与えることができるが，ここでは最初の定義だけに基づいて素朴に解いてみよう！▶

解答

$X = \begin{pmatrix} x & z \\ y & w \end{pmatrix}$ とおいて，方程式

$$AX = E$$

を考えると

> **長岡流処方せん**
>
> ■ **いたみ止め**
>
> A が正則でないとは，A の逆行列が存在しないことである．これを証明するために逆行列の満たすべき条件を考える．

$$\begin{pmatrix} x-y & z-w \\ x-y & z-w \end{pmatrix} = \begin{pmatrix} 1 & 0 \\ 0 & 1 \end{pmatrix} \quad \therefore \begin{cases} x-y=1 \cdots\cdots ① \\ x-y=0 \cdots\cdots ② \\ z-w=0 \cdots\cdots ③ \\ z-w=1 \cdots\cdots ④ \end{cases}$$

となり，①と②，③と④は矛盾するのでこれを満たす x, y, z, w は存在しない．よって A の逆行列は存在しない．

■ いたみ止め
「①，②の矛盾」だけでもよい．

次の定理は正則性に関連して最も重要な事柄である．

定理 3.5.1 同じ次数の正方行列 A, B において，A と B がともに正則であるならば積 AB も正則である．

証明 仮定により，A, B の逆行列 A^{-1}, B^{-1} が A, B と同じ次数の正方行列として存在する．そこでそれらの積
$$C = B^{-1}A^{-1}$$
を考える（A^{-1}, B^{-1} は n 次正方行列であるから，確かにこの積を考えることができる！）と，

$$(AB)C = A(BC) = A(B(B^{-1}A^{-1})) = A((BB^{-1})A^{-1})$$
$$= A(EA^{-1}) = AA^{-1} = E$$

同様に，
$$C(AB) = E$$

ゆえに，C は AB の逆行列である．■

注意 その1　慣れてくれば，上のようにていねいに書かなくとも，積についての結合法則を自明のものとして使い，

$$(AB)(B^{-1}A^{-1}) = A\underbrace{BB^{-1}}_{E}A^{-1} = AA^{-1} = E$$

のように書いてよい．

その2　$(AB)C = E$，かつ $C(AB) = E$ が成り立つことがいえれば，逆行列の一意性から $C = (AB)^{-1}$ がいえるのは，51 ページの注意の事実による．

定理 3.5.2　$A = \begin{pmatrix} A_{11} & A_{12} \\ O & A_{22} \end{pmatrix}$ において，A_{11}，A_{22} がそれぞれ正則な正方行列であるときは，A 自身も正則である．

本質例題 13　ブロック分割された行列の正則性　　　　標準

定理 3.5.2 を証明せよ．

■ A が正則であることを示すには A の逆行列 B の存在を示せばよい．AB や BA を計算しやすいように，A のブロック分割にあわせて B を上手にブロック分割して考えるのがポイントである．■

解答

証明　A_{11}^{-1}，A_{22}^{-1} が存在するので，これらを用いて行列 B を
$$B = \begin{pmatrix} A_{11}^{-1} & -A_{11}^{-1} A_{12} A_{22}^{-1} \\ O & A_{22}^{-1} \end{pmatrix}$$
というブロック分割で定義すると，
$$AB = \begin{pmatrix} A_{11} & A_{12} \\ O & A_{22} \end{pmatrix} \begin{pmatrix} A_{11}^{-1} & -A_{11}^{-1} A_{12} A_{22}^{-1} \\ O & A_{22}^{-1} \end{pmatrix}$$
$$= \begin{pmatrix} A_{11} A_{11}^{-1} & -A_{12} A_{22}^{-1} + A_{12} A_{22}^{-1} \\ O & A_{22} A_{22}^{-1} \end{pmatrix} = E$$

同様にして
$$BA = \begin{pmatrix} A_{11}^{-1} & -A_{11}^{-1} A_{12} A_{22}^{-1} \\ O & A_{22}^{-1} \end{pmatrix} \begin{pmatrix} A_{11} & A_{12} \\ O & A_{22} \end{pmatrix} = E$$

ゆえに，B は A の逆行列である．■

長岡流処方せん

■ **いたみ止め**

いきなり，これをみると不思議に思うのは当然である．

$$B = \begin{pmatrix} B_{11} & B_{12} \\ B_{21} & B_{22} \end{pmatrix}$$

とおいて，AB を計算し，それが単位行列となるように $B_{11}, B_{22}, B_{21}, B_{12}$ を決めればよい．

問題点———再び連立方程式へ

与えられた n 次正方行列 $A = \begin{pmatrix} a_{11} & a_{12} & \cdots & a_{1n} \\ a_{21} & a_{22} & \cdots & a_{2n} \\ \vdots & \vdots & & \vdots \\ a_{n1} & a_{n2} & \cdots & a_{nn} \end{pmatrix}$ が正則であるか否かを判定するためには，定義にさかのぼって

$$AX = E \text{ かつ } XA = E$$

を満たす n 次正方行列 $X = \begin{pmatrix} x_{11} & x_{12} & \cdots & x_{1n} \\ x_{21} & x_{22} & \cdots & x_{2n} \\ \vdots & \vdots & & \vdots \\ x_{n1} & x_{n2} & \cdots & x_{nn} \end{pmatrix}$ の存在を調べればよい．

ところでまず，条件 $AX = E$ を考えると，n 組の連立 1 次方程式

$$\begin{cases} a_{11}x_{11} + a_{12}x_{21} + \cdots + a_{1n}x_{n1} = 1 \\ a_{21}x_{11} + a_{22}x_{21} + \cdots + a_{2n}x_{n1} = 0 \\ \quad\quad\quad\quad \vdots \\ a_{n1}x_{11} + a_{n2}x_{21} + \cdots + a_{nn}x_{n1} = 0 \end{cases}$$

$$\begin{cases} a_{11}x_{12} + a_{12}x_{22} + \cdots + a_{1n}x_{n2} = 0 \\ a_{21}x_{12} + a_{22}x_{22} + \cdots + a_{2n}x_{n2} = 1 \\ \quad\quad\quad\quad \vdots \\ a_{n1}x_{12} + a_{n2}x_{22} + \cdots + a_{nn}x_{n2} = 0 \end{cases}$$

$$\vdots$$

$$\begin{cases} a_{11}x_{1n} + a_{12}x_{2n} + \cdots + a_{1n}x_{nn} = 0 \\ a_{21}x_{1n} + a_{22}x_{2n} + \cdots + a_{2n}x_{nn} = 0 \\ \quad\quad\quad\quad \vdots \\ a_{n1}x_{1n} + a_{n2}x_{2n} + \cdots + a_{nn}x_{nn} = 1 \end{cases}$$

の解が存在するかどうかを調べるという問題に直面する．

注意 それぞれは，n 個の未知数 $x_{1i}, x_{2i}, \cdots, x_{ni}$ についての連立方程式であって，ここで i が $1, 2, \cdots, n$ という n 個の値をとる．実際は，このようにすべて成分で表すより，ブロック分割の記号を利用して

$$X = (\boldsymbol{x}_1,\ \boldsymbol{x}_2,\ \cdots,\ \boldsymbol{x}_n)$$
$$E = (\boldsymbol{e}_1,\ \boldsymbol{e}_2,\ \cdots,\ \boldsymbol{e}_n)$$

と表してやれば，上に考えている方程式 $AX = E$ は

$$A(\boldsymbol{x}_1,\ \boldsymbol{x}_2,\ \cdots,\ \boldsymbol{x}_n) = (\boldsymbol{e}_1,\ \boldsymbol{e}_2,\ \cdots,\ \boldsymbol{e}_n)$$
$$\therefore\ (A\boldsymbol{x}_1,\ A\boldsymbol{x}_2,\ \cdots,\ A\boldsymbol{x}_n) = (\boldsymbol{e}_1,\ \boldsymbol{e}_2,\ \cdots,\ \boldsymbol{e}_n)$$

を，n 組の方程式

$$\begin{cases} A\boldsymbol{x}_1 = \boldsymbol{e}_1 \\ A\boldsymbol{x}_2 = \boldsymbol{e}_2 \\ \quad\vdots \\ A\boldsymbol{x}_n = \boldsymbol{e}_n \end{cases}$$

に分けたものに過ぎないことがわかろう．

ところで，A の正則性を判定するためには，これまでの定義に従えば，上のように

$$AX = E$$

を満たす X（A の右逆行列）の存在を考えるだけでなく，それが

$$XA = E$$

をも満たす（A の左逆行列でもある）ことを確かめなければならないところだが，じつはあとに示すように，行列においては，右逆行列，左逆行列のいずれかの存在が言えれば，他方の存在も示され，したがって両者が一致することも言える．

　これら n 組の連立 1 次方程式は，未知数を表す文字と定数項が違うだけで，係数はすべて共通であるから，質的には大差ないものであるが，それぞれの解法を実際に実行することは決して容易でない．しかし，ここで重要なことは，その計算を実行することそのものではない．重要なことは，連立方程式を一般的，抽象的，理論的に考えるために行列を導入したが，その行列の基礎理論が連立 1 次方程式と関係していることが判明したことである．したがって，このままでは「ニワトリと卵」(chicken & egg) の循環に陥ってしまう．この困難に陥ることなしに，**正則性の判定条件**に向かって**連立 1 次方程式論**を**再構築**する必要があるのである．

【3章の復習問題】

1 n 次正方行列 A, B に対して, $[A, B] = AB - BA$ と定義する.
  (1) $[A, B] \neq E$ を示せ. ただし, E は n 次の単位行列とする.
  (2) A, B がともに交代行列, またはともに対称行列であるならば, $[A, B]$ は交代行列となることを示せ.
  (3) A と $[A, B]$ が可換であるとき, $[A^m, B]$ を $m, [A, B], A$ などを用いて表せ. ただし, m は自然数とする.

  注 $[A, B]$ は A, B の**括弧積** (bracket product) と呼ばれる.

2 n 次正方行列 A が, ある自然数 k に対して $A^k = O$ を満たすとする. このとき, $E + A, E - A$ は正則行列であることを示せ. また, $E + A, E - A$ の逆行列を求めよ. ただし, E は n 次の単位行列とする.

4

連立1次方程式

本章では，連立1次方程式の解法の理論を構築しよう．そのためにまず行列に対する基本変形を"表現する"という主題を学ぶ．「表現」という単語が一般的である分だけ，"変形を表現する"とはどういうことか，わかりにくいかも知れない．やや大げさに言えば，"操作"という《動き》を，行列という《もの》で"表現"するという手法である．

■ 4.1　変形とその表現

変形という，それ自身としては目に見えない操作を，「目に見える (visible)」「触ることのできる (tangible)」対象にするのがここでいう"表現"である．たとえば，

$$\left\{\begin{array}{l} 1 を 2 に \\ 2 を 3 に \\ 3 を 1 に \end{array}\right\} 移す$$

というような変換 f は，2次関数

$$f(x) = -\frac{3}{2}x^2 + \frac{11}{2}x - 2$$

を定める式で"表現"することができる．しかし，この表現は，上の3数の交換の表現としては必ずしも本質的でない．実際，上の変換と f の2次関数性とはさしあたり無関係である．これに対し，図4.1のような阿弥陀（あみだ）くじ[1]は，上の変換を巧みに表現しているといえる．阿弥陀くじそれ自身は図柄でしかないが，しかるべきルールに従ってこれを見るとき，上のような交換の操作を表現[2]しているといえよう．

---

[1] 今日，一般に普及している縦線に何本かの横線を入れる形式からは，阿弥陀仏を連想することは困難であるが，元々は，阿弥陀仏像の光背のように放射状の線を基本にしていたらしい．

[2] 表現するということと単に名前をつけることとは同じでない．たとえば，平方するというような操作（関数）に，f という名前をつけることはすでに馴染んでいるはずであるが，ここでいう「表現」は名前づけを超えて操作そのものを表す方法のことである．

図4.1 阿弥陀（あみだ）くじ

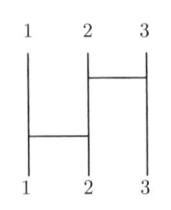

　少し乱暴な言い方をすれば，この"表現"によって，頭の中で行われる"操作"そのものを，証明や計算のための扱いやすい道具とすることができる，ということである．

■ 4.2　行列の基本変形の数学的な表現——基本行列

行列の行について

$$\begin{cases} \text{i) ある行と別のある行とを交換する} \\ \text{ii) ある行を0でない定数倍する} \\ \text{iii) ある行に別のある行を加える} \end{cases}$$

という変形が重要である．ii) と組み合わせてやれば，iii) は

　　iii′) ある行に別のある行の定数倍を加える

と一般化することができる．そこで第2章では，i), ii), iii′) をまとめて行列の**行基本変形**と呼んだ．本章では，これらの変形を表現するものとして**基本行列**という概念を導入する．

定義 4.2.1　単位行列 E_n をわずかだけ変えることで得られる次の3種類を基本行列という．

・$F_n(i, j) =$ "E_n において，i 行と j 行を交換したもの"
　　　　　　　　（ただし，$i \neq j$）

・$G_n(i; \alpha) =$ "E_n において，第 (i, i) 成分を1から α に置き換えたもの"（ただし，$\alpha \neq 0$）

・$H_n(i, j; \alpha) =$ "E_n において，第 (i, j) 成分を0から α に置き換え

たもの"（ただし，$i \neq j$）

例 4.1　$F_3(1, 2) = \begin{pmatrix} 0 & 1 & 0 \\ 1 & 0 & 0 \\ 0 & 0 & 1 \end{pmatrix}$, 　　$G_3(2; 5) = \begin{pmatrix} 1 & 0 & 0 \\ 0 & 5 & 0 \\ 0 & 0 & 1 \end{pmatrix}$,

$H_3(1, 2; 5) = \begin{pmatrix} 1 & 5 & 0 \\ 0 & 1 & 0 \\ 0 & 0 & 1 \end{pmatrix}$

注意　この例のように，前後関係から誤解の余地がないときには，F, G, H の右下につく添え字——この場合は 3——を省いて，たとえば $F(1, 2)$ のように表したほうが簡潔である．

4.3　行基本変形と基本行列

次の定理が決定的に重要である．

定理 4.3.1　行に関する基本変形は，基本行列を左から掛けることに他ならない．

注意　この定理の精密な証明は，難しいわけではないが意外に煩雑で，初学者には難しく映る危険がある．それゆえ，まずは，次のような具体例を通じて，定理の主張を納得するのが，第一ステップとしてよかろう．

例 4.2　$A = \begin{pmatrix} 3 & 1 & 0 & -1 \\ 0 & 1 & 2 & 0 \\ -2 & 0 & 1 & 1 \end{pmatrix}$ に対して，

$F_3(1, 2)A = \begin{pmatrix} 0 & 1 & 0 \\ 1 & 0 & 0 \\ 0 & 0 & 1 \end{pmatrix} \begin{pmatrix} 3 & 1 & 0 & -1 \\ 0 & 1 & 2 & 0 \\ -2 & 0 & 1 & 1 \end{pmatrix}$

$$= \begin{pmatrix} 0 & 1 & 2 & 0 \\ 3 & 1 & 0 & -1 \\ -2 & 0 & 1 & 1 \end{pmatrix} \quad \leftarrow \text{第 1 行と第 2 行が入れ替わっている!}$$

$$G_3(2;\ 5)A = \begin{pmatrix} 1 & 0 & 0 \\ 0 & 5 & 0 \\ 0 & 0 & 1 \end{pmatrix} \begin{pmatrix} 3 & 1 & 0 & -1 \\ 0 & 1 & 2 & 0 \\ -2 & 0 & 1 & 1 \end{pmatrix}$$

$$= \begin{pmatrix} 3 & 1 & 0 & -1 \\ 0 & 5 & 10 & 0 \\ -2 & 0 & 1 & 1 \end{pmatrix} \quad \leftarrow \text{第 2 行がちょうど 5 倍されている}$$

$$H_3(1,\ 2;\ 5)A = \begin{pmatrix} 1 & 5 & 0 \\ 0 & 1 & 0 \\ 0 & 0 & 1 \end{pmatrix} \begin{pmatrix} 3 & 1 & 0 & -1 \\ 0 & 1 & 2 & 0 \\ -2 & 0 & 1 & 1 \end{pmatrix}$$

$$= \begin{pmatrix} 3 & 6 & 10 & -1 \\ 0 & 1 & 2 & 0 \\ -2 & 0 & 1 & 1 \end{pmatrix} \quad \leftarrow \left\{ \begin{array}{l} \text{第 1 行の各成分に,元の第 2 行の} \\ \text{5 倍が加えられている} \end{array} \right.$$

積の定義に従って各成分を丹念に計算することで以上のことがらを納得することは,少し面倒ではあっても決して困難な仕事ではない.しかし,次の図 4.2 に示すような,積の定義をしっかりと理解していれば,各成分をいちいち計算するまでもなく明らかであることがわかるはずである.

たとえば,与えられた $3 \times n$ 型行列 A に対し

$$F_3(1,\ 2) = \begin{pmatrix} 0 & 1 & 0 \\ 1 & 0 & 0 \\ 0 & 0 & 1 \end{pmatrix}$$

を左から掛けるとき,積 $F_3(1,\ 2)A$ の第 1 行を決めるのは $F_3(1,\ 2)$ の第 1 行であり,

1 この第 1 行の第 1 成分が 0 であることは,掛けられる A の第 1 行成分は無視される(0 倍される)こと
2 その第 2 成分が 1 であることは,A の第 2 行成分が 1 倍されること
3 その第 3 成分が 0 であることは,A の第 3 行成分が無視されること
4 したがってこれらの和としては,結局行列 A の第 2 行の各成分が出てくること

したがって $F_3(1, 2)A$ の第1行は，A の第2行そのものである

ということである（分析的に説明すると，このように長々となるが，理解してしまえば何でもないことがらである!）．他も同様である．

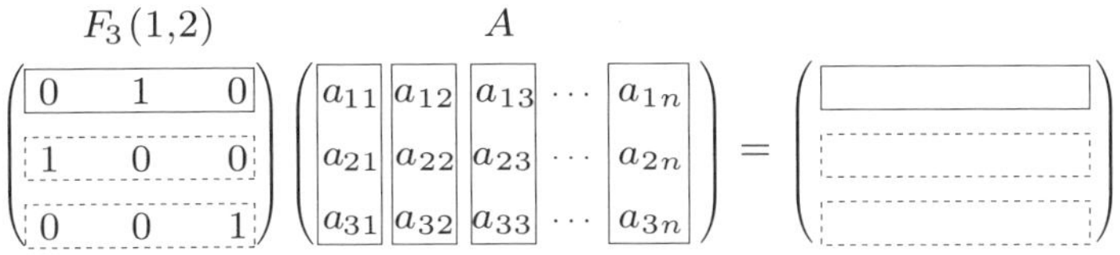

$$\begin{matrix} F_3(1,2) & A \end{matrix}$$
$$\begin{pmatrix} 0 & 1 & 0 \\ 1 & 0 & 0 \\ 0 & 0 & 1 \end{pmatrix} \begin{pmatrix} a_{11} & a_{12} & a_{13} & \cdots & a_{1n} \\ a_{21} & a_{22} & a_{23} & \cdots & a_{2n} \\ a_{31} & a_{32} & a_{33} & \cdots & a_{3n} \end{pmatrix} = \begin{pmatrix} \\ \\ \end{pmatrix}$$

図 4.2 積の定義の直観的理解（左の行と右の列の積）

■ 4.4　列基本変形と基本行列

前節の記述における「行」「列」に置き換えることで3種類の**列基本変形**を定義することができ，しかも列の基本変形も基本行列で表現できることがいえる．すなわち，

定理 4.4.1　列に関する基本変形は，基本行列を**右から掛ける**ことで表現される．

注意　これについても，形式的な証明はともかく，まずは下のような例で事態を納得することが，次の深い理解への第一歩であろう．

$A = \begin{pmatrix} 3 & 1 & 0 \\ 0 & 1 & 2 \\ -2 & 0 & 1 \end{pmatrix}$ に対して

$$AF_3(1, 2) = \begin{pmatrix} 3 & 1 & 0 \\ 0 & 1 & 2 \\ -2 & 0 & 1 \end{pmatrix} \begin{pmatrix} 0 & 1 & 0 \\ 1 & 0 & 0 \\ 0 & 0 & 1 \end{pmatrix} = \begin{pmatrix} 1 & 3 & 0 \\ 1 & 0 & 2 \\ 0 & -2 & 1 \end{pmatrix}$$
　　　　　　　　　　　　　　　　　　　　　↑　↑
　　　　　　　　　　　　　　　　　第1列と第2列が入れ替わった

$$AG_3(2;\ 5) = \begin{pmatrix} 3 & 1 & 0 \\ 0 & 1 & 2 \\ -2 & 0 & 1 \end{pmatrix} \begin{pmatrix} 1 & 0 & 0 \\ 0 & 5 & 0 \\ 0 & 0 & 1 \end{pmatrix} = \begin{pmatrix} 3 & 5 & 0 \\ 0 & 5 & 2 \\ -2 & 0 & 1 \end{pmatrix}$$

　　　　　　　　　　　　　　　　　第 2 列が 5 倍されている

$$AH_3(1,\ 2;\ 5) = \begin{pmatrix} 3 & 1 & 0 \\ 0 & 1 & 2 \\ -2 & 0 & 1 \end{pmatrix} \begin{pmatrix} 1 & 5 & 0 \\ 0 & 1 & 0 \\ 0 & 0 & 1 \end{pmatrix} = \begin{pmatrix} 3 & 16 & 0 \\ 0 & 1 & 2 \\ -2 & -10 & 1 \end{pmatrix}$$

　　　　　　　　　　　第 2 列の各成分に第 1 列の 5 倍が加えられている

基本行列のもつ性質の中で特に重要なのは，まず次のものである．

定理 4.4.2 基本行列は正則である．

証明 基本行列の表す変形を考えれば，

$$F(i,\ j)F(i,\ j) = E$$

$$G(i;\ \alpha)G\Big(i;\ \frac{1}{\alpha}\Big) = G\Big(i;\ \frac{1}{\alpha}\Big)G(i;\ \alpha) = E$$

$$H(i,\ j;\ \alpha)H(i,\ j;\ -\alpha) = H(i,\ j;\ -\alpha)H(i,\ j;\ \alpha) = E$$

が成り立つことがただちにわかる．よって $F(i,j)$, $G(i;\alpha)$, $H(i,j;\alpha)$ は正則である[3]．∎

系 4.4.1 おのおのの基本変形は**可逆**の変形，すなわち逆に戻ることのできる変形である．また，行についての複数の基本変形の合成も可逆である．

証明 前半は自明であるので後半の，行の基本変形について証明しよう．k 個の行基本変形があり，それぞれの基本変形に対応する行列を P_1,

---

[3] $G(i;\ \alpha)$ において "$\alpha \neq 0$" という条件が課されている理由も，上の証明から納得できるであろう．

$P_2, \cdots, P_k$ とおけば，与えられた行列 A に対する行の変形の合成は，行列の積

$$P_k \cdots P_2 P_1$$

を，行列 A に左から掛けることである．個々の $P_1, P_2, \cdots, P_k$ は正則だから，それらの積も正則であり，したがって逆行列[4]が存在する．これを左から掛ければ元に戻る．

列の基本変形については，A の「右から」掛けるという点が違うだけで同様である．■

以上のことから，ちょっと見にはとても意外な，しかし考えてみると至極当然と言わざるを得ない次の定理が導かれる．

> **定理 4.4.3** 正方行列 A が，適当な行の基本変形と列の基本変形を組み合わせて行うことで単位行列 E に変形できるなら，有限回の行の基本変形だけ（または列の基本変形だけ）で E に変形できる．

証明 $P_k \cdots P_2 P_1 A Q_1 Q_2 \cdots Q_l = E$

　　　　　　（$P_1, P_2, \cdots, P_k; Q_1, Q_2, \cdots, Q_l$ は基本行列）

となったとすると，

$$P_k \cdots P_2 P_1 A = Q_l^{-1} \cdots Q_2^{-1} Q_1^{-1}$$
$$\therefore Q_1 Q_2 \cdots Q_l P_k \cdots P_2 P_1 A = E$$

すなわち，A は，行の基本変形だけで E に変形できる．■

> **研究** この定理により，与えられた正方行列を単位行列に直す行基本変形に対応する基本行列の積（上の証明でいうと，$Q_1 Q_2 \cdots Q_l P_k \cdots P_2 P_1$）が，$A$ の逆行列を与えることがわかる．与えられた行列 A に対し，その逆行列を求めるには，この理論に基づく方法が最も実用的である．

---

[4] $P_k \cdots P_2 P_1$ の逆行列は，言うまでもなく $P_1^{-1} P_2^{-1} \cdots P_k^{-1}$ である．

本質例題 14 掃き出し法による逆行列の計算　　発展

行列 $A = \begin{pmatrix} 1 & 2 & 3 \\ 3 & 2 & 1 \\ 2 & 2 & 3 \end{pmatrix}$ に対して，基本変形を利用して逆行列 A^{-1} を求めよ．

▶ A に対して施すのと同じ行基本変形を単位行列 E に対しても施していく．これをわかりやすくするために，行列 A の横に単位行列 E をならべて 3 行 6 列の行列に対して，行基本変形を施す．◀

解答

行列 A と単位行列 E を横に並べた 3×6 型行列 $(A\ E)$ に対して，行の基本変形を繰り返していく．

$$\begin{pmatrix} 1 & 2 & 3 & 1 & 0 & 0 \\ 3 & 2 & 1 & 0 & 1 & 0 \\ 2 & 2 & 3 & 0 & 0 & 1 \end{pmatrix} \longrightarrow \begin{pmatrix} 1 & 2 & 3 & 1 & 0 & 0 \\ 0 & -4 & -8 & -3 & 1 & 0 \\ 0 & -2 & -3 & -2 & 0 & 1 \end{pmatrix}$$

第 2 行に第 1 行の (-3) 倍を加える．第 3 行に第 1 行の (-2) 倍を加える．

$$\longrightarrow \begin{pmatrix} 1 & 2 & 3 & 1 & 0 & 0 \\ 0 & 1 & 2 & \frac{3}{4} & -\frac{1}{4} & 0 \\ 0 & -2 & -3 & -2 & 0 & 1 \end{pmatrix}$$

第 2 行を $-\frac{1}{4}$ 倍する．

$$\longrightarrow \begin{pmatrix} 1 & 0 & -1 & -\frac{1}{2} & \frac{1}{2} & 0 \\ 0 & 1 & 2 & \frac{3}{4} & -\frac{1}{4} & 0 \\ 0 & 0 & 1 & -\frac{1}{2} & -\frac{1}{2} & 1 \end{pmatrix}$$

第 1 行に第 2 行の (-2) 倍を加える．第 3 行に第 2 行の 2 倍を加える．

$$\longrightarrow \begin{pmatrix} 1 & 0 & 0 & -1 & 0 & 1 \\ 0 & 1 & 0 & \frac{7}{4} & \frac{3}{4} & -2 \\ 0 & 0 & 1 & -\frac{1}{2} & -\frac{1}{2} & 1 \end{pmatrix}$$

第 1 行に第 3 行の 1 倍を加える．第 2 行に第 3 行の (-2) 倍を加える．

長岡流処方せん

■ いたみ止め

左側にある行列を単位行列にするための基本変形を右側の単位行列にも同時に施していく．

ゆえに，$A^{-1} = \begin{pmatrix} -1 & 0 & 1 \\ \frac{7}{4} & \frac{3}{4} & -2 \\ -\frac{1}{2} & -\frac{1}{2} & 1 \end{pmatrix}$ となる．

> **注意**
> 最初，$(1,1)$ 成分である 1 を軸足 (pivot) として第 1 列目の他の成分が 0 になるようにする．次に $(2,2)$ 成分が 1 となるように変形し，それを軸足として第 1 列目の成分が 0 になるようにする．最後に $(3,3)$ 成分である 1 を軸足として，第 3 列目の他の成分が 0 になるようにする．
> この方法を，軸足を固定して掃き出すという意味で**掃き出し法**という．

本質例題 15 基本行列の積による表現 〔標準〕

行列 $A = \begin{pmatrix} 1 & 2 & 3 \\ 3 & 2 & 1 \\ 2 & 2 & 3 \end{pmatrix}$ を基本行列の積で表現せよ．

■正則行列は，基本行列の積として表現できる，という事実を具体例を通じて確認しよう！■

解答　**長岡流処方せん**

上の本質例題 14 の計算から，A に

$$H(2,1;-3),\ H(3,1;-2),\ G(2;-\tfrac{1}{4}),$$
$$H(1,2;-2),\ H(3,2;2),\ H(1,3;1),$$
$$H(2,3;-2)$$

を順に左から掛けていくと単位行列 E となったので，これらの積が A^{-1} である．それゆえ，A はこれらの逆行列

$$H(2,1;3),\ H(3,1;2),\ G(2;-4),$$
$$H(1,2;2),\ H(3,2;-2),\ H(1,3;-1),$$
$$H(2,3;2)$$

をこの逆の順で掛け合わせたものである．

■ 4.5 行列の基本変形と連立方程式の解法

連立方程式

$A\bm{x} = \bm{b}$ ($A : m \times n$ 型行列, $\bm{x} : n$ 次未知列ベクトル, $\bm{b} : m$ 次既知列ベクトル)

の加減法による解法は, 拡大係数行列と呼ばれる $\widetilde{A} = (A, \bm{b})$ に対し, 基本的には, 行に関する基本変形 (特に "ある行に, 他の行の何倍かを加える" と "ある行を 0 でない何かで割る" という変形の 2 つである[5]) を施していって, 最終的に

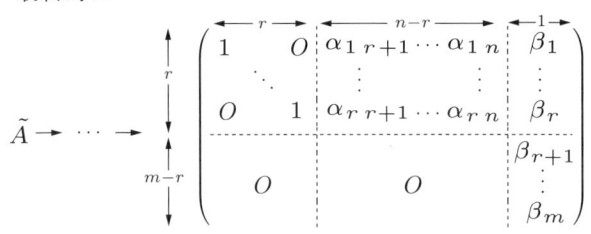

$$\widetilde{A} \to \cdots \to \begin{pmatrix} 1 & & O & \alpha_{1\,r+1} & \cdots & \alpha_{1\,n} & \beta_1 \\ & \ddots & & \vdots & & \vdots & \vdots \\ O & & 1 & \alpha_{r\,r+1} & \cdots & \alpha_{r\,n} & \beta_r \\ \hline & & & & & & \beta_{r+1} \\ & O & & & O & & \vdots \\ & & & & & & \beta_m \end{pmatrix}$$

という形に変形しようというものである.

> **注意** ややうるさいことを言うと, 行の基本変形だけでこの形までもってくることはできない. たとえば, $\begin{pmatrix} 1 & 0 & 1 & 0 & 0 \\ 0 & 1 & 0 & 0 & 1 \\ 0 & 0 & 0 & 2 & 2 \\ 0 & 0 & 0 & 0 & 0 \\ 0 & 0 & 0 & 1 & 1 \end{pmatrix}$ のような場合, 3 行 3 列成分を 1 とするためには, 第 1 行と第 3 行を交換しなくてはならないが, しかしそうすると, せっかく作った左上の 1 行 1 列成分が 1 でなくなってしまう!
>
> このような場合には, 第 3 列と第 4 列の交換をして $\begin{pmatrix} 1 & 0 & 0 & 1 & 0 \\ 0 & 1 & 0 & 0 & 1 \\ 0 & 0 & 2 & 0 & 2 \\ 0 & 0 & 0 & 0 & 0 \\ 0 & 0 & 1 & 0 & 1 \end{pmatrix}$ とし

---

[5] 行の交換は, 連立方程式として与えられた方程式の単なる "上, 下の並び替え" に過ぎないので, はじめに与えられた方程式の順番が都合よくできていれば, 必要ないと言ってもよいものであるので, 省いている.

てから，これに対して第 3 行を $\frac{1}{2}$ 倍すると $\begin{pmatrix} 1 & 0 & 0 & 1 & 0 \\ 0 & 1 & 0 & 0 & 1 \\ 0 & 0 & 1 & 0 & 1 \\ 0 & 0 & 0 & 0 & 0 \\ 0 & 0 & 1 & 0 & 1 \end{pmatrix}$ となり，第 5

行から第 3 行を引いてやれば $\left(\begin{array}{ccc|cc} 1 & 0 & 0 & 1 & 0 \\ 0 & 1 & 0 & 0 & 1 \\ 0 & 0 & 1 & 0 & 1 \\ \hline 0 & 0 & 0 & 0 & 0 \\ 0 & 0 & 0 & 0 & 0 \end{array} \right)$ という目標の形が得られる．

ここで，許した列の交換は，与えられた連立方程式
$$\begin{cases} x_1 & +x_3 & & = 0 \\ & x_2 & & = 1 \\ & & 2x_4 & = 2 \\ & & 0 & = 0 \\ & & x_4 & = 1 \end{cases}$$
の代わりに，
$$\begin{cases} x_1 & & +x_4 & = 0 \\ & x_2 & & = 1 \\ & & 2x_3 & = 2 \\ & & 0 & = 0 \\ & & x_3 & = 1 \end{cases}$$
という未知数の順番だけが入れ替わった（x_3 と x_4 の交換）ものを考えることに相当するので，列の交換をしたときは，それに応じて未知数も交換されたことを記憶しておけばよい，ということである．したがって，この例外を除くと，加減法による解法は，拡大係数行列 $\widetilde{A}$ に対する行の基本変形だけであると言ってもよい．言うまでもないことだが，拡大係数行列 $\widetilde{A}$ に対する列の交換といっても，連立方程式の定数項に対応する $\widetilde{A}$ の一番右にある列は交換の対象としない．

途中の行基本変形を表現する行列を順に $P_1, P_2, \cdots, P_k$ として
$$P = P_k \cdots P_2 P_1$$
とおけば，拡大係数行列 $\widetilde{A}$ に対する上で述べた変形は，

第 4 章 連立 1 次方程式

$$P\widetilde{A} = \begin{pmatrix} 1 & & & O & \alpha_{1\ r+1} & \cdots & \alpha_{1\ n} & \beta_1 \\ & 1 & & & \alpha_{2\ r+1} & \cdots & \alpha_{2\ n} & \beta_2 \\ & & \ddots & & \vdots & & \vdots & \vdots \\ O & & & 1 & \alpha_{r\ r+1} & \cdots & \alpha_{r\ n} & \beta_r \\ & & & & & & & \beta_{r+1} \\ & & O & & & O & & \vdots \\ & & & & & & & \beta_m \end{pmatrix}$$

すなわち

$$\begin{cases} PA = \begin{pmatrix} 1 & & & O & \alpha_{1\ r+1} & \cdots & \alpha_{1\ n} \\ & 1 & & & \alpha_{2\ r+1} & \cdots & \alpha_{2\ n} \\ & & \ddots & & \vdots & & \vdots \\ O & & & 1 & \alpha_{r\ r+1} & \cdots & \alpha_{r\ n} \\ & & O & & & O & \end{pmatrix} \\ P\boldsymbol{b} = \begin{pmatrix} \beta_1 \\ \vdots \\ \beta_r \\ \beta_{r+1} \\ \vdots \\ \beta_m \end{pmatrix} \end{cases}$$

であることを意味する. P が正則であることを考慮すれば

$$A\boldsymbol{x} = \boldsymbol{b} \iff P(A\boldsymbol{x}) = P\boldsymbol{b}$$
$$\iff (PA)\boldsymbol{x} = P\boldsymbol{b}$$

である[6]から,与えられた方程式

$$\begin{cases} a_{11}x_1 + a_{12}x_2 + \cdots + a_{1n}x_n = b_1 \\ a_{21}x_1 + a_{22}x_2 + \cdots + a_{2n}x_n = b_2 \\ \qquad\qquad\qquad \vdots \\ a_{m1}x_1 + a_{m2}x_2 + \cdots + a_{mn}x_n = b_m \end{cases}$$

---

[6] $(PA)\boldsymbol{x} = P\boldsymbol{b}$ の両辺に左から P^{-1} を掛ければ,$A\boldsymbol{x} = \boldsymbol{b}$ に戻ることができる!

が,

$$\begin{cases} x_1 + \alpha_{1\ r+1}x_{r+1} + \alpha_{1\ r+2}x_{r+2} + \cdots + \alpha_{1\ n}x_n = \beta_1 \\ x_2 + \alpha_{2\ r+1}x_{r+1} + \alpha_{2\ r+2}x_{r+2} + \cdots + \alpha_{2\ n}x_n = \beta_2 \\ \vdots \\ x_r + \alpha_{r\ r+1}x_{r+1} + \alpha_{r\ r+2}x_{r+2} + \cdots + \alpha_{r\ n}x_n = \beta_r \\ 0 = \beta_{r+1} \\ \vdots \\ 0 = \beta_m \end{cases}$$

と**同値**であるということである.

それゆえ,

$$\beta_{r+1} = \cdots = \beta_m = 0$$

のとき,かつそのときに限り,$n-r$ 個の未知数

$$x_{r+1},\ x_{r+2},\ \cdots,\ x_n$$

の値は勝手に決めてやることができ,そして,残り r 個の未知数

$$x_1,\ x_2,\ \cdots,\ x_r$$

の値は,$x_{r+1}, \cdots, x_n$ の値を最初の r 個の式に代入することによって決めてやればよいということである.

こういうわけで,勝手に値を決めることのできる未知数の個数 $n-r$ を方程式の解の**自由度**という.

初等数学では,$0x = 0$ のような無数に解を持つ方程式を「**不定**」と呼んだが,自由度が 1 以上の解をもつ場合は,すべて解は無数である.われわれは「無数に解を持つ」という素朴な表現では区別できなかった「無数さの程度」を,自由度という概念で表現できるようになったということである.

| 本質例題 | 16 | やや複雑な連立方程式の解法 | 標準 |

連立方程式

第 4 章 連立 1 次方程式

$$\begin{cases} x - y - z = -4 \\ x + 2y - 3z = -4 \\ 2x + y - z = 1 \\ x + y + az = b \end{cases}$$

を解け．ただし a, b は定数である．

◖中学校で学ぶ連立方程式では，未知数の個数と方程式の個数が等しく，解がただ一組決定されるというタイプばかりであるが，そのような制約がない問題に対しても通用する一般論を構成したい．◗

解答

$$\widetilde{A} = \begin{pmatrix} 1 & -1 & -1 & -4 \\ 1 & 2 & -3 & -4 \\ 2 & 1 & -1 & 1 \\ 1 & 1 & a & b \end{pmatrix} に対して，$$

1. 第 2 行に第 1 行の (-1) 倍を加える
2. 第 3 行に第 1 行の (-2) 倍を加える
3. 第 4 行に第 1 行の (-1) 倍を加える

という操作を施すと，

$$\begin{pmatrix} 1 & -1 & -1 & -4 \\ 0 & 3 & -2 & 0 \\ 0 & 3 & 1 & 9 \\ 0 & 2 & a+1 & b+4 \end{pmatrix}$$

となる（第 1 行はもとのままである）．
次に，

1. 第 3 行に第 2 行の (-1) 倍を加える
2. 第 4 行に第 2 行の $\left(-\frac{2}{3}\right)$ 倍を加える

という操作を行うと，

$$\begin{pmatrix} 1 & -1 & -1 & -4 \\ 0 & 3 & -2 & 0 \\ 0 & 0 & 3 & 9 \\ 0 & 0 & a+\frac{7}{3} & b+4 \end{pmatrix}$$

となる．ここで，

1. 第 2 行を $\frac{1}{3}$ 倍する
2. 第 3 行を $\frac{1}{3}$ 倍する

長岡流処方せん

■ いたみ止め

$(1, 1)$ 成分をピボット（軸足）にして，1 列目の成分を順に掃き出そう！

■ いたみ止め

$(2, 2)$ 成分の 3 をピボットにして 2 列目の 3 行目，4 行目を掃き出す．

■ いたみ止め

$(2, 2)$ 成分を 1 に，$(3, 3)$ 成分を 1 に．

という変形をして

$$\begin{pmatrix} 1 & -1 & -1 & -4 \\ 0 & 1 & -\frac{2}{3} & 0 \\ 0 & 0 & 1 & 3 \\ 0 & 0 & a+\frac{7}{3} & b+4 \end{pmatrix}$$

ここで，第 4 行に第 3 行の $-(a+\frac{7}{3})$ 倍を加えると

$$\begin{pmatrix} 1 & -1 & -1 & -4 \\ 0 & 1 & -\frac{2}{3} & 0 \\ 0 & 0 & 1 & 3 \\ 0 & 0 & 0 & -3a+b-3 \end{pmatrix}$$

■ いたみ止め

$(3,3)$ 成分をピボットにして 3 列目の 4 行成分を掃き出す．

となる．

第 1 行に第 2 行の 1 倍を加え，

第 2 行に第 3 行の $\frac{2}{3}$ 倍を加える

という変形を施すと

$$\begin{pmatrix} 1 & 0 & -\frac{5}{3} & -4 \\ 0 & 1 & 0 & 2 \\ 0 & 0 & 1 & 3 \\ 0 & 0 & 0 & -3a+b-3 \end{pmatrix}$$

さらに，第 1 行に第 3 行の $\frac{5}{3}$ 倍を加えると

$$\begin{pmatrix} 1 & 0 & 0 & 1 \\ 0 & 1 & 0 & 2 \\ 0 & 0 & 1 & 3 \\ 0 & 0 & 0 & -3a+b-3 \end{pmatrix}$$

となる．

したがって，与えられた方程式は

$$\begin{cases} x = 1 \\ y = 2 \\ z = 3 \\ 0 = -3a+b-3 \end{cases}$$

■ いたみ止め

方程式の同値変形が急所！

と同値である．したがって，

$$-3a + b = 3$$

のとき，かつそのときに限り，解は

$$x = 1, \quad y = 2, \quad z = 3$$

であり，

$$-3a + b \neq 3$$

のときは解をもたない．

問題点

　ここまできて未解決なのは，行列の基本変形で得られる最終形が，途中の変形によらずに決まるかどうか，また，連立方程式の解を表す上で決定的な役割を果たす r という整数の本質がどこにあるのかということである．

【4章の復習問題】

1 連立1次方程式
$$\begin{cases} x + 4y = 0 \\ 6y - z = a \\ x + 2z = b \\ x + y - z = 0 \end{cases}$$
が解をもつための定数 a, b の満たすべき必要十分条件を求めよ．

2 次の連立1次方程式が解をもつように k の値を定め，その解を求めよ．
$$\begin{cases} x_1 + 3x_2 - x_3 = 5 \\ 2x_1 + x_2 + 3x_3 = 0 \\ 3x_1 + 2x_2 + 4x_3 = k \end{cases}$$

3 連立1次方程式
$$\begin{cases} a_{11}x_1 + a_{12}x_2 + \cdots + a_{1n}x_n = b_1 \\ a_{21}x_1 + a_{22}x_2 + \cdots + a_{2n}x_n = b_2 \\ \vdots \\ a_{m1}x_1 + a_{m2}x_2 + \cdots + a_{mn}x_n = b_m \end{cases} \quad (4.1)$$
において，
$$b_1 = b_2 = \cdots = b_m = 0$$
であるとき，(4.1) は**同次型**と呼ばれる．

同次型連立1次方程式は，m, n の大小に限らず，つねに解をもつことを示せ．

5 階数 (rank) の概念

前章の最後の問題意識「行列の基本変形で得られる最終形が，途中の変形によらずに決まるかどうか，また，連立方程式の解を表す上で決定的な役割を果たす r という整数の本質がどこにあるのか」を解決するのが本章の課題である．

■ 5.1　階数 (rank) の概念

一般に行列に対し，適当な行と列の基本変形を繰り返すと，必ず，

$$\begin{pmatrix} 1 & & & & & O \\ & \ddots & & & O & \\ & & \ddots & & & \\ O & & & 1 & & \\ & O & & & & O \end{pmatrix}$$

という形が得られる．この最終形――これを**標準形**と呼ぶ――が途中の変形のプロセスによらないことを示そう．上の最終形は，単位行列の次数，零行列の型についての情報をつけて

$$\begin{pmatrix} E_r & O_{r\ n-r} \\ O_{m-r\ r} & O_{m-r\ n-r} \end{pmatrix}$$

と書くと正確である．以後，これを標準形と呼び $F_{mn}(r)$ と表す．標準形において本質的に重要なのは，対角線上に並ぶ 1 の個数である r となるので，型が明白なときは型を示す m, n を抜いて単に $F(r)$ と表す．

定理 5.1.1　A を基本変形して標準形にしたときの左上から右下に向かって続く 1 の個数 r の値は，与えられた行列 A で定まる．言い換えれば，標準形にするまでの途中の計算過程によらない．

76　第 5 章　階数 (rank) の概念

この定理の証明は，とりあえずおいておいて，これが証明できると次の重要な概念が定義できることに注意しよう.

定義 5.1.1　この整数 r を A の **階数** (rank) と呼び，rank(A) などと表す.

本質例題　17　行列の階数の計算　　　　　　　　　　基礎

$A = \begin{pmatrix} 1 & 2 & 0 & -1 \\ 0 & 1 & 2 & 0 \\ -2 & 0 & 1 & 1 \end{pmatrix}$ の階数を求めよ.

■行列のランクの計算は，面倒であるが，機械的な処理に過ぎないことを理解しよう！■

解答

$A = \begin{pmatrix} 1 & 2 & 0 & -1 \\ 0 & 1 & 2 & 0 \\ -2 & 0 & 1 & 1 \end{pmatrix}$

$\to \begin{pmatrix} 1 & 2 & 0 & -1 \\ 0 & 1 & 2 & 0 \\ 0 & 4 & 1 & -1 \end{pmatrix} \to \begin{pmatrix} 1 & 0 & -4 & -1 \\ 0 & 1 & 2 & 0 \\ 0 & 0 & -7 & -1 \end{pmatrix}$ ……(1)

$\to \begin{pmatrix} 1 & 0 & 0 & -1 \\ 0 & 1 & 2 & 0 \\ 0 & 0 & -7 & -1 \end{pmatrix} \to \begin{pmatrix} 1 & 0 & 0 & -1 \\ 0 & 1 & 2 & 0 \\ 0 & 0 & 1 & \frac{1}{7} \end{pmatrix}$ ……(2)

$\to \begin{pmatrix} 1 & 0 & 0 & -1 \\ 0 & 1 & 0 & -\frac{2}{7} \\ 0 & 0 & 1 & \frac{1}{7} \end{pmatrix} \to \begin{pmatrix} 1 & 0 & 0 & 0 \\ 0 & 1 & 0 & 0 \\ 0 & 0 & 1 & 0 \end{pmatrix}$ ……(3)

ゆえに A のランクは 3 である.

長岡流処方せん

■ **いたみ止め**

"順番に，組織的に，掃き出していく"だけのことである.
(1) 第 3 行に第 1 行の 2 倍を加え，第 1 行に第 2 行の (-2) 倍を加え，第 3 行に第 2 行の (-4) 倍を加える.
(2) 第 3 列に第 1 列の 4 倍を加え，第 3 行を (-7) で割る.
(3) 第 2 行に第 3 行の (-2) 倍を加え，第 4 列に第 1 列の 1 倍を加え，第 4 列に第 2 列の $\frac{2}{7}$ 倍を加え，第 4 列に第 3 列の $(-\frac{1}{7})$ 倍を加える.

注意　変形のプロセスは上記のほかにいくらでもある．実際，A に対して第 2 列に第 1 列の (-2) 倍を加え，第 4 列に第 1 列の 1 倍を加えて，

A を $\begin{pmatrix} 1 & 0 & 0 & 0 \\ 0 & 1 & 2 & 0 \\ -2 & 4 & 1 & -1 \end{pmatrix}$ とし，これに第 3 列に第 2 列の (-2) 倍を加えて，

$\begin{pmatrix} 1 & 0 & 0 & 0 \\ 0 & 1 & 0 & 0 \\ -2 & 4 & -7 & -1 \end{pmatrix}$ と変形し，これに第 3 列を (-7) で割ったあと，第 1 列に第 3 列の 2 倍を加え，第 2 列に第 3 列の (-4) 倍を加え，第 4 列に第 3 列の 1 倍を加えると，$\begin{pmatrix} 1 & 0 & 0 & 0 \\ 0 & 1 & 0 & 0 \\ 0 & 0 & 1 & 0 \end{pmatrix}$ となる．このように途中の変形は違っても，最終形はまったく同じである．

さて，定理の証明であるが，この定理の形式的に整った証明は，初学者にはあまりに抽象的過ぎて，必要以上に難しく見えてしまう危険が大きい．そこで，ここでは次の証明のように直観的な理解で済ますことにしよう．

証明のポイント　与えられた $m \times n$ 型行列 A が，適当な行と列の基本変形の組み合わせで $F_{mn}(r)$ と $F_{mn}(r')$ の 2 通りに変形できたとする．

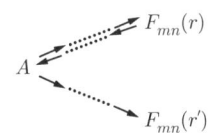

図 **5.1**　A, $F(r)$, $F(r')$ の関係

ここで基本変形の可逆性（62 ページ）に注目すれば，$F_{mn}(r)$ に対する行と列の基本変形の繰り返しで，A に戻ることができることになる．そしてこの A にさらに基本変形を繰り返せば，$F_{mn}(r')$ に到達することができるはずである．しかし，

$$r \neq r'$$

であるとすれば，下図をながめるだけで，このことが不可能であることが納得できよう．なお，これは $r < r'$ の場合の図である．

$$F_{mn}(r) = \begin{pmatrix} 1 & & & O \\ & \ddots & & \\ & & 1 & O \\ O & & & O \end{pmatrix} \xrightarrow{\text{行と列の基本変形}} F_{mn}(r') = \begin{pmatrix} 1 & & & & O \\ & \ddots & & & O \\ & & \ddots & & \\ O & & & 1 & \\ & & & O & O \end{pmatrix}$$

> **注意** きちんとした証明は,次のように行う.行と列についてのそれぞれの基本変形を表す行列の積をまとめて表せば,
>
> $$PAQ = F_{mn}(r)$$
> $$P'AQ' = F_{mn}(r') \quad (P,\ Q,\ P',\ Q' \text{はある正則行列})$$
>
> となることから
>
> $$F_{mn}(r') = P'P^{-1}F_{mn}(r)Q^{-1}Q'$$
>
> である.ここで $P_1 = P'P^{-1}$, $Q_1 = Q^{-1}Q'$ とおけば,
>
> $$F_{mn}(r') = P_1 F_{mn}(r) Q_1 \quad (P_1,\ Q_1 \text{はある正則行列})$$
>
> と式が単純化される.$r \neq r'$ なら,これが成立不可能であることを示すのである.

■ 5.2 階数の概念から見た連立 1 次方程式

連立 1 次方程式
$$A\boldsymbol{x} = \boldsymbol{b}$$
において,係数行列 A と定数項ベクトル $\boldsymbol{b}$ を並べた拡大係数行列 $\widetilde{A} = (A, \boldsymbol{b})$ を作り,未知数ベクトル $\boldsymbol{x} = \begin{pmatrix} x_1 \\ x_2 \\ \vdots \\ x_n \end{pmatrix}$ に対し,$\hat{\boldsymbol{x}} = \begin{pmatrix} x_1 \\ x_2 \\ \vdots \\ x_n \\ -1 \end{pmatrix}$ と定めると,与えられた方程式は,
$$\widetilde{A}\hat{\boldsymbol{x}} = \boldsymbol{0} \quad (\boldsymbol{0} \text{ は, } m \text{ 次列零ベクトル})$$

と表すことができる．

そして，前節で要求した，解が存在するための必要十分条件

$$\beta_{r+1} = \cdots = \beta_m = 0$$

は，階数の概念を用いれば，

$$\mathrm{rank}(\boldsymbol{A}) = \mathrm{rank}(\widetilde{\boldsymbol{A}})$$

と表現することができる[1]．

他方，勝手に値を決めることのできる未知数の個数，すなわち方程式の**解の自由度** $n - r$ は，

$$(未知数の個数) - \mathrm{rank}(\boldsymbol{A})$$

と表すことができる．

このことから，連立1次方程式

$$A\boldsymbol{x} = \boldsymbol{b}$$

において，**係数行列** A **の階数**

$$r = \mathrm{rank}(A)$$

は，解の自由度（= 不定性の度合）を縛る尺度であり，したがって初等的に表現すれば，連立方程式として与えられている m 個の方程式の中で，**実質的なものの個数**[2]を表すものであり，やや飛躍して述べることを許して

---

[1] 一般に $\mathrm{rank}(A) \leq \mathrm{rank}(\widetilde{A})$ が成り立つのであるから，$\mathrm{rank}(A) = \mathrm{rank}(\widetilde{A})$ という主張は，$\mathrm{rank}(A) < \mathrm{rank}(\widetilde{A})$ の否定と同じことである．実際に $\mathrm{rank}(A) < \mathrm{rank}(\widetilde{A})$ のときは，連立方程式の解は存在しない．すなわち，いわゆる**不能**の場合である．

[2] たとえば連立方程式

$$\begin{cases} 3x + 3y = 3 \\ 2x + 2y = 2 \end{cases}$$

では，実質的には1個の方程式

$$x + y = 1$$

が与えられているのと同じである．

もらえれば，与えられた $m \times n$ 型の係数行列 A を m 個の行ベクトルを縦に並べたものとみたとき，その中で**線型独立なものの最大個数**であり，あるいは A を n 個の列ベクトルを横に並べたものとみたとき，その中で線型独立なものの最大個数である，ということができる．

定数項がすべて 0 であるという特別の形をした連立 1 次方程式（**同次 1 次方程式**）の場合，言い換えると連立 1 次方程式

$$A\bm{x} = \bm{b}$$

において，

$$\bm{b} = \bm{0}$$

の場合は必然的に

$$\operatorname{rank}(A) = \operatorname{rank}(\widetilde{A})$$

であるから，このような**同次型連立 1 次方程式**

$$A\bm{x} = \bm{0}$$

は必ず解をもつ．実際，$\bm{x} = \bm{0}$（$\bm{0}$ は n 次列零ベクトル）がその解の 1 つであることは代入によって明らかである．そこで $\bm{x} = \bm{0}$ を同次 1 次方程式 $A\bm{x} = \bm{0}$ の**自明の解**という．係数行列との積を計算するまでもなく，ただちにわかる解だからである[3]．

このような同次型の方程式の理論的な重要性は次の例題にある．

本質例題 18 一般の連立 1 次方程式と同次型の関係　　標準

連立方程式

---

[3] たとえば

$$\begin{cases} x + y - 2z = 0 \\ x + y + z = 0 \\ x + y + 3z = 0 \end{cases}$$

の解として，$x = y = z = 0$ があることは自明である．しかし，たとえば $x = 1, y = -1, z = 0$ のように他の解もありうる．

$$Ax = b \tag{5.1}$$

を満たす具体的な解の 1 つ $x = x_0$ がみつかれば，その一般解は，同次型 1 次方程式

$$Ax = 0 \tag{5.2}$$

の一般解と，x_0 とを用いて表される．これを証明せよ．

◧同次型ではない連立 1 次方程式の解の具体例（特殊解）と同次型の連立 1 次方程式の一般解がわかれば，同次型でない連立 1 次方程式の一般解もわかる，という，理論的にも技術的にも大変有用な定理である．◨

解答

方程式 (5.1) の 1 つの解を $x = x_0$，もう 1 つの解を $x = x_1$ とおくと，

$$Ax_0 = b, \quad Ax_1 = b$$

であるから，

$$Ax_1 - Ax_0 = b - b \quad \therefore \quad A(x_1 - x_0) = 0$$

すなわち $x = x_1 - x_0$ は，同次型 1 次方程式 $Ax = 0$ (5.2) の解である．

それゆえ，後者についてその一般解 $x = v$ が得られているなら，$x_1 - x_0$ も v で表すことができる．

言い換えると，$Ax = b$ (5.1) の任意の解 x は，$x = x_0 + v$ と表すことができる．■

例　連立方程式

$$\begin{cases} x + 2y - 3z = 0 \\ 3x - y - z = 1 \\ 4x + y - 4z = 1 \end{cases}$$

において，その特殊解である $x = 1, y = 1, z = 1$ を何らかの方法で見つけたとすると，後は対応する同次型の 1 次方程式

長岡流処方せん

■ いたみ止め
ここでは x_0, x_1 を具体的に求めることは期待されていない．

■ いたみ止め
要するに，方程式 (5.1) の任意の解 x_1, x_2 の差 $x_1 - x_2$ は同次型方程式

$$Ax = 0$$

の解ということで解答はここまで．

■ いたみ止め
ここでは，この見つけ方は問題としていない．

第 5 章 階数 (rank) の概念

$$\begin{cases} x + 2y - 3z = 0 \\ 3x - y - z = 0 \\ 4x + y - 4z = 0 \end{cases}$$

の一般解として

$$\begin{cases} x = 5t \\ y = 8t \\ z = 7t \end{cases} \quad (t：任意定数)$$

を求めれば，与えられた方程式の一般解が

$$\begin{cases} x = 1 + 5t \\ y = 1 + 8t \\ z = 1 + 7t \end{cases} \quad (t：任意定数)$$

として与えられるということになる．

> ■ いたみ止め
> これは行列
> $$\begin{pmatrix} 1 & 2 & -3 \\ 3 & -1 & -1 \\ 4 & 1 & -4 \end{pmatrix}$$ に対する掃き出し法で求められる．

同次 1 次方程式
$$A\boldsymbol{x} = \boldsymbol{0}$$
の場合に，上に述べた

$$\text{解の自由度} = (\text{未知数の個数}) - \text{rank}(A)$$

という関係は，

$$\text{rank}(A) = (\text{未知数の個数}) - (A\boldsymbol{x} = \boldsymbol{0} \text{の解の自由度})$$

と言い換えることができ，これは後に述べる理論の言葉を使って次のように表現される．

写像
$$\begin{array}{ccc} f: V = \boldsymbol{R}^n & \longrightarrow & W = \boldsymbol{R}^m \\ \cup & & \cup \\ \boldsymbol{x} & \longrightarrow & A\boldsymbol{x} \end{array}$$

を考えると，

(未知数の個数) $= n = (\boldsymbol{x}$ の動く空間 $V = \boldsymbol{R}^n$ の次元$)$
$(A\boldsymbol{x} = \boldsymbol{0}$ の解の自由度$) = ($写像 f で $\boldsymbol{0}$ になってしまうものの次元$)$

である．ここで，写像 f で $\mathbf{0}$ になってしまう**縮退するもの**は，後に写像 f の**核**(kernel) と呼ばれ，kernel(f) などの記号で表され，重要な役割を演ずるものであり，これを使って上の等式を表現し直すと次のようになる．

$$\mathrm{rank}(A) = \dim(V) - \dim(\mathrm{kernel}(f))$$

dim は次元 (dimension) を表す記号であるが，これについては，後述する（定理 11.5.1, 定理 11.5.2）．

問題点

以上で連立 1 次方程式の解法については，理論的には基本変形という概念で，技術的には掃き出し法という手法に訴えることによって一応の終着がついた．しかし，行列を用いて表してしまえば $A\boldsymbol{x} = \boldsymbol{b}$ という単純な形の方程式に対して，その解が計算してみるまでわからない，というのが残念なところである．とくに解が 1 つに決まる，という最も典型的な場合に限定したら「$ax = b$ の解は $x = \frac{b}{a}$」のような単純明解な解を得ることができないだろうか？　これがこれから解決すべき問題である．

【5章の復習問題】

1 次の行列の階数 (rank) を求めよ.

(1) $\begin{pmatrix} -1 & -1 & -1 & 0 & 0 & 0 \\ 1 & 0 & 0 & -1 & -1 & 0 \\ 0 & 1 & 0 & 1 & 0 & -1 \\ 0 & 0 & 1 & 0 & 1 & 1 \end{pmatrix}$

(2) $\begin{pmatrix} 1 & 2 & 3 & 4 \\ 4 & 5 & 6 & 7 \\ 6 & 7 & 8 & 9 \end{pmatrix}$

2 任意の $m \times n$ 型行列 A に対し,
$$\mathrm{rank}(A) = \mathrm{rank}({}^t A)$$
であることを示せ.

3 次の行列の階数 (rank) を求めよ.

(1) $A = \begin{pmatrix} a & 1 & 1 \\ 1 & a & 1 \\ 1 & 1 & a \end{pmatrix}$ (2) $B = \begin{pmatrix} a & b & b \\ b & a & b \\ b & b & a \end{pmatrix}$

6

行列式に向けて

本章では，行列式の定義に向けてその前提となる置換の概念と置換の集合が作る，"群"とよばれる代数的な構造について入門的な解説を与える．新しい概念なので，最初は難しく見えるが，わかれば楽しい世界が拓けるはずである．

■ 6.1　置換とは

置換を説明するのに先立って，これとよく似た，しかし，より親しみやすい順列の話から始めよう．

順列(permutation)とは，異なる n 個のものを 1 列に並べる並べ方のことである．

たとえば $X = \{\, A,\ B,\ C\,\}$ の場合，X の要素の順列としては

$$ABC,\ ACB,\ BAC,\ BCA,\ CAB,\ CBA$$

の 6 個がある．

n 個の要素からなる集合 $X_n = \{\, a_1,\ a_2,\ a_3,\ \cdots,\ a_n\,\}$ の要素の順列の総数は，${}_n\mathrm{P}_n = n!$ 個である．この事態は，X_n を一般の "n 個の要素をもつ集合" から $X_n = \{\, 1,\ 2,\ 3,\ \cdots,\ n\,\}$ と特殊化しても同じである．

さて**置換**(substitution)とは，異なる n 個のものを 並べ替える 方法，あるいは並べ替える操作（変換）そのもののことである．

たとえば $X = \{\, A,\ B,\ C\,\}$ の場合，X の要素を並べ替える方法は

$$\begin{cases} A \longrightarrow A \\ B \longrightarrow B \\ C \longrightarrow C \end{cases},\quad \begin{cases} A \longrightarrow A \\ B \longrightarrow C \\ C \longrightarrow B \end{cases},\quad \begin{cases} A \longrightarrow B \\ B \longrightarrow A \\ C \longrightarrow C \end{cases},$$

$$\begin{cases} A \longrightarrow B \\ B \longrightarrow C \\ C \longrightarrow A \end{cases}, \quad \begin{cases} A \longrightarrow C \\ B \longrightarrow A \\ C \longrightarrow B \end{cases}, \quad \begin{cases} A \longrightarrow C \\ B \longrightarrow B \\ C \longrightarrow A \end{cases}$$

の6個がある.

一般に n 個の要素からなる集合 $X_n = \{\, a_1,\ a_2,\ a_3,\ \cdots,\ a_n\, \}$ の要素を並べ替える置換は全部で ${}_n\mathrm{P}_n = n!$ 個である.

このことは X_n を $X_n = \{\, 1,\ 2,\ 3,\ \cdots,\ n\, \}$ と特殊化しても本質的に同じなので,以後,われわれはこの場合だけを考える.一般に個々の置換を表すのに,ギリシア文字(小文字)を使って,σ や τ などと表す.

> **注意** σ(シグマ),τ(タウ)はそれぞれラテン文字の s, t に対応するギリシア文字である.置換 (substitution) の頭文字に関連してしばしばこのような記号が用いられる.

■ 6.2 置換の積

σ, τ が X_n 上の置換であるとき,

$$(\sigma \cdot \tau)(i) = \sigma(\tau(i)), \quad \forall i \in X_n$$

という関係で,置換 σ, τ の積 $\sigma\cdot\tau$ を定義する.通常は積の記号 "$\cdot$" を省いて単に $\sigma\tau$ と表す(図 6.1).

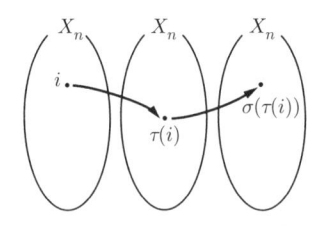

図 6.1 置換の積

つまり**置換の積**とは,置換を X_n から X_n の上への写像とみたときの合

成写像 $\sigma \circ \tau$ にほかならない．

> **注意**　本（とくに昔の本！）によっては，置換の積を，合成写像の順序と反対に
> $$\sigma \cdot \tau = \tau \circ \sigma$$
> と定義しているものもあるので注意が必要である．

　何も変えない写像，すなわち恒等写像に相当する置換もある．これを**恒等置換**と呼び，ι（イオタ）で表す．また置換 σ に対し，これを X_n 上の写像と見たときの逆写像を**逆置換**と呼び，σ^{-1} で表す．これらについては，次に述べる置換の表現の後で具体的に述べよう．

■ 6.3　置換の表現

　置換を表現するのに最も原始的な方法は，下の例に示すように，素朴な対応表を作ることである．

例 6.1　$X_6 = \{\,1,\,2,\,3,\,4,\,5,\,6\,\}$ の場合，たとえば，

i	1	2	3	4	5	6
$\sigma(i)$	3	5	2	4	1	6

のように置換 σ を表現できる．しかし，このようにいちいち枠を書いて表現するのはわずらわしい．かと言って単に枠をすべて取り払うと

$$
\begin{array}{cc}
i & 1\,2\,3\,4\,5\,6 \\
\sigma(i) & 3\,5\,2\,4\,1\,6
\end{array}
$$

のように，何となく心許ないものになってしまう．そこで，必要な部分を括弧でくくってまとめることにより

$$\sigma = \begin{pmatrix} 1 & 2 & 3 & 4 & 5 & 6 \\ 3 & 5 & 2 & 4 & 1 & 6 \end{pmatrix}$$

のように表す.すなわち,一般に X_n 上の置換 σ は

$$\sigma = \begin{pmatrix} 1 & 2 & 3 & \cdots & k & \cdots & n \\ i_1 & i_2 & i_3 & \cdots & i_k & \cdots & i_n \end{pmatrix}$$

と書かれる.

> **注意**
>
> ここで,下段に並ぶ n 個の数
>
> $$i_1, i_2, i_3, \cdots, i_k, \cdots, i_n$$
>
> は,すべて互いに相異なり,全体としては上段に並ぶ数
>
> $$1, 2, 3, \cdots, k, \cdots, n$$
>
> と一致している,言い換えれば,両者は集合として等しい.

本質例題 19 置換の計算 　　　　　　　　　　　　　　　　 基本

$\sigma = \begin{pmatrix} 1 & 2 & 3 & 4 \\ 4 & 3 & 1 & 2 \end{pmatrix}$, $\tau = \begin{pmatrix} 1 & 2 & 3 & 4 \\ 2 & 1 & 4 & 3 \end{pmatrix}$ として $\sigma\tau, \tau\sigma, (\sigma\tau)^{-1}, (\tau\sigma)^{-1}$, $\sigma^{-1}\tau^{-1}$ を求めよ.

◀定義に従うだけである.置換の積では順序に注意すること!▶

解答

$$\sigma\tau = \begin{pmatrix} 1 & 2 & 3 & 4 \\ 4 & 3 & 1 & 2 \end{pmatrix} \begin{pmatrix} 1 & 2 & 3 & 4 \\ 2 & 1 & 4 & 3 \end{pmatrix} = \begin{pmatrix} 1 & 2 & 3 & 4 \\ 3 & 4 & 2 & 1 \end{pmatrix}$$

$$\tau\sigma = \begin{pmatrix} 1 & 2 & 3 & 4 \\ 2 & 1 & 4 & 3 \end{pmatrix} \begin{pmatrix} 1 & 2 & 3 & 4 \\ 4 & 3 & 1 & 2 \end{pmatrix} = \begin{pmatrix} 1 & 2 & 3 & 4 \\ 3 & 4 & 2 & 1 \end{pmatrix}$$

したがって,

$$(\tau\sigma)^{-1} = \begin{pmatrix} 1 & 2 & 3 & 4 \\ 4 & 3 & 1 & 2 \end{pmatrix}$$

また,

$$\sigma^{-1} = \begin{pmatrix} 1 & 2 & 3 & 4 \\ 3 & 4 & 2 & 1 \end{pmatrix}, \quad \tau^{-1} = \begin{pmatrix} 1 & 2 & 3 & 4 \\ 2 & 1 & 4 & 3 \end{pmatrix}$$

より,

$$\sigma^{-1}\tau^{-1} = \begin{pmatrix} 1 & 2 & 3 & 4 \\ 3 & 4 & 2 & 1 \end{pmatrix} \begin{pmatrix} 1 & 2 & 3 & 4 \\ 2 & 1 & 4 & 3 \end{pmatrix} = \begin{pmatrix} 1 & 2 & 3 & 4 \\ 4 & 3 & 1 & 2 \end{pmatrix}$$

となる.

長岡流処方せん

■ いたみ止め

σ は 1 を 2 に, 2 を 3 に, 3 を 1 に, そして 4 を 2 に移す置換である. τ も同様にとらえることができる. 置換の積 $\sigma\tau$ は, まず τ を施し, 次いで σ を施すという置換を意味するので, 1 は, τ によって 2 に移され, その 2 が σ によって 3 に移される.

$$1 \xrightarrow{\tau} 2 \xrightarrow{\sigma} 3$$

つまり, $\sigma\tau$ によって, 1 は 3 に移される. これで

$$\sigma\tau = \begin{pmatrix} 1 & 2 & 3 & 4 \\ 3 & * & * & * \end{pmatrix}$$

がわかる. 同様に考えて, $*$ の部分が埋まる.

注意

その 1 この計算の結果から, この σ, τ については

$$(\tau\sigma)^{-1} = \sigma^{-1}\tau^{-1}$$

が成り立つことがわかる. 実はこれは, 写像の合成と逆についての一般的な性質であるから, 上の置換 σ, τ に限らず, 一般に成り立つ.

その 2 置換を表現するには, 本文や上の解答のように, 1 行目には 1,2,3,4 が順に並ぶ記法が標準的であるが, これは必須ではない. 実際, 上の置換 σ は

と表すこともできないわけではない.

このように表現を許すなら，σ^{-1} は，σ の上下の行を入れ替えて

$$\sigma^{-1} = \begin{pmatrix} 4 & 3 & 1 & 2 \\ 1 & 2 & 3 & 4 \end{pmatrix}$$

とするだけでよいことになる．他も同様である．

上に例としてひいた置換

$$\sigma = \begin{pmatrix} 1 & 2 & 3 & 4 & 5 & 6 \\ 3 & 5 & 2 & 4 & 1 & 6 \end{pmatrix}$$

の場合，図 6.2 のように，1，3，2，5 を環状に並べると，置換 σ によって隣りのものに移されるという形になっている.

一方，これ以外の 4 と 6 は，まったく動かされない自分自身に移される．

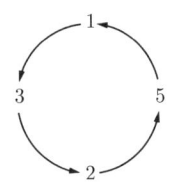

図 6.2 輪で表現される置換

定義 6.3.1 一般に，k を $2 \leq k \leq n$ の定整数とし，X_n の k 個の要素 $i_1, i_2, i_3, \cdots, i_k$ について，

$$\begin{cases} \sigma(i_1) & = i_2 \\ \sigma(i_2) & = i_3 \\ & \vdots \\ \sigma(i_{k-1}) & = i_k \\ \sigma(i_k) & = i_1 \end{cases}$$

となっていて，かつこれら k 個以外のものについては動かさない，すなわち

$$\sigma(j) = j, \quad \forall j \notin \{\, i_1,\ i_2,\ i_3,\ \cdots,\ i_k\,\}$$

であるとき，このような置換 σ は図 6.3 のようになっているので，これを**巡回置換**(cycle) と呼ぶ．

また k をこの巡回置換の**長さ**と呼ぶ．特に，長さが 2 の巡回置換のことを**互換**と呼ぶ．

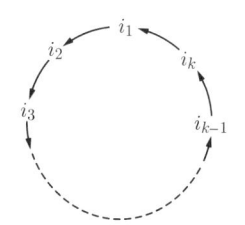

図 **6.3** 巡回置換のイメージ

σ が上のような巡回置換の場合は，

$$\sigma = (i_1,\ i_2,\ i_3,\ \cdots,\ i_k)$$

のように，環状に並ぶものを 1 列に並べるだけの，一般の置換の表現より簡易な表現方法がある．

例 6.2 $\sigma = \begin{pmatrix} 1 & 2 & 3 \\ 3 & 1 & 2 \end{pmatrix}$ のときは，$\sigma = (1,\ 3,\ 2)$

$\sigma = \begin{pmatrix} 1 & 2 & 3 & 4 & 5 & 6 \\ 3 & 5 & 2 & 4 & 1 & 6 \end{pmatrix}$ のときは，$\sigma = (1,\ 3,\ 2,\ 5)$

注意 巡回置換を表すとき，ベクトルのときと同様に数字の区切りに "," (comma) を打っているが，それは本質的でない．実際，$\sigma = (1\ \ 3\ \ 2\ \ 5)$ のように混乱するおそれがない程度にすき間を作って表すこともできる．

なお，巡回置換では，先頭に何をもってくるかの自由があるので，一見

異なるように見えて実は同じ置換を表すこともある．たとえば
$$(1, 3, 2, 5) = (2, 5, 1, 3)$$

一般の置換は，いくつかの巡回置換の積として表現する（積に分解する）ことができる．

たとえば
$$\sigma = \begin{pmatrix} 1 & 2 & 3 & 4 & 5 & 6 & 7 & 8 & 9 \\ 4 & 8 & 9 & 5 & 6 & 1 & 3 & 2 & 7 \end{pmatrix}$$
という置換は，図 6.4 ような 3 つの巡回置換 σ_1, σ_2, σ_3 の積に分解することができる．すなわち，
$$\sigma = \sigma_1 \sigma_2 \sigma_3$$

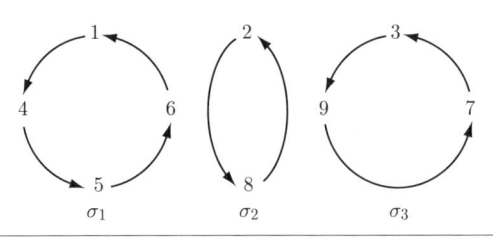

図 **6.4** 巡回置換の積への分解

注意

σ_1, σ_2, σ_3 のどの 2 つにも共通の要素が現れないので，このような場合には，積の順序はいくらでも交換できる．すなわち
$$\sigma = \sigma_3 \sigma_2 \sigma_1, \ \sigma = \sigma_2 \sigma_1 \sigma_3, \ \cdots$$
である．したがって，σ と σ 自身との積，すなわち σ の 2 乗や 3 乗を考えるときは，
$$\sigma^2 = (\sigma_1 \sigma_2 \sigma_3)^2 = \sigma_1{}^2 \sigma_2{}^2 \sigma_3{}^2$$
$$\sigma^3 = (\sigma_1 \sigma_2 \sigma_3)^3 = \sigma_1{}^3 \sigma_2{}^3 \sigma_3{}^3$$
のような「指数法則」を使うことができる．

上の例では，$\sigma_2{}^2$ や $\sigma_1{}^4$，$\sigma_3{}^3$ は恒等置換 ι なので，このような法則が成り立つことは計算にとってありがたい．

休憩☆☆☆☆☆☆☆☆☆☆☆☆☆☆☆☆☆☆☆☆☆☆☆☆☆☆☆☆☆☆☆

　子供のころよく遊んだ阿弥陀くじも，図 6.5A のように上下に $1, 2, 3, \cdots$ の番号を振ってやれば，互換の積としての置換の表現であることが理解できよう．

　実は，ふつうの阿弥陀くじは，隣りあう縦線の間に横線を入れることしか許していないが，置換では，たとえば $\sigma = (2, 4)$ のような互換もあるので，これを表すには途中の縦線飛ばしの横線も許さないといけないように思われるが，実は C のように，標準的な横線だけでも上の互換が表現できる．

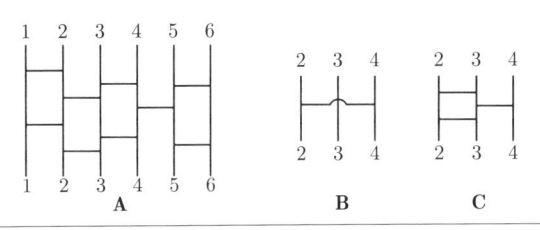

図 6.5　阿弥陀くじと置換

☆☆☆☆☆☆☆☆☆☆☆☆☆☆☆☆☆☆☆☆☆☆☆☆☆☆☆☆☆☆☆

■ 6.4　置換全体の構造——n 次対称群

　X_n 上の $n!$ 個の置換全体の集合を S_n とおき，これが積についてどのような構造をもっているかを調べよう．

　恒等置換を ι と表すことにする．まず，$n = 1$ の場合は $S_1 = \{\, \iota \,\}$，$n = 2$ の場合は $S_2 = \{\, \iota,\ \sigma \,\}$ $\left(\text{ただし}\ \sigma = \begin{pmatrix} 1 & 2 \\ 2 & 1 \end{pmatrix},\ \text{したがって}\ \sigma^2 = \iota \right)$ というあまりに単純な構造なので，議論は不要であろう[1]．

　$n = 3$ の場合は，S_3 は次の 6 個の置換からなる．

$$\sigma_1 = \begin{pmatrix} 1 & 2 & 3 \\ 1 & 2 & 3 \end{pmatrix},\ \sigma_2 = \begin{pmatrix} 1 & 2 & 3 \\ 1 & 3 & 2 \end{pmatrix},\ \sigma_3 = \begin{pmatrix} 1 & 2 & 3 \\ 2 & 1 & 3 \end{pmatrix},$$

$$\sigma_4 = \begin{pmatrix} 1 & 2 & 3 \\ 2 & 3 & 1 \end{pmatrix},\ \sigma_5 = \begin{pmatrix} 1 & 2 & 3 \\ 3 & 1 & 2 \end{pmatrix},\ \sigma_6 = \begin{pmatrix} 1 & 2 & 3 \\ 3 & 2 & 1 \end{pmatrix}$$

言うまでもなく σ_1 は ι であるが，ここでは敢えてこの記号を用いずに表

---

[1] S_2 の構造は $\{\, 1,\, -1 \,\}$ が通常の積についてもつ性質と全く同じである．

すことにする．そして，これら6個の置換が積についてどのような構造であるかを見るために，置換の積の表[2]を作る．

$\alpha \diagdown \beta$	σ_1	σ_2	σ_3	σ_4	σ_5	σ_6
σ_1	σ_1	σ_2	σ_3	σ_4	σ_5	σ_6
σ_2	σ_2	σ_1	σ_5	σ_6	σ_3	σ_4
σ_3	σ_3	σ_4	σ_1	σ_2	σ_6	σ_5
σ_4	σ_4	σ_3	σ_6	σ_5	σ_1	σ_2
σ_5	σ_5	σ_6	σ_2	σ_1	σ_4	σ_3
σ_6	σ_6	σ_5	σ_4	σ_3	σ_2	σ_1

($\alpha\beta$ の表)

この表は，

$$\sigma_2\sigma_2 = \begin{pmatrix} 1 & 2 & 3 \\ 1 & 3 & 2 \end{pmatrix} \begin{pmatrix} 1 & 2 & 3 \\ 1 & 3 & 2 \end{pmatrix} = \begin{pmatrix} 1 & 2 & 3 \\ 1 & 2 & 3 \end{pmatrix} = \sigma_1$$

$$\sigma_2\sigma_5 = \begin{pmatrix} 1 & 2 & 3 \\ 1 & 3 & 2 \end{pmatrix} \begin{pmatrix} 1 & 2 & 3 \\ 3 & 1 & 2 \end{pmatrix} = \begin{pmatrix} 1 & 2 & 3 \\ 2 & 1 & 3 \end{pmatrix} = \sigma_3$$

といった計算を行うことによって得られるものである．

この乗積表を話題としたついでに，現代数学の最も重要な概念である**同型性**，すなわち"構造の一致"についてふれておこう．

本質例題 20 S_3 と同型な関数の場合 　　　**基本**

6個の関数の集合

$$\mathcal{F} = \left\{ f_1(x) = x,\ f_2(x) = \frac{1}{x},\ f_3(x) = 1 - x, \right.$$
$$\left. f_4(x) = 1 - \frac{1}{x},\ f_5(x) = \frac{1}{1-x},\ f_6(x) = \frac{x}{x-1} \right\}$$

の要素に関して，関数の合成の表を作れ．

▶写像 f, g の合成 $f \circ g$ の定義，$(f \circ g)(x) = f(g(x))$ に基づいて実直に計算してみよう！◀

---

[2] 九九の表にあたる．乗積表と呼ぶ．

6.4 置換全体の構造——n 次対称群　95

解答

たとえば

$$(f_2 \circ f_2)(x) = f_2(f_2(x)) = f_2\left(\frac{1}{x}\right) = \frac{1}{1/x}$$
$$= x = f_1(x)$$
$$(f_2 \circ f_5)(x) = f_2(f_5(x)) = f_2\left(\frac{1}{1-x}\right) = \frac{1}{1/(1-x)}$$
$$= 1 - x = f_3(x)$$

などと計算していって下表を得られる．

f \ g	f_1	f_2	f_3	f_4	f_5	f_6
f_1	f_1	f_2	f_3	f_4	f_5	f_6
f_2	f_2	f_1	f_5	f_6	f_3	f_4
f_3	f_3	f_4	f_1	f_2	f_6	f_5
f_4	f_4	f_3	f_6	f_5	f_1	f_2
f_5	f_5	f_6	f_2	f_1	f_4	f_3
f_6	f_6	f_5	f_4	f_3	f_2	f_1

($f \circ g$ の表)

長岡流処方せん

■ いたみ止め

$(f \circ g)(x) = f(g(x))$ の定義に従って計算すればよい．

研究

驚くべきことに，添字だけに注目してみればわかるように，上の2つの $\alpha\beta$ の表と $f \circ g$ の表は本質的に同じである．

実は，これは偶然の一致ではない．これについて，次のような《構造的な説明》を与えることができるのである．

一般に，集合 G 内で定義されている積"$\cdot$"について

$$\forall x \in G \text{ に対して } x \cdot e = e \cdot x = x$$

を満たすような e を**単位元**という．さて

$$a^2 (= a \cdot a) = e, \quad b^3 (= b \cdot b \cdot b) = e$$

さらに

$$b^2 \cdot a = a \cdot b$$

を満たすような a, b を用いて，G が6個の要素

$$e, \ a, \ ba, \ b, \ b^2, \ ab$$

からなる集合になっているとすると，これら6個の要素の積について，次表（$\alpha\beta$ 表）のような構造をもつ．

$\alpha \diagdown \beta$	e	a	ba	b	b^2	ab
e	e	a	ba	b	b^2	ab
a	a	e	b^2	ab	ba	b
ba	ba	b	e	a	ab	b^2
b	b	ba	ab	b^2	e	a
b^2	b^2	ab	a	e	b	ba
ab	ab	b^2	b	ba	a	e

a, b として，S_3 においてはそれぞれ $\sigma_2 = \begin{pmatrix} 1 & 2 & 3 \\ 1 & 3 & 2 \end{pmatrix}$, $\sigma_4 = \begin{pmatrix} 1 & 2 & 3 \\ 2 & 3 & 1 \end{pmatrix}$, $\mathcal{F}$ においてはそれぞれ $f_2(x) = \frac{1}{x}$, $f_4(x) = 1 - \frac{1}{x}$ をとると，これらが上にあげた a, b の満たすべき性質をもつので，S_3 と $\mathcal{F}$ は必然的に同じ表をもつのである．

2つの集合は，一方は置換の集合，他方は $f(x) = \dfrac{ax+b}{cx+d}$ (a, b, c, d は $ad - bc \neq 0$ を満たす定数）という形の関数の集合であるが，それぞれが置換の積，関数の合成に関してもつ抽象的な **構造**(structure) は同じであるということである．

最後に $n \geq 4$ も含め一般の S_n の特徴をまとめておこう．
(1) S_n の要素の個数は $n!$．
(2) 置換の積に関して次の4つの性質が成り立つ

1　$\sigma, \tau \in S_n \Longrightarrow \sigma\tau \in S_n$

2　$\sigma, \tau, \upsilon \in S_n \Longrightarrow (\sigma\tau)\upsilon = \sigma(\tau\upsilon)$

3　恒等置換 $\iota \in S_n$ が $\forall \sigma \in S_n$ に対して $\iota\sigma = \sigma\iota = \sigma$ を満たす

4　$\forall \sigma \in S_n$ に対し，それに応じて適当に $\sigma' \in S_n$ をとると，$\sigma\sigma' =$

6.4 置換全体の構造—n次対称群

$\sigma'\sigma = \iota$ となる（σ' は逆置換と呼ばれ，σ^{-1} で表される）．

以上の性質を満たすことを，S_n は（置換の積に関して）**群**(group) をなすという．S_n は **n次対称群**と呼ばれる重要な群の例である．

閑話休題

このような有限個の要素からなる群についての一般的性質から（もちろん，ラグランジュの定理と呼ばれるこの性質を知っていれば，の話しであるが），

$$\forall \sigma \in S_n \quad \sigma^{n!} = \iota$$

が成り立つことがすぐわかる．つまり，どんな置換 σ も $n!$ 回繰り返せば，必ず恒等置換になる．

ジョーカーを除く 52 枚のトランプのカードについて言えば，それを並べ替えるいかなる並べ替えの操作も，これとまったく同じ操作を 52! 回繰り返せば，元に戻ってしまうということである．しかし 52! は，

$$52! = 80658175170943878571660636856403766975289505440883277824000000000000000 \fallingdotseq 8 \times 10^{67}$$

というとんでもなく巨大な値であり，これは数学的には有限であると言っても，一般に巨大な数を表すときに用いられる「天文学的数字」よりも，実ははるかに大きい．これは「事実上，無限」のようなものである！

たとえば，地球は，ほぼ半径 $R = 6400$km の球である．海岸の砂浜などに見られる砂粒が 1cm^3 に N 個含まれているとすると，1km^3 には

$$N \times (10^2 \times 10^3)^3 = N \times 10^{15} \text{ 個}$$

であるので，仮に地球が全部そのような砂粒でできていると仮定すると，砂粒の総数は

$$\left(\frac{4\pi}{3} \times R^3\right)(N \times 10^{15}) \fallingdotseq (10^{12}) \times (N \times 10^{15})$$

やや大げさに $N = 10^5$ としても，上の値はたった 10^{32} である！

8×10^{67} は 10^{32} の 10^{32} 倍，つまり地球を砂粒の大きさにもつような巨大な天体がすべて地球の砂粒でできているとしたときの砂粒の個数と比べても，その $8 \times 10^3 = 8000$ 倍という値である！！

石川五右衛門は「浜の真砂は尽きるとも，世に盗人の種は尽きまじ」と詠ったというが，砂浜の砂粒などの比でないほど，52! は大きいのである．

このようなわずかな数のカードが産み出す膨大な多様性が，ゲームの楽しみ，奥深さにつながるのであろう．ところで，52 枚のカードを 26 枚ずつの 2 山に分け，それぞれを交互に 1 枚ずつ並べ替える，というシャッフルを正確に繰り返していくと，こんなにたくさんのカード配置は生まれない．実は驚くほど，早く元に戻ってしまうのである．これは置換を巡回置換の積に分解するというアイデアで簡単に解決する．このアイデアを例題で確かめてみよう．

本質例題 21 巡回置換の積   発展

52 枚のトランプのカードをまとめて持ち，2 つの山に分けてそれぞれの山のカードを 1 枚おきに交互に重ねるシャッフルという操作を巡回置換の積で表現することを通じて，正確なシャッフルを何回繰り返すと，52 枚のカードの配列が元に戻るか求めよ．

■複雑そうにみえるシャッフルという操作が数学的には置換という簡単な概念で表現できることが第一のポイントである．▶

解答   **長岡流処方せん**

上から順に 52 枚のカードが，その位置によって 1 から 52 の数に割り当てられているとすると，1 回のシャッフルにより下図のように移動する．

上から n 枚目にあったカードは，1 回のシャッフルで，

■いたみ止め

ここが最初の急所．よくわからなければ，本物のカードを用意して実際に手を動かしてみよ．

$$\begin{cases} n \leq 26 \text{ のときは} & 2n-1 \text{ 枚目に} \\ n \geq 27 \text{ のときは} & 2(n-26) \text{ 枚目に} \end{cases}$$

移動する．

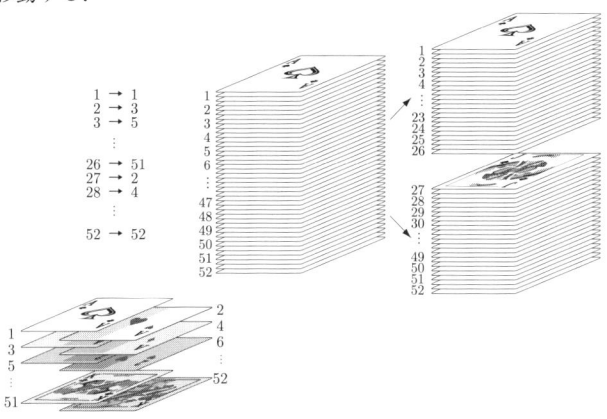

この移動を置換 σ とおくと，

$$\sigma = \begin{pmatrix} 1 & 2 & 3 & \cdots & 26 & 27 & 28 & \cdots & 52 \\ 1 & 3 & 5 & \cdots & 51 & 2 & 4 & \cdots & 52 \end{pmatrix}$$

であり，σ は下図のように 6 個の長さが 8 の巡回置換と，1 個の長さが 2 の巡回置換の積に分解できる．

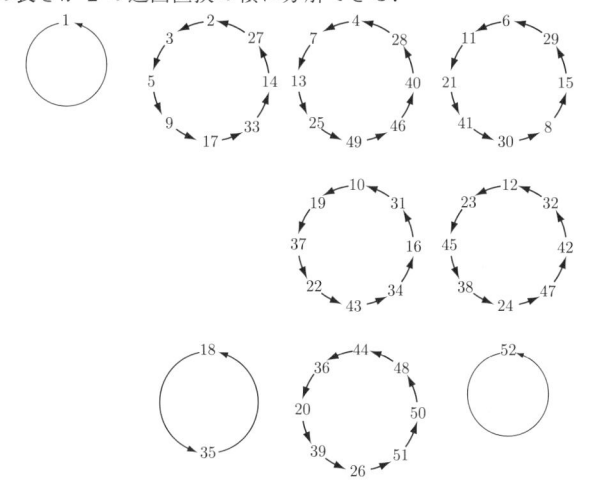

■ いたみ止め
ここが第二の最も重要な急所．

■ いたみ止め
ここがこの例題の解決の最大の急所．

よって，$\sigma^n = \iota$ となる最小の自然数 n は $n = 8$ である．

■ 6.5 置換の分類

前節では置換の概念と置換全体の作る集合が積についてもつ性質についてを学んだ．ここから先は，これに基づいて行列式の概念を定義する．

上で述べたように，$X_n = \{1, 2, 3, \cdots, n\}$ の中のある 2 つ，たとえば i, j だけが交換されて他のものは変化させないような置換，すなわち

$$\sigma = \begin{pmatrix} 1 & 2 & \cdots & i & \cdots & j & \cdots & n \\ 1 & 2 & \cdots & j & \cdots & i & \cdots & n \end{pmatrix}$$

のようなものを互換というのであるが，互換は最も単純な長さが 2 の巡回置換

$$\sigma = (i,\ j)$$

であり，いわば，阿弥陀くじにおける 1 本の横線のようなものである．

互換に関連して最も重要なのは，次の定理である．この定理の前半は「いかなる組合せのくじ引きも阿弥陀くじで書ける」ということを意味している．

定理 6.5.1 すべての置換は互換の積に分解できる．その方法は一通りではないが，用いられる互換の個数の偶奇性は表すべき置換で定まる．

例 6.3 $\sigma = \begin{pmatrix} 1 & 2 & 3 & 4 & 5 & 6 \\ 3 & 5 & 2 & 4 & 1 & 6 \end{pmatrix}$ は，$\sigma = (1,5)(1,2)(1,3)$ とも $\sigma = (1,2)(1,3)(1,2)(2,5)(1,5)$ とも表すことができる．互換の積としての表現は一通りではないが，ともに奇数個の互換の積である．

証明の流れ 任意の置換が，互いに共通の数を含まない，いくつかの巡回置換の積で表現できるという事実（6.3 節）に基づけば，任意の置換が互換の積で表せるということの証明で残っているのは「任意の巡回置換が互換の積で表現できる」ということだけである．しかるに，これは，

$$(i_1,\ i_2,\ i_3,\ \cdots,\ i_k)$$

という巡回置換が

$$(i_1, i_k)(i_1, i_{k-1})\cdots(i_1, i_3)(i_1, i_2)$$

という $k-1$ 個の互換の積で表される（確認せよ！）ことから明らかである．

偶奇性が変化しないことは，n 文字についての**差積**と呼ばれる最も単純な**交代式**

$$\begin{aligned}f(x_1, x_2, \cdots, x_n) = &(x_1 - x_2)(x_1 - x_3)\cdots(x_1 - x_n)\\ &\times(x_2 - x_3)\cdots(x_2 - x_n)\\ &\qquad\qquad\ddots\\ &\times(x_{n-1} - x_n)\end{aligned}$$

に対して，互換を一度施すと，符号が逆転することを考えれば明らかである（詳しくは具体例で後述する）．■

上の定理を承認すれば，次の定義が可能になる．

定義 6.5.1 偶数個の互換の積で表されるものを**偶置換**，奇数個の互換の積で表されるものを**奇置換**という．

例 6.4 $\sigma = \begin{pmatrix} 1 & 2 & 3 \\ 2 & 3 & 1 \end{pmatrix} = (1,3)(1,2)$ は偶置換である．また $\tau = \begin{pmatrix} 1 & 2 & 3 \\ 1 & 3 & 2 \end{pmatrix} = (2,3)$ は奇置換である．

偶置換，奇置換はその定義から以下のような性質を持つ．

$$\begin{cases} 偶置換 \times 偶置換 = 偶置換 \\ 奇置換 \times 偶置換 = 奇置換 \\ 偶置換 \times 奇置換 = 奇置換 \\ 奇置換 \times 奇置換 = 偶置換 \end{cases}$$

このことから偶置換，奇置換は積について $+1, -1$ のようなものであり，これらの性質は，本質的にはそれぞれ

$$\begin{cases} 偶数＋偶数＝偶数 \\ 奇数＋偶数＝奇数 \\ 偶数＋奇数＝奇数 \\ 奇数＋奇数＝偶数 \end{cases}$$

という整数の性質にほかならない．

次の定理は基本的である．

定理 6.5.2 S_n の $n!$ 個の要素は同数個ずつの偶置換，奇置換からなる．したがって，偶置換は，全部で $\dfrac{n!}{2}$ 個ある．

証明 偶置換全体を A_n，奇置換全体を B_n とおくと，1 つの互換，たとえば (1,2) をとり，それを σ_0 とおくと，図 6.6 のような A_n から B_n の上への 1 対 1 写像 f が定義できるので，

$$(A_n \text{ の要素の個数}) = (B_n \text{ の要素の個数})$$

であり，A_n, B_n 合わせて $n!$ 個であるから，それぞれは $\dfrac{n!}{2}$ 個ずつある． ∎

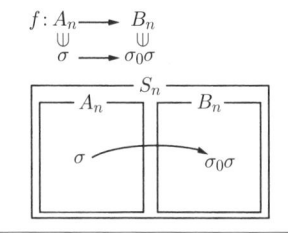

$$\begin{array}{c} f: A_n \longrightarrow B_n \\ \cup \hspace{1.2cm} \cup \\ \sigma \longrightarrow \sigma_0 \sigma \end{array}$$

図 6.6 偶置換と奇置換の 1 対 1 対応

$n!$ 個の要素からなる n 次元対称群 S_n の偶置換全体は，$\dfrac{n!}{2}$ 個の要素からなる S_n の部分集合であるが，偶置換どうしの積が偶置換になること，恒等置換が偶置換であることなどから置換の積に関してそれ自身も群（S_n の部分群 subgroup）をなすことは明らかであろう．これを **n 次交代群** と呼

び A_n などと表す(奇置換全体は,群を作らない!).

ここで対称群,交代群という単語の由来にふれておこう.n 個の文字についての式 f と置換 $\sigma \in S_n$ に対して,式 σf を

$$(\sigma f)(x_1,\ x_2,\ x_3,\ \cdots,\ x_n) = f(x_{\sigma(1)},\ x_{\sigma(2)},\ x_{\sigma(3)},\ \cdots,\ x_{\sigma(n)})$$

と定義する[3].

たとえば

$$f(x,\ y,\ z) = x \cdot y + z,\ \sigma = \begin{pmatrix} 1 & 2 & 3 \\ 2 & 3 & 1 \end{pmatrix}$$

のときは

$$(\sigma f)(x_1,\ x_2,\ x_3) = f(x_2,\ x_3,\ x_1) = x_2 \cdot x_3 + x_1$$

すなわち

$$(\sigma f)(x,\ y,\ z) = yz + x$$

となる.

特に

$$f(x_1,\ x_2,\ x_3) = x_1 \cdot x_2 \cdot x_3$$

のような**対称式**(任意の 2 文字を入れ替えても元と変わらない式)は,

$$\forall \sigma \in S_3 \text{ に対して } (\sigma f)(x_1,\ x_2,\ x_3) = f(x_1,\ x_2,\ x_3)$$

という性質(S_3 のすべての要素に対して f が不変)を満たすものである.

これに対し

$$f(x_1,\ x_2,\ x_3) = (x_1 - x_2)(x_2 - x_3)(x_3 - x_1)$$

のような**交代式**(任意の 2 文字を入れ替えると符号が変化する式)は,

$$\forall \sigma \in A_3 \text{ に対して } (\sigma f)(x_1,\ x_2,\ x_3) = f(x_1,\ x_2,\ x_3)$$

という性質(A_3 のすべての要素に対して f が不変)を満たすものである.

以上が,S_n,A_n をそれぞれ対称群,交代群と呼ぶゆえんである.

---

[3] $f(x_1,\ x_2,\ x_3,\ \cdots,\ x_n)$ を式と呼ぶのがわかりにくければ,さしあたりは n 個の変数についての関数と思ってもらってもよい.

【6章の復習問題】

1 次の置換をそれぞれ互換の積で表せ. $\sigma = \begin{pmatrix} 1 & 2 & 3 & 4 & 5 & 6 & 7 & 8 & 9 \\ 3 & 6 & 1 & 9 & 2 & 5 & 4 & 8 & 7 \end{pmatrix}$

2 次の各々の置換の偶奇を判定せよ.

(1) $\begin{pmatrix} 1 & 2 & 3 \\ 2 & 3 & 1 \end{pmatrix}$

(2) $\begin{pmatrix} 1 & 2 & 3 & 4 \\ 2 & 3 & 4 & 1 \end{pmatrix}$

(3) $\begin{pmatrix} 1 & 2 & 3 & 4 & 5 \\ 3 & 5 & 4 & 1 & 2 \end{pmatrix}$

(4) $\begin{pmatrix} 1 & 2 & 3 & 4 & 5 & 6 & 7 \\ 2 & 3 & 4 & 5 & 6 & 7 & 1 \end{pmatrix}$

(5) $\begin{pmatrix} 1 & 2 & 3 & 4 & 5 & 6 & 7 \\ 2 & 3 & 4 & 1 & 6 & 7 & 5 \end{pmatrix}$

7

行列式の概念とその計算

前章の準備の下にいよいよ本章では行列式の概念の定義を与え，その計算法について重要な前提となる理論を講ずる．

■ 7.1 行列式の起源

連立 1 次方程式
$$\begin{cases} ax_1 + bx_2 = e \\ cx_1 + dx_2 = f \end{cases}$$

の解は，$ad - bc \neq 0$ のときは，

$$\begin{cases} x_1 = \dfrac{de - bf}{ad - bc} \\ x_2 = \dfrac{af - ce}{ad - bc} \end{cases}$$

と表される．そこで今，この右辺の分子，分母の形に注目して

$$\begin{vmatrix} a & b \\ c & d \end{vmatrix} = ad - bc \tag{7.1}$$

と定義すると，上の結果は

$$x_1 = \frac{\begin{vmatrix} e & b \\ f & d \end{vmatrix}}{\begin{vmatrix} a & b \\ c & d \end{vmatrix}}, \quad x_2 = \frac{\begin{vmatrix} a & e \\ c & f \end{vmatrix}}{\begin{vmatrix} a & b \\ c & d \end{vmatrix}}$$

のように，幾分より"構造的に"表すことができる．ここに登場しているのが最も単純な場合の行列式である．

高校数学でよく知られているように，xy 平面上に $\boldsymbol{u} = (a, b)$，$\boldsymbol{v} = (c, d)$ があるとき，$ad - bc$ に絶対値をつけた値 $|ad - bc|$ は，2 つのベクトル $\boldsymbol{u}$，$\boldsymbol{v}$

106   第7章 行列式の概念とその計算

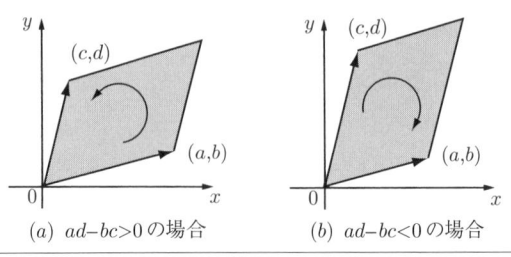

(a) $ad-bc>0$ の場合   (b) $ad-bc<0$ の場合

図 7.1 符号つき面積

で張られる平行四辺形の面積を表す．じつは絶対値のない $ad-bc$ は図 7.1 のように "符号つきの面積" を表すと考えるとよい．

ここで述べたことがらを一般化するために，まず行列自身の記号を "構造化" して

$$A = \begin{pmatrix} a_{11} & a_{12} \\ a_{21} & a_{22} \end{pmatrix}$$

と表すことにしよう．すると (7.1) は

$$\begin{vmatrix} a_{11} & a_{12} \\ a_{21} & a_{22} \end{vmatrix} = a_{11}a_{22} - a_{12}a_{21} \tag{7.2}$$

となる．

ここで，2 次対称群 S_2 の 2 つの要素を

$$\sigma_1 = \begin{pmatrix} 1 & 2 \\ 1 & 2 \end{pmatrix}, \ \sigma_2 = \begin{pmatrix} 1 & 2 \\ 2 & 1 \end{pmatrix}$$

とおくと，上式の右辺 $a_{11}a_{22} - a_{12}a_{21}$ は

$$a_{1\sigma_1(1)}a_{2\sigma_1(2)} - a_{1\sigma_2(1)}a_{2\sigma_2(2)}$$

と表すことができる．$\sigma_1(1) = 1$，$\sigma_1(2) = 2$，また $\sigma_2(1) = 2$，$\sigma_2(2) = 1$ であることをしっかりと確認しておこう．

■ 7.2 置換の符号と行列式の定義

上で述べたものをさらに統一的に表すために，次のように**置換の符号**の概念を定義する．

すなわち，置換 σ の符号 (sign) を

$$\mathrm{sign}(\sigma) = \begin{cases} 1 & \cdots \ \sigma \in A_n \text{のとき} \\ -1 & \cdots \ \sigma \notin A_n \text{のとき} \end{cases}$$

と定義するのである[1]．要するに，σ が偶置換なら $\mathrm{sign}(\sigma) = 1$，奇置換なら $\mathrm{sign}(\sigma) = -1$ ということである．

上の σ_1, σ_2 についていうと

$$\begin{cases} \mathrm{sign}(\sigma_1) = 1 \\ \mathrm{sign}(\sigma_2) = -1 \end{cases}$$

であるから，この記号を用いると，(7.2) の右辺は，

$$\sum_{\sigma \in S_2} \mathrm{sign}(\sigma) a_{1\sigma(1)} a_{2\sigma(2)}$$

と表現できる．

これを一般化して，行列式を定義する．すなわち，

定義 7.2.1 n 次正方行列 $A = (a_{ij})$ に対して，

$$\sum_{\sigma \in S_n} \mathrm{sign}(\sigma) a_{1\sigma(1)} a_{2\sigma(2)} \cdots a_{n\sigma(n)}$$

で定められる値を A の **行列式**(determinant) と呼び，$|A|$ あるいは，$\det(A)$ などと表す．

> **注意** 括弧を省いて $\det A$ のようにより簡単に表すこともある．$|A|$ という記号は絶対値と混同しやすいが，その反面，混同の長所もある．そのことはやがてわかる．

上の定義は,初学者にはひどく複雑なものに見えるが,$\sigma(1), \sigma(2), \cdots, \sigma(n)$ をそれぞれ $i_1, i_2, \cdots, i_n$ を書いて考えると Σ の中身である

---

[1] 記号 $\mathrm{sign}(\sigma)$ は，$\mathrm{sgn}(\sigma)$ とより短く略すこともある．

$$a_{1i_1}a_{2i_2}\cdots a_{ni_n}$$

は第 1 行からは第 i_1 列の成分，第 2 行からは第 i_2 列の成分，……，第 n 行からは第 i_n の成分をとって掛け合わせたものであり，しかも，ここで $i_1, i_2, \cdots, i_n$ は全体としては，$1, 2, \cdots, n$ と一致していることを考えれば，

$$\begin{cases} 各行から 1 つずつ成分を選ぶ \\ ただし，同じ列から 2 回以上選ぶことを禁ずる \end{cases}$$

というルールで n 個の成分を選んで掛け合わせたものに過ぎない．

このようなルールを守った選び方が $n!$ 通りあるので，それぞれの積に $\dfrac{n!}{2}$ 個ずつ $+1$，または -1 をしかるべくつけて，全体で $n!$ 個の和を考える，というのが上式の《心》である．このような《心》がわかるまでは，少々の慣れが必要である．そこでこの定義に基づいて，まず 3 次の正方行列の行列式を計算してみるのは良い練習である．

本質例題 22　3 次正方行列の行列式の計算　　基礎

$$A = \begin{pmatrix} a_{11} & a_{12} & a_{13} \\ a_{21} & a_{22} & a_{23} \\ a_{31} & a_{32} & a_{33} \end{pmatrix}$$

の行列式を上の定義に基づいて計算せよ．

◧定義を理解しているかどうかが試されている．◨

解答

3 次対称群 S_3 は $3! = 6$ 個の要素からなる．それらを，

$$\sigma_1 = \begin{pmatrix} 1 & 2 & 3 \\ 1 & 2 & 3 \end{pmatrix}, \ \sigma_2 = \begin{pmatrix} 1 & 2 & 3 \\ 1 & 3 & 2 \end{pmatrix}, \ \sigma_3 = \begin{pmatrix} 1 & 2 & 3 \\ 2 & 1 & 3 \end{pmatrix},$$

$$\sigma_4 = \begin{pmatrix} 1 & 2 & 3 \\ 2 & 3 & 1 \end{pmatrix}, \ \sigma_5 = \begin{pmatrix} 1 & 2 & 3 \\ 3 & 1 & 2 \end{pmatrix}, \ \sigma_6 = \begin{pmatrix} 1 & 2 & 3 \\ 3 & 2 & 1 \end{pmatrix}$$

とおくと，

長岡流処方せん

■いたみ止め

置換に $\sigma_1 \sim \sigma_6$ の名前をつけただけ．

$\det(A)$
$=\mathrm{sign}(\sigma_1)a_{1\sigma_1(1)}a_{2\sigma_1(2)}a_{3\sigma_1(3)} + \mathrm{sign}(\sigma_2)a_{1\sigma_2(1)}a_{2\sigma_2(2)}a_{3\sigma_2(3)}$
$\quad + \mathrm{sign}(\sigma_3)a_{1\sigma_3(1)}a_{2\sigma_3(2)}a_{3\sigma_3(3)} + \mathrm{sign}(\sigma_4)a_{1\sigma_4(1)}a_{2\sigma_4(2)}a_{3\sigma_4(3)}$
$\quad + \mathrm{sign}(\sigma_5)a_{1\sigma_5(1)}a_{2\sigma_5(2)}a_{3\sigma_5(3)} + \mathrm{sign}(\sigma_6)a_{1\sigma_6(1)}a_{2\sigma_6(2)}a_{3\sigma_6(3)}$

である．ここで，σ_1，σ_4，σ_5 は偶置換 σ_2，σ_3，σ_6 は奇置換であるから

■ いたみ止め
偶置換，奇置換であることをしっかり確認しよう．

$$\mathrm{sign}(\sigma_1) = \mathrm{sign}(\sigma_4) = \mathrm{sign}(\sigma_5) = 1$$
$$\mathrm{sign}(\sigma_2) = \mathrm{sign}(\sigma_3) = \mathrm{sign}(\sigma_6) = -1$$

であること，また

$$\sigma_1(1) = 1,\ \sigma_1(2) = 2,\ \sigma_1(3) = 3$$
$$\sigma_2(1) = 1,\ \sigma_2(2) = 3,\ \sigma_2(3) = 2$$
$$\vdots$$
$$\sigma_6(1) = 3,\ \sigma_6(2) = 2,\ \sigma_6(3) = 1$$

■ いたみ止め
σ_3，σ_4，σ_5 についても各自確認せよ．

であることから，結局，次のようになる．

$$\det(A) = a_{11}a_{22}a_{33} - a_{11}a_{23}a_{32} - a_{12}a_{21}a_{33}$$
$$\qquad + a_{12}a_{23}a_{31} + a_{13}a_{21}a_{32} - a_{13}a_{22}a_{31}$$

　上で得た結果を＋のついた項，－のついた項をそれぞれまとめてみると，図 7.2 のように斜めに 3 つずつとって作った積の和になっていることがわかる．3 次の正方行列の行列式はこのような比較的単純で機械的な方法で計算することができる．この方法は，**サラスの方法**と呼ばれるが，このような**単純で機械的な方法で行列式が計算できるのは，一般には 3 次までの正方行列だけである**．

| 本質例題 | 23 | サラスの方法 | 基礎 |

次の 3 次の正方行列の行列式をサラスの方法で求めよ．

i) $\begin{pmatrix} 1 & 2 & 3 \\ 0 & 1 & 1 \\ 0 & 1 & -1 \end{pmatrix}$ ii) $\begin{pmatrix} 1 & 1 & 1 \\ a & b & c \\ a^2 & b^2 & c^2 \end{pmatrix}$

● これらは，このように素朴な方法によらずにもっと簡単に，あるいはもっと鮮やかに求めることもできる．●

解答

i)
$$\begin{vmatrix} 1 & 2 & 3 \\ 0 & 1 & 1 \\ 0 & 1 & -1 \end{vmatrix} = 1 \times 1 \times (-1) + 2 \times 1 \times 0 + 3 \times 0 \times 1$$
$$- 3 \times 1 \times 0 - 2 \times 0 \times (-1) - 1 \times 1 \times 1$$
$$= -1 - 1 = -2$$

ii)
$$\begin{vmatrix} 1 & 1 & 1 \\ a & b & c \\ a^2 & b^2 & c^2 \end{vmatrix} = bc^2 + ca^2 + ab^2 - a^2 b - b^2 c - c^2 a$$
$$= (b-c)(c-a)(a-b)$$

長岡流処方せん

■ いたみ止め
ほとんどの項が 0 なので助かる．

■ いたみ止め
初歩的な因数分解．

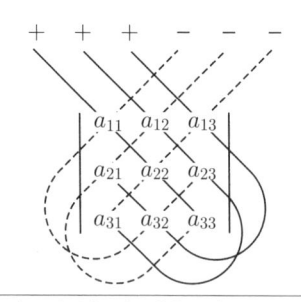

図 7.2　3 次の行列の行列式を求めるサラスの方法

■ 7.3　特別な行列の行列式

$n \geq 4$ のとき，n 次の正方行列 $A = (a_{ij})$ の行列式を計算することは容易ではない（一般に，$n!$ 通りの行列 A の n 個の成分の積の和である）．しかし，簡単に計算できる特別の場合もある．行列式の実質的な計算に向けてそのような例を考えるところからはじめよう．最も簡単なのは，次の場合である．

$$A = \begin{pmatrix} a_{11} & 0 & 0 & \cdots & 0 \\ 0 & a_{22} & 0 & \cdots & 0 \\ 0 & 0 & a_{33} & \cdots & 0 \\ \vdots & \vdots & \vdots & \ddots & \vdots \\ 0 & 0 & 0 & \cdots & a_{nn} \end{pmatrix}$$

のように，左上から右下にかけての対角線上の成分以外はすべて 0 である行列（**対角行列**）A については，$\det(A)$ は単に，対角成分の積

$$\det(A) = a_{11}a_{22}a_{33}\cdots a_{nn}$$

になる．

実際，$A = (a_{ij})$ とすると，A が対角行列であるとは $i \neq j$ のときは $a_{ij} = 0$ となるということであるから，

$$\det(A) = \sum_{\sigma \in S_n} \mathrm{sign}\,(\sigma)\, a_{1\sigma(1)} a_{2\sigma(2)} \cdots a_{n\sigma(n)}$$

において，右辺の和を構成する $n!$ 個の項のうち，0 でないものは

$$1 = \sigma(1),\ 2 = \sigma(2),\ \cdots,\ n = \sigma(n)$$

となる場合，つまり σ が恒等置換となる唯一の場合だけだからである．

したがって特に，単位行列については

$$\det(E) = 1$$

となる．

対角行列についての上の議論は，少し一般化することができる．すなわち，**上三角行列**と呼ばれる

$$A = \begin{pmatrix} a_{11} & a_{12} & a_{13} & \cdots & a_{1n} \\ 0 & a_{22} & a_{23} & \cdots & a_{2n} \\ 0 & 0 & a_{33} & \cdots & a_{3n} \\ \vdots & \vdots & \vdots & \ddots & \vdots \\ 0 & 0 & 0 & \cdots & a_{nn} \end{pmatrix}$$

や**下三角行列**と呼ばれる

$$A = \begin{pmatrix} a_{11} & 0 & 0 & \cdots & 0 \\ a_{21} & a_{22} & 0 & \cdots & 0 \\ a_{31} & a_{32} & a_{33} & \cdots & 0 \\ \vdots & \vdots & \vdots & \ddots & \vdots \\ a_{n1} & a_{n2} & a_{n3} & \cdots & a_{nn} \end{pmatrix}$$

についても

$$\det(A) = a_{11}a_{22}a_{33}\cdots a_{nn}$$

となることが，行列式の定義からただちにわかる．

実際，上三角行列では，$i > j$ ならば $a_{ij} = 0$ であるから，

$$a_{1\sigma(1)}\, a_{2\sigma(2)} \cdots a_{n\sigma(n)} \neq 0$$

となるためには，積の性質から

$$a_{1\sigma(1)} \neq 0,\ a_{2\sigma(2)} \neq 0,\ \cdots,\ a_{n\sigma(n)} \neq 0$$
$$\therefore 1 \leq \sigma(1),\ 2 \leq \sigma(2),\cdots, n \leq \sigma(n)$$

でなければならず，これを満たす置換 σ は恒等置換しかないからである．
下三角行列についても同様である．

しかし，一般の正方行列の行列式については，以上のように簡単にはいかない．ではそれを計算するにはどうしたらよいであろうか．

■ 7.4 行列式の基本性質 (1)—転置不変性

行列式のもつ重要な性質に注目する．まず，$A = (a_{ij})$ に対し，行と列を入れ替えた行列 (a_{ji}) を A の転置行列といい，${}^t\!A$ と表すのであった．

> **定理 7.4.1** 任意の正方行列 A に対し，A と ${}^t\!A$ の行列式とは等しい．すなわち，$\det(A) = \det({}^t\!A)$．

証明は，$A = (a_{ij})$ に対し

$$\sum_{\sigma \in S_n} \mathrm{sign}(\sigma) a_{1\sigma(1)} a_{2\sigma(2)} \cdots a_{n\sigma(n)} = \sum_{\sigma \in S_n} \mathrm{sign}(\sigma) a_{\sigma(1)1} a_{\sigma(2)2} \cdots a_{\sigma(n)n}$$

を示せばよいということに過ぎないのである．形式的に書くと難しくみえるので，証明のポイントを言葉で述べよう．左辺において

$$a_{1\sigma(1)} a_{2\sigma(2)} \cdots a_{n\sigma(n)}$$

の各因子は行の番号順に並んでいるが，この各因数の列の番号

$$\sigma(1),\ \sigma(2),\ \cdots,\ \sigma(n)$$

は，全体としては

$$1,\ 2,\ \cdots,\ n$$

と一致している．そこで，因数を列の番号順に並び替えると

$$a_{\sigma^{-1}(1)1} a_{\sigma^{-1}(2)2} \cdots a_{\sigma^{-1}(n)n}$$

となる．はじめの式で列番号が j のものが a_{ij}（つまり $\sigma(i) = j$）であったとすると，$i = \sigma^{-1}(j)$ となるということである．

したがって，上式の左辺は因数の並び替えの操作だけで

$$\sum_{\sigma \in S_n} \mathrm{sign}(\sigma) a_{\sigma^{-1}(1)1} a_{\sigma^{-1}(2)2} \cdots a_{\sigma^{-1}(n)n}$$

となる．σ が S_n の中をくまなく動くときは，対応して $\tau = \sigma^{-1}$ も S_n の中をくまなく動き，しかも σ と τ の偶奇性が一致する．つまり

$$\mathrm{sign}(\tau) = \mathrm{sign}(\sigma^{-1}) = \mathrm{sign}(\sigma)$$

であるから，上式は

$$\sum_{\tau \in S_n} \mathrm{sign}(\tau) a_{\tau(1)1} a_{\tau(2)2} \cdots a_{\tau(n)n}$$

となる，というわけである．ここまでくれば，あらためて τ を σ に書き替えてよいことは，$\sum_{k=1}^{10} k$ を $\sum_{n=1}^{10} n$ に書き替えてよいことと同じである．

以上で，上の定理が証明できた．■

n 次正方行列 A は，下のように n 個の n 次列ベクトルが横に並んだものとも，n 個の n 次行ベクトルが縦に並んだものともみなすことができる．

$$A = \begin{pmatrix} a_{11} & a_{12} & \cdots & a_{1n} \\ a_{21} & a_{22} & \cdots & a_{2n} \\ \vdots & \vdots & & \vdots \\ a_{n1} & a_{n2} & \cdots & a_{nn} \end{pmatrix}$$

$$A = \begin{pmatrix} a_{11} & a_{12} & \cdots & a_{1n} \\ a_{21} & a_{22} & \cdots & a_{2n} \\ \vdots & \vdots & & \vdots \\ a_{n1} & a_{n2} & \cdots & a_{nn} \end{pmatrix}$$

n 個の列ベクトルの並びとみたときの $A = (\boldsymbol{a}_1, \boldsymbol{a}_2, \cdots, \boldsymbol{a}_n)$ に対して転置行列 ${}^t\!A$ を考えれば，

$$^t\!A = \begin{pmatrix} {}^t\boldsymbol{a}_1 \\ {}^t\boldsymbol{a}_2 \\ \vdots \\ {}^t\boldsymbol{a}_n \end{pmatrix}$$

のように，n 個の行ベクトルの並びになるが，A と ${}^t\!A$ の行列式が等しいことが保証されているので，以下に述べるように**行列を列の並びとみなして証明される性質**は，すべて行列を行の並びとみなしたときに成り立つ性質としても証明されたことになる．

そこで以下では，行列 A を列ベクトルを横に並べたものとみなし，

$$A = (\boldsymbol{a}_1,\ \boldsymbol{a}_2,\ \cdots,\ \boldsymbol{a}_n)$$

と書いていこう．

7.5 行列式の基本性質 (2)—交代性

定理 7.5.1 行列 $A = (\boldsymbol{a}_1, \boldsymbol{a}_2, \cdots, \boldsymbol{a}_n)$ において，異なるどの2つの列に注目して，それらを入れ替えた新しい行列を考えると，その行列の行列式の値は元の行列 A の行列式に対してちょうど (-1) 倍される．

直観的に表せば，次のようになる．

$$\det(\boldsymbol{a}_1,\ \boldsymbol{a}_2,\ \cdots,\ \overset{\underset{\downarrow}{i\text{列}}}{\boldsymbol{a}_j},\ \cdots,\ \overset{\underset{\downarrow}{j\text{列}}}{\boldsymbol{a}_i},\ \cdots,\ \boldsymbol{a}_n)$$
$$= -\det(\boldsymbol{a}_1,\ \boldsymbol{a}_2,\ \cdots,\ \underset{\underset{i\text{列}}{\uparrow}}{\boldsymbol{a}_i},\ \cdots,\ \underset{\underset{j\text{列}}{\uparrow}}{\boldsymbol{a}_j},\ \cdots,\ \boldsymbol{a}_n) \qquad (1 \leq i < j \leq n)$$

この性質を，行列式の（列についての）**交代性**と呼ぶ．これについての以下の証明は，表現してしまうと抽象的になって，初学者には一見難しく映る危険があるが，実はごく単純なものであることを理解して欲しい．実際，元々の

$$\det(\boldsymbol{a}_1, \boldsymbol{a}_2, \cdots, \boldsymbol{a}_i, \cdots, \boldsymbol{a}_j, \cdots, \boldsymbol{a}_n)$$

が

$$\sum_{\sigma \in S_n} \mathrm{sign}(\sigma) a_{\sigma(1)1} a_{\sigma(2)2} \cdots a_{\sigma(i)i} \cdots a_{\sigma(j)j} \cdots a_{\sigma(n)n}$$

であるのに対し，第 i 列と第 j 列を入れ替えた

$$\det(\boldsymbol{a}_1, \boldsymbol{a}_2, \cdots, \boldsymbol{a}_j, \cdots, \boldsymbol{a}_i, \cdots, \boldsymbol{a}_n)$$

では

$$\sum_{\sigma \in S_n} \mathrm{sign}(\sigma) a_{\sigma(1)1} a_{\sigma(2)2} \cdots a_{\sigma(i)j} \cdots a_{\sigma(j)i} \cdots a_{\sigma(n)n}$$

となってしまうので "i を j" に，"j を i" に移す互換 σ_0 を考え，$\sigma\sigma_0 = \tau$ (σ_0 は互換なので，$\sigma_0^{-1} = \sigma_0$ であることから $\sigma = \tau\sigma_0$ でもある）とおけば

$$\sum_{\sigma \in S_n} \text{sign}(\sigma) a_{\tau(1)1} a_{\tau(2)2} \cdots a_{\tau(i)i} \cdots a_{\tau(j)j} \cdots a_{\tau(n)n}$$

となり，$\text{sign}(\sigma) = -\text{sign}(\tau)$ となるというだけのことである．

■ 7.6　行列式の基本性質 (3)——多重線型性

> **定理 7.6.1**　行列式を，列の関数とみたとき，この関数は，どの列についても線型である．

すなわち，行列 $A = (\boldsymbol{a}_1, \boldsymbol{a}_2, \cdots, \boldsymbol{a}_n)$ において，$\det A = \det(\boldsymbol{a}_1, \boldsymbol{a}_2, \cdots, \boldsymbol{a}_n)$ は，どの列についても線型である．

式で表現すれば，任意の $i = 1, 2, \cdots, n$ について

$$\begin{aligned}
&\det(\boldsymbol{a}_1, \boldsymbol{a}_2, \cdots, \alpha\boldsymbol{a}_i + \beta\boldsymbol{a}_i', \cdots, \boldsymbol{a}_n) \\
&= \alpha \det(\boldsymbol{a}_1, \boldsymbol{a}_2, \cdots, \boldsymbol{a}_i, \cdots, \boldsymbol{a}_n) \\
&\quad + \beta \det(\boldsymbol{a}_1, \boldsymbol{a}_2, \cdots, \boldsymbol{a}_i', \cdots, \boldsymbol{a}_n), \\
&\qquad (i = 1, 2, 3, \cdots, n)
\end{aligned}$$

が成り立つということである．

証明　行列式の定義において i 列目が $\alpha\boldsymbol{a}_i + \beta\boldsymbol{a}_i'$ となったとき

$$\det(A) = \sum_{\sigma \in S_n} \text{sign}(\sigma) a_{\sigma(1)1} a_{\sigma(2)2} \cdots (\alpha a_{\sigma(i)i} + \beta a'_{\sigma(i)i}) \cdots a_{\sigma(n)n}$$

となるので，右辺で $\sum$ の中身を通常の分配法則に従って計算し，$\sum$ の計算規則を適用すればよい，というだけである．■

7.6 行列式の基本性質 (3)—多重線型性

この性質を行列式の（列についての）(**多重**) **線型性**という[2].

以上のことから，行列の列（と行）に関する基本変形と行列式の関係として，次のことが導かれる．

> (1)　列（行）を交換すると行列式の符号が交換される
> (2)　ある列（行）を定数倍すると，行列式の値も定数倍される
> (3)　列（行）に他の列（行）の定数倍を加えても行列式の値は変化しない

このうち (1) は交代性, (2) は線型性に過ぎない．実用的な意味で重要なのは (3) である．これが成り立つことは，次のようにして示される．

まず，$A = (\boldsymbol{a}_1, \boldsymbol{a}_2, \cdots, \boldsymbol{a}_n)$ の n 個の列の中に全く同じものがあれば

$$\det(A) = 0$$

である．実際，第 i 列と第 j 列が同じであるとすると，第 i 列と第 j 列を交換すると（実は何も変化しないはずであるが！），交代性により

$$\det(\boldsymbol{a}_1, \cdots, \underset{\underset{i\,\text{列}}{\uparrow}}{\boldsymbol{a}_i}, \cdots, \underset{\underset{j\,\text{列}}{\uparrow}}{\boldsymbol{a}_i}, \cdots, \boldsymbol{a}_n)$$
$$= -\det(\boldsymbol{a}_1, \cdots, \underset{\underset{i\,\text{列}}{\uparrow}}{\boldsymbol{a}_i}, \cdots, \underset{\underset{j\,\text{列}}{\uparrow}}{\boldsymbol{a}_i}, \cdots, \boldsymbol{a}_n)$$

となる．これは，

$$\det(\boldsymbol{a}_1, \cdots, \underset{\underset{i\,\text{列}}{\uparrow}}{\boldsymbol{a}_i}, \cdots, \underset{\underset{j\,\text{列}}{\uparrow}}{\boldsymbol{a}_i}, \cdots, \boldsymbol{a}_n) = 0$$

を意味する[3].

さて，以上の準備が整っていれば，

$$\det(A) = \det(\boldsymbol{a}_1, \boldsymbol{a}_2, \cdots, \boldsymbol{a}_i, \cdots, \boldsymbol{a}_j, \cdots, \boldsymbol{a}_n)$$

---

[2] 当然，行についての多重線型性も成り立つ．
[3] $x = -x$ という方程式から $x = 0$ が導かれる，ということである．

に対し,第 i 列に第 j 列の λ 倍を加えるという変形を施して得られる行列の行列式は,第 i 列についての線型性により

$$\det(\boldsymbol{a}_1, \boldsymbol{a}_2, \cdots, \underset{\underset{i\, 列}{\uparrow}}{\boldsymbol{a}_i + \lambda \boldsymbol{a}_j}, \cdots, \underset{\underset{j\, 列}{\uparrow}}{\boldsymbol{a}_j}, \cdots, \boldsymbol{a}_n)$$

$$= \det(\boldsymbol{a}_1, \boldsymbol{a}_2, \cdots, \underset{\underset{i\, 列}{\uparrow}}{\boldsymbol{a}_i}, \cdots, \underset{\underset{j\, 列}{\uparrow}}{\boldsymbol{a}_j}, \cdots, \boldsymbol{a}_n)$$

$$+ \lambda \det(\boldsymbol{a}_1, \boldsymbol{a}_2, \cdots, \underset{\underset{i\, 列}{\uparrow}}{\boldsymbol{a}_j}, \cdots, \underset{\underset{j\, 列}{\uparrow}}{\boldsymbol{a}_j}, \cdots, \boldsymbol{a}_n)$$

と変形され,右辺の第 2 項は,上で示したように 0 であるから,元の $\det(A)$ と等しいことになる,ということである.

> **注意** これと同じ論法により,
> $$A = (\boldsymbol{a}_1, \boldsymbol{a}_2, \cdots, \boldsymbol{a}_n)$$
> の n 個の列ベクトルが線型従属(1つが,残りのいくつかの線型結合で表される)であるとすれば,
> $$\det(A) = 0$$
> という定理も簡単に導かれる.

以上に示した行列式の性質を利用することにより,行列式の計算は大幅に単純化される.

たとえば,次のような具合である.

$$\begin{vmatrix} 1 & 2 & 3 \\ 2 & 3 & 4 \\ 3 & 4 & 5 \end{vmatrix} = \begin{vmatrix} 1 & 2 & 3 \\ 0 & -1 & -2 \\ 0 & -2 & -4 \end{vmatrix} = \begin{vmatrix} 1 & 2 & 3 \\ 0 & -1 & -2 \\ 0 & 0 & 0 \end{vmatrix} = 0$$

となる.この計算は,第 2 行に第 1 行の (-2) 倍を加え,第 3 行に第 1 行の (-3) 倍を加え,さらに第 3 行に第 2 行の (-2) 倍を加えている.最終段階で上三角行列の性質を用いている.

本質例題 24 行列式の計算 　基礎

次の行列式の値を求めよ．

i) $\begin{vmatrix} 0 & -1 & -2 & -3 \\ 1 & 0 & -4 & 5 \\ 2 & 4 & 0 & -6 \\ 3 & -5 & 6 & 0 \end{vmatrix}$

ii) $\begin{vmatrix} 1 & -1 & 0 & 0 \\ 1 & 1 & -1 & 0 \\ 0 & 1 & 1 & -1 \\ 0 & 0 & 1 & 1 \end{vmatrix}$

● 与えられた行列を，その行列式の計算が簡単にいくような行列に変形する．その際，許されるのは本文で解説した交代性，線型性，多重線型性に基づく変形だけである．●

解答

長岡流処方せん

i)

$\begin{vmatrix} 0 & -1 & -2 & -3 \\ 1 & 0 & -4 & 5 \\ 2 & 4 & 0 & -6 \\ 3 & -5 & 6 & 0 \end{vmatrix} = - \begin{vmatrix} 1 & 0 & -4 & 5 \\ 0 & -1 & -2 & -3 \\ 2 & 4 & 0 & -6 \\ 3 & -5 & 6 & 0 \end{vmatrix}$

■ いたみ止め
第1行と第2行を交換．

$= - \begin{vmatrix} 1 & 0 & -4 & 5 \\ 0 & -1 & -2 & -3 \\ 0 & 4 & 8 & -16 \\ 0 & -5 & 18 & -15 \end{vmatrix}$

■ いたみ止め
第3行に，第1行の(-2)倍を加える．第4行に，第1行の(-3)倍を加える．

$= - \begin{vmatrix} 1 & 0 & -4 & 5 \\ 0 & -1 & -2 & -3 \\ 0 & 0 & 0 & -28 \\ 0 & 0 & 28 & 0 \end{vmatrix}$

■ いたみ止め
第3行に，第2行の4倍を加える．第4行に，第2行の(-5)倍を加える．

$= (-1)^2 \begin{vmatrix} 1 & 0 & -4 & 5 \\ 0 & -1 & -2 & -3 \\ 0 & 0 & 28 & 0 \\ 0 & 0 & 0 & -28 \end{vmatrix}$

■ いたみ止め
第3行と第4行を交換する．

$$= (-1)^2 \times 1 \times (-1) \times 28 \times (-28) = 784$$

ii)

$$\begin{vmatrix} 1 & -1 & 0 & 0 \\ 1 & 1 & -1 & 0 \\ 0 & 1 & 1 & -1 \\ 0 & 0 & 1 & 1 \end{vmatrix} = \begin{vmatrix} 1 & -1 & 0 & 0 \\ 0 & 2 & -1 & 0 \\ 0 & 1 & 1 & -1 \\ 0 & 0 & 1 & 1 \end{vmatrix}$$

■ いたみ止め
第 2 行に, 第 1 行の (-1) 倍を加える.

$$= \begin{vmatrix} 1 & -1 & 0 & 0 \\ 0 & 1 & 1 & -1 \\ 0 & 2 & -1 & 0 \\ 0 & 0 & 1 & 1 \end{vmatrix}$$

■ いたみ止め
第 2 行と第 3 行を交換する.

$$= \begin{vmatrix} 1 & -1 & 0 & 0 \\ 0 & 1 & 1 & -1 \\ 0 & 0 & -3 & 2 \\ 0 & 0 & 1 & 1 \end{vmatrix} = \begin{vmatrix} 1 & -1 & 0 & 0 \\ 0 & 1 & 1 & -1 \\ 0 & 0 & 1 & 1 \\ 0 & 0 & -3 & 2 \end{vmatrix}$$

■ いたみ止め
第 3 行に, 第 2 行の (-2) 倍を加える.
そして, 第 3 行と第 4 行を交換する.

$$= \begin{vmatrix} 1 & -1 & 0 & 0 \\ 0 & 1 & 1 & -1 \\ 0 & 0 & 1 & 1 \\ 0 & 0 & 0 & 5 \end{vmatrix}$$

■ いたみ止め
第 4 行に, 第 3 行の 3 倍を加える.

$$= 1 \times 1 \times 1 \times 5 = 5$$

■ いたみ止め
上三角行列.

> **注意** 行列式を計算するための行列の変形の仕方はいくらでもある. 与えられた行列固有の性質を利用して能率良く求める方法もあるが, 上の解答に示したように《掃き出し法》により三角行列に変形するのが最も基本的である.

本質例題 25 ブロック分割されている行列の行列式の計算 [標準]

A, D をそれぞれ n 次, および m 次の正方行列とする. このとき
$\begin{vmatrix} A & B \\ C & D \end{vmatrix} = \begin{vmatrix} D & C \\ B & A \end{vmatrix}$ が成立することを示せ.

●行列がブロック分割されている場合についての行列式の計算法を理解するための基本である.

7.6 行列式の基本性質 (3)—多重線型性

解答

$\sigma_0 = \begin{pmatrix} 1 & \cdots & n & n+1 & \cdots & n+m \\ m+1 & \cdots & m+n & 1 & \cdots & m \end{pmatrix}$ とおく．すると

$\begin{vmatrix} A & B \\ C & D \end{vmatrix} = \mathrm{sign}(\sigma_0) \begin{vmatrix} C & D \\ A & B \end{vmatrix} = (\mathrm{sign}(\sigma_0))^2 \begin{vmatrix} D & C \\ B & A \end{vmatrix} = \begin{vmatrix} D & C \\ B & A \end{vmatrix}$

となる．

長岡流処方せん

■ いたみ止め

「定義に戻る」ことが大切である．

注意

「たったこれだけ？」と初心者は思うはずである．成分を詳しく書くと，表現は煩雑になるが，実は本質は上で尽きている．このことを納得するには $m=n=1$ や $m=2, n=1$ という単純な場合について上の証明を具体化してみるとよいだろう．

【7章の復習問題】

1 A, B を n 次正方行列とする．このとき

$$\begin{vmatrix} A & B \\ B & A \end{vmatrix} = |A+B||A-B|$$

であることを示せ．ただし X, Y, Z を任意の n 次正方行列とするとき $\begin{vmatrix} X & O \\ Z & Y \end{vmatrix} = |X||Y|$ が成り立つことは用いてよい．

2 次の行列式の値を求めよ．

(1) $\begin{vmatrix} 1 & a & d & b+c \\ 1 & b & a & c+d \\ 1 & c & b & a+d \\ 1 & d & c & a+b \end{vmatrix}$ (2) $\begin{vmatrix} 1 & 1 & 1 & 1 \\ a & b & c & d \\ a^2 & b^2 & c^2 & d^2 \\ a^3 & b^3 & c^3 & d^3 \end{vmatrix}$

3 n が奇数のとき，A が n 次の交代行列ならば $|A| = 0$ であることを示せ．

8

余因子行列の概念

7 章では，正方行列 $A = (a_{ij})$ の定義

$$\det(A) = \sum_{\sigma \in S_n} \mathrm{sign}(\sigma) a_{1\sigma(1)} a_{2\sigma(2)} \cdots a_{n\sigma(n)}$$

から出発して，それが転置不変性，交代性，多重線型性という性質があることをみた．これらの性質は行列式のもついくつかの性質の 1 つというだけでなく，まさに行列式を特徴づける最も本質的なものであるということをはじめに示そう．言い換えれば，このような性質を満たす関数は，本質的には行列式だけである，というように話を進めたいのである．

■ 8.1 行列式の implicit な定義と行列式の幾何学的意味

n 個の与えられた n 次実列ベクトル $\boldsymbol{a}_1, \boldsymbol{a}_2, \cdots, \boldsymbol{a}_n$ に対してある実数が定まるとき，これを $f(\boldsymbol{a}_1, \boldsymbol{a}_2, \cdots, \boldsymbol{a}_n)$ と表すことにする．

> **定理 8.1.1** $f(\boldsymbol{a}_1, \boldsymbol{a}_2, \cdots, \boldsymbol{a}_n)$ が
>
> i) 交代性
>
> ii) 多重線型性
>
> および
>
> iii) $f(\boldsymbol{e}_1, \boldsymbol{e}_2, \cdots, \boldsymbol{e}_n) = 1$
>
> $$\left(\text{ただし}, \boldsymbol{e}_1 = \begin{pmatrix} 1 \\ 0 \\ \vdots \\ 0 \end{pmatrix}, \boldsymbol{e}_2 = \begin{pmatrix} 0 \\ 1 \\ \vdots \\ 0 \end{pmatrix}, \cdots, \boldsymbol{e}_n = \begin{pmatrix} 0 \\ 0 \\ \vdots \\ 1 \end{pmatrix} \right)$$
>
> を満たすならば，
>
> $$f(\boldsymbol{a}_1, \boldsymbol{a}_2, \cdots, \boldsymbol{a}_n) = \det(\boldsymbol{a}_1, \boldsymbol{a}_2, \cdots, \boldsymbol{a}_n)$$
>
> である．

証明　$\boldsymbol{a}_1 = \begin{pmatrix} a_{11} \\ a_{21} \\ \vdots \\ a_{n1} \end{pmatrix}$, $\boldsymbol{a}_2 = \begin{pmatrix} a_{12} \\ a_{22} \\ \vdots \\ a_{n2} \end{pmatrix}$, $\cdots$, $\boldsymbol{a}_n = \begin{pmatrix} a_{1n} \\ a_{2n} \\ \vdots \\ a_{nn} \end{pmatrix}$ とおくと,

$$\begin{cases} \boldsymbol{a}_1 = a_{11}\boldsymbol{e}_1 + a_{21}\boldsymbol{e}_2 + \cdots + a_{n1}\boldsymbol{e}_n \\ \boldsymbol{a}_2 = a_{12}\boldsymbol{e}_1 + a_{22}\boldsymbol{e}_2 + \cdots + a_{n2}\boldsymbol{e}_n \\ \qquad\qquad\qquad \vdots \\ \boldsymbol{a}_n = a_{1n}\boldsymbol{e}_1 + a_{2n}\boldsymbol{e}_2 + \cdots + a_{nn}\boldsymbol{e}_n \end{cases}$$

であるから,

$$\begin{aligned} &f(\boldsymbol{a}_1, \boldsymbol{a}_2, \cdots, \boldsymbol{a}_n) \\ =& f(a_{11}\boldsymbol{e}_1 + a_{21}\boldsymbol{e}_2 + \cdots + a_{n1}\boldsymbol{e}_n,\ a_{12}\boldsymbol{e}_1 + a_{22}\boldsymbol{e}_2 + \cdots + a_{n2}\boldsymbol{e}_n, \\ & \cdots,\ a_{1n}\boldsymbol{e}_1 + a_{2n}\boldsymbol{e}_2 + \cdots + a_{nn}\boldsymbol{e}_n) \end{aligned}$$

となる. 第 1 列, 第 2 列, $\cdots$, 第 n 列それぞれについての線型性を用いて, 右辺を展開すると, 最終的には

$$a_{i_1 1} a_{i_2 2} \cdots a_{i_n n} f(\boldsymbol{e}_{i_1}, \boldsymbol{e}_{i_2}, \cdots, \boldsymbol{e}_{i_n})$$

$$\left(\text{ただし,} \begin{cases} i_1 = 1,\ 2,\ \cdots,\ n \\ i_2 = 1,\ 2,\ \cdots,\ n \\ \qquad \vdots \\ i_n = 1,\ 2,\ \cdots,\ n \end{cases} \right)$$

という形の, n^n 個の項からなる和になる.

> **注意**　ここに述べたことを一般の場合についてていねいに表現すると, 煩雑になりかえって難しくなるが, n の具体的な値の場合について実直に計算してやれば, このことが納得できるはずである. たとえば, $n = 2$ のときなら

8.1 行列式の implicit な定義と行列式の幾何学的意味

$$f(a_{11}\boldsymbol{e}_1 + a_{21}\boldsymbol{e}_2,\ a_{12}\boldsymbol{e}_1 + a_{22}\boldsymbol{e}_2)$$
$$= a_{11}f(\boldsymbol{e}_1,\ a_{12}\boldsymbol{e}_1 + a_{22}\boldsymbol{e}_2) + a_{21}f(\boldsymbol{e}_2,\ a_{12}\boldsymbol{e}_1 + a_{22}\boldsymbol{e}_2)$$
(第 1 列についての線型性)
$$= a_{11}\{a_{12}f(\boldsymbol{e}_1,\ \boldsymbol{e}_1) + a_{22}f(\boldsymbol{e}_1,\ \boldsymbol{e}_2)\}$$
$$\quad + a_{21}\{a_{12}f(\boldsymbol{e}_2,\ \boldsymbol{e}_1) + a_{22}f(\boldsymbol{e}_2,\ \boldsymbol{e}_2)\}$$
(第 2 列についての線型性)
$$= a_{11}a_{12}f(\boldsymbol{e}_1,\ \boldsymbol{e}_1) + a_{11}a_{22}f(\boldsymbol{e}_1,\ \boldsymbol{e}_2)$$
$$\quad + a_{21}a_{12}f(\boldsymbol{e}_2,\ \boldsymbol{e}_1) + a_{21}a_{22}f(\boldsymbol{e}_2,\ \boldsymbol{e}_2)$$

本質的に，文字式の展開

$$(a_{11} + a_{21})(a_{12} + a_{22})$$

と変わらない計算である！

ところで，f が交代性をもつことから，

$$\boldsymbol{e}_{i_1},\ \boldsymbol{e}_{i_2},\ \cdots,\ \boldsymbol{e}_{i_n}$$

の中に同じものがあるときは

$$f(\boldsymbol{e}_{i_1},\ \boldsymbol{e}_{i_2},\ \cdots,\ \boldsymbol{e}_{i_n}) = 0$$

となるので，この n^n 個の項のうちで和の値に貢献しうるのは，$i_1, i_2, \cdots, i_n$ がすべて異なるもの，つまり

$$\{i_1,\ i_2,\ \cdots,\ i_n\} = \{1,\ 2,\ \cdots,\ n\}$$

となる $n!$ 通りのものだけである．

このようなものについては，

$$\sigma = \begin{pmatrix} 1 & 2 & \cdots & n \\ i_1 & i_2 & \cdots & i_n \end{pmatrix}$$

という置換を定義することができ，この記号を用いると，上の項は

$$a_{\sigma(1)1}a_{\sigma(2)2}\cdots a_{\sigma(n)n}f(\boldsymbol{e}_{\sigma(1)},\ \boldsymbol{e}_{\sigma(2)},\ \cdots,\ \boldsymbol{e}_{\sigma(n)})$$

と表せる.

ここで，103 ページで述べた記号を用いて

$$f(e_{\sigma(1)},\ e_{\sigma(2)},\ \cdots,\ e_{\sigma(n)}) = (\sigma f)(e_1,\ e_2,\ \cdots,\ e_n)$$

と書き直し，f の交代性から

$$(\sigma f)(e_1,\ e_2,\ \cdots,\ e_n) = \mathrm{sign}(\sigma) f(e_1,\ e_2,\ \cdots,\ e_n)$$

であることに注意すると，上の式は

$$a_{\sigma(1)1} a_{\sigma(2)2} \cdots a_{\sigma(n)n} \cdot \mathrm{sign}(\sigma) \cdot f(e_1,\ e_2,\ \cdots,\ e_n)$$

と書き換えることができ，さらに性質 iii) を用いれば

$$\mathrm{sign}(\sigma) a_{\sigma(1)1} a_{\sigma(2)2} \cdots a_{\sigma(n)n}$$

となる．このような $n!$ 個の項の和は

$$\sum_{\sigma \in S_n} \mathrm{sign}(\sigma) a_{\sigma(1)1} a_{\sigma(2)2} \cdots a_{\sigma(n)n}$$

すなわち，行列式 $\det(a_1, a_2, \cdots, a_n)$ にほかならない．■

注意

上にあげた $n = 2$ の例でいえば

$$f(e_1,\ e_1) = f(e_2,\ e_2) = 0$$

であり，一方

$$\begin{cases} f(e_1,\ e_2) = 1 \\ f(e_2,\ e_1) = -f(e_1,\ e_2) = -1 \end{cases}$$

であるから，

$$f(a_{11} e_1 + a_{21} e_2,\ a_{12} e_1 + a_{22} e_2) = a_{11} a_{22} - a_{21} a_{12}$$

となるということである．

8.1 行列式の implicit な定義と行列式の幾何学的意味

この定理から，行列 $A = (a_{ij})$ の行列式 $\det(A)$ を 107 ページのように定義する代わりに，上の **i), ii), iii)** を満たす n 個の列ベクトル $\boldsymbol{a}_1, \boldsymbol{a}_2, \cdots, \boldsymbol{a}_n$ で**定まる関数**として定義することができる．

このような行列式の定義は，7 章であげた行列式を「$A = (a_{ij})$ の行列式 $\det(A)$ とは，……というものである」と**明示的**（explicit，陽的）に規定するものとは対照的な，**陰的**(implicit) な**定義**ではあるが，むしろ行列式のもつ意味を理解するには，よりふさわしい面もある．

$n = 2$ の場合を例にとって説明しよう．$\boldsymbol{e}_1 = \begin{pmatrix} 1 \\ 0 \end{pmatrix}$, $\boldsymbol{e}_2 = \begin{pmatrix} 0 \\ 1 \end{pmatrix}$ に対しては，$\det(\boldsymbol{e}_1, \boldsymbol{e}_2) = 1$ となり，$\boldsymbol{e}_2 = \begin{pmatrix} 0 \\ 1 \end{pmatrix}$, $\boldsymbol{e}_1 = \begin{pmatrix} 1 \\ 0 \end{pmatrix}$ に対しては，$\det(\boldsymbol{e}_2, \boldsymbol{e}_1) = -1$ となる．

これは，ベクトル $\boldsymbol{e}_1$, $\boldsymbol{e}_2$ で作られる単位正方形に対しては，一方は 1，ベクトルの順番を反対にとった他方は -1 になるということである．

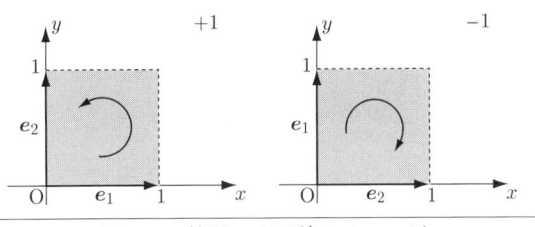

図 8.1 符号つき面積のイメージ

一般に $\boldsymbol{a} = \begin{pmatrix} a_1 \\ a_2 \end{pmatrix}$, $\boldsymbol{b} = \begin{pmatrix} b_1 \\ b_2 \end{pmatrix}$ に対する行列式の値を S とおくと $\lambda \boldsymbol{a} = \begin{pmatrix} \lambda a_1 \\ \lambda a_2 \end{pmatrix}$, $\boldsymbol{b} = \begin{pmatrix} b_1 \\ b_2 \end{pmatrix}$ に対する値は λS となるから，

第 8 章 余因子行列の概念

$$\begin{cases} 2e_1 = \begin{pmatrix} 2 \\ 0 \end{pmatrix},\ e_2 = \begin{pmatrix} 0 \\ 1 \end{pmatrix} \text{ に対しては } 2 \\ 3e_1 = \begin{pmatrix} 3 \\ 0 \end{pmatrix},\ e_2 = \begin{pmatrix} 0 \\ 1 \end{pmatrix} \text{ に対しては } 3 \\ 3e_1 = \begin{pmatrix} 3 \\ 0 \end{pmatrix},\ 2e_2 = \begin{pmatrix} 0 \\ 2 \end{pmatrix} \text{ に対しては } 6 \end{cases}$$

注意 転置不変性を考慮すると，列に対する議論は，行に対しても有効であるから

$$2e'_1 = (2,\ 0),\ e'_2 = (0,\ 1) \text{ に対しては } 2$$
$$3e'_1 = (3,\ 0),\ e'_2 = (0,\ 1) \text{ に対しては } 3$$
$$3e'_1 = (3,\ 0),\ 2e'_2 = (0,\ 2) \text{ に対しては } 6$$

のようになる．

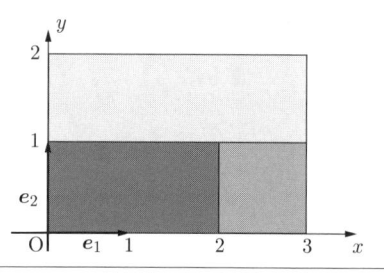

図 8.2 S は符号つきの面積と読み取れる

図 8.2 のように，S はちょうど面積の性質をもつことがわかる．面積と違うのは，考えているベクトルの順番をひっくり返すと符号が逆転するということだけであるから，符号つきの面積であるといってよい．

上にあげた証明が示すように，行列式の implicit な定義は，実は行列式の計算方法も与える！ 実際，たとえば

$$a = \begin{pmatrix} 3 \\ 1 \end{pmatrix},\ b = \begin{pmatrix} 1 \\ 2 \end{pmatrix}$$

8.1 行列式の implicit な定義と行列式の幾何学的意味

に対しては

$$\begin{vmatrix} 3 & 1 \\ 1 & 2 \end{vmatrix} = \begin{vmatrix} 3\cdot 1+0 & 1 \\ 0+1 & 2 \end{vmatrix} \quad \leftarrow \begin{pmatrix} 3 \\ 1 \end{pmatrix} = 3\begin{pmatrix} 1 \\ 0 \end{pmatrix} + \begin{pmatrix} 0 \\ 1 \end{pmatrix}$$

$$= 3\begin{vmatrix} 1 & 1 \\ 0 & 2 \end{vmatrix} + \begin{vmatrix} 0 & 1 \\ 1 & 2 \end{vmatrix}$$

$$= 3\begin{vmatrix} 1 & 1+0 \\ 0 & 0+2\cdot 1 \end{vmatrix} + \begin{vmatrix} 0 & 1+0 \\ 1 & 0+2\cdot 1 \end{vmatrix} \quad \leftarrow \begin{pmatrix} 1 \\ 2 \end{pmatrix} = \begin{pmatrix} 1 \\ 0 \end{pmatrix} + 2\begin{pmatrix} 0 \\ 1 \end{pmatrix}$$

$$= 3\left\{ \begin{vmatrix} 1 & 1 \\ 0 & 0 \end{vmatrix} + 2\begin{vmatrix} 1 & 0 \\ 0 & 1 \end{vmatrix} \right\} + \left\{ \begin{vmatrix} 0 & 1 \\ 1 & 0 \end{vmatrix} + 2\begin{vmatrix} 0 & 0 \\ 1 & 1 \end{vmatrix} \right\}$$

$$= 3(0 + 2\cdot 1) + (-1 + 2\cdot 0) = 5$$

となる．

> **注意** ここで重要なことは，implicit な定義に従っても行列式の値が計算できることそのものではない（それは当たり前である）！ 大切なことは，$\det(\boldsymbol{a}, \boldsymbol{b})$ の値が，第 1 列，第 2 列についての線型性，交代性，そして $\det(\boldsymbol{e}_1, \boldsymbol{e}_2) = 1$ ——これは単位性とでも名づけようか——という 3 つの性質によって決まるものであり，したがって $\boldsymbol{a}$ と $\boldsymbol{b}$ とで作られる平行四辺形に対して，その符号つきの面積を与えるものであることがわかる，という点である（図 8.3）．

同様にして，3 次正方行列については，**基本ベクトル**と呼ばれる

$$\boldsymbol{e}_1 = \begin{pmatrix} 1 \\ 0 \\ 0 \end{pmatrix}, \; \boldsymbol{e}_2 = \begin{pmatrix} 0 \\ 1 \\ 0 \end{pmatrix}, \; \boldsymbol{e}_3 = \begin{pmatrix} 0 \\ 0 \\ 1 \end{pmatrix} \text{ に対して}, \det(\boldsymbol{e}_1, \boldsymbol{e}_2, \boldsymbol{e}_3) = 1$$

となるということを，$\boldsymbol{e}_1, \boldsymbol{e}_2, \boldsymbol{e}_3$ の作る立方体の体積が 1 であるということと読みかえると，上と同様の議論により，$A = (\boldsymbol{a}_1, \boldsymbol{a}_2, \boldsymbol{a}_3)$ の行列式

$$\det(A) = \det(\boldsymbol{a}_1, \boldsymbol{a}_2, \boldsymbol{a}_3)$$

130　第 8 章　余因子行列の概念

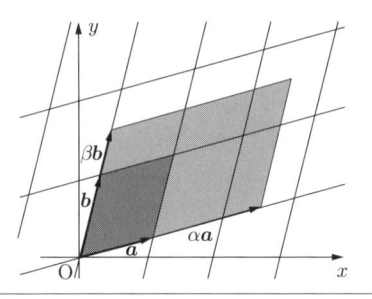

図 8.3　隣り合う 2 辺を α 倍, β 倍すると, 全体で $\alpha\beta$ 倍になる

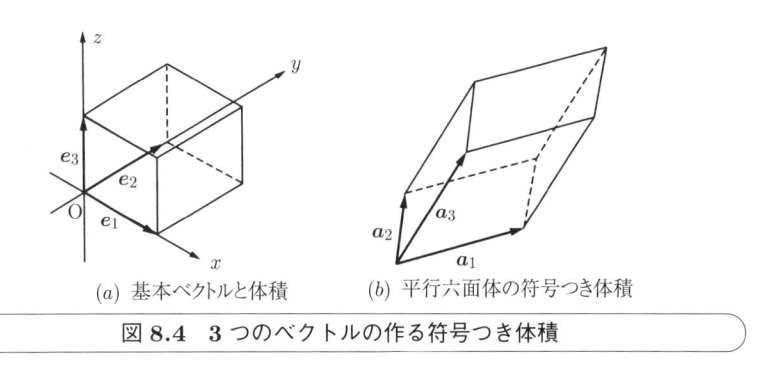

(a) 基本ベクトルと体積　　(b) 平行六面体の符号つき体積

図 8.4　3 つのベクトルの作る符号つき体積

は, 3 つのベクトル $(\boldsymbol{a}_1, \boldsymbol{a}_2, \boldsymbol{a}_3)$ の作る平行六面体の符号つき体積を与える (図 8.4).

■ 8.2　その他の行列式の重要な性質

行列式について, 次の重要な性質が成り立つ.

定理 8.2.1　A, B を同じ型の正方行列とするとき

$$\det(AB) = \det(A) \cdot \det(B)$$

である. すなわち行列 A, B の積の行列式は, 行列式の積に等しい.

証明 A, B を n 次であるとして証明する.まず,A を与えられた行列として,n 個の列ベクトル $\boldsymbol{x}_1$, $\boldsymbol{x}_2$, $\cdots$, $\boldsymbol{x}_n$ の関数 f を

$$f(\boldsymbol{x}_1, \boldsymbol{x}_2, \cdots, \boldsymbol{x}_n) = \det(A\boldsymbol{x}_1, A\boldsymbol{x}_2, \cdots, A\boldsymbol{x}_n)$$

と定義すると,f が

$$\begin{cases} 1) & \text{交代性} \\ 2) & \text{多重線型性} \\ 3) & f(\boldsymbol{e}_1, \boldsymbol{e}_2, \cdots, \boldsymbol{e}_n) = \det(A) \end{cases}$$

を満たすことは,行列式の性質から明らかである.

したがって,前節で述べた定理の証明とまったく同様の議論により

$$f(\boldsymbol{x}_1, \boldsymbol{x}_2, \cdots, \boldsymbol{x}_n) = \det(A) \cdot \det(\boldsymbol{x}_1, \boldsymbol{x}_2, \cdots, \boldsymbol{x}_n)$$

である[1].

そこで特に,$\boldsymbol{x}_1$, $\boldsymbol{x}_2$, $\cdots$, $\boldsymbol{x}_n$ として行列 B の列 $\boldsymbol{b}_1$, $\boldsymbol{b}_2$, $\cdots$, $\boldsymbol{b}_n$ をとれば,

$$f(\boldsymbol{b}_1, \boldsymbol{b}_2, \cdots, \boldsymbol{b}_n) = \det(A) \cdot \det(\boldsymbol{b}_1, \boldsymbol{b}_2, \cdots, \boldsymbol{b}_n) = \det(A) \cdot \det(B)$$

となるが,一方,左辺は f の定義により

$$f(\boldsymbol{b}_1, \boldsymbol{b}_2, \cdots, \boldsymbol{b}_n) = \det(A\boldsymbol{b}_1, A\boldsymbol{b}_2, \cdots, A\boldsymbol{b}_n) = \det(AB)$$

である.よって,

$$\det(AB) = \det(A) \cdot \det(B) \quad \blacksquare$$

> **注意**
> 行列式の記号として絶対値記号と同じものを使うと,ここで述べた性質は
>
> $$|AB| = |A||B|$$
>
> と書ける.絶対値の性質と同じ形式をもっているのでいっそう親しみやすい(混乱しやすい!?)であろう.

---

[1] 定理 8.1.1 の証明と異なるのは,$f(\boldsymbol{e}_1, \boldsymbol{e}_2, \cdots, \boldsymbol{e}_n)$ が 1 でなく,$\det(A)$ となることだけである!

上の定理から，ただちに次が導かれる．

定理 8.2.2 A, B を正方行列，P を正則行列とする．このとき，次の i)〜iii) が成り立つ．
  i) 任意の自然数 n について，$\det(A^n) = (\det A)^n$
  ii) $\det(P^{-1}) = \dfrac{1}{\det(P)}$
  iii) $B = P^{-1}AP$ であるならば，$\det(B) = \det(A)$

証明 i) は，数学的帰納法により明らかである．
 ii) は，$PP^{-1} = E$ の両辺の行列式をとって
$$\det(PP^{-1}) = \det(E)$$
を作り，左辺，右辺をそれぞれ
$$\det(P) \cdot \det(P^{-1}), \quad 1$$
に書き換えるだけである．
 iii) は $B = P^{-1}AP$ の両辺の行列式をとって ii) の結果を用いる．■

さらにまた以上の応用として，最も重要な目標である定理の半分が得られる．すなわち，

定理 8.2.3 正方行列 A について，A が正則（A^{-1} が存在する）であるためには，$\det(A) \neq 0$ でなければならない．

証明 A が正則であるとすると，$AA^{-1} = E$ であるから，
$\det(AA^{-1}) = \det(E) \quad \therefore \ \det(A) \cdot \det(A^{-1}) = 1 \quad \therefore \ \det(A) \neq 0$ ■

注意 この定理の逆，すなわち，

$$\det(A) \neq 0 \text{ であるならば}, A^{-1} \text{が存在する}$$

がいえることはまだ示されていないが，これも次節で示すことができる．

■ 8.3 行列式の展開と余因子

$A = (a_{ij})$ に対し，行列式の定義，または第 1 行に関する線型性を用いると，$\det(A)$ は，$\sigma(1)$ の値に応じて分けて考えることにより

$$\begin{aligned}
&\sum_{\sigma \in S_n} \operatorname{sign}(\sigma) a_{1\sigma(1)} a_{2\sigma(2)} \cdots a_{n\sigma(n)} \\
=& \sum_{\sigma \in S_n,\ \sigma(1)=1} \operatorname{sign}(\sigma) a_{11} a_{2\sigma(2)} \cdots a_{n\sigma(n)} \\
&+ \sum_{\sigma \in S_n,\ \sigma(1)=2} \operatorname{sign}(\sigma) a_{12} a_{2\sigma(2)} \cdots a_{n\sigma(n)} \\
&+ \cdots + \sum_{\sigma \in S_n,\ \sigma(1)=n} \operatorname{sign}(\sigma) a_{1n} a_{2\sigma(2)} \cdots a_{n\sigma(n)} \\
=& a_{11} \sum_{\sigma \in S_n,\ \sigma(1)=1} \operatorname{sign}(\sigma) a_{2\sigma(2)} \cdots a_{n\sigma(n)} \\
&+ a_{12} \sum_{\sigma \in S_n,\ \sigma(1)=2} \operatorname{sign}(\sigma) a_{2\sigma(2)} \cdots a_{n\sigma(n)} \\
&+ \cdots + a_{1n} \sum_{\sigma \in S_n,\ \sigma(1)=n} \operatorname{sign}(\sigma) a_{2\sigma(2)} \cdots a_{n\sigma(n)}
\end{aligned}$$

のような n 個の和に分解することができる．

この計算は，$A = \begin{pmatrix} a_{11} & a_{12} & \cdots & a_{1n} \\ a_{21} & a_{22} & \cdots & a_{2n} \\ \vdots & \vdots & & \vdots \\ a_{n1} & a_{n2} & \cdots & a_{nn} \end{pmatrix}$ において，第 1 行を

$$(a_{11},\ a_{12},\ a_{13},\ \cdots,\ a_{1n})$$
$$=a_{11}(1,\ 0,\ 0,\ \cdots,\ 0)+a_{12}(0,\ 1,\ 0,\ \cdots,\ 0)+\cdots$$
$$+a_{1n}(0,\ 0,\ 0,\ \cdots,\ 1)$$

と考えて，第 1 行についての線型性を用いることにより

$$\begin{vmatrix} a_{11} & a_{12} & a_{13} & \cdots & a_{1n} \\ a_{21} & a_{22} & a_{23} & \cdots & a_{2n} \\ a_{31} & a_{32} & a_{33} & \cdots & a_{3n} \\ \vdots & \vdots & \vdots & & \vdots \\ a_{n1} & a_{n2} & a_{n3} & \cdots & a_{nn} \end{vmatrix}$$

$$=a_{11}\begin{vmatrix} 1 & 0 & 0 & \cdots & 0 \\ a_{21} & a_{22} & a_{23} & \cdots & a_{2n} \\ a_{31} & a_{32} & a_{33} & \cdots & a_{3n} \\ \vdots & \vdots & \vdots & & \vdots \\ a_{n1} & a_{n2} & a_{n3} & \cdots & a_{nn} \end{vmatrix}+a_{12}\begin{vmatrix} 0 & 1 & 0 & \cdots & 0 \\ a_{21} & a_{22} & a_{23} & \cdots & a_{2n} \\ a_{31} & a_{32} & a_{33} & \cdots & a_{3n} \\ \vdots & \vdots & \vdots & & \vdots \\ a_{n1} & a_{n2} & a_{n3} & \cdots & a_{nn} \end{vmatrix}$$

$$+\cdots+a_{1n}\begin{vmatrix} 0 & 0 & 0 & \cdots & 1 \\ a_{21} & a_{22} & a_{23} & \cdots & a_{2n} \\ a_{31} & a_{32} & a_{33} & \cdots & a_{3n} \\ \vdots & \vdots & \vdots & & \vdots \\ a_{n1} & a_{n2} & a_{n3} & \cdots & a_{nn} \end{vmatrix}$$

と計算できることに対応している．

そしてこれが以下に述べる**余因子展開**と呼ばれるものの原型である．これに続く議論を，精密な計算に先立って大要を述べると次のようになる．

最後の式の右辺の第 1 項に現れる行列式

$$\begin{vmatrix} 1 & 0 & 0 & \cdots & 0 \\ a_{21} & a_{22} & a_{23} & \cdots & a_{2n} \\ a_{31} & a_{32} & a_{33} & \cdots & a_{3n} \\ \vdots & \vdots & \vdots & & \vdots \\ a_{n1} & a_{n2} & a_{n3} & \cdots & a_{nn} \end{vmatrix}$$

についていえば，この値を計算するための

$$\sum_{\sigma\in S_n}\mathrm{sign}(\sigma)a_{1\sigma(1)}a_{2\sigma(2)}\cdots a_{n\sigma(n)}$$

のうち, $\sigma(1) = 1$ でないような σ に対応する項は 0 であることは自明であるから, 上の行列式は結局, 1 つ次数の低い行列の行列式

$$\begin{vmatrix} a_{22} & a_{23} & \cdots & a_{2n} \\ a_{32} & a_{33} & \cdots & a_{3n} \\ \vdots & \vdots & & \vdots \\ a_{n2} & a_{n3} & \cdots & a_{nn} \end{vmatrix}$$

になる. 他についてもほぼ同様である, ということである. 以下でこれを精密化しよう.

定義 8.3.1 n 次正方行列 A に対し, その第 i 行と第 j 列を取り除いて得られる $n-1$ 次正方行列 Δ_{ij} の行列式 d_{ij} に $(-1)^{i+j}$ を掛けたものを A の (i, j) **余因子**(cofactor) といい, 本書では $\widetilde{a}_{ij}$ で表す[2]. すなわち,

$$\widetilde{a}_{ij} = (-1)^{i+j} d_{ij} = (-1)^{i+j} \det(\Delta_{ij})$$

例 8.1 $A = \begin{pmatrix} 1 & 2 & 3 & 4 \\ 5 & 6 & 7 & 8 \\ 0 & 1 & 2 & 3 \\ 0 & 0 & 5 & 4 \end{pmatrix}$ において

$$\Delta_{23} = \begin{pmatrix} 1 & 2 & 4 \\ 0 & 1 & 3 \\ 0 & 0 & 4 \end{pmatrix}, \quad d_{23} = \begin{vmatrix} 1 & 2 & 4 \\ 0 & 1 & 3 \\ 0 & 0 & 4 \end{vmatrix}, \quad \widetilde{a}_{23} = -\begin{vmatrix} 1 & 2 & 4 \\ 0 & 1 & 3 \\ 0 & 0 & 4 \end{vmatrix} = -4$$

本質例題 | **26** | 余因子 | 基礎

$A = \begin{pmatrix} 3 & 1 & -4 & 2 \\ 1 & 0 & 5 & 0 \\ 0 & -1 & 3 & 0 \\ 2 & 4 & 4 & 5 \end{pmatrix}$ の $(3, 2)$ 余因子 $\widetilde{a}_{32}$ を求めよ.

●余因子の定義をきちんと覚えよう！●

---

[2] d_{ij} は, A の (i, j) **小行列式**と呼ばれる. 余因子と混同しないようにしたい.

解答

$$\widetilde{a}_{32} = (-1)^{3+2} \begin{vmatrix} 3 & -4 & 2 \\ 1 & 5 & 0 \\ 2 & 4 & 5 \end{vmatrix} = -83$$

余因子行列の概念に向けて重要な準備となるのが，次に述べる余因子展開である．

> **定理 8.3.1** n 次正方行列 $A = (a_{ij})$ に対し，
> $$\det(A) = a_{11}\widetilde{a}_{11} + a_{12}\widetilde{a}_{12} + \cdots + a_{1n}\widetilde{a}_{1n}$$
> となる．
> 証明は後で述べるが，これを $\det(A)$ の，A の第 1 行に沿った**余因子展開**という．さらに一般に
>
> i) $\det(A) = \displaystyle\sum_{j=1}^{n} a_{ij}\widetilde{a}_{ij} \quad (i = 1, 2, \cdots, n)$
>
> $\qquad\qquad$ ($\det(A)$ の第 i 行に沿った展開)
>
> ii) $\det(A) = \displaystyle\sum_{i=1}^{n} a_{ij}\widetilde{a}_{ij} \quad (j = 1, 2, \cdots, n)$
>
> $\qquad\qquad$ ($\det(A)$ の第 j 列に沿った展開)
>
> が成り立つ．

> **注意** n 次正方行列 A に対し，$\widetilde{a}_{ij}$ は $n-1$ 次の正方行列の行列式であるから，余因子展開とは大雑把に言えば "n 次の行列の行列式を n 個の $n-1$ 次の行列の行列式で表す" ことである．

証明 行列式の転置不変性により i), ii) のいずれか一方を証明すればよい．そこで ii) を示すことにする．その準備として，やや技巧的であるが，まず次の補題[3]を証明しよう．

補題 13.3.1

$$\begin{vmatrix} a_{11} & \cdots & a_{1\ n-1} & 0 \\ a_{21} & \cdots & a_{2\ n-1} & \vdots \\ \vdots & & \vdots & \vdots \\ \vdots & & \vdots & 0 \\ a_{n1} & \cdots & a_{n\ n-1} & a_{nn} \end{vmatrix} = a_{nn} \begin{vmatrix} a_{11} & \cdots & a_{1\ n-1} \\ \vdots & & \vdots \\ a_{n-1\ 1} & \cdots & a_{n-1\ n-1} \end{vmatrix}$$

補題の証明 左辺の行列式中の行列の第 n 列の $n-1$ 個の成分である 0 にも上から順に $a_{1n}, \cdots, a_{n-1\ n}$ の名前をつけると

$$(左辺) = \sum_{\sigma \in S_n} \mathrm{sign}(\sigma) a_{\sigma(1)1} a_{\sigma(2)2} \cdots a_{\sigma(n-1)n-1} a_{\sigma(n)n}$$

であり，ここで $\sigma(n) \neq n$ なら $a_{\sigma(n)n} = 0$ となることに注意すると，上式は

$$\sum_{\substack{\sigma \in S_n \\ \sigma(n)=n}} \mathrm{sign}(\sigma) a_{\sigma(1)1} a_{\sigma(2)2} \cdots a_{\sigma(n-1)n-1} a_{\sigma(n)n}$$

となり，$\sigma = \begin{pmatrix} 1 & 2 & \cdots & n-1 & n \\ i_1 & i_2 & \cdots & i_{n-1} & n \end{pmatrix}$ は集合 $\{1, 2, \cdots, n-1\}$ 上の置換とみなせるので

$$a_{nn} \sum_{\sigma \in S_{n-1}} \mathrm{sign}(\sigma) a_{\sigma(1)1} a_{\sigma(2)2} \cdots a_{\sigma(n-1)n-1}$$

となり，したがって示すべき（右辺）と一致する．■

---

[3] 定理 (theorem) と名づけるほど大切ではないが，大切な定理を証明するための予備的な命題のことを補題 (lemma) と呼ぶ．

138   第8章　余因子行列の概念

定理 8.3.1 の ii) の証明　まず，行列式の第 j 列についての線型性から

$$\begin{vmatrix} a_{11} & \cdots & a_{1j} & \cdots & a_{1n} \\ \vdots & & \vdots & & \vdots \\ \vdots & & \vdots & & \vdots \\ a_{n1} & \cdots & a_{nj} & \cdots & a_{nn} \end{vmatrix} = \begin{vmatrix} a_{11} & \cdots & a_{1j} & \cdots & a_{1n} \\ a_{21} & \cdots & 0 & \cdots & a_{2n} \\ \vdots & & \vdots & & \vdots \\ a_{n1} & \cdots & 0 & \cdots & a_{nn} \end{vmatrix} + \cdots + \begin{vmatrix} a_{11} & \cdots & 0 & \cdots & a_{1n} \\ a_{21} & \cdots & 0 & \cdots & a_{2n} \\ \vdots & & \vdots & & \vdots \\ a_{n1} & \cdots & a_{nj} & \cdots & a_{nn} \end{vmatrix}$$

である．ここで右辺の各項において，第 j 列を右端の第 n 列に，しかも a_{ij} という成分が第 n 行目，つまり一番右下隅にくるように行と列の交換をする．その際，a_{ij} を含む第 i 行と第 j 列を除いては，行の並び順，列の並び順が狂わないように"静かに"並び換える．すなわち，いきなり第 j 列と第 n 列を交換するのではなく，第 j 列と第 $j+1$ 列を交換，次に第 $j+1$ 列と第 $j+2$ 列を交換，次に第 $j+2$ 列と第 $j+3$ 列を交換，……という具合に，隣りあった2列を次々と交換していくのである．行の交換についても同様である．このようにして，上式の右辺の第 i 項が

1　《列の交換を $n-j$ 回繰り返す》

$$\begin{vmatrix} a_{11} & \cdots & 0 & \cdots & a_{1n} \\ \vdots & & \vdots & & \vdots \\ \vdots & & a_{ij} & & \vdots \\ \vdots & & \vdots & & \vdots \\ a_{n1} & \cdots & 0 & \cdots & a_{nn} \end{vmatrix} = (-1)^{n-j} \begin{vmatrix} a_{11} & \cdots & a_{1n} & 0 \\ \vdots & & \vdots & \vdots \\ \vdots & & \vdots & a_{ij} \\ \vdots & & \vdots & \vdots \\ a_{n1} & \cdots & a_{nn} & 0 \end{vmatrix}$$

2　《行の交換を $n-i$ 回繰り返す》

$$= (-1)^{n-i}(-1)^{n-j} \begin{vmatrix} a_{11} & \cdots & a_{1n} & 0 \\ \vdots & & \vdots & \vdots \\ \vdots & & \vdots & \vdots \\ a_{n1} & \cdots & a_{nn} & 0 \\ a_{i1} & \cdots & a_{in} & a_{ij} \end{vmatrix}$$

と変形でき，
$$(-1)^{2n-i-j} = (-1)^{i+j}$$

となること，および補題を用いると
$$(-1)^{i+j} a_{ij} d_{ij} = a_{ij} \widetilde{a}_{ij}$$
となる．したがって，
$$\det(A) = \sum_{i=1}^{n} a_{ij} \widetilde{a}_{ij} \quad \blacksquare$$

本質例題 27　余因子展開　　基礎

$A = \begin{pmatrix} 7 & 4 & 0 \\ -2 & 4 & 3 \\ -3 & 2 & 0 \end{pmatrix}$ の行列式を，適当な行，または列で展開してその値を求めよ．

うまい展開を考えると，驚くほど簡単に行列式が計算できる．

解答

3列目について余因子展開すると，
$$|A| = 3 \cdot (-1)^{3+2} \begin{vmatrix} 7 & 4 \\ -3 & 2 \end{vmatrix} = -78$$

長岡流処方せん

■ いたみ止め
第3列に0がたくさんあることに注目している．

この定理の簡単な応用として，逆行列を表すエレガントな公式が得られる．これに先立って，まず次の定理を示そう．

定理 8.3.2　n 次正方行列 $A = (a_{ij})$ に対し，

i) $\displaystyle\sum_{j=1}^{n} a_{ij} \widetilde{a}_{kj} = \det(A) \delta_{ik}$

ii) $\displaystyle\sum_{i=1}^{n} a_{ij} \widetilde{a}_{ik} = \det(A) \delta_{jk}$

ここで δ_{ij} はクロネッカのデルタである．

証明 i) $i = k$ のときは，左辺は $\det(A)$ の，第 i 行に沿っての余因子展開であるから成立は自明である．

他方，$i \neq k$ のとき，左辺は A の第 k 行を第 i 行で置き換えた（交替したのではない）行列の行列式の第 k 行に沿っての余因子展開であるが，この値は行列式の交代性により 0 に等しい．したがってやはり上式が成立する．

ii) についても同様である．■

注意 $\tilde{a}_{kj}$ を考えるとき，行列の成分 a_{kj} の値自身は関係ない（$\tilde{a}_{kj}$ を考えるとき，元の行列の第 k 行と第 j 列は取り除かれている！）．つまり，a_{kj} にあたるものは何でもよい．そこで，これを a_{ij} としたと考えるのである！

すなわち，A の第 k 行を別の行ベクトルで置き換えた行列を B とおくと，任意の j に対して

$$(A \text{ の } (k,j) \text{ 余因子}) = (B \text{ の } (k,j) \text{ 余因子})$$

が成り立つ．

たとえば，$A = \begin{pmatrix} a_{11} & a_{12} & a_{13} \\ a_{21} & a_{22} & a_{23} \\ a_{31} & a_{32} & a_{33} \end{pmatrix}$ において

$$\tilde{a}_{11} = (-1)^2 \begin{vmatrix} a_{22} & a_{23} \\ a_{32} & a_{33} \end{vmatrix}, \quad \tilde{a}_{12} = (-1)^3 \begin{vmatrix} a_{21} & a_{23} \\ a_{31} & a_{33} \end{vmatrix},$$

$$\tilde{a}_{13} = (-1)^4 \begin{vmatrix} a_{21} & a_{22} \\ a_{31} & a_{32} \end{vmatrix}$$

である．A の，第 1 行を第 2 行で置き換えた行列

$$B = \begin{pmatrix} a_{21} & a_{22} & a_{23} \\ a_{21} & a_{22} & a_{23} \\ a_{31} & a_{32} & a_{33} \end{pmatrix}$$

を作ったとき，

$$\tilde{b}_{11} = (-1)^2 \begin{vmatrix} a_{22} & a_{23} \\ a_{32} & a_{33} \end{vmatrix}, \quad \tilde{b}_{12} = (-1)^3 \begin{vmatrix} a_{21} & a_{23} \\ a_{31} & a_{33} \end{vmatrix},$$

$$\widetilde{b}_{13} = (-1)^4 \begin{vmatrix} a_{21} & a_{22} \\ a_{31} & a_{32} \end{vmatrix}$$

となり，それぞれ $\widetilde{a}_{11}$, $\widetilde{a}_{12}$, $\widetilde{a}_{13}$ と完全に一致している．

したがって，$\det(B)$ の第 1 行に沿っての余因子展開は

$$a_{21}\widetilde{b}_{11} + a_{22}\widetilde{b}_{12} + a_{23}\widetilde{b}_{13} = a_{21}\widetilde{a}_{11} + a_{22}\widetilde{a}_{12} + a_{23}\widetilde{a}_{13}$$

と表せるが，この値が 0 に等しいことは，B の形を見れば計算してみるまでもない，ということである．

定理 8.3.3 n 次正方行列 $A = (a_{ij})$ の (i, j) 余因子 $\widetilde{a}_{ij}$ を (j, i) 成分にもつ行列を $\widehat{A}$ とおくと，

$$A\widehat{A} = \widehat{A}A = \det(A)E$$

証明 これは，定理 8.3.2 に示した事実の言い換えに過ぎない．実際，

$A\widehat{A}$ の (i, k) 成分

$$= \sum_{j=1}^{n} a_{ij}\widetilde{a}_{kj} = \det(A)\delta_{ik} = \det(A)E \text{ の } (i, k) \text{ 成分}$$

$\widehat{A}A$ の (k, j) 成分

$$= \sum_{i=1}^{n} a_{ij}\widetilde{a}_{ik} = \det(A)\delta_{jk} = \det(A)E \text{ の } (k, j) \text{ 成分} \blacksquare$$

定義 8.3.2 上の定理中で定義した $\widehat{A}$ を A の**余因子行列**という．

> **注意** 余因子行列の定義において，(i, j) 成分が (j, i) 余因子であることに注意せよ．よりていねいに言えば，A の (i, j) 余因子 $\widetilde{a}_{ij}$ を (i, j) 成分にもつ行列の転置行列が A の余因子行列である．

たとえば，$A = \begin{pmatrix} a & b \\ c & d \end{pmatrix}$ に対しては，$\widehat{A} = \begin{pmatrix} d & -b \\ -c & a \end{pmatrix}$ であるので，$A\widehat{A} =$

$$\widehat{A}A = \begin{pmatrix} ad-bc & 0 \\ 0 & ad-bc \end{pmatrix} = (ad-bc)E.$$

本質例題 28 余因子行列　　発展

行列 $A = \begin{pmatrix} 1 & -1 & 0 & 0 \\ 1 & 1 & -1 & 0 \\ 0 & 1 & 1 & -1 \\ 0 & 0 & 1 & 1 \end{pmatrix}$ の余因子行列 $\widehat{A}$ を求めよ．

◀余因子と余因子行列を混同しないように注意しよう！▶

解答

A の $(1,1)$ 余因子を求めるには，A の 1 行成分，1 列成分を除いた行列の行列式を計算して $\begin{vmatrix} 1 & -1 & 0 \\ 1 & 1 & -1 \\ 0 & 1 & 1 \end{vmatrix} = 3$ である．

同様に A の $(1,2)$ 余因子を求めるには，A の 1 行成分，2 列成分を取り除いた行列の行列式を計算して $\begin{vmatrix} 1 & -1 & 0 \\ 0 & 1 & -1 \\ 0 & 1 & 1 \end{vmatrix} = 2$ である．

以下同様にして，

$$\widehat{A} = \begin{pmatrix} 3 & 2 & 1 & 1 \\ -2 & 2 & 1 & 1 \\ 1 & -1 & 2 & 2 \\ -1 & 1 & -2 & 3 \end{pmatrix}$$

長岡流処方せん

■ いたみ止め

A の余因子行列の $(1,1)$ 成分は，この $(-1)^{1+1} = 1$ 倍である．

■ いたみ止め

これに $(-1)^{1+2} = -1$ を掛けたものすなわち，-2 が，A の余因子行列の $(2,1)$ 成分になる．

■ 8.4　行列と行列式

前節までに導入した余因子展開の考え方から，その応用として余因子行列の概念が現れることをみた．とくに，その最後でみた余因子行列の性質

$$A\widehat{A} = \widehat{A}A = \det(A)E$$

からわれわれが求めてきた重要な定理が得られる．以下では，この話題を中心に，これまで話題として登場してきた線型代数の基本概念である**連立1次方程式**，**行列**，**階数(rank)**，**行列式**の間の関係を一望する．

行列 (matrix) と行列式 (determinant) はたまたま日本語では表現が近いだけで，概念上は本来まったく異質である．しかし，行列と行列式に極めて重要な関係があることが示される．実際，この節の冒頭にあげた関係から，次の定理が導かれるのである．

定理 8.4.1 正方行列 A について，A が正則 $\iff \det(A) \neq 0$ となる．

証明 ($\Longrightarrow$) が成り立つことはすでに定理 8.2.3 で示した．そこでここでは，($\Longleftarrow$) を示す．
$$\det(A) \neq 0$$
であるとすると，A の余因子行列 $\widehat{A}$ に対し
$$B = \frac{1}{\det(A)} \widehat{A}$$
とおくと，
$$AB = BA = E$$
となる．つまり，B は A の逆行列である．すなわち A は正則である．■

上の定理により，A が正則であるか否かの極めて明解な判定条件が行列式の概念を用いて与えられただけでなく[4]，A が正則である場合には，逆行列 A^{-1} が A の余因子行列 $\widehat{A}$ と A の行列式 $\det(A)$ を用いて
$$A^{-1} = \frac{1}{\det(A)} \widehat{A}$$

---

[4] n 次正方行列 A が正則であるか否かの判定だけであれば，すでにみたように，階数の概念を用いて
$$\mathrm{rank}(A) = n$$
で与えることができる．

と与えられることがわかった.

たとえば, $A = \begin{pmatrix} a & b \\ c & d \end{pmatrix}$ において, $\det(A) = ad - bc \neq 0$ であるとすれば,

$$A^{-1} = \frac{1}{\det(A)} \widehat{A} = \frac{1}{ad-bc} \begin{pmatrix} d & -b \\ -c & a \end{pmatrix}$$

となる, ということである.

■ 8.5 連立1次方程式と行列式

とは言え, 上の逆行列の公式は, 見掛けは単純であるが, 右辺 (A の行列式と, A の余因子行列!) を実際に計算するのは, かなり複雑である. したがって前に論じた掃き出し法と比べると計算的実用性は乏しいと言わなければならないが, この公式の鮮かな応用例として, 連立1次方程式の解の公式として名高いクラメル (Gabriel Cramer, 1704–1752) の公式をとりあげよう. ただし, 以下の議論は

(未知数の数) = (方程式の数)

で, しかも, 解がただ1つに定まる (自由度 = 0) 場合に使えるだけであるが.

定理 8.5.1

n 次正方行列 $A = (a_{ij})$ と n 次列ベクトル $\boldsymbol{b} = \begin{pmatrix} b_1 \\ b_2 \\ \vdots \\ b_n \end{pmatrix}$ に対し, $\det(A) \neq 0$ のとき, $A\boldsymbol{x} = \boldsymbol{b}$ を満たす $\boldsymbol{x} = \begin{pmatrix} x_1 \\ x_2 \\ \vdots \\ x_n \end{pmatrix}$ はただ1つ存在し, $x_1, x_2, \cdots, x_n$ は,

$$x_j = \frac{\begin{vmatrix} a_{11} & \cdots & b_1 & \cdots & a_{1n} \\ \vdots & & \vdots & & \vdots \\ a_{n1} & \cdots & b_n & \cdots & a_{nn} \end{vmatrix}}{\begin{vmatrix} a_{11} & \cdots & a_{1j} & \cdots & a_{1n} \\ \vdots & & \vdots & & \vdots \\ a_{n1} & \cdots & a_{nj} & \cdots & a_{nn} \end{vmatrix}} \qquad (j = 1,\, 2,\, \cdots,\, n)$$

で定まる.

証明 $\boldsymbol{x} = A^{-1}\boldsymbol{b} = \dfrac{1}{\det(A)} \widehat{A} \boldsymbol{b}$.

ここで, $\widehat{A}$ は A の余因子行列で,

$$\widehat{A} \text{の}(j,\,k)\text{成分} = \widetilde{a}_{kj} = (-1)^{k+j} d_{kj}$$

であるので, 上式の両辺の第 j 成分は

$$x_j = \frac{1}{\det(A)} \sum_{k=1}^{n} \widetilde{a}_{kj} b_k$$

である. しかるに, $\sum_{k=1}^{n} b_k \widetilde{a}_{kj}$ は, A の第 j 列を $\boldsymbol{b}$ で置き換えた行列の

行列式 $\begin{vmatrix} a_{11} & \cdots & b_1 & \cdots & a_{1n} \\ \vdots & & \vdots & & \vdots \\ a_{n1} & \cdots & b_n & \cdots & a_{nn} \end{vmatrix}$
$\uparrow$
$ j\,\text{列}$

の第 j 列に沿っての余因子展開にほかならない. ■

この公式を**クラメル**(Cramer) **の公式**と呼ぶ.

連立方程式
$$\begin{cases} ax + by = e \\ cx + dy = f \end{cases}$$
の場合に上の公式を適用すると第 7 章の冒頭で述べた公式が導かれる.

【8章の復習問題】

1 2次の行列の行列式が $\begin{vmatrix} x & y \\ z & w \end{vmatrix} = xw - yz$ と計算されることを既知として, 3次の行列の行列式 $\begin{vmatrix} a & b & c \\ d & e & f \\ g & h & i \end{vmatrix}$ を, 第1行 (または第1列) についての余因子展開で求めよ.

2 等式 $\begin{vmatrix} a_{11} & a_{12} & 0 & 0 \\ a_{21} & a_{22} & 0 & 0 \\ 0 & 0 & a_{33} & a_{34} \\ 0 & 0 & a_{43} & a_{44} \end{vmatrix} = \begin{vmatrix} a_{11} & a_{12} \\ a_{21} & a_{22} \end{vmatrix} \begin{vmatrix} a_{33} & a_{34} \\ a_{43} & a_{44} \end{vmatrix}$ を示せ.

3 3つの3次列ベクトル x_1, x_2, x_3 で定まる関数 $f(x_1, x_2, x_3)$ が

$\begin{cases} \text{i)} & \text{交代性} \\ \text{ii)} & \text{3重線型性} \\ \text{iii)} & f(e_1, e_2, e_3) = 1 \end{cases}$ ただし, $e_1 = \begin{pmatrix} 1 \\ 0 \\ 0 \end{pmatrix}, e_2 = \begin{pmatrix} 0 \\ 1 \\ 0 \end{pmatrix}, e_3 = \begin{pmatrix} 0 \\ 0 \\ 1 \end{pmatrix}$

を満たすことだけを用いて, 1) $f(a, e_2, e_3)$, 2) $f(a, b, e_3)$, 3) $f(a, b, c)$ の値を求めよ. ただし,

$$a = \begin{pmatrix} 1 \\ 0 \\ 1 \end{pmatrix}, b = \begin{pmatrix} 1 \\ -1 \\ 0 \end{pmatrix}, c = \begin{pmatrix} -1 \\ 0 \\ 1 \end{pmatrix}$$

とする.

4 2次正方行列 $A = \begin{pmatrix} a & b \\ c & d \end{pmatrix}$ の余因子行列 $\widehat{A}$ を求めよ.

9

線型空間の基本概念

ここでは，数ベクトルを一般化したベクトルの概念を構成する．そのために，"ベクトルそのもの"の定義に先立って，"ベクトル全体"の定義を行う，という方法を用いる．言い換えれば，ベクトル全体のつくる集合であるベクトル空間 (vector space)，線型空間 (linear space) の定義を与えるのである．

■ 9.1 線型空間の定義

線型空間という"構造"は，体（詳しくは係数体と呼ばれる）と呼ばれる代数構造と，加法についての群と呼ばれる代数構造を基礎に定義される．

本章以降，単に体 F といったら，実数体 $\mathbb{R}$ または後述する複素数体 $\mathbb{C}$ を意味する．体は $\mathbb{R}$ と $\mathbb{C}$ 以外にいろいろあるが，理論的にも実用的にも初学者にとって最も大切なのは，この 2 つなのである．

定義 9.1.1 体 F と集合 V について，次の性質が成り立つとき，V は F 上の**ベクトル空間**（または**線型空間**）をなすといい，V の要素を**ベクトル**という．

(1) V が加法群をなす，すなわち演算 + について可換な群をなす．これは次の条件が成り立つことにほかならない．

 (i) V の任意の要素 x と y について，$x+y$ と表される V の要素がただ 1 つ決まり，

 (ii) V の任意の要素 x, y, z について
$$(x+y)+z = x+(y+z)$$
 が成り立ち，

 (iii) V の任意の要素 x に対して
$$x+0 = 0+x = x$$

となる確定した要素 $\mathbf{0}$ が V 内に存在し,

(iv) V の任意の要素 $\boldsymbol{x}$ に対して,

$$\boldsymbol{x} + (-\boldsymbol{x}) = (-\boldsymbol{x}) + \boldsymbol{x} = \mathbf{0} \quad (\mathbf{0}\text{は iii) に登場したもの})$$

を満たす $-\boldsymbol{x}$ が V 内に存在し,

(v) V の任意の要素 $\boldsymbol{x}, \boldsymbol{y}$ に対し,

$$\boldsymbol{x} + \boldsymbol{y} = \boldsymbol{y} + \boldsymbol{x}$$

が成り立つ.

(2) 任意の $\boldsymbol{x} \in V$ と任意の $\alpha \in F$ に対し, $\boldsymbol{x}$ の α 倍と呼ばれる V の要素 $\alpha\boldsymbol{x}$ がただ 1 つ定まり, 次の性質 (3) が成り立つ.

(3) i) $\forall \alpha \in F, \forall \boldsymbol{x}, \forall \boldsymbol{y} \in V$ に対して $\alpha(\boldsymbol{x} + \boldsymbol{y}) = \alpha\boldsymbol{x} + \alpha\boldsymbol{y}$
 ii) $\forall \alpha, \forall \beta \in F, \forall \boldsymbol{x} \in V$ に対して $(\alpha + \beta)\boldsymbol{x} = \alpha\boldsymbol{x} + \beta\boldsymbol{x}$
 iii) $\forall \alpha, \forall \beta \in F, \forall \boldsymbol{x} \in V$ に対して $(\alpha\beta)\boldsymbol{x} = \alpha(\beta\boldsymbol{x})$
 iv) 体 F の乗法単位元 1 と $\forall \boldsymbol{x} \in V$ に対して $1\boldsymbol{x} = \boldsymbol{x}$

> **注意**
> 定義が長いので, 初心者にはすごく難しく映る. わかってしまえば, 何でもないものばかりであるが, その境地に立つためには, 反復して読むことがまず最初のステップであろう. なお, 上に述べたのは線型空間の定義であるが, しばしば「**線型空間の公理**」とも呼ばれる.
> また**加法群**(additive group) というときは, 演算記号に + を使い, また交換可能性（可換性）(commutativity) を仮定するのが一般的である. なお, 演算が交換可能な群を一般には可換群 (commutative group), あるいはアーベル群 (Abelian group) という.

「α 倍」をより抽象的に「スカラー倍」という. 2 倍, 3 倍, …… という, 尺度 (scale) が計るのに使われる, という意味に由来するといわれる. スカラーは物理学などではベクトルと対比される概念であるが, 数学では F の要素がスカラー, V の要素がベクトルである.

> **注意**
>
> **その1** (3) の i) と ii) を単なる分配律
> $$a(b+c) = ab + ac, \quad (a+b)c = ac + bc$$
> と混同すると，わざわざ2つを区別して書く意味を理解し損なう．形の上では単なる分配律と酷似しているが，
> $$(\alpha + \beta)\boldsymbol{x} = \alpha\boldsymbol{x} + \beta\boldsymbol{x}$$
> の両辺に現れる記号＋は，意味が違う．すなわち，左辺は，α, β というスカラー（F の要素）の和，右辺は，$\alpha\boldsymbol{x}, \beta\boldsymbol{x}$ というベクトル（V の要素）の和である．意味が違うのに，それを承知の上で敢えて同じ記号を流用することにより，分配律と見かけがそっくりの式がつくれる，ということである．
>
> ちなみに，i) の両辺に現れる ＋ は，いずれもベクトルの和である．
>
> **その2** 同様に，iii) も通常の結合律ではない．
>
> **その3** 初学者に最もわかりにくいのは iv) であろう．$1\boldsymbol{x}$ の「意味」から $1\boldsymbol{x} = \boldsymbol{x}$ が成り立つことは当たり前と言いたくなるのも無理からぬところであるが，上の定義において $1\boldsymbol{x}$ が何を表すのか，その意味の定義が全く与えられていないので，仮定するほかないのである．
>
> **その4** 他方，$0\boldsymbol{x} = \boldsymbol{0}$（$F$ の加法単位元倍は，V の加法単位元となる）であることは，ii) から証明することができる．すなわち，ii) において $\alpha = \beta = 0$ とおくと，$0 + 0 = 0$ であることから
> $$0\boldsymbol{x} = 0\boldsymbol{x} + 0\boldsymbol{x} \quad (0\boldsymbol{x} \text{ を } \boldsymbol{a} \text{ とおくと，} \boldsymbol{a} = \boldsymbol{a} + \boldsymbol{a})$$
> であるので，両辺に $0\boldsymbol{x} \in V$ の加法逆元を加えて，$\boldsymbol{0} = 0\boldsymbol{x}$，すなわち，$0\boldsymbol{x} = \boldsymbol{0}$ が導かれる．
>
> **その5** iv) とその4で示した $0\boldsymbol{x} = \boldsymbol{0}$ とから，
>
> $(-1)\boldsymbol{x} = -\boldsymbol{x}$
> （F の乗法単位元 1 の加法逆元 -1 とのスカラー倍は，
> V の加法逆元と一致する）
>
> が証明できる．実際，ii) において $\alpha = 1, \beta = -1$ とおくと
> $$0\boldsymbol{x} = 1 \cdot \boldsymbol{x} + (-1) \cdot \boldsymbol{x}, \quad \therefore \boldsymbol{0} = \boldsymbol{x} + (-1) \cdot \boldsymbol{x}$$
> これは，$(-1)\boldsymbol{x}$ が $\boldsymbol{x}$ の逆元 $-\boldsymbol{x}$ に等しいことを意味する．

その6　加法群の性質は次のように言い換えることができる．

$$写像\ S: V \times V \longrightarrow V$$

があり，

(1)　$\forall \boldsymbol{x},\ \forall \boldsymbol{y},\ \forall \boldsymbol{z} \in V,\ S(S(\boldsymbol{x},\boldsymbol{y}),\boldsymbol{z}) = S(\boldsymbol{x},S(\boldsymbol{y},\boldsymbol{z}))$
(2)　$\exists \boldsymbol{0} \in V,\ \forall \boldsymbol{x} \in V,\ \ S(\boldsymbol{x},\boldsymbol{0}) = S(\boldsymbol{0},\boldsymbol{x}) = \boldsymbol{x}$
(3)　$\forall \boldsymbol{x} \in V,\ \exists -\boldsymbol{x} \in V,\ S(\boldsymbol{x},-\boldsymbol{x}) = S(-\boldsymbol{x},\boldsymbol{x}) = \boldsymbol{0}$
(4)　$\forall \boldsymbol{x},\ \forall \boldsymbol{y} \in V,\ S(\boldsymbol{x},\boldsymbol{y}) = S(\boldsymbol{y},\boldsymbol{x})$

を満たす．

またスカラー倍の性質は次のように言い換えることができる．

$$写像\ s: F \times V \longrightarrow V$$

があり，$\forall \alpha,\ \forall \beta \in F,\ \boldsymbol{x}, \boldsymbol{y} \in V$ に対して

(1)　$s(\alpha, \boldsymbol{x} + \boldsymbol{y}) = s(\alpha, \boldsymbol{x}) + s(\alpha, \boldsymbol{y})$
(2)　$s(\alpha + \beta, \boldsymbol{x}) = s(\alpha, \boldsymbol{x}) + s(\beta, \boldsymbol{x})$
(3)　$s(\alpha \beta, \boldsymbol{x}) = s(\alpha, s(\beta, \boldsymbol{x}))$
(4)　$s(1, \boldsymbol{x}) = \boldsymbol{x}$

その7　このように言い換えると，上に述べられた線型空間の公理が「当たり前の計算規則」ではないことがわかるだろう．

この定義を強引に一言でまとめていえば「**線型空間（ベクトル空間）**とは，和とスカラー倍（実用的には，実数倍ないし複素数倍）が定義されていて，いわゆる結合法則，分配法則のような自然な計算規則が成り立つような集合のことであり，その各要素をベクトルという，ということである．」

以下に続く例は，その1つひとつについて線型空間の定義を満たすことをチェックするのは，かなり面倒な作業ではあるが，線型空間の定義を習得する上で大変に有効であるから，ぜひとも丁寧に頑張ってほしい．

例 9.1　与えられた任意の自然数 n に対し，重複を許してとられた n 個

の体 F の要素を並べて得られる n 重対 $\begin{pmatrix} x_1 \\ x_2 \\ \vdots \\ x_n \end{pmatrix}$ 全体の集合 F^n は通常の加法とスカラー倍に関して，F 上の線型空間をなす．その要素である $\begin{pmatrix} x_1 \\ x_2 \\ \vdots \\ x_n \end{pmatrix}$ はベクトルである[1]．

例 9.2 F の要素を順番に並べてつくられる（無限）数列 $\{a_n\}_{n=1,2,3,\cdots}$ 全体を $\mathcal{P}$ とおく（$\mathcal{P}$ の要素 $\boldsymbol{a} = \{a_n\}_{n=1,2,3,\cdots}$, $\boldsymbol{b} = \{b_n\}_{n=1,2,3,\cdots}$ が一致するとは $\forall n \in \mathbb{N}$, $a_n = b_n$ となること，すなわち任意の $n = 1, 2, 3, \cdots$ に対して，$a_n = b_n$ となる，ことであると定義する）．
$\mathcal{P}$ の要素 $\boldsymbol{a} = \{a_n\}_{n=1,2,3,\cdots}$, $\boldsymbol{b} = \{b_n\}_{n=1,2,3,\cdots}$ に対し，それらの和 $\boldsymbol{a} + \boldsymbol{b} = \boldsymbol{c}$ を $\boldsymbol{c} = \{a_n + b_n\}_{n=1,2,3,\cdots}$ すなわち，

$$\{a_n\}_{n=1,2,3,\cdots} + \{b_n\}_{n=1,2,3,\cdots} = \{a_n + b_n\}_{n=1,2,3,\cdots}$$

と定義し，また $\mathcal{P}$ の要素 $\boldsymbol{a} = \{a_n\}_{n=1,2,3,\cdots}$ と F の要素 α に対して，$\boldsymbol{a}$ の α 倍（スカラー倍）$\alpha \boldsymbol{a} = \boldsymbol{c}$ を $\alpha \boldsymbol{a} = \{\alpha a_n\}_{n=1,2,3,\cdots}$ すなわち，

$$\alpha \{a_n\}_{n=1,2,3,\cdots} = \{\alpha a_n\}_{n=1,2,3,\cdots}$$

で定義すると，これらの和とスカラー倍について $\mathcal{P}$ は体 F 上の線型空間になる．これを**数列空間**という．

注意 体 F の要素を並べてできる数列とは，集合 $\mathbb{N}$ から集合 F への写像 $p : \mathbb{N} \longrightarrow F$ のことに他ならない．その意味で数列についての上記の議論は次の議論に包摂される．

---

[1] n 重対は横に並べて $(x_1, x_2, \cdots, x_n)$ と表してもよい．

152　第 9 章　線型空間の基本概念

例 9.3　空でない集合 X から F への写像全体の集合を $\mathcal{F}$ とおく（$f: X \longrightarrow f(x) \in F$ 全体の集合 $\mathcal{F}$ において $f, g \in \mathcal{F}$ が一致するとは $\forall x \in X$ に対して，$f(x) = g(x)$ となることであると定義する）．
$\mathcal{F}$ の要素
$$\boldsymbol{a} = a(\ ): X \ni x \longmapsto a(x) \in F, \quad \boldsymbol{b} = b(\ ): X \ni x \longmapsto b(x) \in F$$
に対し，それらの和 $\boldsymbol{a} + \boldsymbol{b} = \boldsymbol{c}$ を
$$\boldsymbol{c} = c(\ ): X \ni x \longmapsto c(x) \in F$$
ただし，
$$c(x) = a(x) + b(x), \; \forall x \in F$$
のように，言い換えると
$$(a+b)(x) = a(x) + b(x), \; \forall x \in F$$
と定義し，またスカラー倍 $\alpha \boldsymbol{a} = \boldsymbol{c}$ を
$$\alpha \boldsymbol{a} = \alpha a(\ ): X \ni x \longmapsto \alpha a(x) \in F$$
すなわち，
$$(\alpha a)(x) = \alpha a(x), \; \forall x \in F$$
で定義すると，これらの和とスカラー倍について $\mathcal{F}$ は体 F 上の線型空間になる．これを**関数空間**という．

> **注意**　ここで，関数の値の和や値の実数倍でなく，関数どうしの和や関数自身の実数倍が定義されている点が重要である．もっとも，関数 f と関数 g の和 $f + g$ は，任意の $x \in F$ に対し，その値として f と g の値の和 $f(x) + g(x)$ をもつ関数として定義されるので初学者には区別の意義がわかりにくいかもしれない．わかってしまえば何でもないこの種の概念的差異は，わかるまでがんばることの大切さを物語っている．

例 9.4　実数全体の集合 $\mathbb{R}$ 上で定義された関数
$$\sin x, \sin 2x, \sin 3x, \sin 4x, \cdots, \sin nx$$

の実数倍の和 $\sum_{k=1}^{n} a_k \sin kx$ は,

$$\sin x, \sin 2x, \sin 3x, \cdots, \sin nx$$

の線型結合と考えられる.

以下の例を順にグラフに描いていくと，その振舞いの法則性が次第にわかってくる．

1. $y = \sin x + \frac{1}{3}\sin 3x$
2. $y = \sin x + \frac{1}{3}\sin 3x + \frac{1}{5}\sin 5x$
3. $y = \sin x + \frac{1}{3}\sin 3x + \frac{1}{5}\sin 5x + \frac{1}{7}\sin 7x$
4. $y = \sum_{k=1}^{n} \frac{1}{2k-1}\sin(2k-1)x \quad (n=1,2,3,\cdots)$

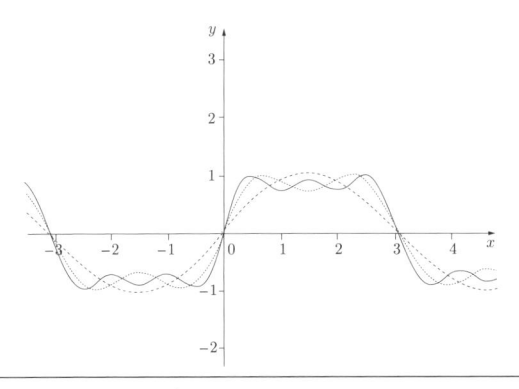

図 **9.1** $y = \sum_{k=1}^{n} \frac{1}{2k-1}\sin(2k-1)x \ (n=1,2,3)$ のグラフ

$n \to \infty$ とすると $\sum_{k=1}^{n} \frac{1}{2k-1}\sin(2k-1)x$ のグラフは，パルスのような不連続な曲線になる．

ここで n を無限大とした場合がフーリエ (**Fourier**) **級数**と呼ばれる重要な級数の最も簡単な例である．このような級数展開（の有限項までの部分和）は関数の線型結合の最も典型的な例である．

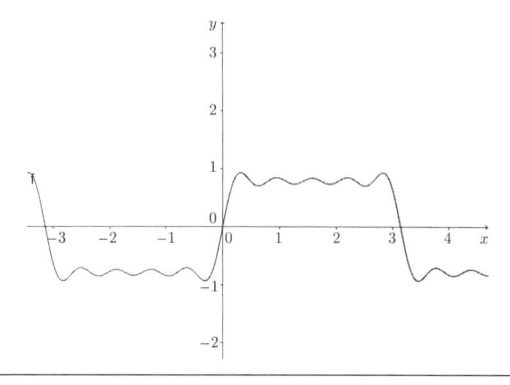

図 9.2 $y = \sin x + \frac{1}{3}\sin 3x + \frac{1}{5}\sin 5x + \frac{1}{7}\sin 7x + \frac{1}{9}\sin 9x$ のグラフ

実は関数空間の中で，$\sin x, \sin 2x, \sin 3x, \cdots$ というベクトルが線型独立で，これらを基にして関数空間の基底を作る，というのがフーリエ級数論の核心である．無限次元空間は意外に身近にある！

9.2 部分空間

定義 9.2.1 V が体 F 上の線型空間であるとき，V の空でない部分集合 W について，W 自身も F 上の線型空間をなすならば，W は V の**線型部分空間** (vector subspace, linear subspace, あるいは単に**部分空間** subspace) であるという．

定理 9.2.1 V が体 F 上の線型空間であるとき，V の空でない部分集合 W が V の部分空間をなすためには
1) $\forall \boldsymbol{x} \in W, \forall \boldsymbol{y} \in W$ に対して，$\boldsymbol{x} - \boldsymbol{y} \in W$
2) $\forall \alpha \in F, \forall \boldsymbol{x} \in W$ に対して，$\alpha \boldsymbol{x} \in W$
の 2 つの条件が成り立つことが必要十分である．

これは意外によく使う重要な定理である．

本質例題 29 部分空間をなすための条件 重要

この定理 9.2.1 を証明せよ.

▶ W を部分集合として含んでいる V が線型空間の構造をもっているので,W が V と同じように線型空間をなすための条件のうち,チェックすべきものは案外少なくて済む,ということである. ◀

解答

証明

1), 2) が成り立つならば,W が群をなすこと,すなわち,W が加法群 V の部分群をなすことを言いさえすればよい.

さて,空でない W の元 x をとり,1),すなわち差について閉じていることから,

$$0 = x - x \in W$$

が導かれる(加法についての単位元 0 の存在自身は,V が線型空間をなす,というはじめの仮定により保証されている.重要なのは 0 が W に属することである.).また,

$$\forall x \in W \text{ に対し},\ -x = 0 - x \in W$$

であることが導かれる.さらに,

$$\forall x, y \in W \text{ に対し},\ -y \in W,\ x + y = x - (-y) \in W$$

も示される.

加法についての結合律を満たすこと,スカラー倍との間に成り立つべき多くの関係をチェックする必要がないことは,W より広い V のなかでそれらが成り立っていることから明らかである. ■

長岡流処方せん

■ いたみ止め

前述したが,$x - y$ とは,x と y の加法逆元 $-y$ との和 $x + (-y)$ の省略表現.

■ いたみ止め

1) の x,y として,同じ W の要素をとればよい.

■ いたみ止め

1) の x,y として,それぞれ 0 と x をとれば,$0 - x \in W$ より $-x \in W$ となり,重要なのは $-x$ が W に属す,という点である.x は V の要素であるから,その加法逆元 $-x$ が V のなかに存在することは,初めの仮定により保証されているからである.

例 9.5
実数全体の集合 $\mathbb{R}$ は通常の加法と乗法に関して,$\mathbb{R}$ 上の線型空間である.集合 $\{0\}$ は,その部分空間である.

例 9.6 正の実数全体の集合 $\mathbb{R}^+$ は線型空間 $\mathbb{R}$ の部分集合であるが，部分空間ではない．実際，

$$\forall x \in \mathbb{R}^+, \ \forall y \in \mathbb{R}^+ \text{に対して}, x - y \in \mathbb{R}^+,$$
$$\forall \alpha \in \mathbb{R}, \ \forall x \in \mathbb{R}^+ \text{に対して}, \alpha x \in \mathbb{R}^+$$

は成立しない（正の実数から正の実数を引いた結果は正の実数になるとは限らない．正の実数に任意の実数をかけたものは正の実数になるとは限らない）．

　実は，もし $\mathbb{R}$ の部分集合 S が 0 以外の要素 a を含むならば，
$$S \text{ が } \mathbb{R} \text{ の部分空間} \Longrightarrow \forall x \in \mathbb{R}, \ x\bm{a} \in S$$
したがって
$$S \text{ が } \mathbb{R} \text{ の部分空間} \Longrightarrow \mathbb{R} \subset S$$
すなわち
$$S \text{ が } \mathbb{R} \text{ の部分空間} \Longrightarrow S = \mathbb{R}$$
要するに
$$S \text{ が } \mathbb{R} \text{ の部分空間} \Longleftrightarrow S = \mathbb{R}$$
である．

　以上から次のことがいえる．$\mathbb{R}$ の部分空間 W は，$\{0\}$ と $\mathbb{R}$ 自身しかない．そして，後者において $a(\neq 0) \in W$ という制限条件をはずせば，前者は後者の特別の場合と見なせる．

　同様のことが次元を高くしても言える．すなわち，平面上の点全体に対応する集合 $\mathbb{R}^2$ は通常の加法と実数倍に関して，$\mathbb{R}$ 上の線型空間をなす．集合 $\{\bm{0}\} = \{(0,0)\}$ は，その部分空間である．

　もし線型空間 $\mathbb{R}$ の部分集合 S が $\bm{0} = (0,0)$ 以外の要素 $\bm{a}$ を含むならば，
$$S \text{ が } \mathbb{R}^2 \text{ の部分空間} \Longrightarrow \forall \alpha \in \mathbb{R}, \ \alpha \bm{a} \in S$$
よって

$$S \text{ が } \mathbb{R}^2 \text{ の部分空間} \implies \{\alpha \boldsymbol{a} \,|\, \alpha \in \mathbb{R}\} \subset S$$

である．

逆に，$T = \{\alpha \boldsymbol{a} \,|\, \alpha \in \mathbb{R}\} \implies T$ は $\mathbb{R}^2$ の部分空間である（証明は部分空間の条件が満たされることをチェックするだけの簡単なものなので省略する）．

実は，$\mathbb{R}^2$ の部分空間は，$\{\boldsymbol{0}\}$ と $\{\alpha \boldsymbol{a} \,|\, \alpha \in \mathbb{R}\}$ （ただし，$\boldsymbol{a} \neq \boldsymbol{0} \in \mathbb{R}^2$）という集合，そして $\mathbb{R}^2$ 自身しかない．最初のものは2番目の $\boldsymbol{a} = \boldsymbol{0}$ という特殊なものに対応する．

また，いわゆる空間内の点全体に対応する集合 $\mathbb{R}^3$ は通常の加法と実数倍に関して，$\mathbb{R}$ 上の線型空間をなす．集合 $\{\boldsymbol{0}\} = \{(0,0,0)\}$ は，その部分空間である．

もし $\mathbb{R}$ の部分集合 S が $\boldsymbol{0} = (0,0,0)$ 以外の要素 $\boldsymbol{a}$ を含むならば，

$$S \text{ が } \mathbb{R}^3 \text{ の部分空間} \implies \forall \alpha \in \mathbb{R}, \; \alpha \boldsymbol{a} \in S$$

よって

$$S \text{ が } \mathbb{R}^3 \text{ の部分空間} \implies \{\alpha \boldsymbol{a} \,|\, \alpha \in \mathbb{R}\} \subset S$$

である．逆に

$$T = \{\alpha \boldsymbol{a} \,|\, \alpha \in \mathbb{R}\} \implies T \text{ は } \mathbb{R}^3 \text{ の部分空間}$$

も成り立つ（証明は部分空間の条件が満たされることをチェックするだけの簡単なものである）．

またもし $\mathbb{R}$ の部分集合 S が $\boldsymbol{a}$ の実数倍では表されない要素 $\boldsymbol{b}$ をも含むならば，

$$\begin{cases} S \text{ が } \mathbb{R}^3 \text{の部分空間} \implies \forall \alpha \in \mathbb{R}, \; \alpha \boldsymbol{a} \in S \\ S \text{ が } \mathbb{R}^3 \text{の部分空間} \implies \forall \beta \in \mathbb{R}, \; \beta \boldsymbol{b} \in S \end{cases}$$

したがって

$$S \text{ が } \mathbb{R}^3 \text{ の部分空間} \implies \forall \alpha, \forall \beta \in \mathbb{R}, \; \alpha \boldsymbol{a} + \beta \boldsymbol{b} \in S$$

よって

$$S \text{ が } \mathbb{R}^3 \text{ の部分空間} \implies \{\alpha \boldsymbol{a} + \beta \boldsymbol{b} \,|\, \alpha, \beta \in \mathbb{R}\} \subset S$$

である．

逆に，集合 $\{\alpha\boldsymbol{a}\,|\,\alpha\in\mathbb{R}\}$ や $\{\alpha\boldsymbol{a}+\beta\boldsymbol{b}\,|\,\alpha,\beta\in\mathbb{R}\}$ は $\mathbb{R}^3$ の部分空間である．

実は，$\mathbb{R}^3$ の部分空間は，$\{\boldsymbol{0}\}$ と $\{\alpha\boldsymbol{a}\,|\,\alpha\in\mathbb{R}\}$ （ただし，$\boldsymbol{a}\neq\boldsymbol{0}\in\mathbb{R}^3$），$\{\alpha\boldsymbol{a}+\beta\boldsymbol{b}\,|\,\alpha,\beta\in\mathbb{R}\}$ （ただし，$\boldsymbol{a}\neq\boldsymbol{0}$，かつ $\boldsymbol{b}$ は $\boldsymbol{a}$ の実数倍では表されない $\mathbb{R}^3$ の要素）という集合，そして，$\mathbb{R}^3$ 自身しかない．最初の2つは，制限条件を削除すれば3つ目の特殊なものに対応する．

■ 9.3 線型独立性，線型従属性

9.1節にあげた例によって，数列や関数もベクトルと呼べることがわかった．これらについても，'向き' や '長さ' を語ることができることを示すのが本章の後半の目標である．

その話題に移る前に線型空間を論ずる上で最も基本的で重要な概念を定義しておこう．

定義 9.3.1 V が体 F 上の線型空間であるとき，

$$\begin{cases} V \text{ の要素 } \boldsymbol{a}_1, \boldsymbol{a}_2, \cdots, \boldsymbol{a}_n \\ F \text{ の要素 } \alpha_1, \alpha_2, \cdots, \alpha_n \end{cases}$$

に対して $\sum_{k=1}^{n}\alpha_k\boldsymbol{a}_k$，すなわち $\alpha_1\boldsymbol{a}_1+\alpha_2\boldsymbol{a}_2+\cdots+\alpha_n\boldsymbol{a}_n$ によって，V のある要素が定まる．これについて，もっぱら $\boldsymbol{a}_1, \boldsymbol{a}_2, \cdots, \boldsymbol{a}_n$ のほうに関心を寄せて見たとき，上式を，$\boldsymbol{a}_1, \boldsymbol{a}_2, \cdots, \boldsymbol{a}_n$ の**線型結合**（または **1 次結合**，linear combination）と呼ぶ．

> **注意**
>
> $\boldsymbol{v}_n=\sum_{k=1}^{n}\boldsymbol{u}_k$ は，厳密には
>
> $$\begin{cases} \boldsymbol{v}_1=\boldsymbol{u}_1 \\ \boldsymbol{v}_k=\boldsymbol{v}_{k-1}+\boldsymbol{u}_k \quad (k=2,\ 3,\ \cdots,n) \end{cases}$$
>
> という漸化式で定義されるものであるが，V が加法群をなす（+ について結合律が成り立つ）ことから，$\boldsymbol{v}_n=\boldsymbol{u}_1+\boldsymbol{u}_2+\cdots+\boldsymbol{u}_n$ という表現が許されるのである．

定義 9.3.2 V が体 F 上の線型空間をなすとき，

$$\boldsymbol{a}_1, \boldsymbol{a}_2, \cdots, \boldsymbol{a}_n \in V$$

について，$\boldsymbol{0}$ を表すその線型結合が，自明なものしかないならば，つまり

$\forall x_1, \forall x_2, \cdots, \forall x_n \in F$ について
$x_1 \boldsymbol{a}_1 + x_2 \boldsymbol{a}_2 + \cdots + x_n \boldsymbol{a}_n = \boldsymbol{0} \Longrightarrow x_1 = x_2 = \cdots = x_n = 0$

が成り立つとき，$\boldsymbol{a}_1, \boldsymbol{a}_2, \cdots, \boldsymbol{a}_n$ は（F 上）**線型独立**（または **1 次独立** linearly independent）である，という．

線型独立でないことを**線型従属**（または **1 次従属** linearly dependent）という．

> **注意!**
>
> その1 係数がすべて 0 の線型結合が $\boldsymbol{0}$ ($x_1 = x_2 = \cdots = x_n = 0 \Longrightarrow x_1 \boldsymbol{a}_1 + x_2 \boldsymbol{a}_2 + \cdots + x_n \boldsymbol{a}_n = \boldsymbol{0}$) であることは自明である．ここで，反対向き矢印の成立を問題としているのである．
>
> その2 線型従属は線型独立の否定である．したがって，$\boldsymbol{a}_1, \boldsymbol{a}_2, \cdots, \boldsymbol{a}_n$ が線型従属であるとは，$\boldsymbol{0}$ を表す自明でない線型結合が存在する，つまり
> $\exists x_1, \exists x_2, \cdots, \exists x_n \in F$
> ($x_1 \boldsymbol{a}_1 + x_2 \boldsymbol{a}_2 + \cdots + x_n \boldsymbol{a}_n = \boldsymbol{0}$ かつ $x_1, x_2, \cdots, x_n$ の少なくとも1つは 0 でない)
> ということである．
>
> その3 $n=1$ の場合：$\boldsymbol{0}$ 以外の任意のベクトル $\boldsymbol{a}$ は線型独立である．実際，$x\boldsymbol{a} = \boldsymbol{0}, x \neq 0$ と仮定すると，
>
> $$\frac{1}{x}(x\boldsymbol{a}) = \frac{1}{x}\boldsymbol{0} \quad \therefore \quad 1\boldsymbol{a} = \boldsymbol{0}$$
>
> より，$\boldsymbol{a} \neq \boldsymbol{0}$ の仮定に矛盾する．
>
> その4 $n=2$ の場合：$x\boldsymbol{a} + y\boldsymbol{b} = \boldsymbol{0}$ において，$x \neq 0$ とすると
>
> $$\boldsymbol{a} = -\frac{y}{x}\boldsymbol{b},$$
>
> また，反対に $y \neq 0$ とすると
>
> $$\boldsymbol{b} = -\frac{x}{y}\boldsymbol{a}$$

となり，a, b のうち，一方が他方のスカラー倍で表される．これが a, b が線型従属ということである．したがって，a と b が線型独立であるとは，いずれの一方も他方のスカラー倍で表せない，ということである．

数ベクトル空間 $\mathbb{R}^2$ の場合は

a, $b \in \mathbb{R}^2$ が線型従属 $\iff a$, b が同一直線上にある
a, $b \in \mathbb{R}^2$ が線型独立 $\iff a$, b が同一直線上にない

という幾何学的解釈ができる．

その 5　$n = 3$ のとき：$xa + yb + zc = 0$ において，$x \neq 0$ とすると，

$$a = -\frac{y}{x}b - \frac{z}{x}c$$

となる $\left(-\frac{y}{x}b - \frac{z}{x}c\ \text{は}, \left(-\frac{y}{x}b\right) + \left(-\frac{z}{x}c\right) \text{の省略表現である} \right)$．つまり a は，b と c の線型結合で表せる．同様に，$y \neq 0$，または $z \neq 0$ とすると，b が c と a の，または c が a と b の，それぞれ線型結合で表される．すなわち，a, b, c が線型従属であるとは，そのうちの少なくとも 1 つが，他の 2 つの線型結合で表せるということである．

したがって，a, b, c が線型独立であるとは，どの 1 つも，他の 2 つの線型結合では表せない，ということである．

数ベクトル空間 $\mathbb{R}^3$ の場合は，下図に示されるような幾何学的解釈が有効である．

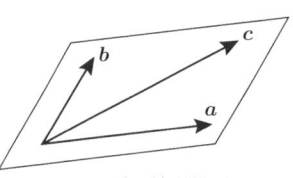

(a) $a, b, c \in \mathbb{R}^3$ が線型従属 $\Leftrightarrow$
a, b, c が同一平面上にある

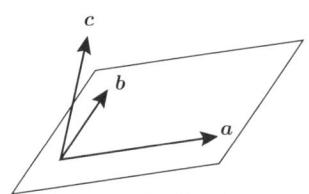

(b) $a, b, c \in \mathbb{R}^3$ が線型独立 $\Leftrightarrow$
a, b, c が同一平面上にない

上の 4，5 で述べたような幾何学的解釈は，$n \geq 4$ となると破綻する．しかし，それは線型独立性，線型従属性の定義ができなくなることを意味するわけではない！

9.3 線型独立性，線型従属性

本質例題 30 線型独立性の証明 1　　　　　　　　　　発展

実数列空間 $P(\mathbb{R})$ において，第 i 項だけが 1，残りの項がすべて 0 である数列

$$\{0,\ 0,\ \cdots,\ \overset{i}{\overset{\vee}{0,\ 1,\ 0,}}\ \cdots\}$$

を e_i とおく $(i = 1,\ 2,\ 3,\ \cdots)$．すると，4 つのベクトル

$$e_1 = \{1,\ 0,\ 0,\ 0,\ \cdots\}$$
$$e_2 = \{0,\ 1,\ 0,\ 0,\ \cdots\}$$
$$e_3 = \{0,\ 0,\ 1,\ 0,\ \cdots\}$$
$$e_4 = \{0,\ 0,\ 0,\ 1,\ \cdots\}$$

は線型独立である．これを証明せよ．

▌最も基本的な具体例を通じ線型独立性の基本概念を理解しよう！▌

解答

証明

$$xe_1 + ye_2 + ze_3 + we_4 = \mathbf{0}$$

とすると，左辺は $\{x,\ y,\ z,\ w,\ 0,\ 0,\ \cdots\}$，右辺は $\{0,\ 0,\ 0,\ 0,\ 0,\ 0,\ \cdots\}$ であるから，等式が成り立つのは，

$$x = y = z = w = 0$$

のときに限る．つまり，4 つのベクトル e_1, e_2, e_3, e_4 は線型独立である．■

長岡流処方せん

■いたみ止め
線型独立性の定義に立ち帰れば証明は容易である．

本質例題 31 線型独立性の証明 2　　　　　　　　　　発展

関数空間 $\mathcal{F}(\mathbb{R})$ において，単項式 x^{i-1} で表される関数を e_i とおく．つまり

$$e_i = e(\ ):\ e(x) = x^{i-1} \quad (i = 0,\ 1,\ 2,\ \cdots)$$

(以下，$e_i(x) = x^{i-1}$ $(i = 0, 1, 2, \cdots)$ と略記する.) とすると，5つのベクトル

$$e_1(x) = 1,\ e_2(x) = x,\ e_3(x) = x^2,\ e_4(x) = x^3,\ e_5(x) = x^4$$

は線型独立であることを証明せよ.

■少し違った具体例を通じ線型独立性のイメージを深化させよう！■

解答

証明

$$\alpha_1 e_1(x) + \alpha_2 e_2(x) + \alpha_3 e_3(x) + \alpha_4 e_4(x) + \alpha_5 e_5(x) = \mathbf{0}(x)$$

すなわち，恒等的に

$$\alpha_1 + \alpha_2 x + \alpha_3 x^2 + \alpha_4 x^3 + \alpha_5 x^4 = 0$$

であるとすると，

$$\alpha_1 = \alpha_2 = \alpha_3 = \alpha_4 = \alpha_5 = 0$$

でなければならないから 5 個のベクトル $e_1(x) \sim e_5(x)$ は線型独立である. ■

長岡流処方せん

■いたみ止め

ベクトルの個数がいくつになっても証明の考え方は全く同じである！

本質例題 32 線型独立性の証明 3 　　発展

V を体 F 上の線型空間とする. m 個のベクトル $\mathbf{a}_1, \mathbf{a}_2, \cdots, \mathbf{a}_m \in V$, および任意のスカラー $c_2, c_3, \cdots, c_m \in F$ に対し,

$$\mathbf{a}'_1 = \mathbf{a}_1 + c_2 \mathbf{a}_2 + c_3 \mathbf{a}_3 + \cdots + c_m \mathbf{a}_m$$

とおく. このとき, $\mathbf{a}_1, \mathbf{a}_2, \cdots, \mathbf{a}_m$ が線型独立ならば, $\mathbf{a}'_1, \mathbf{a}_2, \cdots, \mathbf{a}_m$ も線型独立であることを示せ.

■理論的な証明を通じて，線型独立性に関わる論理的な推論の進め方をマスターしよう！■

解答

$a_1', a_2, \cdots, a_n$ の線型結合で $\mathbf{0}$ が表現できたと仮定する．すなわち，
$$\lambda_1 a_1' + \lambda_2 a_2 + \cdots + \lambda_m a_m = \mathbf{0}$$
となる $\lambda_1, \lambda_2, \cdots, \lambda_m \in F$ が存在したとする．

これに $a_1' = a_1 + c_2 a_2 + \cdots + c_m a_m$ を代入して整理すると
$$\lambda_1 a_1 + (\lambda_1 c_2 + \lambda_2) a_2 + \cdots + (\lambda_1 c_m + \lambda_m) a_m = \mathbf{0}$$
となる．ここで $a_1, a_2, \cdots, a_m$ が線型独立であるという仮定を使うと，
$$\lambda_1 = \lambda_1 c_2 + \lambda_2 = \cdots = \lambda_1 c_m + \lambda_m = 0$$
$$\therefore \lambda_1 = \lambda_2 = \cdots = \lambda_m = 0$$
でなければならない．

よって，$a_1', a_2, \cdots, a_n$ は線型独立である．

長岡流処方せん

■ いたみ止め
この $\lambda_1, \lambda_2, \cdots, \lambda_m$ がすべて 0 であることがいえればよい．

■ いたみ止め
連立方程式を解いただけ．

注意 a_1' の定義式の右辺において a_1 の係数だけは 1 で，$c_2, \cdots, c_m$ という不明のスカラーがついていないことがこの例題が簡単に解けることの根拠である．

定理 9.3.1 体 F 上の線型空間 V において，$a_1, a_2, \cdots, a_k \in V$ が線型独立であるならば，$a_1, a_2, \cdots, a_k$ の線型結合による表現は一意的 (unique) である．すなわち
$$\alpha_1 a_1 + \alpha_2 a_2 + \cdots + \alpha_k a_k = \alpha_1' a_1 + \alpha_2' a_2 + \cdots + \alpha_k' a_k$$
$$\Longrightarrow \begin{cases} \alpha_1 = \alpha_1' \\ \alpha_2 = \alpha_2' \\ \quad \vdots \\ \alpha_k = \alpha_k' \end{cases}$$

この逆もまた成り立つ．

証明 $\alpha_1 \boldsymbol{a}_1 + \alpha_2 \boldsymbol{a}_2 + \cdots + \alpha_k \boldsymbol{a}_k = \alpha_1' \boldsymbol{a}_1 + \alpha_2' \boldsymbol{a}_2 + \cdots + \alpha_k' \boldsymbol{a}_k$
とすると，右辺の加法逆元を両辺に加えて整理（いわゆる「移項」）することにより

$$(\alpha_1 - \alpha_1')\boldsymbol{a}_1 + (\alpha_2 - \alpha_2')\boldsymbol{a}_2 + \cdots + (\alpha_k - \alpha_k')\boldsymbol{a}_k = \boldsymbol{0}$$

を得る．ここで $\boldsymbol{a}_1, \boldsymbol{a}_2, \cdots, \boldsymbol{a}_k$ が線型独立であるという与えられた仮定を用いると，

$$\alpha_1 - \alpha_1' = \alpha_2 - \alpha_2' = \cdots = \alpha_k - \alpha_k' = 0$$

$$\therefore \begin{cases} \alpha_1 = \alpha_1' \\ \alpha_2 = \alpha_2' \\ \quad \vdots \\ \alpha_k = \alpha_k' \end{cases}$$

が得られる．

逆は，$\alpha_1' = \alpha_2' = \cdots = \alpha_k' = 0$ の場合を考えればよい．■

注意 「一意的」，「一意性」は，それぞれ unique, uniqueness［英］に対応する日本語である．ユニークとは，（あったとしても）ただ1つしかない，ということである．「奇妙である」とか「一風変わっている」という意味ではない！

本質例題 33 線型独立性，従属性の判定　　発展

V が $\mathbb{R}$ 上の線型空間であるとき，$\boldsymbol{a}, \boldsymbol{b}, \boldsymbol{c} \in V$ が線型独立であるならば，

(1) $\boldsymbol{a}+\boldsymbol{b}, \boldsymbol{b}+\boldsymbol{c}, \boldsymbol{c}+\boldsymbol{a}$ も線型独立であることを示せ．

(2) $\boldsymbol{a}, \boldsymbol{a}+\boldsymbol{b}+\boldsymbol{c}, \boldsymbol{a}-\boldsymbol{b}-\boldsymbol{c}$ は線型従属であることを示せ．

(3) $\boldsymbol{x} = \boldsymbol{a}+\boldsymbol{b}-2\boldsymbol{c}, \boldsymbol{y} = \boldsymbol{a}-\boldsymbol{b}-\boldsymbol{c}, \boldsymbol{z} = \boldsymbol{a}+\boldsymbol{c}$ は線型独立であることを示せ．

(4) $\boldsymbol{u} = \boldsymbol{a}+\boldsymbol{b}-3\boldsymbol{c}, \boldsymbol{v} = \boldsymbol{a}+3\boldsymbol{b}-\boldsymbol{c}, \boldsymbol{w} = \boldsymbol{b}+\boldsymbol{c}$ は線型従属であるこ

9.3 線型独立性，線型従属性

とを示せ．

● どれもやるべき作業は同じである．●

解答 $\alpha, \beta, \gamma \in \mathbb{R}$ とする．

(1) $\alpha(\boldsymbol{a}+\boldsymbol{b}) + \beta(\boldsymbol{b}+\boldsymbol{c}) + \gamma(\boldsymbol{c}+\boldsymbol{a}) = (\alpha+\gamma)\boldsymbol{a} + (\alpha+\beta)\boldsymbol{b} + (\beta+\gamma)\boldsymbol{c} = \boldsymbol{0}$ とすると，$\boldsymbol{a}, \boldsymbol{b}, \boldsymbol{c}$ の線型独立性から，$\alpha+\gamma = \alpha+\beta = \beta+\gamma = 0$．よって，$\alpha = \beta = \gamma = 0$ である．よって，$\boldsymbol{a}+\boldsymbol{b}, \boldsymbol{b}+\boldsymbol{c}, \boldsymbol{c}+\boldsymbol{a}$ は線型独立．

(2) $\alpha\boldsymbol{a} + \beta(\boldsymbol{a}+\boldsymbol{b}+\boldsymbol{c}) + \gamma(\boldsymbol{a}-\boldsymbol{b}-\boldsymbol{c}) = (\alpha+\beta+\gamma)\boldsymbol{a} + (\beta-\gamma)\boldsymbol{b} + (\beta-\gamma)\boldsymbol{c} = \boldsymbol{0}$ とすると $\boldsymbol{a}, \boldsymbol{b}, \boldsymbol{c}$ の線型独立性から，$\alpha+\beta+\gamma = \beta-\gamma = 0$．これは $\alpha = -2\beta, \gamma = \beta$ と同値であるから $\alpha = \beta = \gamma = 0$ とは限らない．よって，線型従属．

(3) $\alpha\boldsymbol{x} + \beta\boldsymbol{y} + \gamma\boldsymbol{z} = (\alpha+\beta+\gamma)\boldsymbol{a} + (\alpha-\beta)\boldsymbol{b} + (-2\alpha-\beta+\gamma)\boldsymbol{c} = \boldsymbol{0}$ であるとすると，$\boldsymbol{a}, \boldsymbol{b}, \boldsymbol{c}$ の線型独立性より，$\alpha+\beta+\gamma = \alpha-\beta = -2\alpha-\beta+\gamma = 0$．これより，$\alpha = \beta = \gamma = 0$．よって，$\boldsymbol{x}, \boldsymbol{y}, \boldsymbol{z}$ は線型独立．

(4) $\alpha\boldsymbol{u} + \beta\boldsymbol{v} + \gamma\boldsymbol{w} = (\alpha+\beta)\boldsymbol{a} + (\alpha+3\beta+\gamma)\boldsymbol{b} + (-3\alpha-\beta+\gamma)\boldsymbol{c} = \boldsymbol{0}$ であるとすると，$\boldsymbol{a}, \boldsymbol{b}, \boldsymbol{c}$ の線型独立性より，$\alpha+\beta = \alpha+3\beta+\gamma = -3\alpha-\beta+\gamma = 0$．これは，$\beta = -\alpha, \gamma = 2\alpha$ と同値であるから $\alpha = \beta = \gamma = 0$ とは限らない．よって，$\boldsymbol{u}, \boldsymbol{v}, \boldsymbol{w}$ は線型従属．

長岡流処方せん

■ いたみ止め
"$\alpha\boldsymbol{a} + \beta\boldsymbol{b} + \gamma\boldsymbol{c} = \boldsymbol{0} \Rightarrow \alpha = \beta = \gamma = 0$" が成り立てば，$\boldsymbol{a}, \boldsymbol{b}, \boldsymbol{c}$ は線型独立．

■ いたみ止め
$\alpha = \beta = \gamma = 0$ でなくても "$\alpha\boldsymbol{a} + \beta\boldsymbol{b} + \gamma\boldsymbol{c} = \boldsymbol{0}$" となることがあれば，$\boldsymbol{a}, \boldsymbol{b}, \boldsymbol{c}$ は線型従属．

他方，線型従属性については，すでにふれたように，次のような別の言い回しで述べることができる．

定理 9.3.2 体 F 上の線型空間 V において，$\boldsymbol{a}_1, \boldsymbol{a}_2, \cdots, \boldsymbol{a}_k \in V$ が線型従属であるならば，このうち少なくとも 1 つは，残りの $k-1$ の線型結合で表せる．この逆もまた成り立つ．

証明 $\alpha_1 \boldsymbol{a}_1 + \alpha_2 \boldsymbol{a}_2 + \cdots + \alpha_k \boldsymbol{a}_k = \boldsymbol{0}$
$(\alpha_1, \alpha_2, \cdots, \alpha_k \in F)$

において，$\alpha_1, \alpha_2, \cdots, \alpha_k$ のうち少なくとも 1 つが 0 でないから

$$\alpha_i \neq 0$$

となる i を選ぶと，$\bm{a}_i$ が，残りの $k-1$ 個のベクトルの線型結合として，

$$\bm{a}_i = -\frac{\alpha_1}{\alpha_i}\bm{a}_1 - \frac{\alpha_2}{\alpha_i}\bm{a}_2 - \cdots - \frac{\alpha_{i-1}}{\alpha_i}\bm{a}_{i-1} - \frac{\alpha_{i+1}}{\alpha_i}\bm{a}_{i+1} - \cdots - \frac{\alpha_k}{\alpha_i}\bm{a}_k$$

と表せる．

逆に，$\bm{a}_i$ が，

$$\bm{a}_i = c_1\bm{a}_1 + c_2\bm{a}_2 + \cdots + c_{i-1}\bm{a}_{i-1} + c_{i+1}\bm{a}_{i+1} + \cdots + c_k\bm{a}_k$$
$$(c_1, c_2, \cdots, c_{i-1}, c_{i+1}, \cdots, c_k \in F)$$

と表せるなら，

$$c_1\bm{a}_1 + c_2\bm{a}_2 + \cdots + c_{i-1}\bm{a}_{i-1} - \bm{a}_i + c_{i+1}\bm{a}_{i+1} + \cdots + c_k\bm{a}_k = \bm{0}$$

が，自明でない $\bm{0}$ の表現である．■

■ 9.4 生成する空間

体 F 上の線型空間 V の部分集合 S についても**生成する空間**の概念をほとんど同様に定式化できる．

定義 9.4.1 体 F 上の線型空間 V の部分集合（部分空間とは限らない！）S に対して，S から任意に有限個の要素を取り出してつくった線型結合で表される V の要素の全体

$$\left\{\sum_{k=1}^{n}\alpha_k\bm{a}_k \,\middle|\, n \in \mathbb{N},\ \alpha_k \in F,\ \bm{a}_k \in S\right\}$$

は，V の部分空間をなす．この空間を S が**生成する** (generate) **部分空間**（あるいは S で**生成される部分空間**）といい，$\mathcal{G}(S)$ などで表す[2]．

---

[2] S で**張られる** (spanned) 空間ということもある．特に S が有限集合のときは，この表現をよく用いる．

容易にわかるように，次の定理が成り立つ．

定理 9.4.1 体 F 上の線型空間 V の部分集合 S に対して，$\mathcal{G}(S)$ は，S を含む V のすべての部分空間 W_λ 全体の共通部分である．すなわち，
$$\bigcap_{W_\lambda \supset S} W_\lambda = \mathcal{G}(S)$$
である（ここで $\bigcap_{W_\lambda \supset S}$ は，$W_\lambda \supset S$ となるすべての W_λ についての共通部分をとる演算を表す）．
よって，$\mathcal{G}(S)$ は S を含む V の'最小の'部分空間である．

■ 9.5 基底と次元

線型独立性，従属性に関連して，線型代数の最も重要な基底の概念が次のように定義される．

定義 9.5.1 体 F 上の線型空間 V において，次の性質をともに満たす V の部分集合 E があるとき，E を V の**基底** (basis) という．

 i) E から任意にとられた，任意個のベクトルが（F 上）線型独立である．

 ii) V の任意の要素 x が，E から適当なベクトル $\boldsymbol{a}_1, \boldsymbol{a}_2, \cdots, \boldsymbol{a}_n$ を選ぶと，その線型結合で表せる．

本書でこの後論ずるのは，E が有限個のベクトルからなる場合である．このような場合，上の定義は，次のようにさらに明確に述べることができる．

定義 9.5.2 体 F 上の線型空間 V において，次の性質を満たすベクトルの組 $\boldsymbol{a}_1, \boldsymbol{a}_2, \cdots, \boldsymbol{a}_n$ が存在するとき，このベクトルの組を V の**基底** (basis) という．

 i) $\boldsymbol{a}_1, \boldsymbol{a}_2, \cdots, \boldsymbol{a}_n$ は，（F 上）線型独立である．

 ii) V の任意の要素 x が，$\boldsymbol{a}_1, \boldsymbol{a}_2, \cdots, \boldsymbol{a}_n$ の線型結合で表せる．

> **注意**
>
> その1　基底を考えるときは，それを構成するベクトル $a_1, a_2, \cdots, a_n$ の順番を考慮するので，単なる集合の記号 $\{a_1, a_2, \cdots, a_n\}$ と区別して，$E = <a_1, a_2, \cdots, a_n>$ などと表すことが多い.
>
> その2　条件 i), ii) はまとめて
>
> iii) $\forall x \in V$ に対し
> $$x = x_1 a_1 + x_2 a_2 + \cdots + x_n a_n$$
> となる $x_1, x_2, \cdots, x_n \in F$ の組がただ一通りに存在する.
>
> あるいは
>
> iii′) V に属するベクトルが，$a_1, a_2, \cdots, a_n$ の線型結合で一意的に表せる.
>
> と言い直すことができる.

上の定義に述べたように，有限個のベクトルからなる基底が存在するとき，V は**有限次元**であるという．本書で中心的に話題とするのは，この場合である．有限次元だからといって，基底がただ1つに定まるわけではないことに注意していこう．しかしながら，基底を構成するベクトルの個数は一定である（数ベクトル空間の場合にはすでに扱っているが，抽象的，一般的な線型空間についてもこの性質が成り立つ．その証明は第11章で与えられる）.

例 9.7　本質例題 33 に与えた証明と同様にして線型空間 V において，$\{a, b\}$ が線型独立なら，$\{a+b, a-b\}$ も線型独立である．

基底を考えるときは，構成するベクトルの順番まで考えるほうが都合がよいので，順序を考慮するという趣旨で，集合の記号ではなく，$E = <a, b>$, $F = <a+b, a-b>$ のように表す．

例 9.8　線型空間 V において，$E = <a, b, c>$ がその基底なら，$F = <b+c, c+a, a+b>$ もその基底である．しかし，$\{b-c, c-a, a-b\}$ は基底を与えない．これら3つのベクトルは線型従属だからである．

基底の個数についての定理に基づいて，次のように次元の概念が定義される．

定義 9.5.3 体 F 上の線型空間 V において n 個のベクトルからなる基底があるとき，V の**次元** (dimension) は n である，とか，V は n 次元 (n-dimensional) 空間であるという．このことを記号 $\dim V = n$ と表現する．

ところで，数ベクトル空間 $\mathbb{R}^n$ の場合には，標準的な基底として，

$$\bm{e}_1 = \begin{pmatrix} 1 \\ 0 \\ 0 \\ \vdots \\ 0 \end{pmatrix}, \bm{e}_2 = \begin{pmatrix} 0 \\ 1 \\ 0 \\ \vdots \\ 0 \end{pmatrix}, \cdots, \bm{e}_n = \begin{pmatrix} 0 \\ 0 \\ 0 \\ \vdots \\ 1 \end{pmatrix}$$

がとられた．$n=2$ や $n=3$ の場合は，これらは上に述べた基底の性質 i)，ii) だけでなく，'大きさ（長さ）が 1 で，どの 2 つも互いに直交する' という性質をもっている（図 9.3）．

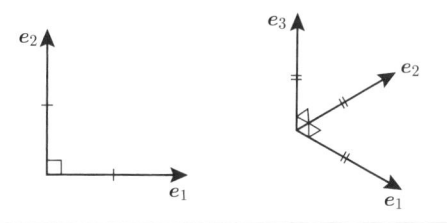

図 9.3 $\mathbb{R}^2, \mathbb{R}^3$ の標準的な基底

このような性質を基底に要請しなくてもよいのであろうか？　これに答えるための道具が次章に述べる '計量' である．

その議論に入る前に，「体 F 上の線型空間」という表現の意味を理解するために，「$\mathbb{R}$ 上の線型空間」と「$\mathbb{C}$ 上の線型空間」の違いを，数ベクトル

空間 $F^n = \left\{ \begin{pmatrix} x_1 \\ x_2 \\ \vdots \\ x_n \end{pmatrix} \middle| x_1, x_2, \cdots, x_n \in F \right\}$ （ただし，$F = \mathbb{R}$ または $F = \mathbb{C}$）の場合について具体的に説明しよう．

例 9.9 $\mathbb{R}^2$ は，通常の加法と実数倍について $\mathbb{R}$ 上の線型空間をなす．基底として $e_1 = \begin{pmatrix} 1 \\ 0 \end{pmatrix}$, $e_2 = \begin{pmatrix} 0 \\ 1 \end{pmatrix}$ がとれるので 2 次元である．

例 9.10 $\mathbb{C}$ は，通常の加法と実数倍について，$\mathbb{R}$ 上の線型空間をなす．基底として，$e_1 = 1$, $e_2 = i$ がとれる（$\forall z = x + yi \in \mathbb{C}$ $(x, y \in \mathbb{R})$ は，$z = xe_1 + ye_2$ $(x, y \in \mathbb{R})$ とただ一通りに表せる）ので，この空間は 2 次元である．

例 9.11 $\mathbb{C}$ は，通常の加法と乗法について，$\mathbb{C}$ 上の線型空間をなす．基底として，$e_1 = 1$ がとれる（$\forall z \in \mathbb{C}$ は，$z = ze_1$ とただ一通りに表せる）ので，この空間は 1 次元である．

例 9.12 $\mathbb{C}^2 = \left\{ \begin{pmatrix} z \\ w \end{pmatrix} \middle| z, w \in \mathbb{C} \right\}$ は標準的加法とスカラー倍

$$\begin{cases} \begin{pmatrix} z \\ w \end{pmatrix} + \begin{pmatrix} z' \\ w' \end{pmatrix} = \begin{pmatrix} z + z' \\ w + w' \end{pmatrix} & (z, w, z', w' \in \mathbb{C}) \\ \zeta \begin{pmatrix} z \\ w \end{pmatrix} = \begin{pmatrix} \zeta z \\ \zeta w \end{pmatrix} & (z, w, \zeta \in \mathbb{C}) \end{cases}$$

に対して，$\mathbb{C}$ 上の線型空間をなす．

$e_1 = \begin{pmatrix} 1 \\ 0 \end{pmatrix}$, $e_2 = \begin{pmatrix} 0 \\ 1 \end{pmatrix}$ で基底がつくれるので，この空間は 2 次元である．

例 9.13 $\mathbb{C}^2$ は，標準的な加法と実数倍に対して $\mathbb{R}$ 上のベクトル空間になる．
$e_1 = \begin{pmatrix} 1 \\ 0 \end{pmatrix}$, $e_2 = \begin{pmatrix} 0 \\ 1 \end{pmatrix}$, $e_3 = \begin{pmatrix} i \\ 0 \end{pmatrix}$, $e_4 = \begin{pmatrix} 0 \\ i \end{pmatrix}$ で基底がつくれるので，この空間は 4 次元である．

例 9.10 と例 9.11 また例 9.12 と例 9.13 からわかるように，集合として同じであっても，係数体の違い（$F = \mathbb{R}$ であるか，$F = \mathbb{C}$ であるか）によって，線型空間としての"構造"は異なるのである！

【9章の復習問題】

1 次の各組のベクトルについて，線型独立か線型従属かを判定せよ．

(1) $\begin{pmatrix} 1 \\ -1 \\ 0 \end{pmatrix}, \begin{pmatrix} 1 \\ 3 \\ -1 \end{pmatrix}, \begin{pmatrix} 5 \\ 3 \\ 2 \end{pmatrix}$

(2) $\begin{pmatrix} 1 \\ 0 \\ 1 \end{pmatrix}, \begin{pmatrix} 1 \\ 1 \\ 0 \end{pmatrix}, \begin{pmatrix} 0 \\ 1 \\ 1 \end{pmatrix}, \begin{pmatrix} 1 \\ 1 \\ 1 \end{pmatrix}$

(3) $\begin{pmatrix} 12 \\ 7-k \end{pmatrix}, \begin{pmatrix} 7+k \\ 4 \end{pmatrix}$ (k について場合分けせよ)

2 n 次正方行列 A の n 個の列ベクトル $\boldsymbol{a}_1, \boldsymbol{a}_2, \cdots, \boldsymbol{a}_n$ が線型従属であるためには，$\det(A) = 0$ が必要十分であることを示せ．

3 $\mathbb{C}^3$ のベクトル $\boldsymbol{z}_1 = \begin{pmatrix} 1 \\ 1 \\ 1 \end{pmatrix}, \boldsymbol{z}_2 = \begin{pmatrix} 1 \\ \omega \\ \omega^2 \end{pmatrix}, \boldsymbol{z}_3 = \begin{pmatrix} 1 \\ \omega^2 \\ \omega \end{pmatrix}$ は，$\mathbb{C}$ 上線型独立であることを示せ．ただし，$\omega = \cos\dfrac{2\pi}{3} + i\sin\dfrac{2\pi}{3}$ とする．
(ヒント：$\omega^3 - 1 = 0$ である．)

4 $\mathbb{R}^3$ のベクトル $\boldsymbol{a}_1 = \begin{pmatrix} 1 \\ 2 \\ 3 \end{pmatrix}, \boldsymbol{a}_2 = \begin{pmatrix} 5 \\ 4 \\ 6 \end{pmatrix}$ について，基本ベクトル $\boldsymbol{e}_1, \boldsymbol{e}_2, \boldsymbol{e}_3$ の中から 1 つ選んで，$\mathbb{R}^3$ の基底 <$\boldsymbol{a}_1, \boldsymbol{a}_2, \boldsymbol{e}_i$> をつくれ．

10

線型空間の発展的概念

線型空間の定義（「線型空間の公理」）のなかにはベクトルの"大きさ"の概念がまったく入っていない．言い換えると，線型空間 V の要素である（ベクトル）そのものには，"大きさ"の概念が定義されていないのであるが，内積という概念を通じて，これを定義することができる．本章では，このプロセスを紹介する．

■ 10.1 計量線型空間

定義 10.1.1 体 F（ここでは $F = \mathbb{C}$ と考えるのがよい．$F = \mathbb{R}$ はその特殊な場合とみなせるからである．）上の線型空間 V において，その任意の要素 $\boldsymbol{x}, \boldsymbol{y}$ に対して，**内積** (inner product) と呼ばれる F の要素 $(\boldsymbol{x}, \boldsymbol{y})$ がただ 1 つ定まり，次の性質を満たすとき，V は**計量 (metric) 線型空間**，または単に**計量空間**であるという．

i) $(\boldsymbol{x}, \boldsymbol{y}_1 + \boldsymbol{y}_2) = (\boldsymbol{x}, \boldsymbol{y}_1) + (\boldsymbol{x}, \boldsymbol{y}_2)$
   $(\boldsymbol{x}_1 + \boldsymbol{x}_2, \boldsymbol{y}) = (\boldsymbol{x}_1, \boldsymbol{y}) + (\boldsymbol{x}_2, \boldsymbol{y})$

ii) $(\alpha \boldsymbol{x}, \boldsymbol{y}) = \alpha(\boldsymbol{x}, \boldsymbol{y})$

iii) $(\boldsymbol{x}, \boldsymbol{y}) = \overline{(\boldsymbol{y}, \boldsymbol{x})}$

iv) $(\boldsymbol{x}, \boldsymbol{x}) \geq 0$, $(\boldsymbol{x}, \boldsymbol{x}) = 0 \Longrightarrow \boldsymbol{x} = \boldsymbol{0}$
   （ここで $\boldsymbol{x}, \boldsymbol{y}, \boldsymbol{x}_1, \boldsymbol{x}_2, \boldsymbol{y}_1, \boldsymbol{y}_2 \in V$，また，$\alpha \in F$ である．）

注意

その 1　iii) に登場する記号 '‾' は，複素共役を表す．したがって，$F = \mathbb{R}$ のときは共役を表す記号 '‾' は不要であり，

$$(\boldsymbol{x}, \boldsymbol{y}) = (\boldsymbol{y}, \boldsymbol{x})$$

となる．
　その 2　ii) と iii) から

$$(x,\ \alpha y) = \overline{(\alpha y,\ x)} = \overline{\alpha(y,\ x)} = \overline{\alpha}\,\overline{(y,\ x)} = \overline{\alpha}(x,\ y)$$

である．

その 3　$F = \mathbb{C}$ であることを明示したいときは，計量空間のことを**複素計量空間**あるいは**ユニタリ空間**と呼ぶ．$F = \mathbb{R}$ であることを明示したいときは，**実計量空間**と呼ぶ．

例 10.1　実数ベクトル空間 $\mathbb{R}^n$ において

$$\boldsymbol{x} = \begin{pmatrix} x_1 \\ x_2 \\ \vdots \\ x_n \end{pmatrix}, \quad \boldsymbol{y} = \begin{pmatrix} y_1 \\ y_2 \\ \vdots \\ y_n \end{pmatrix}$$

に対して，

$$(\boldsymbol{x},\ \boldsymbol{y}) = {}^t\boldsymbol{x}\boldsymbol{y} = x_1 y_1 + x_2 y_2 + \cdots + x_n y_n$$

と定めれば，$(\boldsymbol{x},\ \boldsymbol{y})$ は $\mathbb{R}^n$ における内積（の 1 つ）を与える．

注意　高校数学では，$n = 2$ および $n = 3$ の場合についてこれが"唯一"の内積であるが，われわれの立場では，内積の"1 つに過ぎない"という点に注意しよう．

本質例題 34　内積の概念　　　　　　　　　　　　　　　　　　　**標準**

$(\boldsymbol{x}, \boldsymbol{y}) = {}^t\boldsymbol{x}\boldsymbol{y}$ が $\mathbb{R}$ における内積であることをたしかめよ．

◧内積の満たすべき性質 i) から iv) がすべて成り立つことを示せばよい．◨

解答

i) $(x, y_1 + y_2) = {}^t x(y_1 + y_2)$
$= {}^t x y_1 + {}^t x y_2$
$= (x, y_1) + (x, y_2)$
$(x_1 + x_2, y) = {}^t(x_1 + x_2)y$
$= ({}^t x_1 + {}^t x_2)y$
$= {}^t x_1 y + {}^t x_2 y = (x_1, y) + (x_2, y)$

ii) $(\alpha x, y) = {}^t(\alpha x)y$
$= (\alpha {}^t x)y = (\alpha {}^t x y) = \alpha(x, y)$

iii) $\overline{(y, x)} = \overline{{}^t y x} = {}^t \overline{y}\, \overline{x} = {}^t y x$
$= {}^t x y = (x, y)$

iv) $x = \begin{pmatrix} x_1 \\ x_2 \\ \vdots \\ x_n \end{pmatrix}$ とおくと, $(x, x) = {}^t x x = x_1^2 + x_2^2 + \cdots + x_n^2$

であるから

$\begin{cases} (x, x) \geq 0 \\ (x, x) = 0 \iff x_1 = x_2 = \cdots = x_n = 0 \iff x = \mathbf{0} \end{cases}$

長岡流処方せん

■いたみ止め
定義に基づいて計算する.

■いたみ止め
行列の積の性質.

■いたみ止め
$x, y \in \mathbb{R}^u$ より
$\begin{cases} \overline{x} = x \\ \overline{y} = y \end{cases}$
また ${}^t y x = {}^t x y$

■いたみ止め
(実数)$^2 \geq 0$ が使われる.

例 10.2 複素数ベクトル空間 $\mathbb{C}^n$ において

$$x = \begin{pmatrix} x_1 \\ x_2 \\ \vdots \\ x_n \end{pmatrix}, \quad y = \begin{pmatrix} y_1 \\ y_2 \\ \vdots \\ y_n \end{pmatrix}$$

に対して,

$$(\boldsymbol{x},\ \boldsymbol{y}) = {}^t\boldsymbol{x}\overline{\boldsymbol{y}} = x_1\overline{y_1} + x_2\overline{y_2} + \cdots + x_n\overline{y_n}$$

と定めれば，$(\boldsymbol{x},\ \boldsymbol{y})$ は $\mathbb{C}^n$ における内積（の 1 つ）を与える．

これら 2 つの例は，それぞれ $\mathbb{R}^n, \mathbb{C}^n$ における標準的な内積である．単に内積といったら，これを指すと考えてよい．

例 10.3 高々 n 次の実係数多項式全体のつくる実ベクトル空間
$$\mathcal{F}_n(\mathbb{R}) = \{p(x) = a_0 + a_1 x + \cdots + a_n x^n \mid a_0,\ a_1,\ \cdots,\ a_n \in \mathbb{R}\}$$
において，
$$f,\ g \in \mathcal{F}_n(\mathbb{R})$$
に対し，
$$(f,\ g) = \int_{-1}^{1} f(x)g(x)dx$$
と定めると，$(f,\ g)$ は，$\mathcal{F}_n(\mathbb{R})$ における内積の 1 つを与える．

定義 10.1.2 V が計量線型空間であるとき，$\boldsymbol{x} \in V$ に対し，$\boldsymbol{x}$ のノルムと呼ばれる実数 $\|\boldsymbol{x}\|$ を
$$\|\boldsymbol{x}\| = \sqrt{(\boldsymbol{x},\ \boldsymbol{x})}$$
によって定義する．

> **注意**
>
> その 1　内積の性質 iv) により $(\boldsymbol{x},\ \boldsymbol{x}) \geq 0$ であるから，上の $\|\boldsymbol{x}\|$ の定義は整合的 (well-defined) である．また，ノルムは，性質
> $$\forall \boldsymbol{x} \in V,\ \|\boldsymbol{x}\| \geq 0; \quad \|\boldsymbol{x}\| = 0 \Longrightarrow \boldsymbol{x} = \boldsymbol{0}$$
> を満たす．
>
> その 2　ベクトル $\boldsymbol{x}$ のノルムは，ベクトルの"長さ"とか"大きさ"と呼ばれてきたものである．

内積とノルムについて，次の不等式が成り立つことは極めて重要である．

> **定理 10.1.1** V が計量線型空間であるとき，次の不等式が成り立つ．
> i) $|(\boldsymbol{x},\, \boldsymbol{y})| \leq ||\boldsymbol{x}||\, ||\boldsymbol{y}||$ （Cauchy-Schwarz の不等式 [1]）
> ii) $||\boldsymbol{x}+\boldsymbol{y}|| \leq ||\boldsymbol{x}||+||\boldsymbol{y}||$ （三角不等式）

証明 i) $\boldsymbol{x}=\boldsymbol{0}$ であるとすると，両辺とも 0 であるから成立は自明である．そこで，以下 $\boldsymbol{x}\neq\boldsymbol{0}$ として考える．実数 $t,\, \theta$ に対し，t の2次関数

$$f(t) = ||te^{i\theta}\boldsymbol{x}+\boldsymbol{y}||^2$$

を考えると，"任意の実数 t に対し，$f(t)\geq 0$" であり，他方，

$$\begin{aligned}f(t) &= (te^{i\theta}\boldsymbol{x}+\boldsymbol{y},\, te^{i\theta}\boldsymbol{x}+\boldsymbol{y}) \\ &= (te^{i\theta}\boldsymbol{x},\, te^{i\theta}\boldsymbol{x}) + (\boldsymbol{y},\, te^{i\theta}\boldsymbol{x}) + (te^{i\theta}\boldsymbol{x},\, \boldsymbol{y}) + (\boldsymbol{y},\, \boldsymbol{y}) \\ &= t^2(\boldsymbol{x},\, \boldsymbol{x}) + te^{-i\theta}\overline{(\boldsymbol{x},\, \boldsymbol{y})} + te^{i\theta}(\boldsymbol{x},\, \boldsymbol{y}) + (\boldsymbol{y},\, \boldsymbol{y}) \\ &= t^2||\boldsymbol{x}||^2 + 2t\mathrm{Re}\{e^{i\theta}(\boldsymbol{x},\, \boldsymbol{y})\} + ||\boldsymbol{y}||^2\end{aligned}$$

であるから，判別式 ≤ 0 を考えて

$$(\mathrm{Re}\{e^{i\theta}(\boldsymbol{x},\, \boldsymbol{y})\})^2 - ||\boldsymbol{x}||^2\,||\boldsymbol{y}||^2 \leq 0,\quad \therefore\ (\mathrm{Re}\{e^{i\theta}(\boldsymbol{x},\, \boldsymbol{y})\})^2 \leq ||\boldsymbol{x}||^2\,||\boldsymbol{y}||^2$$

これが任意の実数 θ について成り立つ．よって

$$|(\boldsymbol{x},\, \boldsymbol{y})|^2 \leq ||\boldsymbol{x}||^2\,||\boldsymbol{y}||^2 \quad \therefore\ |(\boldsymbol{x},\, \boldsymbol{y})| \leq ||\boldsymbol{x}||\,||\boldsymbol{y}||$$

注意 その1　$F=\mathbb{C}$ なので，上の証明は少し難しくなっている．$F=\mathbb{R}$ なら，$f(t)=||t\boldsymbol{x}+\boldsymbol{y}||^2$ を考えるだけですむ．
　その2　$e^{i\theta}z$ は，z を原点のまわりに角 θ 回転したものであるから実数 ρ について $\forall \theta \in \mathbb{R},\ \mathrm{Re}(e^{i\theta}z)\leq \rho$ が成り立つのは，$|z|\leq \rho$ のときである．

---

[1] **Cauchy-Bunyakovsky-Schwarz** の不等式と呼ぶこともある．

178   第 10 章　線型空間の発展的概念

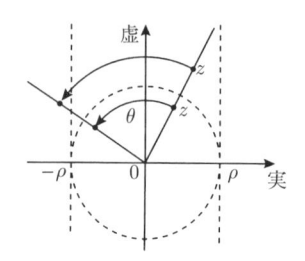

ii) $\|x+y\|^2 \leq (\|x\|+\|y\|)^2$

を証明すればよいが，

$$\text{左辺} = (x+y,\ x+y) = \|x\|^2 + (x,\ y) + (y,\ x) + \|y\|^2$$
$$\text{右辺} = \|x\|^2 + 2\|x\|\|y\| + \|y\|^2$$

であるから，示すべきは

$$(x,\ y) + (y,\ x) \leq 2\|x\|\|y\| \tag{10.1}$$

である．ここで，

$$(10.1) \text{の左辺} = (x,\ y) + \overline{(x,\ y)} = 2\mathrm{Re}(x,\ y) \leq 2|(x,\ y)|$$

であることと，i) から，(10.1) は確かに成立する．∎

> **注意**
> その1　$F = \mathbb{R}$ なら，(10.1) は i) からただちに明らかである．
> その2　一般に，複素数 z について $\mathrm{Re}(z) \leq |z|$ となる．証明は簡単である．実際，$z = x + iy$ $(x, y \in \mathbb{R})$ とおくと
> $$\mathrm{Re}(z) = x \leq |x| = \sqrt{x^2} \leq \sqrt{x^2 + y^2} = |z|.$$

上の内積についての不等式 i) から，実計量線型空間の要素 x, y については，次のようにしてそれらの**なす角**を定義することができる[2]．

---

[2] 複素ベクトル空間の場合は，(x, y) が実数になるとは限らないので，$0 \leq \theta \leq \pi$ の範囲で θ を定めることができない．

$x \neq 0$, $y \neq 0$ のとき，$\cos\theta = \dfrac{(x,\ y)}{\|x\|\|y\|}$ となる（$\theta\ (0 \leq \theta \leq \pi)$ を x と y のなす角という）．

> **注意** $x \neq 0$, $y \neq 0$ のときは $\|x\|\|y\| \neq 0$ であるから，実計量空間における Cauchy–Schwarz の不等式
>
> $$-\|x\|\|y\| \leq (x,\ y) \leq \|x\|\|y\|$$
>
> から
>
> $$-1 \leq \dfrac{(x,\ y)}{\|x\|\|y\|} \leq 1$$
>
> となるからこの値を利用して，$\cos\theta$ を介して θ が決められるのである．

$\theta = \dfrac{\pi}{2}$ となるのは，$(x,\ y) = 0$ のときである．

これを拡張して，一般に計量空間においてベクトルの **直交性** を次のように定義する．

定義 10.1.3 計量空間 V において，$x,\ y \in V$ について $(x,\ y) = 0$ となるとき，$x,\ y$ は **直交** (orthogonal) するといい，$x \perp y$ と表す（$x = 0$，または $y = 0$ のときも，便宜上，$x,\ y$ は直交するという）．

例 10.4 区間 $[-\pi, \pi]$ における実連続関数全体のつくる空間（これは当然，有限次元ではない！）$\mathcal{F}[-\pi, \pi]$ において

$$(f,\ g) = \dfrac{1}{2\pi} \int_{-\pi}^{\pi} f(x)g(x)\,dx$$

と定めると，$(f,\ g)$ は，$\mathcal{F}[-\pi, \pi]$ における内積の 1 つを与える．
この内積に関して，関数 $1,\ \cos x,\ \cos 2x,\ \cos 3x,\ \cdots,\ \cos nx,\ \cdots,$ $\sin x,\ \sin 2x,\ \sin 3x,\ \cdots,\ \sin nx,\ \cdots$ は直交する．

第 10 章　線型空間の発展的概念

| 本質例題　35 | 内積の性質 | 標準 |

関数 $\sin mx, \sin nx$ が上の内積の意味で直交することを示せ．ただし，m, n は異なる自然数とする．

● 「直交」するといっても，グラフの話ではない！●

解答

$$\sin mx \sin nx = \frac{1}{2}\{\cos(m-n)x - \cos(m+n)x\}$$

であるから，$m \neq n$ のときは，

$$\int_{-\pi}^{\pi} \sin mx \sin nx\, dx$$
$$= \frac{1}{2}[\frac{1}{m-n}\sin(m-n)x - \frac{1}{m-n}\sin(m+n)x]_{-\pi}^{\pi}$$

となる．ここで任意の整数 k について $\sin k\pi = 0$ であるから

$$\int_{-\pi}^{\pi} \sin mx \sin nx\, dx = 0$$

よって，$\sin mx$ と $\sin nx$ は直交する．■

長岡流処方せん

■ いたみ止め
内積を計算することがポイント．

■ いたみ止め
「積を和に直す公式」として有名．

■ いたみ止め
$m = n$ のときは $m - n = 0$ となるので，この式は使えない．

注意

$m = n$ のときは，

$$\sin mx \sin nx = \sin^2 mx = \frac{1}{2}(1 - \cos 2mx)$$

であるから，

$$\int_{-\pi}^{\pi} \sin mx \sin nx\, dx = \frac{1}{2}[x - \frac{1}{2m}\sin 2mx]_{-\pi}^{\pi} = \pi$$

となる．

直交性は，素朴な次元概念において座標軸（基底のつくる直線）の基本的な要件と見なされることが少なくないが，これがあながち的外れでないことは，われわれの現在の立場から見ると，次の定理によって根拠づけられる．

定理 10.1.2 計量線型空間 V において $\mathbf{0}$ でないベクトル $x_1, x_2, \cdots, x_k$ がどの2つも直交するならば，これらは線型独立である．

本質例題 36 直交性と独立性 　　発展

定理 10.1.2 を証明せよ．

■直交性から線型独立性が導ける，という話であるが，図形的に解決することはできない．線型独立性を証明する'いつもの型'を用いるのである．▶

解答

長岡流処方せん

証明　$\alpha_1 x_1 + \alpha_2 x_2 + \cdots + \alpha_k x_k = \mathbf{0}$ $(\alpha_1, \alpha_2, \cdots, \alpha_k \in F)$ であるとする．これと x_1 との内積をとると，

$(\alpha_1 x_1 + \alpha_2 x_2 + \cdots + \alpha_k x_k,\ x_1) = (\mathbf{0},\ x_1)$
ゆえに $\alpha_1 \|x_1\|^2 + \alpha_2 (x_2,\ x_1) + \cdots + \alpha_k (x_k,\ x_1) = 0$

■いたみ止め
証明の冒頭にポイントがある．

ここで左辺の第2項以下は直交性の仮定により0であるから

$$\alpha_1 \|x_1\|^2 = 0$$

■いたみ止め
第1項だけが残る．

となり，$\|x_1\| \neq 0$ であるから，

$$\alpha_1 = 0$$

となる．同様にして $\alpha_2 = \cdots = \alpha_k = 0$ も導かれる．■

> **注意** $(\mathbf{0}, \boldsymbol{x}) = 0$ を証明せずに用いたが，これが成り立つことは，内積の線型性から，ただちに導かれる．実際
>
> $$(\mathbf{0}, \boldsymbol{x}) = (\mathbf{0}+\mathbf{0}, \boldsymbol{x}) = (\mathbf{0}, \boldsymbol{x}) + (\mathbf{0}, \boldsymbol{x}) \quad \therefore (\mathbf{0}, \boldsymbol{x}) = 0. \blacksquare$$

■ 10.2 正規直交基底

定義 10.2.1 計量線型空間 V のベクトル $\boldsymbol{e}_1, \boldsymbol{e}_2, \cdots, \boldsymbol{e}_k$ がどの2つも互いに直交 (orthogonal) し，かつどのベクトルもそのノルムが1に等しい (normal) とき，それらは**正規直交** (orthonormal) であるという．それらが V の基底であるとき，**正規直交基底** (orthonormal basis) と呼ぶ．

例 10.5 $\mathbb{R}^n$ および $\mathbb{C}^n$ において，通常の内積を考えると

$$\boldsymbol{e}_1 = \begin{pmatrix} 1 \\ 0 \\ 0 \\ \vdots \\ 0 \end{pmatrix}, \boldsymbol{e}_2 = \begin{pmatrix} 0 \\ 1 \\ 0 \\ \vdots \\ 0 \end{pmatrix}, \cdots, \boldsymbol{e}_n = \begin{pmatrix} 0 \\ 0 \\ 0 \\ \vdots \\ 1 \end{pmatrix}$$

は，正規直交基底である．

定理 10.2.1 体 F 上の有限次元の計量線型空間 V においては，正規直交基底が存在する（図10.1）．

証明 V の基底として，$\boldsymbol{a}_1, \boldsymbol{a}_2, \cdots, \boldsymbol{a}_n$ をとる（$\boldsymbol{a}_1, \boldsymbol{a}_2, \cdots, \boldsymbol{a}_n$ は，線型独立ではあるが，正規直交になっているとは限らない）．これから出発して，次のようにして正規直交基底をつくることができる．

i) まず，$\boldsymbol{e}_1 = \dfrac{1}{\|\boldsymbol{a}_1\|} \boldsymbol{a}_1$ とすると，$\|\boldsymbol{e}_1\| = 1$.

ii) $\boldsymbol{b}_2 = \boldsymbol{a}_2 - (\boldsymbol{a}_2, \boldsymbol{e}_1)\boldsymbol{e}_1$ とすると，$\boldsymbol{a}_1$ と $\boldsymbol{a}_2$ が，したがって $\boldsymbol{e}_1$ と $\boldsymbol{a}_2$ が線型独立であることから

であって,しかも

$$(\boldsymbol{b}_2,\ \boldsymbol{e}_1) = (\boldsymbol{a}_2,\ \boldsymbol{e}_1) - (\boldsymbol{a}_2,\ \boldsymbol{e}_1)\|\boldsymbol{e}_1\|^2 = 0$$

$$\boldsymbol{b}_2 \neq \boldsymbol{0}$$

となるから,$\boldsymbol{b}_2 \perp \boldsymbol{e}_1$ である.

そこで $\boldsymbol{e}_2 = \dfrac{1}{\|\boldsymbol{b}_2\|}\boldsymbol{b}_2$ とおくと,

$$\begin{cases} \|\boldsymbol{e}_2\| = 1 \\ \boldsymbol{e}_1 \perp \boldsymbol{e}_2 \end{cases}$$

となる.

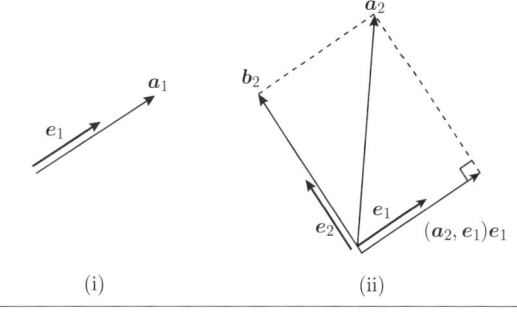

図 10.1 $\boldsymbol{a}_1, \boldsymbol{a}_2$ から出発する正規直交基底のつくり方

iii) 一般に,このようにしてある自然数 $k\ (1 \leq k \leq n-1)$ に対し,$\boldsymbol{a}_1,\ \boldsymbol{a}_2,\ \cdots,\ \boldsymbol{a}_k$ を利用して正規直交系 $\boldsymbol{e}_1,\ \boldsymbol{e}_2,\ \cdots,\ \boldsymbol{e}_k$ が定められたとき,

$$\boldsymbol{b}_{k+1} = \boldsymbol{a}_{k+1} - (\boldsymbol{a}_{k+1},\ \boldsymbol{e}_1)\boldsymbol{e}_1 - (\boldsymbol{a}_{k+1},\ \boldsymbol{e}_2)\boldsymbol{e}_2 - \cdots - (\boldsymbol{a}_{k+1},\ \boldsymbol{e}_k)\boldsymbol{e}_k$$

とおくと,$\boldsymbol{b}_{k+1} \neq \boldsymbol{0}$ であって,しかも

$$(\boldsymbol{b}_{k+1},\ \boldsymbol{e}_1) = (\boldsymbol{b}_{k+1},\ \boldsymbol{e}_2) = \cdots = (\boldsymbol{b}_{k+1},\ \boldsymbol{e}_k) = 0$$
$$\therefore\ \boldsymbol{b}_{k+1} \perp \boldsymbol{e}_1,\ \boldsymbol{b}_{k+1} \perp \boldsymbol{e}_2,\ \cdots,\ \boldsymbol{b}_{k+1} \perp \boldsymbol{e}_k$$

である．そこで，
$$e_{k+1} = \frac{1}{||\boldsymbol{b}_{k+1}||}\boldsymbol{b}_{k+1}$$
とおくと，$e_1, e_2, \cdots, e_k, e_{k+1}$ も正規直交系を与える．■

注意 このようにして正規直交基底をつくる方法をシュミットの**直交化**（またはグラム・シュミットの直交化）と呼ぶ．

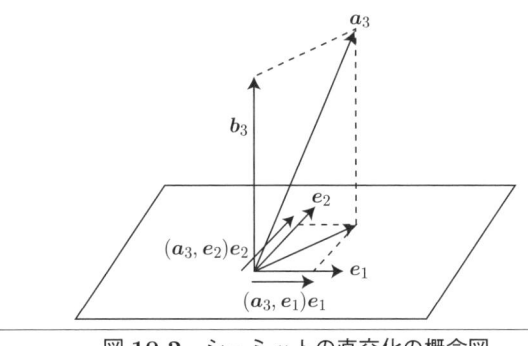

図 10.2 シュミットの直交化の概念図

本質例題 37 正射影の公式　　　　　発展

$\boldsymbol{0}$ でないベクトル $\boldsymbol{a}$ が与えられているとき，ベクトル $\boldsymbol{x}$ に対し，
$\begin{cases} \text{I)} \ \boldsymbol{p} \ \text{が} \ \boldsymbol{a} \ \text{と平行} \\ \text{II)} \ \boldsymbol{x} - \boldsymbol{p} \ \text{が} \ \boldsymbol{a} \ \text{と直交} \end{cases}$ という条件を満たす $\boldsymbol{p}$ を，$\boldsymbol{x}$ の $\boldsymbol{a}$ への**正射影**という．$\boldsymbol{p}$ が
$$\boldsymbol{p} = \frac{\boldsymbol{a} \cdot \boldsymbol{x}}{||\boldsymbol{a}||^2}\boldsymbol{a}$$
で与えられることを示せ．

●シュミットの直交化法に出てきた式の意味を理解するには，この正射影の概念を理解することが大切である．●

解答

条件 I) より
$$p = \lambda a \qquad (10.2)$$
とおける．他方，条件 II) より，
$$(x - p, a) = 0 \qquad (10.3)$$

(10.2) を (10.3) に代入すると
$$(x - \lambda a, a) = 0$$
$$\therefore (x, a) - \lambda \|a\|^2 = 0$$
$$\therefore \lambda = \frac{(x, a)}{\|a\|^2} \qquad (10.4)$$

(10.4) を (10.2) に代入すれば，
$$p = \frac{(x, a)}{\|a\|^2} a$$

長岡流処方せん

■ いたみ止め

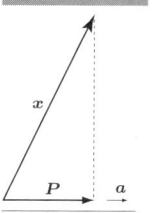

■ いたみ止め

a が単位ベクトルなら $\|a\| = 1$ であるから，この式は $p = (x, a)a$ と単純化される．これがシュミットの直交化に出てきた式である．

このようにして，高次元の空間においても，また，現実に存在する (real) とは見なされないと思われることの多い複素線型空間においても，内積概念を通じて，"長さ" や "直交性" を考えることができることがわかった．このことが，**単なる概念の形式的拡張**（いわば，理論のための理論，概念のための概念）にとどまるものでなく，**応用的実用性を含め，大きな重要性を担う**ことは，後の章で論じられる．

【10章の復習問題】

1 実数 $x_1, x_2, \cdots, x_n; y_1, y_2, \cdots, y_n$ について不等式,

$$\left| \sum_{i=1}^{N} x_i y_i \right| \leq \sqrt{\sum_{i=1}^{N} x_i^2} \sqrt{\sum_{i=1}^{N} y_i^2}$$

が成立することを示せ.

2 次の問に答えよ.

(1) $\boldsymbol{u}_1, \cdots, \boldsymbol{u}_s$ を $\mathbb{R}^n$ の正規直交系とすると, $\boldsymbol{u}_1, \cdots, \boldsymbol{u}_s$ は線型独立であることを示せ.

(2) 特に $<\boldsymbol{u}_1, \cdots, \boldsymbol{u}_n>$ を $\mathbb{R}^n$ の正規直交基底とすると, $\mathbb{R}^n$ の任意の元 $\boldsymbol{x}$ は $\boldsymbol{x} = \sum_{j=1}^{n} (\boldsymbol{x}, \boldsymbol{u}_j) \boldsymbol{u}_j$ と書けることを示せ.

(3) さらにこのとき $\|\boldsymbol{x}\|^2 = \sum_{i=1}^{n} |(\boldsymbol{x}, \boldsymbol{u}_i)|^2$ が成り立つことを示せ.

3
$$W = \left\{ {}^t(x, y, z, u) \in \mathbb{R}^4 \mid x - y + z - u = 0 \right\}$$

とする. このとき, W の基底を1つ求めよ. また W の正規直交基底を1つ求めよ.

11
線型写像，線型変換の諸概念

'集合 X から集合 Y への写像 f' という概念は，それだけでは一般的すぎて内容が空疎である．われわれは，まず X と Y が同じ体 F 上の線型空間であり，写像 f が，この線型空間の構造をうまく対応するように移すものを考えたいのである．それがここで学ぶ線型写像である．詳しい定義はすぐ後に述べるが，一言でいえば，線型写像とは，1 変数関数（これは $\mathbb{R}$ から $\mathbb{R}$ への写像）のなかで最も基本的な役割を演ずる正比例の関係

$$y = ax$$

を高次元の空間における写像まで一般化したものである．なお，本章以下では写像についての基礎概念（全射，単射など）は既知として扱う．

■ 11.1 線型写像の概念

定義 11.1.1 V, W を体 F 上の線型空間とするとき，写像 $f: V \to W$ が

$$\begin{cases} \text{i)} \ f(\boldsymbol{x} + \boldsymbol{y}) = f(\boldsymbol{x}) + f(\boldsymbol{y}), & \forall \boldsymbol{x}, \forall \boldsymbol{y} \in V \\ \text{ii)} \ f(\alpha \boldsymbol{x}) = \alpha f(\boldsymbol{x}), & \forall \boldsymbol{x} \in V, \forall \alpha \in F \end{cases}$$

を満たすとき，f は**線型**(linear)であるという．

> **注意**
>
> その 1　i), ii) をまとめて
>
> $$f(\alpha \boldsymbol{x} + \beta \boldsymbol{y}) = \alpha f(\boldsymbol{x}) + \beta f(\boldsymbol{y}) \quad \forall \boldsymbol{x}, \forall \boldsymbol{y} \in V, \forall \alpha, \forall \beta \in F$$
>
> と 1 つの式で表すこともできる．
>
> その 2　$V = W$ のときは 'V から V への線型写像' という代わりに 'V **上の線型変換**' ということがある．その場合は '変換' を表す transformation の頭文字をとって $T: V \to V$ などと表すことも多い．'写像'，'変換' という言葉の使い分けについて神経質になる必要は読者はない．

11.2 線型写像の例

例 11.1 a を実数の定数とするとき，1次関数 $x \longmapsto ax$ は，$\mathbb{R}$ から $\mathbb{R}$ への線型写像（$\mathbb{R}$ 上の線型変換）である．

例 11.2 a, b, c, d を実数の定数とするとき，平面上の点の変換

$$\begin{array}{ccc} T: \mathbb{R}^2 & \longrightarrow & \mathbb{R}^2 \\ \cup & & \cup \\ (x, y) & \longmapsto & (ax+by,\ cx+dy) \end{array}$$

は，$\mathbb{R}^2$ から $\mathbb{R}^2$ への線型写像（$\mathbb{R}^2$ 上の線型変換）である．高校以下では「1次変換」といったら，これを指すことが多い．

例 11.3 高々 n 次の多項式で表される実変数関数の全体のつくる線型空間 $P_n(\mathbb{R})$ において，

$$\begin{array}{ccc} D: P_n(\mathbb{R}) & \longrightarrow & P_n(\mathbb{R}) \\ \cup & & \cup \\ f & \longmapsto & f' \end{array}$$

$$\left(\begin{array}{l} \text{ただし，} f(x) = a_0 + a_1 x + a_2 x^2 + \cdots + a_n x^n \\ \text{に対して，} f'(x) = a_1 + 2a_2 x + \cdots + n a_n x^{n-1} \end{array} \right)$$

と定義される D は，$P_n(\mathbb{R})$ から $P_n(\mathbb{R})$ への線型写像（$P_n(\mathbb{R})$ 上の線型変換）である．D を**微分演算子**と呼ぶこともある．

例 11.4 実数列全体の集合のつくる線型空間 $S(\mathbb{R})$ において，数列の項を1項分だけずらしたものにする操作 $P: \{a_n\} \longrightarrow \{a_{n+1}\}$

$$\{a_1, a_2, a_3, \cdots, a_n, \cdots\} \xrightarrow{P} \{a_2, a_3, a_4, \cdots, a_{n+1}, \cdots\}$$

は，$S(\mathbb{R})$ 上の線型変換とみなせる．実際，

$$P(\{a_n\} + \{b_n\}) = P(\{a_n + b_n\}) \quad \text{数列和の定義}$$
$$= \{a_{n+1} + b_{n+1}\} \quad P \text{の定義}$$
$$= \{a_{n+1}\} + \{b_{n+1}\} \quad \text{数列和の定義}$$
$$= P(\{a_n\}) + P(\{b_n\}) \quad P \text{の定義}$$
$$P(\alpha\{a_n\}) = P(\{\alpha a_n\}) \quad \text{数列のスカラー倍の定義}$$
$$= \{\alpha a_{n+1}\} \quad P \text{の定義}$$
$$= \alpha\{a_{n+1}\} \quad \text{数列のスカラー倍の定義}$$
$$= \alpha P(\{a_n\}) \quad P \text{の定義}$$

となる．

■ 11.3 線型写像の性質，部分空間

線型写像 $f: V \to W$ は，W の上への写像（全射）とは限らない．また，一対一の写像（単射）とも限らない．しかし，一般に次の性質が成り立つ．

定理 11.3.1 線型写像 $f: V \to W$ に対し，

i) $\mathrm{Im}(f) = f(V) = \{f(\boldsymbol{x}) \mid \boldsymbol{x} \in V\}$ という W の部分集合は，W の部分空間である．

ii) $\ker(f) = f^{-1}(\boldsymbol{0}) = \{\boldsymbol{x} \in V \mid f(\boldsymbol{x}) = \boldsymbol{0} \in W\}$ という V の部分集合は，V の部分空間である．

本質例題 38 部分空間であることの証明 【発展】

上記の定理 11.3.1 を証明せよ．

▶ 部分集合でなく，部分空間であることを証明するとはどういうことだろうか．このポイントを理解しよう！◀

解答 【長岡流処方せん】

証明 i) $f(V)$ から任意の 2 つの要素 $\boldsymbol{x}'$, $\boldsymbol{y}'$ をとると，それ

らは適当な $x,\ y \in V$ を用いて

$$x' = f(x),\ y' = f(y)$$

と表せる（下図）．

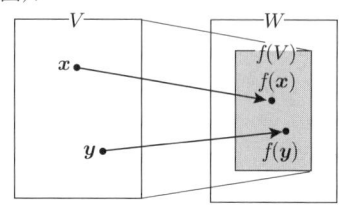

このとき，

(1)

$$x' - y' = f(x) - f(y) = f(x) + \{-f(y)\}$$
$$= f(x) + f(-y) = f(x + (-y))$$

となる．ここで V は線型空間をなしているという仮定より，$x + (-y) \in V$ であるから，上の結果は，$x' - y' \in f(V)$ であることを意味する．

(2) 同様に，$\forall \alpha \in F$ に対して

$$\alpha x' = \alpha f(x) = f(\alpha x)$$

であり，線型空間 V の性質から $\alpha x \in V$ であるから，上式は $\alpha x' \in f(V)$ を意味する．

以上より，(1), (2) より $f(V)$ は，W の部分空間をなす．

ii) まず，$\mathbf{0} \in V$ の像は，$f(\mathbf{0}) = \mathbf{0} \in W$ となるので，$f^{-1}(\mathbf{0})$ は空でない（少なくとも 1 つの要素 $\mathbf{0}$ をもつ）．

そこで $f^{-1}(\mathbf{0})$ から任意の要素 $x,\ y$ をとると，それらの定義から，

$$\begin{cases} f(x) = \mathbf{0} \\ f(y) = \mathbf{0} \end{cases}$$

となる．

■ いたみ止め

「適当な」とは，そういう $x,\ y$ が「存在する」ということである．

■ いたみ止め

線型空間 W における演算の性質．

f の線型性．

$f : V \to W$ が線型写像であるときは，$f(x - y) = f(x) - f(y)$ という関係も成り立つ．これを既知の事実として使えば，以上の変形は 1 行に単純化される．

■ いたみ止め

このことは加法単位元 $\mathbf{0} \in V$ の性質と，線型写像の性質より

$$f(\mathbf{0} + \mathbf{0}) = f(\mathbf{0})$$
$$\therefore\ f(\mathbf{0}) + f(\mathbf{0}) = f(\mathbf{0})$$
$$\therefore\ f(\mathbf{0}) = \mathbf{0}$$

と証明される．ただし同じ $\mathbf{0}$ という記号を用いてはいるが，左辺の $\mathbf{0}$ は V の要素，右辺の $\mathbf{0}$ は W の要素である．

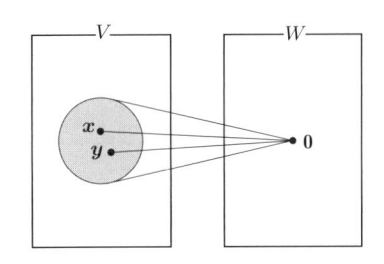

(1) $f(\boldsymbol{x} - \boldsymbol{y}) = f(\boldsymbol{x} + (-\boldsymbol{y}))$ （f の線型性により）
$= f(\boldsymbol{x}) + f(-\boldsymbol{y})$ （f の線型性により）
$= f(\boldsymbol{x}) + \{-f(\boldsymbol{y})\}$
$= \boldsymbol{0} + (-\boldsymbol{0}) = \boldsymbol{0}$ $\boldsymbol{x},\ \boldsymbol{y}$ の定義により

したがって
$$\boldsymbol{x} - \boldsymbol{y} \in f^{-1}(\boldsymbol{0})$$

となる．

(2) また，$\forall \alpha \in F$ に対し
$$f(\alpha \boldsymbol{x}) = \alpha f(\boldsymbol{x}) = \alpha \boldsymbol{0} = \boldsymbol{0}$$

となる．

よって $\alpha \boldsymbol{x} \in f^{-1}(\boldsymbol{0})$ となる．

以上 (1)，(2) より，$f^{-1}(\boldsymbol{0})$ は V の部分空間をなす．■

定義 11.3.1 上の定理に現れた空間 $f(V)$, $f^{-1}(\boldsymbol{0})$ のことを，それぞれ，写像 f による V の**像**（image，または像空間），写像 f の**核** (kernel) と呼ぶ．

> **注意** f の核を表す記号 $f^{-1}(\boldsymbol{0})$ は，f の逆写像 f^{-1} が存在しない場合にも上に定義した意味で使うことに注意しよう！ そもそも f の逆写像が定義できるときには，f は 1 対 1 の写像であるから，$f(\boldsymbol{x}) = \boldsymbol{0}$ となる $\boldsymbol{x}$ は $\boldsymbol{0}$ 以外にないので，f の核は $\{\boldsymbol{0}\}$ というあまりに単純な場合に過ぎなくなってしまう．$f^{-1}(\boldsymbol{0})$ という表現を避けて $\ker(f)$ と言った記号を使うことも多い．

これらの用語を使えば，上で示した定理は，「**線型写像の像と核は，必ず線型空間をなす**」と簡潔に表現できる．また，次の定理が成り立つ．

> **定理 11.3.2** 線型写像 $f : V \longrightarrow W$ について
> i) f が全射（W の上への写像）$\iff f(V) = W$
> ii) f が単射（1 対 1 の写像）$\iff \ker(f) = \{\mathbf{0}\}$

本質例題 39 線型写像が全射，単射であるための条件　　発展

定理 11.3.2 を証明せよ．

◧線型写像については，全射，単射であるための条件が，像や核の言葉で表現できることがポイントである．◨

解答

証明　i) は，全射の定義そのものである．

ii) は，

f が単射 $\iff \forall x, \forall y \in V \ (f(\mathbf{x}) = f(\mathbf{y}) \implies \mathbf{x} = \mathbf{y})$
$\iff \forall x, \forall y \in V \ (f(\mathbf{x} - \mathbf{y}) = \mathbf{0} \implies \mathbf{x} - \mathbf{y} = \mathbf{0})$
$\iff \forall z \in V \ (f(\mathbf{z}) = \mathbf{0} \implies \mathbf{z} = \mathbf{0})$
$\iff \ker(f) = \{\mathbf{0}\}$

と示される．■

長岡流処方せん

■いたみ止め

[Opt] $f(\mathbf{x}) = f(\mathbf{y})$ は，その両辺に $-f(\mathbf{y})$ を加えて

$f(\mathbf{x}) + \{-f(\mathbf{y})\} = \mathbf{0}$

とし，f の線型性によって左辺を

$f(\mathbf{x}) + f(-\mathbf{y})$
$= f(\mathbf{x} + (-\mathbf{y}))$

とすることにより，

$f(\mathbf{x} - \mathbf{y}) = \mathbf{0}$

と変形される．

■ 11.4　同型写像

定義 11.4.1 体 F 上の線型空間 V, W について，V から W への全単射（V から W の上への 1 対 1）の線型写像 f が存在するとき，V と W は（線型空間として）**同型**である，といい，

$$V \simeq W$$

と表す．また，f を（V から W への）**同型写像**と呼ぶ．

体 F 上の線型空間 V が，n 個のベクトルからなる基底 <$a_1, a_2, \cdots, a_n$> をもつならば，写像 $\varphi \colon V \to F^n$ を

$x \in V$ に対し，$x = \sum_{i=1}^{n} x_i a_i$ となる $x_1, x_2, \cdots, x_n \in F$ をとって

$$\varphi(x) = \begin{pmatrix} x_1 \\ x_2 \\ \vdots \\ x_n \end{pmatrix}$$

と定義する．すると，φ は，線型空間 V から線型空間 F^n への線型写像であり，かつ全単射である．したがって

$$V \simeq F^n$$

である．

上の φ を，基底 <$a_1, a_2, \cdots, a_n$> で定められる V から F^n への同型写像という．

一般に $m \neq n$ なら，$F^m \not\simeq F^n$ である．これは次のように簡単に証明できる．

仮に，$F^n \simeq F^m$ であると仮定すると，F^n から F^m への同型写像 f が存在する．F^n の標準基底 <$e_1, e_2, \cdots, e_n$> をとって $f(e_1), f(e_2), \cdots, f(e_n)$ を考えると，これらは線型独立な n 個の F^m のベクトルであるから，$n \leq m$ でなければならない．

> **注意** ここをていねいに書くと，次のようになる．
> $x_1 f(e_1) + x_2 f(e_2) + \cdots + x_n f(e_n) = \mathbf{0}$，すなわち $f(x_1 e_1 + x_2 e_2 + \cdots + x_n e_n) = \mathbf{0}$ とすると，f が同型写像であることから，f は単射で

あるので，$x_1 e_1 + x_2 e_2 + \cdots + x_n e_n = \boldsymbol{0}$ であり，$e_1, e_2, \cdots, e_n$ の独立性により，$x_1 = x_2 = \cdots = x_n = 0$ でなければならない．ゆえに $f(e_1), f(e_2), \cdots, f(e_n)$ は線型独立である．

他方，数ベクトル空間 F^m において，m 個より多い個数のベクトルは線型従属であるはずである．実際 $n > m$ として n 個のベクトル $\boldsymbol{a}_1, \boldsymbol{a}_2, \cdots, \boldsymbol{a}_n \in F^m$ をとり，線型結合による $\boldsymbol{0}$ の表現

$$x_1 \boldsymbol{a}_1 + x_2 \boldsymbol{a}_2 + \cdots + x_n \boldsymbol{a}_n = \boldsymbol{0}$$

を考え，これを成分表示して

$$x_1 \begin{pmatrix} a_{11} \\ a_{21} \\ \vdots \\ a_{m1} \end{pmatrix} + x_2 \begin{pmatrix} a_{12} \\ a_{22} \\ \vdots \\ a_{m2} \end{pmatrix} + \cdots + x_n \begin{pmatrix} a_{1n} \\ a_{2n} \\ \vdots \\ a_{mn} \end{pmatrix} = \begin{pmatrix} 0 \\ 0 \\ \vdots \\ 0 \end{pmatrix}$$

と考えると，この同次連立 1 次方程式の係数行列 $\begin{pmatrix} a_{11} & a_{12} & \cdots & a_{1n} \\ a_{21} & a_{22} & \cdots & a_{2n} \\ \vdots & \vdots & & \vdots \\ a_{m1} & a_{m2} & \cdots & a_{mn} \end{pmatrix}$ の階数（ランク）は当然，行の数以下，すなわち m 以下で，他方，未知数の数 n はそれより大であるから，自明でない解が存在する．したがって $\boldsymbol{a}_1, \boldsymbol{a}_2, \cdots, \boldsymbol{a}_n$ は線型従属でなければならない．

また，f の逆写像を考えれば，同様に $m \leq n$ でなければならない．
よって，$m = n$ である．
以上の対偶をとれば，$m \neq n$ ならば，$F^m \not\cong F^n$ である．∎

以上の定理により，V が n 個のベクトルからなる基底をもつならば，V の任意の基底は必ず n 個のベクトルからなることがわかった．そこで，V の次元が定義される．

定義 11.4.2 線型空間 V が n 個のベクトルからなる基底をもつとき，V の**次元** (dimension) は n であるといい，$\dim V = n$ と表す．

■ 11.5 像，核の次元

次元の概念を用いると，像と核についての上に述べた定理 11.3.2 をより一般化した次の定理が得られる．

定理 11.5.1 線型写像 $f: V \longrightarrow W$ において
$$\dim V = \dim \ker(f) + \dim f(V)$$
が成り立つ．

証明 まず次元 n の線型空間 V の部分空間 $\ker(f)$ の基底 $<a_1, a_2, \cdots, a_r>$ をとり（ここで r は $\ker(f)$ の次元，すなわち $r = \dim \ker(f)$ である），それに追加するようにして V の基底 $<a_1, a_2, \cdots, a_r, a_{r+1}, \cdots, a_n>$ を構成する．このとき，追加された $n-r$ 個のベクトル $a_{r+1}, \cdots, a_n$ の像 f による $f(a_{r+1}), \cdots, f(a_n)$ が空間 $f(V)$ の基底をなすことをいえば
$$\dim f(V) = n - r$$
が示されるので，示すべき等式が証明できる．

まず，$f(V)$ の任意の要素 x' に対し，$x' = f(x)$ となる V の要素 x をとり，この x に対し，上の基底を用いて
$$x = x_1 a_1 + \cdots + x_r a_r + x_{r+1} a_{r+1} + \cdots + x_n a_n$$
となる $x_1, \cdots, x_r, x_{r+1}, \cdots, x_n \in F$ をとることができる．このとき
$$f(x) = x_1 f(a_1) + \cdots + x_r f(a_r) + x_{r+1} f(a_{r+1}) + \cdots + x_n f(a_n)$$
となるが，$f(a_1) = f(a_2) = \cdots = f(a_r) = \mathbf{0}$ であるから，結局，
$$x' = x_{r+1} f(a_{r+1}) + \cdots + x_n f(a_n)$$
となる．つまり，$f(V)$ の任意の要素 x' は $f(a_{r+1}), \cdots, f(a_n)$ の線型結合で表せる．

他方,
$$\alpha_{r+1}f(\boldsymbol{a}_{r+1}) + \alpha_{r+2}f(\boldsymbol{a}_{r+2}) + \cdots + \alpha_n f(\boldsymbol{a}_n) = \boldsymbol{0}$$
$$(\alpha_{r+1},\ \alpha_{r+2},\ \cdots,\ \alpha_n \in F)$$

であるとすると, f の線型性から, 上式は
$$f(\alpha_{r+1}\boldsymbol{a}_{r+1} + \alpha_{r+2}\boldsymbol{a}_{r+2} + \cdots + \alpha_n \boldsymbol{a}_n) = \boldsymbol{0}$$

となるので,
$$\alpha_{r+1}\boldsymbol{a}_{r+1} + \alpha_{r+2}\boldsymbol{a}_{r+2} + \cdots + \alpha_n \boldsymbol{a}_n \in \ker(f)$$

である. したがって, 左辺は適当な $\alpha_1,\ \alpha_2,\ \cdots,\ \alpha_r \in F$ を用いて
$$\alpha_{r+1}\boldsymbol{a}_{r+1} + \alpha_{r+2}\boldsymbol{a}_{r+2} + \cdots + \alpha_n \boldsymbol{a}_n = \alpha_1 \boldsymbol{a}_1 + \alpha_2 \boldsymbol{a}_2 + \cdots + \alpha_r \boldsymbol{a}_r$$

と表せる. これより,
$$(-\alpha_1)\boldsymbol{a}_1 + (-\alpha_2)\boldsymbol{a}_2 + \cdots + (-\alpha_r)\boldsymbol{a}_r$$
$$+ \alpha_{r+1}\boldsymbol{a}_{r+1} + \alpha_{r+2}\boldsymbol{a}_{r+2} + \cdots + \alpha_n \boldsymbol{a}_n = \boldsymbol{0}$$

が導かれるが, $\boldsymbol{a}_1, \boldsymbol{a}_2, \cdots, \boldsymbol{a}_r, \boldsymbol{a}_{r+1}, \cdots, \boldsymbol{a}_n$ は, V の基底なのだから線型独立であり, したがって
$$-\alpha_1 = -\alpha_2 = \cdots = -\alpha_r = \alpha_{r+1} = \alpha_{r+2} = \cdots = \alpha_n = 0$$

よって, 特に
$$\alpha_{r+1} = \alpha_{r+2} = \cdots = \alpha_n = 0$$

である. これは, $n-r$ 個のベクトル $f(\boldsymbol{a}_{r+1}), \cdots, f(\boldsymbol{a}_n)$ が線型独立であることを意味する. ■

注意 その 1　実行列

$$A = (a_{ij}) = \begin{pmatrix} a_{11} & a_{12} & \cdots & a_{1n} \\ a_{21} & a_{22} & \cdots & a_{2n} \\ \vdots & \vdots & & \vdots \\ a_{m1} & a_{m2} & \cdots & a_{mn} \end{pmatrix}$$

の表す $\mathbb{R}^n$ から $\mathbb{R}^m$ への線型写像

$$\begin{array}{ccc} f: \mathbb{R}^n & \longrightarrow & \mathbb{R}^m \\ \cup & & \cup \\ \boldsymbol{x} & \longmapsto & A\boldsymbol{x} \end{array}$$

において，$\ker(f)$ は，

$$A\boldsymbol{x} = \boldsymbol{0} \tag{11.1}$$

すなわち，同次型連立1次方程式

$$\begin{cases} a_{11}x_1 + a_{12}x_2 + \cdots + a_{1n}x_n = 0 \\ a_{21}x_1 + a_{22}x_2 + \cdots + a_{2n}x_n = 0 \\ \qquad\qquad\vdots \\ a_{m1}x_1 + a_{m2}x_2 + \cdots + a_{mn}x_n = 0 \end{cases}$$

の解のつくる空間であり，その次元，すなわち $\dim \ker(f)$ は，解に含まれる任意定数の個数，つまり，連立1次方程式 (11.1) の解の自由度を，したがってまた，$\dim f(V)$ は，行列 A の階数（ランク，rank）である．

その2 線型写像 f が単射（一対一）であるためには

$$\ker(f) = \{\boldsymbol{0}\} \quad (\therefore \quad \dim \ker(f) = 0)$$

すなわち，

$$\dim V = \dim f(V)$$

となることが必要十分であり，他方，f が全射（上への写像）であるとは

$$f(V) = W$$

となることである．後者は

$$\dim f(V) = \dim W$$

と言い換えることができるので，結局，有限次元の線型空間 V, W について $V \simeq W$ となる（V から W への全単射の線型写像が存在する）ための必要十分条件は，

$$\dim V = \dim W$$

であることが上の定理からも導かれる．

第 11 章 線型写像，線型変換の諸概念

【研究的補遺】 以下，やや高級だが，いわゆる準同型定理とその証明を応用すると，遥かに見通しのよい'構造的な'証明ができる．初読の際は読み飛ばしてよい．まず**商空間**の概念を定義する．

定義 11.5.1 体 F 上の線型空間 V とその部分空間 U に対し，加法群（当然，可換群である）V，その部分群（したがって当然，正規部分群と呼ばれるものである）W に対し，商集合 V/U が商群として定義される．そしてその元に対して，スカラー倍も

$$\forall \lambda \in F,\ \forall \overline{\boldsymbol{a}} \in V/U,\quad \lambda \overline{\boldsymbol{a}} = \overline{\lambda \boldsymbol{a}}$$

で定義できる[1]．

したがって，V/U は体 F 上の線型空間をなす．この空間を，空間 V をその部分空間 U で割ったときの**商空間**(quotient space) という．

定理 11.5.2 体 F 上の線型空間 V, W（W は V の部分空間とは限らない）に対し，V から W の上への線型写像 f があるとき，V の部分空間 $U = \ker(f)$ で定義される商空間 V/U に対し，V からこの商空間 V/U への線型写像（これを**自然な線型写像**という）

$$\varphi : V \ni \boldsymbol{a} \longmapsto \overline{\boldsymbol{a}} = \{\boldsymbol{a} + \boldsymbol{x} \mid \boldsymbol{x} \in U\} \in V/U$$

を考えると，その核 $\ker(\varphi)$ はちょうど $U = \ker(f)$ である．したがって，

$$V/\ker(f) \approx W$$

したがって，特に

---

[1] ここで一般に，ベクトル $\boldsymbol{a}$ を含む同値類，すなわち $\{\boldsymbol{a}+\boldsymbol{x}\mid \boldsymbol{x}\in W\}$ を $\overline{\boldsymbol{a}}$ と表す．なお，上のスカラー倍の定義が定義として正しい（つまり，well-defined である）ことも容易に確かめられる．

$$\dim V - \dim(\ker(f)) = \dim W$$

である.

> **注意**
>
> 上の定理で，仮定を緩め，「上への写像」という条件を外したときは，定理の結論の 2 式の右辺の W を $f(V)$ と変更すればよい．すなわち，
>
> $$V/\ker(f) \approx f(V), \qquad \dim V - \dim(\ker(f)) = \dim f(V)$$
>
> となる．なおこの研究的補遺は，既に 82, 83 ページで述べた事実を，やや抽象的な場面に適用したものに過ぎない．

11.6　数ベクトル空間上の線型写像

$m \times n$ 型行列により，数ベクトル空間 F^n から F^m への線型写像が定義される．これをきちんとまとめたものが次の定理である．

> **定理 11.6.1**　m, n を与えられた自然数とし，体 F 上の数ベクトル空間 $V = F^n$, $W = F^m$ をとる．
> F の要素を成分にもつ $m \times n$ 型行列 $A = (a_{ij})$ が与えられると，これにより定まる写像
> $$\begin{array}{rccc} T_A: & V & \longrightarrow & W \\ & \cup & & \cup \\ & \boldsymbol{x} & \longmapsto & A\boldsymbol{x} \end{array}$$
> は，線型写像である．

重要なのはその逆が成立することである！　すなわち，

> **定理 11.6.2**　任意の線型写像 $f: V = F^n \longrightarrow W = F^m$ が与えられたとき，
> $$f(\boldsymbol{x}) = A\boldsymbol{x}, \quad \forall \boldsymbol{x} \in V$$
> が成り立つような F の要素を成分にもつ $m \times n$ 型行列 A が存在する．

証明 まず $V = F^n$ の標準的基底

$$\boldsymbol{e}_1 = \begin{pmatrix} 1 \\ 0 \\ 0 \\ \vdots \\ 0 \end{pmatrix}, \ \boldsymbol{e}_2 = \begin{pmatrix} 0 \\ 1 \\ 0 \\ \vdots \\ 0 \end{pmatrix}, \ \cdots, \ \boldsymbol{e}_n = \begin{pmatrix} 0 \\ 0 \\ 0 \\ \vdots \\ 1 \end{pmatrix}$$

をとり，f によるこれらの像（これらは $W = F^m$ の要素である！）

$$f(\boldsymbol{e}_1) = \begin{pmatrix} a_{11} \\ a_{21} \\ \vdots \\ a_{m1} \end{pmatrix}, \ f(\boldsymbol{e}_2) = \begin{pmatrix} a_{12} \\ a_{22} \\ \vdots \\ a_{m2} \end{pmatrix}, \ \cdots, \ f(\boldsymbol{e}_n) = \begin{pmatrix} a_{1n} \\ a_{2n} \\ \vdots \\ a_{mn} \end{pmatrix}$$

をとって，これらの列ベクトルを次のように横に並べて行列 A をつくる．

$$A = \begin{pmatrix} a_{11} & a_{12} & \cdots & a_{1n} \\ a_{21} & a_{22} & \cdots & a_{2n} \\ \vdots & \vdots & & \vdots \\ a_{m1} & a_{m2} & \cdots & a_{mn} \end{pmatrix}$$

さて，任意の $\boldsymbol{x} \in V = F^n$ は

$$\boldsymbol{x} = \begin{pmatrix} x_1 \\ x_2 \\ \vdots \\ x_n \end{pmatrix} = x_1 \boldsymbol{e}_1 + x_2 \boldsymbol{e}_2 + \cdots + x_n \boldsymbol{e}_n$$

と表せるので，両辺に線型写像 f をかぶせると，

$$
\begin{aligned}
f(\boldsymbol{x}) &= f(x_1\boldsymbol{e}_1 + x_2\boldsymbol{e}_2 + \cdots + x_n\boldsymbol{e}_n) \\
&= x_1 f(\boldsymbol{e}_1) + x_2 f(\boldsymbol{e}_2) + \cdots + x_n f(\boldsymbol{e}_n) \\
&= \boldsymbol{x}_1 \begin{pmatrix} a_{11} \\ a_{21} \\ \vdots \\ a_{m1} \end{pmatrix} + \boldsymbol{x}_2 \begin{pmatrix} a_{12} \\ a_{22} \\ \vdots \\ a_{m2} \end{pmatrix} + \cdots + \boldsymbol{x}_n \begin{pmatrix} a_{1n} \\ a_{2n} \\ \vdots \\ a_{mn} \end{pmatrix} \\
&= \begin{pmatrix} a_{11}x_1 + a_{12}x_2 + \cdots + a_{1n}x_n \\ a_{21}x_1 + a_{22}x_2 + \cdots + a_{2n}x_n \\ \vdots \\ a_{m1}x_1 + a_{m2}x_2 + \cdots + a_{mn}x_n \end{pmatrix} = \begin{pmatrix} a_{11} & a_{12} & \cdots & a_{1n} \\ a_{21} & a_{22} & \cdots & a_{2n} \\ \vdots & \vdots & & \vdots \\ a_{m1} & a_{m2} & \cdots & a_{mn} \end{pmatrix} \begin{pmatrix} x_1 \\ x_2 \\ \vdots \\ x_n \end{pmatrix} \\
&= A\boldsymbol{x}
\end{aligned}
$$

が成り立つ. ■

11.7 線型空間の基底とベクトルの成分表示

体 F 上の線型空間 V は，第9章に強調したように，数ベクトル空間だけではない．にもかかわらず，有限個の V の要素からなる基底を決めれば，いかなる線型空間も単なる数ベクトル空間と見なすことができる．実際，前章で簡単に見たように，F 上の線型空間 V において，<$\boldsymbol{a}_1, \boldsymbol{a}_2, \cdots, \boldsymbol{a}_n$>がその基底であるとすると，$V$ から F^n への同型写像（1対1かつ上への線型写像）

$$
\begin{array}{ccl}
\varphi : & V & \longrightarrow \quad F^n \\
& \cup & \quad\cup \\
& \boldsymbol{x} & \longmapsto \begin{pmatrix} x_1 \\ x_2 \\ \vdots \\ x_n \end{pmatrix} \begin{pmatrix} \text{ただし, } x_1, x_2, \cdots, x_n \text{は, } \boldsymbol{x} \text{から} \\ \boldsymbol{x} = x_1 \boldsymbol{a}_1 + x_2 \boldsymbol{a}_2 + \cdots + x_n \boldsymbol{a}_n \\ (x_1, x_2, \cdots, x_n \in F) \\ \text{で定まるもの.} \end{pmatrix}
\end{array}
$$

が存在し，$V \simeq F^n$ となる．つまり，V と F^n は'線型空間として同じようなもの'であると考えることができるからである．

そこでこの数ベクトル $\begin{pmatrix} x_1 \\ x_2 \\ \vdots \\ x_n \end{pmatrix}$ を，基底 $\langle a_1, a_2, \cdots, a_n \rangle$ についての

ベクトル x の**成分表示**と呼び，またその成分である $x_1, x_2, \cdots, x_n$ を，基底 $\langle a_1, a_2, \cdots, a_n \rangle$ についての x のそれぞれ，**第 1 成分**, **第 2 成分**, $\cdots$, **第 n 成分**と呼ぶ．

x の成分は，V の基底を選ぶことによって決まることを再確認しておこう．

例 11.5 実数ベクトル空間 $\mathbb{R}^3$ において

$$e_1 = \begin{pmatrix} 1 \\ 0 \\ 0 \end{pmatrix}, \ e_2 = \begin{pmatrix} 0 \\ 1 \\ 0 \end{pmatrix}, \ e_3 = \begin{pmatrix} 0 \\ 0 \\ 1 \end{pmatrix}$$

$$a_1 = \begin{pmatrix} 0 \\ 1 \\ 1 \end{pmatrix}, \ a_2 = \begin{pmatrix} 1 \\ 0 \\ 1 \end{pmatrix}, \ a_3 = \begin{pmatrix} 1 \\ 1 \\ 0 \end{pmatrix}$$

とおくと，$E = \langle e_1, e_2, e_3 \rangle$, $E' = \langle e_2, e_3, e_1 \rangle$, $F = \langle a_1, a_2, a_3 \rangle$ は，いずれも $\mathbb{R}^3$ の基底である．$x = \begin{pmatrix} x \\ y \\ z \end{pmatrix} \in \mathbb{R}^3$ は，それぞれの基底について，

$$x = x e_1 + y e_2 + z e_3,$$
$$x = y e_2 + z e_3 + x e_1,$$
$$x = \frac{-x+y+z}{2} a_1 + \frac{x-y+z}{2} a_2 + \frac{x+y-z}{2} a_3$$

と表せる．それゆえ，E, E', F に関する x の成分表示は，それぞれ

$$\begin{pmatrix} x \\ y \\ z \end{pmatrix}, \begin{pmatrix} y \\ z \\ x \end{pmatrix}, \begin{pmatrix} \dfrac{-x+y+z}{2} \\ \dfrac{x-y+z}{2} \\ \dfrac{x+y-z}{2} \end{pmatrix}$$

となる．

例 11.6 x の高々 2 次の実係数多項式の表す関数全体

$$F_2(\mathbb{R}) = \{a + bx + cx^2 \,|\, a,\, b,\, c \in \mathbb{R}\}$$

は，通常の和と実数倍について線型空間をなす．この空間において

$$\begin{aligned}&\boldsymbol{e}_1 = 1,\ \boldsymbol{e}_2 = x,\ \boldsymbol{e}_3 = x^2 \\ &\boldsymbol{e}_1{}' = 1,\ \boldsymbol{e}_2{}' = x-1,\ \boldsymbol{e}_3{}' = (x-1)^2\end{aligned}$$

とすると，$E = \langle \boldsymbol{e}_1,\ \boldsymbol{e}_2,\ \boldsymbol{e}_3 \rangle$, $E' = \langle \boldsymbol{e}_1{}',\ \boldsymbol{e}_2{}',\ \boldsymbol{e}_3{}' \rangle$ はいずれも $F_2(\mathbb{R})$ の基底を与える．$p(x) = a + bx + cx^2 \in F_2(\mathbb{R})$ は，それぞれの基底について

$$\begin{aligned} p(x) &= a\boldsymbol{e}_1 + b\boldsymbol{e}_2 + c\boldsymbol{e}_3 \\ p(x) &= (a+b+c)\boldsymbol{e}_1{}' + (b+2c)\boldsymbol{e}_2{}' + c\boldsymbol{e}_3{}' \end{aligned}$$

と表されるので，$E,\ E'$ それぞれについての $p(x)$ の成分表示は

$$\begin{pmatrix} a \\ b \\ c \end{pmatrix}, \begin{pmatrix} a+b+c \\ b+2c \\ c \end{pmatrix}$$

である．

このように一般のベクトルも，基底を選ぶことによって数ベクトルに対応づけることができる．これを介して一般の線型写像も行列で表現できることを次節で示そう．

■ 11.8 線型写像の表現

体 F 上の有限次元の線型空間 V, W に対し，線型写像 $f: V \to W$ を考える．
$$\dim V = n, \ \dim W = m$$

として，V の基底 <$\boldsymbol{a}_1, \boldsymbol{a}_2, \cdots, \boldsymbol{a}_n$>，$W$ の基底 <$\boldsymbol{b}_1, \boldsymbol{b}_2, \cdots, \boldsymbol{b}_m$> をとる．$\boldsymbol{a}_1, \boldsymbol{a}_2, \cdots, \boldsymbol{a}_n$ の f による像 $f(\boldsymbol{a}_1), f(\boldsymbol{a}_2), \cdots, f(\boldsymbol{a}_n)$ は W の要素であるから，いずれも $\boldsymbol{b}_1, \boldsymbol{b}_2, \cdots, \boldsymbol{b}_m$ の線型結合で一意的に表される．そこで

$$\begin{cases} f(\boldsymbol{a}_1) = a_{11}\boldsymbol{b}_1 + a_{21}\boldsymbol{b}_2 + \cdots + a_{m1}\boldsymbol{b}_m \\ f(\boldsymbol{a}_2) = a_{12}\boldsymbol{b}_1 + a_{22}\boldsymbol{b}_2 + \cdots + a_{m2}\boldsymbol{b}_m \\ \quad \vdots \\ f(\boldsymbol{a}_n) = a_{1n}\boldsymbol{b}_1 + a_{2n}\boldsymbol{b}_2 + \cdots + a_{mn}\boldsymbol{b}_m \end{cases}$$

とおく（右辺に現れる a_{ij} の添え字のつき方が，いつもと違うことに注意！）．ここで，

$$a_{11}, a_{21}, \cdots, a_{m1}; a_{12}, a_{22}, \cdots, a_{m2}; \cdots; a_{1n}, a_{2n}, \cdots, a_{mn}$$

は，線型写像 f と，V の基底 <$\boldsymbol{a}_1, \boldsymbol{a}_2, \cdots, \boldsymbol{a}_n$>，そして W の基底 <$\boldsymbol{b}_1, \boldsymbol{b}_2, \cdots, \boldsymbol{b}_m$> とで定まる F の要素である．

さて，$\forall \boldsymbol{x} \in V$ に対し，基底 <$\boldsymbol{a}_1, \boldsymbol{a}_2, \cdots, \boldsymbol{a}_n$> についての $\boldsymbol{x}$ の成分，すなわち，

$$\boldsymbol{x} = x_1 \boldsymbol{a}_1 + x_2 \boldsymbol{a}_2 + \cdots + x_n \boldsymbol{a}_n$$

となる F の要素 $x_1, x_2, \cdots, x_n$ をとり，また，$\boldsymbol{x}$ の f による像 $\boldsymbol{y} = f(\boldsymbol{x})$ に対し，基底 <$\boldsymbol{b}_1, \boldsymbol{b}_2, \cdots, \boldsymbol{b}_m$> についてのその成分，すなわち，

$$\boldsymbol{y} = y_1 \boldsymbol{b}_1 + y_2 \boldsymbol{b}_2 + \cdots + y_m \boldsymbol{b}_m$$

となる F の要素 $y_1, y_2, \cdots, y_m$ をとると，$\boldsymbol{y} = f(\boldsymbol{x})$ という等式は，次のように書き直せる．

$$y_1\bm{b}_1 + y_2\bm{b}_2 + \cdots + y_m\bm{b}_m = f(x_1\bm{a}_1 + x_2\bm{a}_2 + \cdots + x_n\bm{a}_n)$$
$$= x_1 f(\bm{a}_1) + x_2 f(\bm{a}_2) + \cdots + x_n f(\bm{a}_n)$$
$$= x_1(a_{11}\bm{b}_1 + a_{21}\bm{b}_2 + \cdots + a_{m1}\bm{b}_m) + x_2(a_{12}\bm{b}_1 + a_{22}\bm{b}_2 + \cdots + a_{m2}\bm{b}_m)$$
$$\quad + \cdots + x_n(a_{1n}\bm{b}_1 + a_{2n}\bm{b}_2 + \cdots + a_{mn}\bm{b}_m)$$
$$= (a_{11}x_1 + a_{12}x_2 + \cdots + a_{1n}x_n)\bm{b}_1 + (a_{21}x_1 + a_{22}x_2 + \cdots + a_{2n}x_n)\bm{b}_2$$
$$\quad + \cdots + (a_{m1}x_1 + a_{m2}x_2 + \cdots + a_{mn}x_n)\bm{b}_m$$

ここで, $\bm{b}_1, \bm{b}_2, \cdots, \bm{b}_m$ の線型独立性を考えると, 上式から

$$\begin{cases} y_1 = a_{11}x_1 + a_{12}x_2 + \cdots + a_{1n}x_n \\ y_2 = a_{21}x_1 + a_{22}x_2 + \cdots + a_{2n}x_n \\ \quad \vdots \\ y_m = a_{m1}x_1 + a_{m2}x_2 + \cdots + a_{mn}x_n \end{cases}$$

$$\therefore \begin{pmatrix} y_1 \\ y_2 \\ \vdots \\ y_m \end{pmatrix} = \begin{pmatrix} a_{11} & a_{12} & \cdots & a_{1n} \\ a_{21} & a_{22} & \cdots & a_{2n} \\ \vdots & \vdots & & \vdots \\ a_{m1} & a_{m2} & \cdots & a_{mn} \end{pmatrix} \begin{pmatrix} x_1 \\ x_2 \\ \vdots \\ x_n \end{pmatrix}$$

が導かれる.

以上より, 次のことがわかった.

定理 11.8.1 線型写像 $f: V \to W (\dim V = n, \dim W = m)$ に対し, V と W で, それぞれの基底 $\langle \bm{a}_1, \bm{a}_2, \cdots, \bm{a}_n \rangle$, $\langle \bm{b}_1, \bm{b}_2, \cdots, \bm{b}_m \rangle$ を定めてやれば, f は, ある $m \times n$ 型行列 $A = (a_{ij})$ を用いて表すことができる. ここで, $A = (a_{ij})$ は

$$f(\bm{a}_j) = \sum_{i=1}^{m} a_{ij} \bm{b}_i \qquad (i = 1, 2, \cdots, n)$$

で定まるものである.

以上のことを別の表現で述べると, 基底を決めることによって定められ

る $\boldsymbol{x}$ の成分表示 $\begin{pmatrix} x_1 \\ x_2 \\ \vdots \\ x_n \end{pmatrix}$ と $\boldsymbol{y} = f(\boldsymbol{x})$ の成分表示 $\begin{pmatrix} y_1 \\ y_2 \\ \vdots \\ y_m \end{pmatrix}$ との間の関係が,

$$(f(\boldsymbol{a}_1),\ f(\boldsymbol{a}_2),\ \cdots,\ f(\boldsymbol{a}_n)) = (\boldsymbol{b}_1,\ \boldsymbol{b}_2,\ \cdots,\ \boldsymbol{b}_m) \begin{pmatrix} a_{11} & a_{12} & \cdots & a_{1n} \\ a_{21} & a_{22} & \cdots & a_{2n} \\ \vdots & \vdots & & \vdots \\ a_{m1} & a_{m2} & \cdots & a_{mn} \end{pmatrix}$$
$$= (\boldsymbol{b}_1,\ \boldsymbol{b}_2,\ \cdots,\ \boldsymbol{b}_m)A$$

で定まる行列 $A = (a_{ij})$ の定める F^n から F^m への線型写像

$$\begin{pmatrix} y_1 \\ y_2 \\ \vdots \\ y_m \end{pmatrix} = A \begin{pmatrix} x_1 \\ x_2 \\ \vdots \\ x_n \end{pmatrix}$$

として表される,ということである.

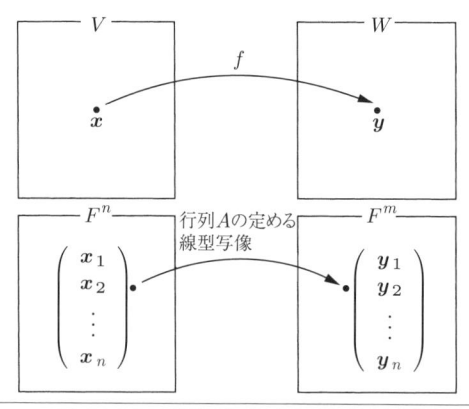

図 11.1 線型写像とその表現の関係

言い換えれば,行列 A の定める,この $F^n \to F^m$ の線型写像を T_A と表

すことにすると，それぞれ，基底 $<\boldsymbol{a}_1, \boldsymbol{a}_2, \cdots, \boldsymbol{a}_n>$, $<\boldsymbol{b}_1, \boldsymbol{b}_2, \cdots, \boldsymbol{b}_m>$
で定まる同型写像
$$\begin{cases} \varphi: V \to F^n \\ \psi: W \to F^m \end{cases}$$
に対し，
$$f = \psi^{-1} \circ T_A \circ \varphi$$

となる，ということである．

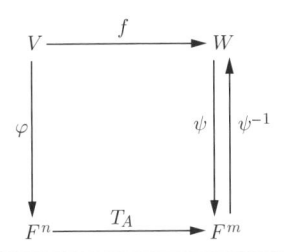

図 11.2　線型写像と対応する行列との関係

> **注意**　具体的な場面でしばしば登場する $W = V$ の場合には，$n = \dim V = \dim W$ として V, W の共通の基底 $<\boldsymbol{a}_1, \boldsymbol{a}_2, \cdots \boldsymbol{a}_n>$ を 1 つ決めればよい．このときは $\psi = \varphi$ となる．

■ 11.9　線型写像の重要な具体例

本質例題 40　微分を表現する行列　　　　　　　　　　基礎

高々 2 次の実係数多項式で表される実変数実数値関数の全体
$$F_2(\mathbb{R}) = \{f: \mathbb{R} \to \mathbb{R} \mid f(x) = a + bx + cx^2, \ a, \ b, \ c \in \mathbb{R}\}$$
において，関数 $f \in F_2(\mathbb{R})$ を，その導関数 f' に対応させる写像
$$\begin{array}{ccc} D: & F_2(\mathbb{R}) & \longrightarrow & F_2(\mathbb{R}) \\ & \cup & & \cup \\ & f & \longmapsto & f' \end{array}$$

は $F_2(\mathbb{R})$ 上の線型変換である（微分の線型性）．D を表す行列を1つ求めよ．

●線型写像を表現する行列は基底を決めることによって定まるという基本をしっかりと理解しよう！▶

解答

$F_2(\mathbb{R})$ の基底として $e_1(x) = 1$, $e_2(x) = x$, $e_3(x) = x^2$ の3つの関数 $e_1 = e_1(\ )$, $e_2 = e_2(\ )$, $e_3 = e_3(\ )$ からなる基底 $E = \langle e_1, e_2, e_3 \rangle$ をとると，

$$\begin{cases} D(e_1) = 0 & (= 0e_1 + 0e_2 + 0e_3) \\ D(e_2) = 1 = e_1 & (= 1e_1 + 0e_2 + 0e_3) \\ D(e_3) = 2x = 2e_2 & (= 0e_1 + 2e_2 + 0e_3) \end{cases}$$

であることから，基底 E に関して D は，行列 $\begin{pmatrix} 0 & 1 & 0 \\ 0 & 0 & 2 \\ 0 & 0 & 0 \end{pmatrix}$ で表される．実際，

$$p(x) = a + bx + cx^2 \in F_2(\mathbb{R})$$

に対し，

$$D(p)(x) = \frac{d}{dx} p(x) = b + 2cx$$

であるが，関数 $p(x)$, $D(p)(x)$ の基底 E についての成分表示はそれぞれ $\begin{pmatrix} a \\ b \\ c \end{pmatrix}$, $\begin{pmatrix} b \\ 2c \\ 0 \end{pmatrix}$ であり，これらの数ベクトルどうしは，上の行列 D を用いて

$$\begin{pmatrix} b \\ 2c \\ 0 \end{pmatrix} = \begin{pmatrix} 0 & 1 & 0 \\ 0 & 0 & 2 \\ 0 & 0 & 0 \end{pmatrix} \begin{pmatrix} a \\ b \\ c \end{pmatrix}$$

という等式で結びつけられる．

長岡流処方せん

■いたみ止め
基底として最も自然で単純なものを選んだ．

■いたみ止め
ここから先は論理的には，単なる検算．

■いたみ止め
誰でも知っている微分の計算．

11.9 線型写像の重要な具体例

まとめ 多項式で表される関数に限っていえば，微分という演算が行列で表せたことになる !!

> **注意** 「高々 2 次」という仮定は，線型空間の次元を小さく確定するために過ぎない．「高々 n 次」とすれば，線型空間 $F_n(\mathbb{R})$ における基底 $\langle 1,\ x,\ x^2,\ \cdots,\ x^n \rangle$ に関して，微分は次の $n+1$ 次正方行列で表されることになる．
>
> $$\begin{pmatrix} 0 & 1 & 0 & 0 & \cdots & 0 \\ 0 & 0 & 2 & 0 & \cdots & 0 \\ 0 & 0 & 0 & 3 & \cdots & 0 \\ \vdots & \vdots & \vdots & \vdots & \ddots & \vdots \\ 0 & 0 & 0 & 0 & \cdots & n \\ 0 & 0 & 0 & 0 & \cdots & 0 \end{pmatrix}$$

本質例題 41 漸化式を表現する行列 〔発展〕

漸化式
$$a_{n+2} = 5a_{n+1} - 6a_n \quad (n = 1,\ 2,\ 3,\ \cdots)$$

を満たす実数列 $\{a_n\}_{n=1,\ 2,\ 3,\ \cdots}$ 全体の集合 $\mathcal{P}_0$ は，通常の数列の和と実数倍について，$\mathbb{R}$ 上の線型空間をなす（9 章 例 9.2 参照．実際，上の漸化式を満たす 2 つの数列 $\{a_n\}$，$\{a_n'\}$ と実数 α に対し，数列 $\{a_n\} + \{a_n'\}$ や数列 $\alpha\{a_n\}$ は，やはり上の漸化式を満たす）．この空間において 1 項ずらした数列を作る変換 $T : \{a_n\} \longrightarrow \{a_{n+1}\}$ を適当な基底について行列で表せ．

▮「線型写像は基底を選べば，行列で表現できる」という基本を，漸化式で定義される数列空間上の最も基本的な線型変換についてやってみよう，という趣旨である．◀

解答 〔長岡流処方せん〕

与えられた漸化式を満たす数列は，最初の 2 項の値によってすべて決定されるが，そのうちで '第 1 項が 1 で第 2 項が 0' で

あるもの

$$e = \{1,\ 0,\ -6,\ -30,\ -114,\ \cdots\} = \{e_1,\ e_2,\ e_3,\ \cdots\}$$

と，'第 1 項が 0 で第 2 項が 1' であるもの

$$\boldsymbol{f} = \{0,\ 1,\ 5,\ 19,\ 65,\ \cdots\} = \{f_1,\ f_2,\ f_3,\ \cdots\}$$

をとると，漸化式を満足する任意の数列 $\{a_n\}_{n=1,\ 2,\ 3,\ \cdots}$ は $\boldsymbol{e}$ と $\boldsymbol{f}$ を用いて

$$\begin{aligned}\{a_n\} &= \alpha \boldsymbol{e} + \beta \boldsymbol{f} \\ &= \alpha\{e_1,\ e_2,\ e_3,\ \cdots\} + \beta\{f_1,\ f_2,\ f_3,\ \cdots\} \\ &= \{\alpha e_1 + \beta f_1,\ \alpha e_2 + \beta f_2,\ \alpha e_3 + \beta f_3,\ \cdots\}\end{aligned}$$

とただ一通りに表せる．つまり，<$\boldsymbol{e},\ \boldsymbol{f}$> が空間 $\mathcal{P}_0$ の基底を与える．

変換 T により，$\boldsymbol{e} = \{1,\ 0,\ -6,\ -30,\ -114,\ \cdots\}$ という数列は，

$$T(\boldsymbol{e}) = \{0, -6, -30, -114, \cdots\} = (-6) \times \{0, 1, 5, 19, \cdots\}$$

に移される．すなわち，

$$T(\boldsymbol{e}) = -6\boldsymbol{f}$$

同様に

$$\begin{aligned}T(\boldsymbol{f}) &= \{1,\ 5,\ 19,\ 65,\ \cdots\} \\ &= \{1,\ 0,\ -6,\ -30,\ \cdots\} + \{0,\ 5,\ 25,\ 95,\ \cdots\} \\ &= \{1,\ 0,\ -6,\ -30,\ \cdots\} + 5\{0,\ 1,\ 5,\ 19,\ \cdots\} \\ &= \boldsymbol{e} + 5\boldsymbol{f}\end{aligned}$$

である．したがって，与えられた漸化式を満足する数列の項を 1 項ずらすという変換 T は，$\mathcal{P}_0$ の基底 <$\boldsymbol{e},\ \boldsymbol{f}$> に関して，行列 $\begin{pmatrix} 0 & 1 \\ -6 & 5 \end{pmatrix}$ で表される．

■ いたみ止め

初項 α，第 2 項が β の数列 $\{\alpha, \beta, 5\beta - 6\alpha, \cdots\}$ は，$\alpha \boldsymbol{e} + \beta \boldsymbol{f}$ と表される．

> **注意**
>
> ここで得られた最終結果の行列は与えられた漸化式の形に依存するが，議論の骨格は，より一般の隣接 $p+1$ 項間の定数係数線型同次形漸化式
>
> $$a_{n+p} = \alpha_1 a_n + \alpha_2 a_{n+1} + \cdots + \alpha_p a_{n+p-1}$$
> $$(n = 1, 2, 3, \cdots)$$
>
> （ここで，$\alpha_1, \alpha_2, \cdots, \alpha_p$ は与えられた定数）
>
> を満たす数列 $\{a_n\}_{n=1, 2, 3, \cdots}$ について，1項ずらす，という変換すべてについても成立し，この変換はある基底に関して，p 次正方行列
>
> $$\begin{pmatrix} 0 & 1 & 0 & \cdots & 0 \\ 0 & 0 & 1 & \cdots & 0 \\ \vdots & \vdots & \vdots & \ddots & \vdots \\ 0 & 0 & 0 & \cdots & 1 \\ \alpha_1 & \alpha_2 & \alpha_3 & \cdots & \alpha_p \end{pmatrix}$$
>
> で表されるということである．

■ 11.10 双対空間

本節では，"双対空間"という耳慣れない，しかし理論的には重要な概念を導入しよう．まず，体 F 上の線型空間 V が与えられたとき，V から F への線型写像 f はいくらでもあることに注意しよう．

例 11.7 計量線型空間 V において，ある1つの $\boldsymbol{a} \in V$ に対し，内積 $(\ ,\ )$ を用いて，

$$f(\boldsymbol{x}) = (\boldsymbol{a}, \boldsymbol{x})$$

と f を定義すると，f は V から F への線型写像の1つを与える．

体 F 上の線型空間 V が与えられたとき，V から F への線型写像の全体の集合を V^* とおいて，$\forall f, \forall g \in V^*, \forall \alpha \in F$ に対し，和 $f + g$ とスカラー倍（α 倍）を

212　第 11 章　線型写像，線型変換の諸概念

$$(f+g)(\boldsymbol{x}) = f(\boldsymbol{x}) + g(\boldsymbol{x}) \quad (\forall \boldsymbol{x} \in V)$$
$$(\alpha f)(\boldsymbol{x}) = \alpha f(\boldsymbol{x}) \quad (\forall \boldsymbol{x} \in V)$$

で定義すると，これらにより，V^* は体 F 上の線型空間をなす．

定義 11.10.1　体 F 上の線型空間 V から，上のように定義された線型空間 V^* を V の**双対空間**(dual space) と呼ぶ．

双対空間において基本となるのは，数ベクトル空間 V の双対空間 V^* は V と同型である，ということである．すなわち，

定理 11.10.1　数ベクトル空間 $V = F^n$ において，$\forall f \in V^*$ に対し，

$$\boldsymbol{x} = \begin{pmatrix} f(\boldsymbol{e}_1) \\ f(\boldsymbol{e}_2) \\ \vdots \\ f(\boldsymbol{e}_n) \end{pmatrix}$$

(ただし，$\boldsymbol{e}_1, \boldsymbol{e}_2, \cdots \boldsymbol{e}_n$ は $V = F^n$ の標準基底) で定まる $\boldsymbol{x} \in V$ を対応させると，この写像により，V^* と V は同型になる．

証明は同型の定義に立ち帰るだけである．■

実は，数ベクトル空間によらず，一般に次のことがいえる．

定理 11.10.2　体 F 上の線型空間 V が有限次元であれば，V^* も同じ次元の有限次元線型空間であり，したがって，

$$V \approx V^*$$

証明　$\dim(V) - n$ として，V の 1 つの基底として $\langle \boldsymbol{e}_1, \boldsymbol{e}_2, \cdots, \boldsymbol{e}_n \rangle$ をとる．

このとき,
$$f_i(\boldsymbol{e}_j) = \delta_{ij} \quad (j = 1, 2, 3, \cdots, n)$$
によって, V から F への n 個の線型写像 f_i ($i = 1, 2, 3, \cdots, n$) を定めると, $f_1, f_2, \cdots, f_n$ は V^* の基底を与える. 実際, 任意の $\boldsymbol{x} \in V$ に対して, $\boldsymbol{x} = x_1\boldsymbol{e}_1 + x_2\boldsymbol{e}_2 + \cdots + x_n\boldsymbol{e}_n$ とおくと,
$$f_1(\boldsymbol{x}) = x_1, f_2(\boldsymbol{x}) = x_2, \cdots, f_n(\boldsymbol{x}) = x_n$$
であるから
$$\begin{aligned}f(\boldsymbol{x}) &= x_1 f(\boldsymbol{e}_1) + x_2 f(\boldsymbol{e}_2) + \cdots + x_n f(\boldsymbol{e}_n) \\ &= f_1(\boldsymbol{x}) f(\boldsymbol{e}_1) + f_2(\boldsymbol{x}) f(\boldsymbol{e}_2) + \cdots + f_n(\boldsymbol{x}) f(\boldsymbol{e}_n)\end{aligned}$$
言い換えると,
$$f(\boldsymbol{x}) = f(\boldsymbol{e}_1) f_1(\boldsymbol{x}) + f(\boldsymbol{e}_2) f_2(\boldsymbol{x}) + \cdots + f(\boldsymbol{e}_n) f_n(\boldsymbol{x})$$
すなわち, 写像 f は,
$$f = f(\boldsymbol{e}_1) f_1 + f(\boldsymbol{e}_2) f_2 + \cdots + f(\boldsymbol{e}_n) f_n$$
と書くことができる. よって, <$f_1, f_2, \cdots, f_n$> は V^* の基底を与える. ∎

定義 11.10.2 空間 V^* の基底 <$f_1, f_2, \cdots, f_n$> を, V の基底 <$\boldsymbol{e}_1, \boldsymbol{e}_2, \cdots, \boldsymbol{e}_n$> の**双対基底** (dual basis) という.

やや唐突的ではあるが, 双対空間に関して重要なのは, 次の話題である.

線型空間 V からその双対空間 V^* に対してある $\boldsymbol{x} \in V$ を固定すると, V の双対線型空間 V^* から F への写像
$$\phi : f \in V^* \longmapsto f(\boldsymbol{x}) \in F$$
が定義できる. こうして定まる $\boldsymbol{x} \longmapsto \phi$ は V からその双対空間 $(V^*)^*$ への写像である.

これを利用して, V から V^{**} への**自然な同型写像**を構成できる.

【11章の復習問題】

1 行列 $A = \begin{pmatrix} 1 & 2 & 0 \\ 1 & 1 & 1 \\ 0 & 1 & -1 \end{pmatrix}$ を用いて，定義される $\mathbb{R}^3$ 上の線型写像 $T_A : x \mapsto Ax$ について，像 $T_A(\mathbb{R}^3)$，核 $\ker(T_A)$ を求めよ．

2 高々2次の実係数多項式の表す関数全体 $F_2(\mathbb{R})$ において微分演算子 D を
$$f_1(x) = 1, \ f_2(x) = x+1, \ f_3(x) = (x+1)^2$$
からなる基底 $<f_1, f_2, f_3>$ に関して表せ．

3 $\mathbb{R}$ 上の線型空間 $V = \mathbb{R}^3$ に対し，その双対空間の要素はある $a \in V$ と $x \in V$ との内積 (a, x) として表せることを示せ．

12

線型写像の表現の単純化── 基底の取り替え

体 F 上の線型空間 V, W ($\dim V = n$, $\dim W = m$) の間の線型写像 $f : V \longrightarrow W$ が，V の基底 $\langle \boldsymbol{a}_1, \boldsymbol{a}_2, \cdots, \boldsymbol{a}_n \rangle$ と W の基底 $\langle \boldsymbol{b}_1, \boldsymbol{b}_2, \cdots, \boldsymbol{b}_m \rangle$ を決めることによって，ある $m \times n$ 型行列 A によって"表される"ことを学んだ．

次の問題は，「では，基底を取り替えたら，その変化が，行列 A に対してどのように伝わるか」ということである．

■ 12.1 基底の取り替え行列

結論を先取りして述べるならば次のようになる．

定理 12.1.1 体 F 上の線型空間 V, W ($\dim V = n$, $\dim W = m$) において，ある線型写像 $f : V \longrightarrow W$ が，V, W のある基底について行列 A で，また，別のある基底について行列 B で表されるなら，ある正則な，n 次正方行列 P と m 次正方行列 Q が存在して

$$B = Q^{-1}AP$$

となる．

これを証明するために，いくつかの準備が必要である．まずは「**基底の取り替え行列**」の概念を定義しよう．V の基底として

$$E = \langle \boldsymbol{a}_1, \boldsymbol{a}_2, \cdots, \boldsymbol{a}_n \rangle \quad \text{と} \quad E' = \langle \boldsymbol{a}_1{}', \boldsymbol{a}_2{}', \cdots, \boldsymbol{a}_n{}' \rangle$$

をとり，$\forall \boldsymbol{x} \in V$ が，$\boldsymbol{a}_1, \boldsymbol{a}_2, \cdots, \boldsymbol{a}_n$ の線型結合として

$$\boldsymbol{x} = x_1 \boldsymbol{a}_1 + x_2 \boldsymbol{a}_2 + \cdots + x_n \boldsymbol{a}_n \quad (x_i \in F)$$

と，また $\boldsymbol{a}_1', \boldsymbol{a}_2', \cdots, \boldsymbol{a}_n'$ の線型結合として

216　第12章　線型写像の表現の単純化—基底の取り替え

$$x = x_1'\boldsymbol{a}_1' + x_2'\boldsymbol{a}_2' + \cdots + x_n'\boldsymbol{a}_n' \quad (x_i' \in F)$$

と表されるとする．

いま，<$\boldsymbol{a}_1, \boldsymbol{a}_2, \cdots, \boldsymbol{a}_n$>が$V$の基底であることから，$V$の要素である$\boldsymbol{a}_1', \boldsymbol{a}_2', \cdots, \boldsymbol{a}_n'$はこれらの線型結合でただ一通りに表せる．そこで

$$\begin{aligned}\boldsymbol{a}_1' &= p_{11}\boldsymbol{a}_1 + p_{21}\boldsymbol{a}_2 + \cdots + p_{n1}\boldsymbol{a}_n \\ \boldsymbol{a}_2' &= p_{12}\boldsymbol{a}_1 + p_{22}\boldsymbol{a}_2 + \cdots + p_{n2}\boldsymbol{a}_n \\ &\vdots \\ \boldsymbol{a}_n' &= p_{1n}\boldsymbol{a}_1 + p_{2n}\boldsymbol{a}_2 + \cdots + p_{nn}\boldsymbol{a}_n \end{aligned}$$

すなわち，

$$(\boldsymbol{a}_1', \boldsymbol{a}_2', \cdots, \boldsymbol{a}_n') = (\boldsymbol{a}_1, \boldsymbol{a}_2, \cdots, \boldsymbol{a}_n) \begin{pmatrix} p_{11} & p_{12} & \cdots & p_{1n} \\ p_{21} & p_{22} & \cdots & p_{2n} \\ \vdots & \vdots & & \vdots \\ p_{n1} & p_{n2} & \cdots & p_{nn} \end{pmatrix}$$

$$(p_{ij} \in F;\ i = 1, 2, \cdots, n,\ j = 1, 2, \cdots, n)$$

とおく．

さて，写像$f: V \to V$を，

$$\begin{cases} f(\boldsymbol{a}_1) = \boldsymbol{a}_1' \\ f(\boldsymbol{a}_2) = \boldsymbol{a}_2' \\ \quad \vdots \\ f(\boldsymbol{a}_n) = \boldsymbol{a}_n' \end{cases}$$

すなわち，

$$(f(\boldsymbol{a}_1), f(\boldsymbol{a}_2), \cdots, f(\boldsymbol{a}_n)) = (\boldsymbol{a}_1', \boldsymbol{a}_2', \cdots, \boldsymbol{a}_n')$$

を満たす線型写像として，言い換えると基底<$\boldsymbol{a}_1, \boldsymbol{a}_2, \cdots, \boldsymbol{a}_n$>を構成するそれぞれのベクトルを，基底<$\boldsymbol{a}_1', \boldsymbol{a}_2', \cdots, \boldsymbol{a}_n'$>を構成するそれぞれのベクトルにこの順に移すものとして定義すると，上に現れた式は

12.1 基底の取り替え行列

$$(f(\boldsymbol{a}_1),\ f(\boldsymbol{a}_2),\ \cdots,\ f(\boldsymbol{a}_n)) = (\boldsymbol{a}_1,\ \boldsymbol{a}_2,\ \cdots,\ \boldsymbol{a}_n) \begin{pmatrix} p_{11} & p_{12} & \cdots & p_{1n} \\ p_{21} & p_{22} & \cdots & p_{2n} \\ \vdots & \vdots & & \vdots \\ p_{n1} & p_{n2} & \cdots & p_{nn} \end{pmatrix}$$

と書くことができるので,行列 $P = (p_{ij}) = \begin{pmatrix} p_{11} & p_{12} & \cdots & p_{1n} \\ p_{21} & p_{22} & \cdots & p_{2n} \\ \vdots & \vdots & & \vdots \\ p_{n1} & p_{n2} & \cdots & p_{nn} \end{pmatrix}$ は,V から V への線型写像 f を V の基底 <$\boldsymbol{a}_1,\ \boldsymbol{a}_2,\ \cdots,\ \boldsymbol{a}_n$> に関して表す行列である($f: V \to V$ の,両方の V の基底として同一の <$\boldsymbol{a}_1,\ \boldsymbol{a}_2,\ \cdots,\ \boldsymbol{a}_n$> を考えている!).

5

他方,行列 P は次のように考えることもできる.

ベクトル $\boldsymbol{x}$ の 2 種類の基底 <$\boldsymbol{a}_1,\ \boldsymbol{a}_2,\ \cdots,\ \boldsymbol{a}_n$>,基底 <$\boldsymbol{a}_1',\ \boldsymbol{a}_2',\ \cdots,\ \boldsymbol{a}_n'$> に関する成分 $\begin{pmatrix} x_1 \\ x_2 \\ \vdots \\ x_n \end{pmatrix}$, $\begin{pmatrix} x_1' \\ x_2' \\ \vdots \\ x_n' \end{pmatrix}$ との関係を考えると,

$$\begin{cases} \boldsymbol{x} = x_1 \boldsymbol{a}_1 + x_2 \boldsymbol{a}_2 + \cdots + x_n \boldsymbol{a}_n = (\boldsymbol{a}_1\ \ \boldsymbol{a}_2\ \ \cdots\ \ \boldsymbol{a}_n) \begin{pmatrix} x_1 \\ x_2 \\ \vdots \\ x_n \end{pmatrix} \\ \boldsymbol{x} = x_1' \boldsymbol{a}_1' + x_2' \boldsymbol{a}_2' + \cdots + x_n' \boldsymbol{a}_n' = (\boldsymbol{a}_1'\ \ \boldsymbol{a}_2'\ \ \cdots\ \ \boldsymbol{a}_n') \begin{pmatrix} x_1' \\ x_2' \\ \vdots \\ x_n' \end{pmatrix} \\ \phantom{\boldsymbol{x}} = (\boldsymbol{a}_1\ \ \boldsymbol{a}_2\ \ \cdots\ \ \boldsymbol{a}_n) P \begin{pmatrix} x_1' \\ x_2' \\ \vdots \\ x_n' \end{pmatrix} \end{cases}$$

より，
$$\begin{pmatrix} x_1 \\ x_2 \\ \vdots \\ x_n \end{pmatrix} = P \begin{pmatrix} x_1' \\ x_2' \\ \vdots \\ x_n' \end{pmatrix}$$
である．

> **注意**
>
> ここで，
> $$(\boldsymbol{a}_1 \ \boldsymbol{a}_2 \ \cdots \ \boldsymbol{a}_n) \begin{pmatrix} x_1 \\ x_2 \\ \vdots \\ x_n \end{pmatrix} = (\boldsymbol{a}_1 \ \boldsymbol{a}_2 \ \cdots \ \boldsymbol{a}_n) \begin{pmatrix} y_1 \\ y_2 \\ \vdots \\ y_n \end{pmatrix}$$
> すなわち
> $$x_1 \boldsymbol{a}_1 + x_2 \boldsymbol{a}_2 + \cdots + x_n \boldsymbol{a}_n = y_1 \boldsymbol{a}_1 + y_2 \boldsymbol{a}_2 + \cdots + y_n \boldsymbol{a}_n$$
> から，
> $$\begin{pmatrix} x_1 \\ x_2 \\ \vdots \\ x_n \end{pmatrix} = \begin{pmatrix} y_1 \\ y_2 \\ \vdots \\ y_n \end{pmatrix} \tag{12.1}$$
> を導くという変形を用いている．これができるのは，$\boldsymbol{a}_1, \boldsymbol{a}_2, \cdots, \boldsymbol{a}_n$ の線型独立性による．
>
> この特別の場合として，$\boldsymbol{a}_1, \boldsymbol{a}_2, \cdots, \boldsymbol{a}_n$ が n 次列ベクトルであるときには，それらが横に並んだ $(\boldsymbol{a}_1 \ \boldsymbol{a}_2 \ \cdots \ \boldsymbol{a}_n)$ は，n 次正方行列 A と見なすことができる．ここで述べたことは，$\boldsymbol{a}_1, \boldsymbol{a}_2, \cdots, \boldsymbol{a}_n$ が線型独立のときには，この行列 A は正則であるから
> $$A \begin{pmatrix} x_1 \\ x_2 \\ \vdots \\ x_n \end{pmatrix} = A \begin{pmatrix} y_1 \\ y_2 \\ \vdots \\ y_n \end{pmatrix}$$
> の両辺に A^{-1} を左から掛けて (12.1) を導くことができるということである．

つまり，V の任意のベクトル $\bm{x}$ に対し，基底 E' についての成分表示 $\begin{pmatrix} x_1' \\ x_2' \\ \vdots \\ x_n' \end{pmatrix}$ を，基底 E についての成分表示 $\begin{pmatrix} x_1 \\ x_2 \\ \vdots \\ x_n \end{pmatrix}$ に移す F^n 上の線型変換が，行列 P の表す T_P である，ということである．前章で使った図式にあてはめて表現すれば，V 上の恒等変換 $\iota : \bm{x} \longrightarrow \bm{x}$ に対し，$\bm{x} \in V$ に $<\bm{a}_1', \bm{a}_2', \cdots, \bm{a}_n'>$ についての成分表示を対応させる同型写像を φ'，$<\bm{a}_1, \bm{a}_2, \cdots, \bm{a}_n>$ についての成分表示を対応させる同型写像を φ として，

$$\iota = \varphi^{-1} \circ T_P \circ \varphi' \quad \therefore \quad T_P = \varphi \circ \varphi'^{-1}$$

となる，ということである．

> **注意** このように，「基底の取り替え」に意味づけが 2 通りに与えられることに注意したい．もちろん，しっかり区別がついているなら，どちらの見方をしてもよい．

この行列 P を以後，

基底の取り替え $<\bm{a}_1, \bm{a}_2, \cdots, \bm{a}_n> \longrightarrow <\bm{a}_1', \bm{a}_2', \cdots, \bm{a}_n'>$ **行列**と呼ぶ．

基底の取り替えを具体例で見てみよう．

本質例題 42 基底の取り替え行列の例 　　　　　　　　　　　基礎

漸化式 $a_{n+2} = 5a_{n+1} - 6a_n$ ($n = 1, 2, 3, \cdots$) を満たす実数列空間 $\mathcal{P}_0$ において，$\bm{e}_1 = \{1, 0, -6, -30, \cdots\}, \bm{e}_2 = \{0, 1, 5, 19, \cdots\}$ とし，数列の項を 1 項ずらすという線型変換 $S : \mathcal{P}_0 \to \mathcal{P}_0$ を考える．
(1) $<\bm{e}_1, \bm{e}_2>$ は線型空間 $\mathcal{P}_0$ の基底をなすことを示せ．

220   第 12 章 線型写像の表現の単純化 — 基底の取り替え

(2) 変換 S を,$a_1 = \{1, 2, 4, 8, \cdots\}$, $a_2 = \{1, 3, 9, 27, \cdots\}$ で作られる基底について表せ.

◆線型漸化式で定められる数列空間において "1 項ずらす" という線型変換が基底を選ぶことによって行列で表されることは前章で学んでいる.よりうまい基底を選んだら,どうなるか,というのがこの例題のテーマである.▶

解答

長岡流処方せん

(1) 任意の $\{a_n\} \in \mathcal{P}_0$ は

$$\{a_n\} = a_1 \boldsymbol{e}_1 + a_n \boldsymbol{e}_2$$

(ただし,a_1, a_2 はそれぞれ,$\{a_n\}$ の第 1 項,第 2 項)

と一意的に表せる.他方,$\boldsymbol{e}_1, \boldsymbol{e}_2$ の線型独立性は自明である.

■いたみ止め
<$\boldsymbol{e}_1, \boldsymbol{e}_2$>で基底が作られる.

(2) 変換 S に対して,

$$S(\boldsymbol{e}_1) = \{0, -6, -30, \cdots\} = -6\boldsymbol{e}_2$$
$$S(\boldsymbol{e}_2) = \{1, 5, 19, \cdots\} = \boldsymbol{e}_1 + 5\boldsymbol{e}_2$$

であるから,基底 <$\boldsymbol{e}_1, \boldsymbol{e}_2$> に関しては線型変換 S は行列 $A = \begin{pmatrix} 0 & 1 \\ -6 & 5 \end{pmatrix}$ で表される.

■いたみ止め
これはすでに学んだ.

他方,$\boldsymbol{a}_1 = \{1, 2, 4, 8, \cdots\}$,$\boldsymbol{a}_2 = \{1, 3, 9, 27, \cdots\}$ も,線型空間 $\mathcal{P}_0$ の基底をなす.そして,

$$S(\boldsymbol{a}_1) = \{2, 4, 8, \cdots\} = 2\boldsymbol{a}_1$$
$$S(\boldsymbol{a}_2) = \{3, 9, 27 \cdots\} = 3\boldsymbol{a}_2$$

■いたみ止め
$\boldsymbol{a}_1$ と $\boldsymbol{a}_2$ の独立性は明らかであるから,$\boldsymbol{e}_1$ と $\boldsymbol{e}_2$ が $\boldsymbol{a}_1$ と $\boldsymbol{a}_2$ で表せることを示せばよいが,これも難しくない.

であるから,基底 <$\boldsymbol{a}_1, \boldsymbol{a}_2$> に関しては線型変換 S は行列 $B = \begin{pmatrix} 2 & 0 \\ 0 & 3 \end{pmatrix}$ で表される.

注意

$$\boldsymbol{a}_1 = \boldsymbol{e}_1 + 2\boldsymbol{e}_2, \quad \boldsymbol{a}_2 = \boldsymbol{e}_1 + 3\boldsymbol{e}_2$$

すなわち,

$$(\boldsymbol{a}_1, \boldsymbol{a}_2) = (\boldsymbol{e}_1, \boldsymbol{e}_2)P$$

となる行列 P，言い換えると基底の取り替え $<\boldsymbol{e}_1, \boldsymbol{e}_2> \to <\boldsymbol{a}_1, \boldsymbol{a}_2>$ 行列 $P = \begin{pmatrix} 1 & 1 \\ 2 & 3 \end{pmatrix}$ をとると，行列の A, B, P 間に

$$B = P^{-1}AP$$

という関係が成り立っている．

本質例題 43　基底の取り替え行列のもう1つの例　　基礎

高々2次の実係数多項式の表す関数の全体

$$F_2(\mathbb{R}) = \{p(x) = a + bx + cx^2 \mid a, b, c \in \mathbb{R}\}$$

について，それぞれ

$$\boldsymbol{a}_1 = 1,\ \boldsymbol{a}_2 = x,\ \boldsymbol{a}_3 = x^2$$
$$\boldsymbol{a}_1{}' = 1,\ \boldsymbol{a}_2{}' = x-1,\ \boldsymbol{a}_3{}' = (x-1)^2$$

からなる基底 $<\boldsymbol{a}_1, \boldsymbol{a}_2, \boldsymbol{a}_3>$, $<\boldsymbol{a}_1{}', \boldsymbol{a}_2{}', \boldsymbol{a}_3{}'>$ を考えるとき，線型写像

$$
\begin{array}{ccc}
f: & F_2(\mathbb{R}) & \longrightarrow & F_2(\mathbb{R}) \\
& \cup & & \cup \\
& a\boldsymbol{a}_1 + b\boldsymbol{a}_2 + c\boldsymbol{a}_3 & \longmapsto & a\boldsymbol{a}_1{}' + b\boldsymbol{a}_2{}' + c\boldsymbol{a}_3{}'
\end{array}
$$

を

(1) 基底 $<\boldsymbol{a}_1, \boldsymbol{a}_2, \boldsymbol{a}_3>$ について表せ．

(2) この行列は，$p(x) = a + bx + cx^2 \in F_2(\mathbb{R})$ を，基底 $<\boldsymbol{a}_1{}', \boldsymbol{a}_2{}', \boldsymbol{a}_3{}'>$ についての成分 $\begin{pmatrix} a' \\ b' \\ c' \end{pmatrix}$ を，基底 $<\boldsymbol{a}_1, \boldsymbol{a}_2, \boldsymbol{a}_3>$ についての成分 $\begin{pmatrix} a \\ b \\ c \end{pmatrix}$ に移す，数ベクトル空間 $\mathbb{R}^3$ 上の線型変換を表す行列となっていることを確認せよ．

▶微分演算子を例にして，基底の取り替え行列を具体的に理解しよう．◀

222   第12章 線型写像の表現の単純化—基底の取り替え

解答

(1)
$$\begin{cases} \boldsymbol{a_1}' = \boldsymbol{a_1} \\ \boldsymbol{a_2}' = -\boldsymbol{a_1} + \boldsymbol{a_2} \\ \boldsymbol{a_3}' = \boldsymbol{a_1} - 2\boldsymbol{a_2} + \boldsymbol{a_3} \end{cases}$$

$$\therefore\ (\boldsymbol{a_1}'\ \boldsymbol{a_2}'\ \boldsymbol{a_3}') = (\boldsymbol{a_1}\ \boldsymbol{a_2}\ \boldsymbol{a_3}) \begin{pmatrix} 1 & -1 & 1 \\ 0 & 1 & -2 \\ 0 & 0 & 1 \end{pmatrix}$$

である.

つまり, 線型写像

$$a + bx + cx^2 \longmapsto a + b(x-1) + c(x-1)^2$$
$$= (a - b + c) + (b - 2c)x + cx^2$$

は $\langle \boldsymbol{a_1}, \boldsymbol{a_2}, \boldsymbol{a_3} \rangle$ を基底として, 行列 $P = \begin{pmatrix} 1 & -1 & 1 \\ 0 & 1 & -2 \\ 0 & 0 & 1 \end{pmatrix}$ で表せる.

(2)
$$\begin{pmatrix} a \\ b \\ c \end{pmatrix} = P \begin{pmatrix} a' \\ b' \\ c' \end{pmatrix}$$

となっていることを確かめればよい. 実際,

$$a' + b'(x-1) + c'(x-1)^2 = (a' - b' + c') + (b' - 2c')x + c'x^2$$

であるから, これを $a + bx + cx^2$ とおくと

$$\begin{cases} a = a' - b' + c' \\ b = b' - 2c' \\ c = c' \end{cases}$$

となり, 確かに次式が成り立つ.

長岡流処方せん

■ いたみ止め
基底の間の関係を表すことが最初の一歩.

■ いたみ止め
これは行列とベクトルの積
$$\begin{pmatrix} 1 & -1 & 1 \\ 0 & 1 & -2 \\ 0 & 0 & 1 \end{pmatrix} \begin{pmatrix} a \\ b \\ c \end{pmatrix}$$
に対応している.

■ いたみ止め
(1) と (2) を混同しないようにしっかりと理解したい.

$$\begin{pmatrix} a \\ b \\ c \end{pmatrix} = \begin{pmatrix} 1 & -1 & 1 \\ 0 & 1 & -2 \\ 0 & 0 & 1 \end{pmatrix} \begin{pmatrix} a' \\ b' \\ c' \end{pmatrix}$$

12.2　基底の取り替えによる行列の変化

以上を準備したところで，定理 12.1.1 の証明を与えよう．

証明　線型写像 $f \colon V \to W$ ($\dim V = n$, $\dim W = m$) が

$$\begin{cases} V \text{ の基底 } \langle \boldsymbol{a}_1, \boldsymbol{a}_2, \cdots, \boldsymbol{a}_n \rangle \\ W \text{ の基底 } \langle \boldsymbol{b}_1, \boldsymbol{b}_2, \cdots, \boldsymbol{b}_m \rangle \end{cases}$$

については行列 A で，また

$$\begin{cases} V \text{ の基底 } \langle \boldsymbol{a}_1', \boldsymbol{a}_2', \cdots, \boldsymbol{a}_n' \rangle \\ W \text{ の基底 } \langle \boldsymbol{b}_1', \boldsymbol{b}_2', \cdots, \boldsymbol{b}_m' \rangle \end{cases}$$

については行列 B で表されるとする．このとき，

　基底 $\langle \boldsymbol{a}_1, \boldsymbol{a}_2, \cdots, \boldsymbol{a}_n \rangle$ で定まる V から F^n への同型写像を φ,
　基底 $\langle \boldsymbol{a}_1', \boldsymbol{a}_2', \cdots, \boldsymbol{a}_n' \rangle$ で定まる V から F^n への同型写像を φ',
　基底 $\langle \boldsymbol{b}_1, \boldsymbol{b}_2, \cdots, \boldsymbol{b}_m \rangle$ で定まる W から F^m への同型写像を ψ,
　基底 $\langle \boldsymbol{b}_1', \boldsymbol{b}_2', \cdots, \boldsymbol{b}_m' \rangle$ で定まる W から F^m への同型写像を ψ'

とおけば

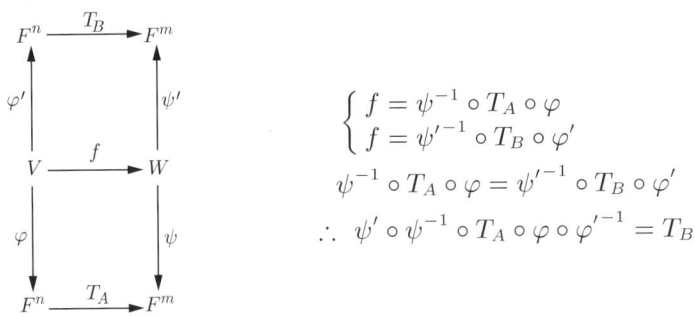

$$\begin{cases} f = \psi^{-1} \circ T_A \circ \varphi \\ f = {\psi'}^{-1} \circ T_B \circ \varphi' \end{cases}$$

$$\psi^{-1} \circ T_A \circ \varphi = {\psi'}^{-1} \circ T_B \circ \varphi'$$

$$\therefore \psi' \circ \psi^{-1} \circ T_A \circ \varphi \circ {\varphi'}^{-1} = T_B$$

という関係が成立する．

いま，基底の取り替え $<\boldsymbol{a}_1, \boldsymbol{a}_2, \cdots, \boldsymbol{a}_n> \longrightarrow <\boldsymbol{a}_1', \boldsymbol{a}_2', \cdots, \boldsymbol{a}_n'>$ 行列を P，基底の取り替え $<\boldsymbol{b}_1, \boldsymbol{b}_2, \cdots, \boldsymbol{b}_m> \longrightarrow <\boldsymbol{b}_1', \boldsymbol{b}_2', \cdots, \boldsymbol{b}_m'>$ 行列を Q とおくと，

$$\varphi \circ {\varphi'}^{-1} = T_P, \quad \psi \circ {\psi'}^{-1} = T_Q$$

であるから

$$T_Q^{-1} \circ T_A \circ T_P = T_B$$

すなわち，

$$T_{Q^{-1}AP} = T_B \quad \therefore \ B = Q^{-1}AP$$

なる関係が得られる．■

注意 以上の結論は，次のような直接的計算によって導くこともできる．

$$(T(\boldsymbol{a}_1), \cdots, T(\boldsymbol{a}_n)) = (\boldsymbol{b}_1, \cdots, \boldsymbol{b}_m)A \qquad (12.2)$$
$$(T(\boldsymbol{a}_1'), \cdots, T(\boldsymbol{a}_n')) = (\boldsymbol{b}_1', \cdots, \boldsymbol{b}_m')B \qquad (12.3)$$
$$(\boldsymbol{a}_1', \cdots, \boldsymbol{a}_n') = (\boldsymbol{a}_1, \cdots, \boldsymbol{a}_n)P \qquad (12.4)$$
$$(\boldsymbol{b}_1', \cdots, \boldsymbol{b}_m') = (\boldsymbol{b}_1, \cdots, \boldsymbol{b}_m)Q \qquad (12.5)$$

が成り立つ．

T が線型写像であるから (12.2) と (12.4) より

$$(T(\boldsymbol{a}_1'), \cdots, T(\boldsymbol{a}_n'))$$
$$= (T(\boldsymbol{a}_1), \cdots, T(\boldsymbol{a}_n))P = (\boldsymbol{b}_1, \boldsymbol{b}_2, \cdots, \boldsymbol{b}_m)AP$$

一方，(12.3)，(12.5) より

$$(T(\boldsymbol{a}_1'), \cdots, T(\boldsymbol{a}_n')) = (\boldsymbol{b}_1, \cdots, \boldsymbol{b}_m)QB$$

したがって，

$$(\boldsymbol{b}_1, \cdots, \boldsymbol{b}_m)AP = (\boldsymbol{b}_1, \cdots, \boldsymbol{b}_m)QB$$
$$\therefore \ AP = QB.$$

なお最後の変形で，$\boldsymbol{b}_1, \boldsymbol{b}_2, \cdots, \boldsymbol{b}_m$ が線型独立であることを用いている．

■ 12.3　実用的な場合の考察

ここまでは，理論上の必要から V と W をそれぞれ次元が n, m の別の空間として論じてきたが，実用的な意味では **$V = W$ である**場合が特に重要である．この場合には $P = Q$ とすることができるから，上で得た関係は，

$$B = P^{-1}AP$$

となる．

さらに，最も基本的な場合として，$V = W$ が数ベクトル空間 F^n のとき，つまり

$$V = W = F^n$$

のときは，F^n の標準基底 <$e_1, e_2, \cdots, e_n$> から別の基底 <$p_1, p_2, \cdots, p_n$> への基底の取り替え行列 P は，

$$(p_1 \quad p_2 \quad \cdots \quad p_n) = (e_1 \quad e_2 \quad \cdots \quad e_n)P$$

の関係より，

$$P = (p_1 \quad p_2 \quad \cdots \quad p_n)$$

となる．つまり，P は n 個の n 次数ベクトル $p_1, p_2, \cdots, p_n$ を横に並べてできる n 次正方行列にほかならない．

本質例題　44　基底の取り替え行列を求める例　　　　　基礎

行列 $A = \begin{pmatrix} 3 & -2 \\ 1 & 0 \end{pmatrix}$ の表す $\mathbb{R}^2$ 上の線型変換 $f = T_A$

$$f : \mathbb{R}^2 \longrightarrow \mathbb{R}^2$$
$$\cup \qquad\qquad \cup$$
$$\begin{pmatrix} x \\ y \end{pmatrix} \longmapsto \begin{pmatrix} 3x - 2y \\ x \end{pmatrix} = \begin{pmatrix} 3 & -2 \\ 1 & 0 \end{pmatrix} \begin{pmatrix} x \\ y \end{pmatrix}$$

第 12 章　線型写像の表現の単純化— 基底の取り替え

を，$p_1 = \begin{pmatrix} 1 \\ 1 \end{pmatrix}$, $p_2 = \begin{pmatrix} 2 \\ 1 \end{pmatrix}$ で構成される基底 $\langle p_1, p_2 \rangle$ で表現する行列 B を求めよ．

▌f は標準の基底$\langle e_1, e_2 \rangle$については行列 A で表されている．$\langle p_1, p_2 \rangle$に基底を取り替えたらどうなるか，という問題である．▌

解答

$$f(p_1) = \begin{pmatrix} 1 \\ 1 \end{pmatrix} = p_1,\ f(p_2) = \begin{pmatrix} 4 \\ 2 \end{pmatrix} = 2p_2$$

であるから，$\mathbb{R}^2$ の任意のベクトル $x = up_1 + vp_2$ は，f により

$$f(x) = f(up_1 + vp_2) = uf(p_1) + vf(p_2) = up_1 + 2vp_2$$

に移される．言い換えると，この線型変換 f は，基底 $\langle p_1, p_2 \rangle$ についての成分表示で考えれば，$\begin{pmatrix} u \\ v \end{pmatrix}$ を $\begin{pmatrix} u \\ 2v \end{pmatrix}$ に移すので，f を基底 $\langle p_1, p_2 \rangle$ について表す行例は，$B = \begin{pmatrix} 1 & 0 \\ 0 & 2 \end{pmatrix}$ である．

長岡流処方せん

■ いたみ止め
この行列は，
$P = (p_1\ p_2) = \begin{pmatrix} 1 & 2 \\ 1 & 1 \end{pmatrix}$ に対して
$A = \begin{pmatrix} 3 & -2 \\ 1 & 0 \end{pmatrix}$
から，
$$B = P^{-1}AP$$
として得られるものである．

注意

行列 A（または線型変換 $f = T_A$）に対して，なぜ，上のように p_1, p_2 をとったかの理由は第 14 章で明らかにされる．本章までの範囲では，この p_1, p_2 にこだわる理論的な必要が見えていない．実際，たとえば

$$q_1 = \begin{pmatrix} 1 \\ 2 \end{pmatrix},\ q_2 = \begin{pmatrix} 1 \\ 3 \end{pmatrix}$$

からなる基底 $\langle q_1, q_2 \rangle$ をとったとすると，

$$\begin{cases} f(\boldsymbol{q}_1) = \begin{pmatrix} -1 \\ 1 \end{pmatrix} = -4\boldsymbol{q}_1 + 3\boldsymbol{q}_2 \\ f(\boldsymbol{q}_2) = \begin{pmatrix} -3 \\ 1 \end{pmatrix} = -10\boldsymbol{q}_1 + 7\boldsymbol{q}_2 \end{cases}$$

$$\therefore\ (f(\boldsymbol{q}_1),\ f(\boldsymbol{q}_2)) = (\boldsymbol{q}_1,\ \boldsymbol{q}_2)\begin{pmatrix} -4 & -10 \\ 3 & 7 \end{pmatrix}$$

となり,変換 f は基底 <$\boldsymbol{q}_1$, $\boldsymbol{q}_2$> については行列 $C = \begin{pmatrix} -4 & -10 \\ 3 & 7 \end{pmatrix}$ で表される(基底 <$\boldsymbol{q}_1$, $\boldsymbol{q}_2$> についての成分表示では $\begin{pmatrix} u \\ v \end{pmatrix}$ が $\begin{pmatrix} -4u - 10v \\ 3u + 7v \end{pmatrix}$ に移されるということである).そして,この行列 C についても,行列 $Q = (\boldsymbol{q}_1,\ \boldsymbol{q}_2) = \begin{pmatrix} 1 & 1 \\ 2 & 3 \end{pmatrix}$ をとれば,行列 A との間に

$$C = Q^{-1}AQ$$

という関係が成り立つ.

【12章の復習問題】

1 行列 A, B がある行列 P に対し，
$$B = P^{-1}AP$$
の関係があれば，任意の自然数 n に対し，
$$B^n = P^{-1}A^n P$$
が成り立つことを示せ．
また，$A = \begin{pmatrix} 3 & -2 \\ 1 & 0 \end{pmatrix}$ と $P = \begin{pmatrix} 1 & 2 \\ 1 & 1 \end{pmatrix}$ について，
$P^{-1}AP = \begin{pmatrix} 1 & 0 \\ 0 & 2 \end{pmatrix}$
となることを利用して，A^n を求めよ．

2 $\mathbb{R}^2$ 上の線型変換
$$T : \mathbb{R}^2 \ni (x, y) \longmapsto (y, -6x + 5y) \in \mathbb{R}^2$$
に対し，$\boldsymbol{p}_1 = \begin{pmatrix} 1 \\ 2 \end{pmatrix}, \boldsymbol{p}_2 = \begin{pmatrix} 1 \\ 3 \end{pmatrix}$ からなる基底について T を表現する行列を求めよ．

3 $M(2;\mathbb{R})$ は 4 次元の線型空間であり，$<E_1, E_2, E_3, E_4>$ はその基底の 1 つである：
$$E_1 = \begin{pmatrix} 1 & 0 \\ 0 & 0 \end{pmatrix}, \quad E_2 = \begin{pmatrix} 0 & 0 \\ 1 & 0 \end{pmatrix},$$
$$E_3 = \begin{pmatrix} 0 & 0 \\ 0 & 1 \end{pmatrix}, \quad E_4 = \begin{pmatrix} 0 & 1 \\ 0 & 0 \end{pmatrix}$$
2 次の下三角実行列の全体を V としたとき，以下の問に答えよ．
(1) V は $M(2;\mathbb{R})$ の 3 次元部分空間をなすことを示せ．

(2) 下三角行列
$$F_1 = \begin{pmatrix} 1 & 0 \\ 0 & 1 \end{pmatrix}, \quad F_2 = \begin{pmatrix} 1 & 0 \\ 1 & 0 \end{pmatrix}, \quad F_3 = \begin{pmatrix} 0 & 0 \\ 1 & 1 \end{pmatrix}$$
は V の基底をなすことを示せ．また，V の基底の取り替え $<E_1, E_2, E_3> \to <F_1, F_2, F_3>$ 行列 P を求めよ．

(3) 行列 $A = \begin{pmatrix} 1 & 0 \\ -2 & 3 \end{pmatrix}$ が定める V 上の線型変換
$$T_A : X \mapsto AX$$
に対し，基底 $<F_1, F_2, F_3>$ について T_A を表現する行列を求めよ．

13

不変部分空間から固有ベクトルへ

前章で学んだように，基底の取り替えによって，線型変換

$$f : V \longrightarrow V$$

を表す行列が変化するとすれば，「どのように基底を選べば，この行列を最も単純化することができるか」という問題を解決するのが本章の課題である．やや唐突に映る話題から入るが，この課題の解決を効率よく述べるためである．

■ 13.1 部分空間の和

以下では，特に断わらなければ，U, W は，同じ体 F 上の線型空間 V の部分空間とする．

定義 13.1.1 U と W の和 $U + W$ を

$$U + W = \{\boldsymbol{x} + \boldsymbol{y} \mid \boldsymbol{x} \in U, \boldsymbol{y} \in W\}$$

と定めると，これは V の部分空間をなす[1]．これを U と W の和空間という．

例 13.1 $\mathbb{R}$ 上の数ベクトル空間 $\mathbb{R}^3$ において，その要素

$$\boldsymbol{a}_1 = \begin{pmatrix} 1 \\ -1 \\ 0 \end{pmatrix}, \boldsymbol{a}_2 = \begin{pmatrix} 0 \\ 1 \\ -1 \end{pmatrix}, \boldsymbol{a}_3 = \begin{pmatrix} 1 \\ 0 \\ -1 \end{pmatrix}$$

---

[1] 証明は簡単である．実際，$\boldsymbol{x}, \boldsymbol{x}' \in U, \boldsymbol{y}, \boldsymbol{y}' \in W, \alpha \in F$ に対し，$\boldsymbol{x} - \boldsymbol{x}' \in U, \boldsymbol{y} - \boldsymbol{y}' \in W, \alpha\boldsymbol{x} \in U, \alpha\boldsymbol{y} \in W$ なので

$$(\boldsymbol{x} + \boldsymbol{y}) - (\boldsymbol{x}' + \boldsymbol{y}') = (\boldsymbol{x} - \boldsymbol{x}') + (\boldsymbol{y} - \boldsymbol{y}') \in U + W$$
$$\alpha(\boldsymbol{x} + \boldsymbol{y}) = \alpha\boldsymbol{x} + \alpha\boldsymbol{y} \in U + W$$

となるからである．

をとり，それらのうちの $\boldsymbol{a}_1$ と $\boldsymbol{a}_2$ で生成される $\mathbb{R}^3$ の部分空間，また $\boldsymbol{a}_1$ と $\boldsymbol{a}_3$ で生成される $\mathbb{R}^3$ の部分空間

$$U = \mathcal{G}(\boldsymbol{a}_1,\, \boldsymbol{a}_2) = \{x\boldsymbol{a}_1 + y\boldsymbol{a}_2 \,|\, x,\, y \in \mathbb{R}\} \ = \left\{ \begin{pmatrix} x \\ -x+y \\ -y \end{pmatrix} \middle| \, x,\, y \in \mathbb{R} \right\}$$

$$W = \mathcal{G}(\boldsymbol{a}_1,\, \boldsymbol{a}_3) = \{z\boldsymbol{a}_1 + w\boldsymbol{a}_3 \,|\, z,\, w \in \mathbb{R}\} \ = \left\{ \begin{pmatrix} z+w \\ -z \\ -w \end{pmatrix} \middle| \, z,\, w \in \mathbb{R} \right\}$$

をとると，これらの和空間は

$$\begin{aligned} U + W &= \{x\boldsymbol{a}_1 + y\boldsymbol{a}_2 + z\boldsymbol{a}_1 + w\boldsymbol{a}_3 \,|\, x,\, y,\, z,\, w \in \mathbb{R}\} \\ &= \{(x+z)\boldsymbol{a}_1 + y\boldsymbol{a}_2 + w\boldsymbol{a}_3 \,|\, x,\, y,\, z,\, w \in \mathbb{R}\} \end{aligned}$$

である．ところで，ここで，

$$\boldsymbol{a}_3 = \boldsymbol{a}_1 + \boldsymbol{a}_2$$

という関係が成り立っていることを利用すると[2]，

$$\begin{aligned} U + W &= \{(x+z+w)\boldsymbol{a}_1 + (y+w)\boldsymbol{a}_2 \,|\, x,\, y,\, z,\, w \in \mathbb{R}\} \\ &= \mathcal{G}(\boldsymbol{a}_1,\, \boldsymbol{a}_2) = U \end{aligned}$$

となる．

またこの例からわかるように，V の部分空間 U, W の和（和空間）$U + W$ は，V の部分集合 U, W の和（和集合）$U \cup W$ とは全く異なる！

---

[2] $\boldsymbol{a}_3 = \boldsymbol{a}_1 + \boldsymbol{a}_2$ を使う代わりに，愚直に

$$(x+z)\boldsymbol{a}_1 + y\boldsymbol{a}_2 + w\boldsymbol{a}_3 = \begin{pmatrix} x+z+w \\ -(x+z)+y \\ -y-w \end{pmatrix}$$

を計算し，$\boldsymbol{a}_1$, $\boldsymbol{a}_2$ の第 1 成分，第 3 成分に注目して，これを

$$(x+z+w)\begin{pmatrix} 1 \\ -1 \\ 0 \end{pmatrix} + (y+w)\begin{pmatrix} 0 \\ 1 \\ -1 \end{pmatrix}$$

と変形してもよい．

V の部分空間である U, W はいずれもベクトル $\mathbf{0}$ を含むので,

$$\begin{cases} U+W \supset U \\ U+W \supset W \end{cases} \text{よって,} U+W \supset U \cup W$$

であることは明らかである．つまり和空間は，和集合を部分集合として包含する．

一方，$V' \supset U$ かつ $V' \supset W$ を満たす V の任意の部分空間 V' に対して，「部分空間は和について閉じている」という部分空間の基本性質より

$$V' \supset U+W$$

である．

これら 2 つの意味で，$U+W$ は，U と W を含む（したがって，$U \cup W$ を含む）**部分空間のうちで "最小のもの"** といえる．

このように，和空間 $U+W$ は，U や W を部分空間として含むが，上にひいた例からわかるように U や W より真に '大きい'（U, W を真部分集合として含む）とは限らない．別の角度からいうと，

$$V = W_1 + W_2$$

という関係があるというだけで「V が W_1 と W_2 の和に分解された」というのは適当とはいえないのである（実際，前ページの例では $U+W=U$ であった！）．「和空間」の概念をもつこの欠陥を補うために和空間の概念をより精密化したものが，次に述べる**直和**である．

■ 13.2 直和分解

定義 13.2.1 V の部分空間 W_1, W_2 について,

$$\begin{cases} \text{i)} \ \ V = W_1 + W_2 \\ \text{ii)} \ \ W_1 \cap W_2 = \{\mathbf{0}\} \end{cases}$$

が成り立つとき，V は W_1 と W_2 の**直和に分解**される，といい,

$$V = W_1 \oplus W_2$$

という記号で表す.

$\oplus$ の代わりに,$V = W_1 \dotplus W_2$ と表すこともある.

上の定義の条件 i),ii) は,次のように表現することもできる.

iii) $\forall \boldsymbol{x} \in V$ に対し,
$$\boldsymbol{x} = \boldsymbol{x}_1 + \boldsymbol{x}_2$$
となる $\boldsymbol{x}_1 \in W_1$,$\boldsymbol{x}_2 \in W_2$ が一意的に存在する.

この「存在する」が i) に相当することは明らかであろう.他方,「一意的に」は ii) に相当する.

実際,$W_1 \cap W_2 \neq \{\boldsymbol{0}\}$ であると仮定する(これは,$W_1 \cap W_2 \supsetneq \{\boldsymbol{0}\}$ と同じ)と,$\boldsymbol{a} \neq \boldsymbol{0}$ となる W_1,W_2 に共通のベクトルがあるが,この $\boldsymbol{a}$ に対し,
$$\begin{cases} \boldsymbol{a} \in W_1 \Longrightarrow \dfrac{1}{2}\boldsymbol{a},\ \dfrac{2}{3}\boldsymbol{a},\ \cdots \in W_1 \\ \boldsymbol{a} \in W_2 \Longrightarrow \dfrac{1}{2}\boldsymbol{a},\ \dfrac{1}{3}\boldsymbol{a},\ \cdots \in W_2 \end{cases}$$
であり,したがって $\boldsymbol{a}$(これは当然 V の要素)が
$$\boldsymbol{a} = \frac{1}{2}\boldsymbol{a} + \frac{1}{2}\boldsymbol{a} = \frac{2}{3}\boldsymbol{a} + \frac{1}{3}\boldsymbol{a} = \cdots$$
と,何通りもの和として表せることになってしまう.よって,和の表現が一意的であるためには,$W_1 \cap W_2 = \{\boldsymbol{0}\}$ でなければならない.

逆に $W_1 \cap W_2 = \{\boldsymbol{0}\}$ とする.このとき,
$$\boldsymbol{x}_1 + \boldsymbol{x}_2 = \boldsymbol{x}_1{}' + \boldsymbol{x}_2{}' \qquad (\boldsymbol{x}_1,\ \boldsymbol{x}_1{}' \in W_1,\ \boldsymbol{x}_2,\ \boldsymbol{x}_2{}' \in W_2)$$
とすると,
$$\boldsymbol{x}_1 - \boldsymbol{x}_1{}' = \boldsymbol{x}_2{}' - \boldsymbol{x}_2$$
となり,左辺と右辺の形から,これらは W_1,W_2 いずれにも属しているので $W_1 \cap W_2$ に属している.したがって仮定より
$$\boldsymbol{x}_1 - \boldsymbol{x}_1{}' = \boldsymbol{x}_2{}' - \boldsymbol{x}_2 = \boldsymbol{0}$$
$$\therefore \begin{cases} \boldsymbol{x}_1 = \boldsymbol{x}_1{}' \\ \boldsymbol{x}_2 = \boldsymbol{x}_2{}' \end{cases}$$
つまり,表現は一意的である.

例 13.2 $\mathbb{R}$ 上の数ベクトル空間 $\mathbb{R}^2$ において

$$W_1 = \left\{ u \begin{pmatrix} 2 \\ 1 \end{pmatrix} \middle| u \in \mathbb{R} \right\}$$

$$W_2 = \left\{ v \begin{pmatrix} 1 \\ 2 \end{pmatrix} \middle| v \in \mathbb{R} \right\}$$

とすると, 任意の $\boldsymbol{x} = \begin{pmatrix} x \\ y \end{pmatrix} \in \mathbb{R}^2$ は, $\begin{pmatrix} 2 \\ 1 \end{pmatrix}$, $\begin{pmatrix} 1 \\ 2 \end{pmatrix}$ の線型結合として

$$\boldsymbol{x} = \frac{2x-y}{3} \begin{pmatrix} 2 \\ 1 \end{pmatrix} + \frac{-x+2y}{3} \begin{pmatrix} 1 \\ 2 \end{pmatrix}$$

のように一意的に表せるので,

$$\mathbb{R}^2 = W_1 \oplus W_2$$

となる.

われわれの考察対象としている有限次元の線型空間で話を進めるなら, 次の定理が成り立つことはすぐにわかる.

定理 13.2.1 W_1, W_2 が V の部分空間であるとき

$$\dim(W_1 + W_2) = \dim W_1 + \dim W_2 - \dim(W_1 \cap W_2).$$

特に,

$$\dim(W_1 \oplus W_2) = \dim W_1 + \dim W_2.$$

証明 $\dim(W_1 \cap W_2) = r$ とし, $W_1 \cap W_2$ の基底 <$\boldsymbol{a}_1, \cdots, \boldsymbol{a}_r$> を補充する形で

$$\begin{cases} W_1 \text{の基底 <}\boldsymbol{a}_1, \cdots, \boldsymbol{a}_r, \boldsymbol{b}_1, \cdots, \boldsymbol{b}_s\text{>} & (r+s = \dim W_1) \\ W_2 \text{の基底 <}\boldsymbol{a}_1, \cdots, \boldsymbol{a}_r, \boldsymbol{c}_1, \cdots, \boldsymbol{c}_t\text{>} & (r+t = \dim W_2) \end{cases}$$

を選んだとき，$\langle a_1, \cdots, a_r, b_1, \cdots, b_s, c_1, \cdots, c_t \rangle$ で $W_1 + W_2$ の基底が与えられる ($\Longrightarrow \dim(W_1 + W_2) = r + s + t$)，ということにすぎない．後半は，$W_1 \cap W_2 = \{\mathbf{0}\}$ なら $\dim(W_1 \cap W_2) = 0$ というだけで，前半の特殊な場合である．■

定理 13.2.2 線型空間 V が部分空間 W_1, W_2 の直和に分解される
$\Longleftrightarrow$ W_1, W_2 の基底を合わせたものが V の基底になる

証明 定理 13.2.1 の証明から明らかである．■

定義 13.2.2 $V = W \oplus W'$ となるとき，W' を W の**補空間**という．

> **注意** W を決めても，その補空間 W' が一意に決まるわけではない！言い換えると，$V = W \oplus W' = W \oplus W''$ かつ $W' \neq W''$ となる W', W'' はいくらでもある．

本質例題 45 補空間が一意的でないこと　　　　　　　　基礎

$\mathbb{R}$ 上の線型空間 $V = \mathbb{R}^3$ に対し
$$W = \left\{ \begin{pmatrix} x \\ y \\ z \end{pmatrix} \middle| x + y + z = 0 \right\}$$
は V の部分空間となる．
$$V = W \oplus W'$$
となる W' の例を 2 つあげよ．

● $V = W \oplus W'$ となる W' の例を見つけるために，W が，$V = \mathbb{R}^3$ の中で，$x + y + z = 0$ を満たすものの全体に過ぎないこと，したがってその条件を満たすとは限らないもの（ただし V の部分空間）を探すわけである．◗

解答

$x+y+z=0$ を満たすとは限らない $\begin{pmatrix} x \\ y \\ z \end{pmatrix}$ の集合で, V の部分空間となるものとして

$$W_1 = \left\{ \begin{pmatrix} x \\ y \\ z \end{pmatrix} \middle| x = y = z \right\}$$

$$W_2 = \left\{ \begin{pmatrix} x \\ y \\ z \end{pmatrix} \middle| x = \frac{y}{2} = \frac{z}{3} \right\}$$

を考え,任意の $\boldsymbol{v} = \begin{pmatrix} u \\ v \\ w \end{pmatrix} \in V$ に対し,

$$\begin{cases} \boldsymbol{v}_1 = \dfrac{1}{3} \begin{pmatrix} 2u-v-w \\ -u+2v-w \\ -u-v+2w \end{pmatrix} \in W \\ \boldsymbol{v}_2 = \dfrac{1}{3} \begin{pmatrix} u+v+w \\ u+v+w \\ u+v+w \end{pmatrix} \in W_1 \end{cases}$$

ととると,

$$\boldsymbol{v} = \boldsymbol{v}_1 + \boldsymbol{v}_2$$

であり,また $W \cap W_1 = \{\boldsymbol{0}\}$ であるから $V = W \oplus W_1$ である.

同様に,

長岡流処方せん

■ いたみ止め
これらは,幾何学的には $\mathbb{R}^3$ 内の原点を通る直線に相当する.

■ いたみ止め
W_1 は W の補空間.

$$\begin{cases} \boldsymbol{v}_1 = \dfrac{1}{6}\begin{pmatrix} 3u-3v-3w \\ -2u+4v-2w \\ -u-v+5w \end{pmatrix} \in W \\ \boldsymbol{v}_2 = \dfrac{1}{6}\begin{pmatrix} 3(u+v+w) \\ 2(u+v+w) \\ u+v+w \end{pmatrix} \in W_2 \end{cases}$$

をとると,
$$\boldsymbol{v} = \boldsymbol{v}_1 + \boldsymbol{v}_2$$
であり,
$$W \cap W_2 = \{\boldsymbol{0}\}$$
であるから, $V = W \oplus W_2$ である.

■ いたみ止め
W_2 は W の補空間. W の補空間は, W_1, W_2 以外に無数に存在する.

3つ以上の部分空間 $W_1, W_2, \cdots, W_k$ の和 $W_1 + W_2 + \cdots + W_k$, 直和分解 $V = W_1 \oplus W_2 \oplus \cdots \oplus W_k$ も同様に定義される.

定義 13.2.3 $W_1, W_2, \cdots, W_k$ が V の部分空間であるとき

i) $W_1 + W_2 + \cdots + W_k$
$= \{\boldsymbol{x}_1 + \boldsymbol{x}_2 \cdots + \boldsymbol{x}_k \mid \boldsymbol{x}_1 \in W_1,\ \boldsymbol{x}_2 \in W_2, \cdots, \boldsymbol{x}_k \in W_k\}$

ii) $V = W_1 \oplus W_2 \oplus \cdots \oplus W_k \iff \forall \boldsymbol{x} \in V$ に対し
$$\begin{cases} \boldsymbol{x} = \boldsymbol{x}_1 + \boldsymbol{x}_2 \cdots + \boldsymbol{x}_k \\ \boldsymbol{x}_1 \in W_1,\ \boldsymbol{x}_2 \in W_2, \cdots, \boldsymbol{x}_k \in W_k \end{cases}$$
となる $\boldsymbol{x}_1, \boldsymbol{x}_2, \cdots, \boldsymbol{x}_k$ がただ一組存在する.

■ 13.3 不変部分空間

さて, 以上を準備した上で, V 上の線型変換 (V から V への線型写像) f について, "変換 f で移しても変わらない" という性質を考えよう. すぐにわかるように, "f で移しても変わらない" ことは, "f によって動かない" ことと似ているが全く同じではない!

13.3 不変部分空間

定義 13.3.1 V 上の線型変換 f に対し，V の部分空間 W が

$$f(W) \subset W \quad (\text{すなわち，} \forall \boldsymbol{x} \in W \text{ について，} f(\boldsymbol{x}) \in W)$$

を満たすとき，W は f-**不変** (f-invariant) という．

本質例題 46 不変であることの証明 　　　　　　基礎

$A = \begin{pmatrix} 0 & 1 & 1 \\ 1 & 0 & 1 \\ 1 & 1 & 0 \end{pmatrix}$ が定める $\mathbb{R}^3$ から $\mathbb{R}^3$ への線型変換

$$
\begin{array}{ccc}
T_A : & \mathbb{R}^3 & \longrightarrow & \mathbb{R}^3 \\
& \cup & & \cup \\
& \begin{pmatrix} x \\ y \\ z \end{pmatrix} & \longmapsto & A \begin{pmatrix} x \\ y \\ z \end{pmatrix}
\end{array}
$$

に対し，$\mathbb{R}^3$ の部分空間 $W = \left\{ \begin{pmatrix} x \\ y \\ z \end{pmatrix} \;\middle|\; x + y + z = 0 \right\}$ は，T_A-不変であること示せ．

▶ W は空間 $\mathbb{R}^3$ の部分空間（幾何学的には原点を含む平面）である．上に示したように，W 内の任意の要素（平面 W 上の点）は，変換 T_A によって，また W の要素に移されるが，それは平面 W 上の点が変換 T_A によってまったく動かされない（不動点である）ことを意味しない．◀

解答

$$A \begin{pmatrix} x \\ y \\ z \end{pmatrix} = \begin{pmatrix} y+z \\ x+z \\ x+y \end{pmatrix}$$

であるから，

長岡流処方せん

■ **いたみ止め**

T_A の定義から．

$$x+y+z=0$$
$$\Longrightarrow (y+z)+(x+z)+(x+y)=2(x+y+z)=0$$

すなわち，

$$\begin{pmatrix} x \\ y \\ z \end{pmatrix} \in W \Longrightarrow A \begin{pmatrix} x \\ y \\ z \end{pmatrix} \in W$$

ゆえに，W は T_A-不変である．■

定理 13.3.1 V を n 次元線型空間として，線型変換 $f: V \longrightarrow V$ において V のある部分空間 W が f-不変ならば，V の適当な基底について，f は

$$\begin{pmatrix} * & * \\ \hline O & * \end{pmatrix}, \text{ または } \begin{pmatrix} * & O \\ \hline * & * \end{pmatrix}$$

という形の行列で表すことができる．

証明 $\dim W = r$ とし，W の基底 $\langle \boldsymbol{a}_1, \boldsymbol{a}_2, \cdots, \boldsymbol{a}_r \rangle$ を補充する形で V の基底 $\langle \boldsymbol{a}_1, \cdots, \boldsymbol{a}_r, \boldsymbol{a}_{r+1}, \cdots, \boldsymbol{a}_n \rangle$ をつくると，一般に，ある $\alpha_{ij} \in F$ $(i, j = 1, 2, \cdots, n)$ に対し

$$T(\boldsymbol{a}_j) = \sum_{i=1}^{n} \alpha_{ij} \boldsymbol{a}_i \quad (j = 1, 2, \cdots, n)$$

とおけるが，$T(W) \subset W$ より，$j = 1, 2, \cdots, r$ については $T(\boldsymbol{a}_j) \in W$ であるので，$T(\boldsymbol{a}_j)$ は $\boldsymbol{a}_1, \cdots, \boldsymbol{a}_r$ だけの線型結合で表せる．つまり，$1 \leq j \leq r$ となる j に対しては

$$\alpha_{r+1\ j} = \alpha_{r+2\ j} = \cdots = \alpha_{n\ j} = 0$$

である．これを "(i, j) 成分" について言い換えると

$$\begin{cases} i \geq r+1 \\ 1 \leq j \leq r \end{cases} \Longrightarrow \alpha_{ij} = 0$$

ということである.ゆえに行列 (α_{ij}) は次のような形になる.

$$(\alpha_{ij}) = \left(\begin{array}{c|c} * & * \\ \hline O & * \end{array} \right) \begin{array}{c} \updownarrow r \\ \updownarrow n-r \end{array}$$
$$\underset{r \quad n-r}{\leftrightarrow \leftrightarrow}$$

V の基底として順序を変えた <$a_{r+1}, \cdots, a_n, a_1, \cdots, a_r$> を選んだ場合には次のようになる.

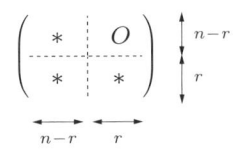

$$\left(\begin{array}{c|c} * & O \\ \hline * & * \end{array} \right) \begin{array}{c} \updownarrow n-r \\ \updownarrow r \end{array}$$
$$\underset{n-r \quad r}{\leftrightarrow \leftrightarrow}$$

∎

上の証明からわかるように,f が V のある基底 <$a_1, a_2, \cdots, a_r, a_{r+1}, \cdots, a_n$> について

$$A = \left(\begin{array}{c|c} A_{11} & A_{12} \\ \hline O & A_{22} \end{array} \right) \begin{array}{c} \updownarrow r \\ \updownarrow n-r \end{array}$$
$$\underset{r \quad n-r}{\leftrightarrow \leftrightarrow}$$

という形の行列で表せるとき,行列 A_{11} は,$a_1, a_2, \cdots, a_r$ で張られる V の部分空間 W から W への線型写像

$$\begin{array}{ccc} T' : & W & \longrightarrow & W \\ & \cup & & \cup \\ & x & \longmapsto & T(x) \end{array}$$

を,<$a_1, a_2, \cdots, a_r$> について表現する行列になっている.

T' は T と,定義域が違う(T' は,T の定義域を W に制限したものになっている)ので概念的には区別されるが,W の要素に限定して考える限り,実質的には T と全く区別がないものである.この意味で写像 T' を,写像 T の,W への**制限**と呼び,$T|_W$ という記号で表す.

同様に

$$A = \left(\begin{array}{c|c} A_{11} & O \\ \hline A_{21} & A_{22} \end{array}\right) \begin{array}{l} \updownarrow n-r \\ \updownarrow r \end{array}$$
$$\underbrace{\phantom{A_{11}}}_{n-r}\underbrace{\phantom{A_{22}}}_{r}$$

となる場合は，A_{22} が，変換 T の，W への制限 $T|_W$ を表す行列である．

■ 13.4　不変部分空間への直和分解

前節の定理の自明の発展として，次の定理が得られる．

定理13.4.1　線型空間 V と V 上の線型変換 f に対し，V が f-不変な部分空間 W_1, W_2 の直和に分解することができれば，すなわち

$$\begin{cases} V = W_1 \oplus W_2 \\ W_1, W_2 \text{はそれぞれ } f\text{-不変な } V \text{ の部分空間} \end{cases}$$

となる W_1, W_2 が存在すれば，適当な V の基底について，f は次の左図あるいは右図という形の行列で表せる．

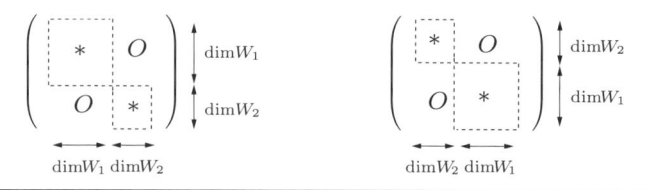

$$\left(\begin{array}{c|c} * & O \\ \hline O & * \end{array}\right) \begin{array}{l} \updownarrow \dim W_1 \\ \updownarrow \dim W_2 \end{array} \qquad \left(\begin{array}{c|c} * & O \\ \hline O & * \end{array}\right) \begin{array}{l} \updownarrow \dim W_2 \\ \updownarrow \dim W_1 \end{array}$$
$$\underbrace{}_{\dim W_1}\underbrace{}_{\dim W_2} \qquad \underbrace{}_{\dim W_2}\underbrace{}_{\dim W_1}$$

証明　W_1 の基底，W_2 の基底をこの順に並べるか，その反対の順に並べて，V の基底を構成すればよい．■

本質例題　47　変換に関して不変な部分空間とその補空間　**標準**

行列 $A = \begin{pmatrix} 1 & 0 & 0 \\ 0 & 2 & -1 \\ -1 & 0 & 1 \end{pmatrix}$ の表す $\mathbb{R}^3$ 上の線型変換

において,
$$T_A : \boldsymbol{x} \longmapsto A\boldsymbol{x}$$
において,
$$W = \left\{ \begin{pmatrix} 0 \\ t \\ 0 \end{pmatrix} \middle| \, t \in \mathbb{R} \right\}$$
は, f-不変な部分空間であることを示せ. また,
$$\mathbb{R}^3 = W \oplus W'$$
となる W' の例をあげ, W と W' の基底を並べることによって変換 T_A がどのような行列で表されるか, 例示せよ.

●「変換に関して不変な空間」と「補空間」の結合問題に過ぎない.●

解答

$\boldsymbol{e}_1 = \begin{pmatrix} 1 \\ 0 \\ 0 \end{pmatrix}, \boldsymbol{e}_2 = \begin{pmatrix} 0 \\ 1 \\ 0 \end{pmatrix}, \boldsymbol{e}_3 = \begin{pmatrix} 0 \\ 0 \\ 1 \end{pmatrix}$ とおく.

W の要素は $t\boldsymbol{e}_2$ と表すことができ, T_A によるその像は, $A(t\boldsymbol{e}_2) = tA\boldsymbol{e}_2 = 2t\boldsymbol{e}_2 \in W$ より, W は f-不変である.

また, $\boldsymbol{e}_1$ と $\boldsymbol{e}_2$ で生成される空間を W' とおくと, $\mathbb{R}^3$ の任意の要素は, W の要素と W' の要素の和で一意的に表されるから $\mathbb{R}^3$ の基底 $<\boldsymbol{e}_2, \boldsymbol{e}_1, \boldsymbol{e}_3>$ に関して, 変換 T_A は $\begin{pmatrix} 2 & a & b \\ \hline 0 & c & d \\ 0 & e & f \end{pmatrix}$ の形の行列で表せる.

長岡流処方せん

■ いたみ止め

この W' は T_A-不変ではないので, $a = b = 0$ とはならない. まじめに計算すると, a から f の値は求められるが, そのことはここでは重要ではない.

■ いたみ止め

より詳しくは
$$\begin{pmatrix} 2 & 0 & -1 \\ 0 & 1 & 0 \\ 0 & -1 & 1 \end{pmatrix}$$

本質例題 48 不変部分空間の直和に分解できる場合　　標準

行列 $A = \begin{pmatrix} a & b & 0 \\ b & a & b \\ 0 & b & a \end{pmatrix}$ の表す $\mathbb{R}^3$ 上の線型変換を T_A (ただし, a, b は正の数) とする. また, $\mathbb{R}^3$ の部分空間 W_1, W_2 をそれぞれ

$$W_1 = \left\{ t \begin{pmatrix} 1 \\ 0 \\ -1 \end{pmatrix} \middle| t \in \mathbb{R} \right\},$$

$$W_2 = \left\{ s \begin{pmatrix} 1 \\ 0 \\ 1 \end{pmatrix} + t \begin{pmatrix} 0 \\ 1 \\ 0 \end{pmatrix} \middle| s, t \in \mathbb{R} \right\}$$

と定める. このとき W_1, W_2 は T_A-不変であることを示し, 基底の取り替えによって A がどのような行列で表されるか示せ.

▶ 前の例題との違いは, W_1 も W_2 も T_A-不変であるという点だけである. ◀

解答

$\boldsymbol{p} = \begin{pmatrix} 1 \\ 0 \\ -1 \end{pmatrix}, \boldsymbol{q} = \begin{pmatrix} 1 \\ 0 \\ 1 \end{pmatrix}, \boldsymbol{r} = \begin{pmatrix} 0 \\ 1 \\ 0 \end{pmatrix}$ とおくと,

$$T_A(\boldsymbol{p}) = A\boldsymbol{p} = a\boldsymbol{p} \in W_1$$
$$T_A(\boldsymbol{q}) = A\boldsymbol{q} = a\boldsymbol{q} + 2b\boldsymbol{r} \in W_2$$
$$T_A(\boldsymbol{r}) = A\boldsymbol{r} = b\boldsymbol{q} + a\boldsymbol{r} \in W_2$$

より, W_1 も W_2 も T_A-不変である.

ゆえに T_A は, W_1 と W_2 の基底をなすベクトルからなる基底 $<\boldsymbol{p}, \boldsymbol{q}, \boldsymbol{r}>$ に対して

$$\begin{pmatrix} a & 0 & 0 \\ \hline 0 & a & b \\ 0 & 2b & a \end{pmatrix}$$

長岡流処方せん

■ いたみ止め

$W_1 = g(\boldsymbol{p})$
$W_2 = g(\boldsymbol{q}, \boldsymbol{r})$

■ いたみ止め

ここで重要なのは成分 0 の現れ方である.

という行列で表される.

さらに，V をより細かい部分空間の直和に分解できる場合には次のようになる.

> **定理 13.4.2** 線型空間 V と，V 上の線型変換 f について
> $$\begin{cases} V = W_1 \oplus W_2 \oplus \cdots \oplus W_k \\ W_1, W_2, \cdots, W_k はそれぞれ f\text{-}不変な V の部分空間 \end{cases}$$
> となるならば，適当な V の基底に対し，f は次図のような形の行列で表せる.
> $$\begin{pmatrix} \boxed{*} & & O \\ & \boxed{*} & \\ & & \boxed{*} \\ O & & \end{pmatrix}$$

対角線上の各正方形の大きさは，$W_1, W_2, \cdots, W_k$ の次元に対応する. そこで以上の議論を究極にまで押し進めると，次の定理になる.

> **定理 13.4.3** n 次元線型空間 V が，n 個の f-不変の 1 次元部分空間の直和に分解できるとき，すなわち
> $$\begin{cases} V = W_1 \oplus W_2 \oplus \cdots \oplus W_n \\ W_i \ (i = 1, 2, \cdots, n) は f\text{-}不変な 1 次元部分空間 \end{cases}$$
> となるときは，f は次のような**対角行列**で表せる.
> $$\begin{pmatrix} * & & & O \\ & * & & \\ & & \ddots & \\ O & & & * \end{pmatrix}$$

■ 13.5　1次元不変部分空間

ところで，1次元空間 W は，ある $\boldsymbol{a} \in W$, $\boldsymbol{a} \neq \boldsymbol{0}$ からなる基底をもつから，$W = \{x\boldsymbol{a} \mid x \in F\}$ と表せるので，この1次元空間 W が f-不変であるとは，$f(\boldsymbol{a}) \in W$ となること，言い換えると，

$$\text{ある } \alpha \in F \text{ に対して } f(\boldsymbol{a}) = \alpha \boldsymbol{a}$$

となることに他ならない[3]。

したがって，前節の結論を，より直接的に表すなら次のようになる．

$\dim V = n$ であるとき，V 上の線型変換 f に対し，

$$\begin{cases} f(\boldsymbol{a}_1) = \alpha_1 \boldsymbol{a}_1 \\ f(\boldsymbol{a}_2) = \alpha_2 \boldsymbol{a}_2 \\ \quad\vdots \\ f(\boldsymbol{a}_n) = \alpha_n \boldsymbol{a}_n \end{cases}$$

となるような n 個の線型独立なベクトル $\boldsymbol{a}_1, \boldsymbol{a}_2, \cdots, \boldsymbol{a}_n \in V$ とスカラー $\alpha_1, \alpha_2, \cdots, \alpha_n \in F$ が存在すれば，f は，基底 $<\boldsymbol{a}_1, \boldsymbol{a}_2, \cdots, \boldsymbol{a}_n>$ について，次の**対角行列**で表される．

$$\begin{pmatrix} \alpha_1 & & & & O \\ & \alpha_2 & & & \\ & & \ddots & & \\ & & & \ddots & \\ O & & & & \alpha_n \end{pmatrix}$$

すなわち，

$$(f(\boldsymbol{a}_1), f(\boldsymbol{a}_2), \cdots, f(\boldsymbol{a}_n)) = (\boldsymbol{a}_1, \boldsymbol{a}_2, \cdots, \boldsymbol{a}_n) \begin{pmatrix} \alpha_1 & & & & O \\ & \alpha_2 & & & \\ & & \ddots & & \\ & & & \ddots & \\ O & & & & \alpha_n \end{pmatrix}$$

---

[3] 実際，$f(\boldsymbol{a}) = \alpha \boldsymbol{a}\,(\alpha \in F)$ と表せるなら，$\forall x \in F$ に対し，$f(x\boldsymbol{a}) = xf(\boldsymbol{a}) = x(\alpha \boldsymbol{a}) = (x\alpha)\boldsymbol{a} \subset W$ である．逆は自明である．

ここに現れたスカラーと $\alpha_i \in F$, ベクトル $\boldsymbol{a}_i \in V$ と線型写像 F との関係が次章のテーマである．

【13章の復習問題】

1 $\mathbb{R}$ 上の線型空間 $\mathbb{R}^4$ において,

$$W_1 = \left\{ \begin{pmatrix} x \\ y \\ z \\ w \end{pmatrix} \middle| x - y = z - w = 0 \right\}$$

$$W_2 = \left\{ \begin{pmatrix} x \\ y \\ z \\ w \end{pmatrix} \middle| x = y = z = w \right\}$$

$$W_3 = \left\{ \begin{pmatrix} x \\ y \\ z \\ w \end{pmatrix} \middle| x + y = z = w = 0 \right\}$$

とすると,$\mathbb{R}^4$ は,

$$\mathbb{R}^4 = W_1 \oplus W_2 \oplus W_3$$

と直和分解されることを示せ.

2 $\mathbb{R}^n$ の部分空間 W に対し,

$$W^\perp = \{ \boldsymbol{x} \in \mathbb{R}^n \,|\, 任意の \, \boldsymbol{y} \in W \, に対して \, (\boldsymbol{x}, \boldsymbol{y}) = 0 \}$$

とおく.このとき,$\mathbb{R}^n$ の部分空間 W, W' に対し,次の (1) から (5) が成り立つことを示せ(ただし,$W^\perp$ を W の**直交補空間**と呼ぶ).

(1) $W^\perp$ は $\mathbb{R}^n$ の部分空間である.

(2) $W \oplus W^\perp = \mathbb{R}^n$

(3) $(W^\perp)^\perp = W$

(4) $(W + W')^\perp = W^\perp \cap W'^\perp$

(5) $(W \cap W')^\perp = W^\perp + W'^\perp$

また,$\mathbb{R}$ 上の線型空間 $\mathbb{R}^3$ において,

$$W = \left\{ \begin{pmatrix} x \\ y \\ z \end{pmatrix} \middle| x + y + z = 0 \right\}$$

の直交補空間を求めよ．

3 n 次正方行列 P が $P^2 = P$ を満たすとき，これを**射影**と呼ぶ．これについて以下を示せ．

(1) n 次正方行列 P を射影とする．$E - P = Q$ とおくと，Q も射影で，$PQ = O$, $P + Q = E$ を満たす．

(2) 射影 P と (1) の Q を用いて，
$$W_1 = \{P\boldsymbol{x} \mid \boldsymbol{x} \in \mathbb{R}^n\}, \quad W_2 = \{Q\boldsymbol{x} \mid \boldsymbol{x} \in \mathbb{R}^n\}$$
とおくと，W_1, W_2 は $\mathbb{R}^n$ の部分空間で，$W_1 \oplus W_2 = \mathbb{R}^n$ が成り立つ．

(3) 逆に部分空間 W_1, W_2 が $W_1 \oplus W_2 = \mathbb{R}^n$ ならば (2) を満たす射影 P, Q が一意的に決まる．

4 W_i $(i = 1, \cdots, m)$ は $\mathbb{R}^n$ の部分空間で，$\mathbb{R}^n = W_1 \oplus \cdots \oplus W_m$ が成り立っているとする．このとき，次の問に答えよ．

(1) 次の性質を満たす射影の組 $P_1, P_2, \cdots, P_m$ が，一意的に存在することを示せ．
  i. $P_i P_j = \delta_{ij} P_i$ $(i, j = 1, 2, \cdots, m)$
  ii. $P_1 + P_2 + \cdots + P_m = E$
  iii. $W_i = \{P_i \boldsymbol{x} \mid \boldsymbol{x} \in \mathbb{R}^n\}$ $(i = 1, 2, \cdots, m)$

(2) 逆に (1) の条件 (i)(ii) を満たす勝手な行列 $P_1, \cdots, P_m$ があれば，(iii) によって $W_1, \cdots, W_m$ を決めると，
$$\mathbb{R}^n = W_1 \oplus \cdots \oplus W_m$$
が成り立つことを示せ．

14

固有値,固有ベクトルと行列の対角化

与えられた線型写像を表現する行列を単純化(= 対角化)する上で 1 次元不変部分空間への直和分解が,本質的であった.1 次元の f–不変部分空間 W の基底 $\boldsymbol{a}$ とは,「ある $\lambda \in F$ について $f(\boldsymbol{a}) = \lambda \boldsymbol{a}$」となるような $\boldsymbol{0}$ 以外のベクトルであった.この概念の理解を深化しよう.ここで,$\lambda \neq 0$ のときは,$f(W) = W$ となるが,$\lambda = 0$ のときは,$f(W) = \{\boldsymbol{0}\} \subset W$ となることに注意しよう.

■ 14.1 固有値,固有ベクトル,固有空間の概念

定義 14.1.1 体 F 上の線型空間 V 上の線型変換 $f : V \longrightarrow V$ に対し,
$$f(\boldsymbol{a}) = \lambda \boldsymbol{a} \quad \text{かつ} \quad \boldsymbol{a} \neq \boldsymbol{0}$$

となるベクトル $\boldsymbol{a} \in V$ が存在するとき,このようなスカラー $\lambda \in F$ を,線型変換 f の**固有値** (eigenvalue [1]) と呼ぶ.また,このような $\boldsymbol{a}$ を,固有値 λ に属する,f の**固有ベクトル** (eigenvector) という.

一般に $\forall \lambda \in F$ に対し,$W_\lambda = \{\boldsymbol{x} \in V \mid f(\boldsymbol{x}) = \lambda \boldsymbol{x}\}$ は V の部分空間をなす[2].したがって,$W_\lambda \ni \boldsymbol{0}$ は任意のスカラー λ について成り立つが,

---

[1] eigen は元来ドイツ語の形容詞であるから,proper value とでも呼ぶ方が,表現としては 英語らしいが,さまざまな歴史的と経緯から英語圏でもこのように呼ばれることが多い.

[2] $\forall \lambda \in F$ に対し,ここで定義された W_λ が,V の部分空間をなすことは,簡単に確かめられる.実際,

i) $\boldsymbol{x}_1, \boldsymbol{x}_2 \in W_\lambda$ であるなら,
$$f(\boldsymbol{x}_1) = \lambda \boldsymbol{x}_1, \ f(\boldsymbol{x}_2) = \lambda \boldsymbol{x}_2$$
が成り立つ.したがって
$$\begin{aligned} f(\boldsymbol{x}_1 - \boldsymbol{x}_2) &= f(\boldsymbol{x}_1) - f(\boldsymbol{x}_2) \\ &= \lambda \boldsymbol{x}_1 - \lambda \boldsymbol{x}_2 \\ &= \lambda (\boldsymbol{x}_1 - \boldsymbol{x}_2). \end{aligned}$$
$\therefore \ \boldsymbol{x}_1 - \boldsymbol{x}_2 \in W_\lambda.$

ii) $\boldsymbol{x} \in W_\lambda$ であるなら,
$$f(\boldsymbol{x}) = \lambda \boldsymbol{x}$$
が成り立つ.したがって,$\forall \alpha \in F$ に対し
$$\begin{aligned} f(\alpha \boldsymbol{x}) &= \alpha f(\boldsymbol{x}) \\ &= \alpha (\lambda \boldsymbol{x}) \\ &= (\alpha \lambda) \boldsymbol{x} = (\lambda \alpha) \boldsymbol{x} \\ &= \lambda (\alpha \boldsymbol{x}) \end{aligned}$$
$\therefore \ \alpha \boldsymbol{x} \in W_\lambda.$ ∎

なお,記号 W_λ の代わりに,記号 $W(\lambda)$ を使うほうがわかりやすいときもある.

λ が固有値であるときは，W_λ は $\mathbf{0}$ 以外の要素を含む．そこでこのような W_λ を λ に属す**固有空間** (eigenspace) という．

> **注意**
>
> 線型変換 $f: V \longrightarrow V$ に対し，λ がそのある固有値の 1 つとして与えられても，λ に属す固有ベクトルが 1 つに決まるわけではない．そもそも，$\boldsymbol{a}$ がそうなら，$2\boldsymbol{a}, 3\boldsymbol{a}, \cdots, -\boldsymbol{a}, \cdots$ もそうである．さらにいえば，$x\boldsymbol{a}$ $(x \in F, x \neq 0)$ と表せるもの以外にも存在する可能性すらある！
>
> 他方，同じベクトル $\boldsymbol{a}$ が異なる固有値 λ_1, λ_2 に属する固有ベクトルであることはない．実際，
>
> $$f(\boldsymbol{a}) = \lambda_1 \boldsymbol{a}, \text{かつ } f(\boldsymbol{a}) = \lambda_2 \boldsymbol{a} \implies \lambda_1 \boldsymbol{a} = \lambda_2 \boldsymbol{a}$$
> $$\implies (\lambda_1 - \lambda_2)\boldsymbol{a} = \boldsymbol{0}$$
>
> となり $\lambda_1 \neq \lambda_2$ より $\boldsymbol{a} = \boldsymbol{0}$ となって，$\boldsymbol{a}$ が固有ベクトルであったことに矛盾してしまうからである．
>
> またすでに注意したように，λ が f の固有値でないときは $W_\lambda = \{\boldsymbol{0}\}$ である．λ が f の固有値であるときは，W_λ は $\{\boldsymbol{0}\}$ を真部分空間として含む，1 次元以上の空間である．繰り返しなるが，この空間が 1 次元とは限らないことにも注意せよ．

■ 14.2 固有ベクトルによる対角化の具体例

例 14.1 行列 $A = \begin{pmatrix} 3 & -2 \\ 1 & 0 \end{pmatrix}$ の表す $\mathbb{R}^2$ 上の線型変換

$$f: \begin{pmatrix} x \\ y \end{pmatrix} \longmapsto \begin{pmatrix} 3x - 2y \\ x \end{pmatrix}$$

に対し，

$$\boldsymbol{p}_1 = \begin{pmatrix} 1 \\ 1 \end{pmatrix}, \ \boldsymbol{p}_2 = \begin{pmatrix} 2 \\ 1 \end{pmatrix}$$

とすると，簡単な計算により，$f(\boldsymbol{p}_1) = \boldsymbol{p}_1, f(\boldsymbol{p}_2) = 2\boldsymbol{p}_2$ が成り立つことが確認できる．

ゆえに，

$$\begin{cases} \boldsymbol{p}_1 \text{ は } f \text{ の固有値 1 に属する固有ベクトル} \\ \boldsymbol{p}_2 \text{ は } f \text{ の固有値 2 に属する固有ベクトル} \end{cases}$$

であり，固有値 1, 2 に属す固有空間は，それぞれ

$$W_1 = \{t\boldsymbol{p}_1 \,|\, t \in \mathbb{R}\} = \left\{ \begin{pmatrix} t \\ t \end{pmatrix} \,\middle|\, t \in \mathbb{R} \right\}$$

$$W_2 = \{s\boldsymbol{p}_2 \,|\, s \in \mathbb{R}\} = \left\{ \begin{pmatrix} 2s \\ s \end{pmatrix} \,\middle|\, s \in \mathbb{R} \right\}$$

である．

よって，$\mathbb{R}^2$ の基底として $<\boldsymbol{p}_1, \boldsymbol{p}_2>$ をとれば，f は行列 $B = \begin{pmatrix} 1 & 0 \\ 0 & 2 \end{pmatrix}$

で表すことができる．

初めの A といま現れた B とは，$P = (\boldsymbol{p}_1, \boldsymbol{p}_2) = \begin{pmatrix} 1 & 2 \\ 1 & 1 \end{pmatrix}$ について

$$B = P^{-1}AP$$

という関係を満たす．

例 14.2 漸化式

$$a_{n+2} = 5a_{n+1} - 6a_n \quad (n = 1, 2, 3, \cdots)$$

を満たす数列 $\{a_n\}$ 全体のつくる空間 $\mathcal{P}_0$ を考える（言うまでもなく，実数列なら $\mathbb{R}$ 上の，複素数列なら $\mathbb{C}$ 上の線型空間と考えるのが自然である）．

第 12 章で見たように，数列の項を 1 個分先にずらす，という操作を，$\mathcal{P}_0$ 上の線型変換として

$$\begin{array}{ccc} S: \mathcal{P}_0 & \longrightarrow & \mathcal{P}_0 \\ \cup & & \cup \\ \{a_n\} & \longmapsto & \{b_n\} = \{a_{n+1}\} \end{array}$$

と把え，$\mathcal{P}_0$ に属するベクトル（数列）として

$$\begin{cases} a_1 = 1,\ a_2 = 0 \text{ であるもの } \boldsymbol{e}_1 \\ a_1 = 0,\ a_2 = 1 \text{ であるもの } \boldsymbol{e}_2 \end{cases}$$

をとり，<$\boldsymbol{e}_1,\ \boldsymbol{e}_2$> を $\mathcal{P}_0$ の基底に選ぶと，線型変換 S は行列 $\begin{pmatrix} 0 & 1 \\ -6 & 5 \end{pmatrix}$ で表される．

他方，空間 $\mathcal{P}_0$ の

$$\boldsymbol{p}_1 = \{1,\ 2,\ 4,\ 8,\ 16,\ \cdots,\ 2^{n-1},\ \cdots\}$$
$$\boldsymbol{p}_2 = \{1,\ 3,\ 9,\ 27,\ 81,\ \cdots,\ 3^{n-1},\ \cdots\}$$

という要素をとってくる（どうやってこのような数列 $\boldsymbol{p}_1, \boldsymbol{p}_2$ に気づくかは，この後の議論の展開で示される）と，

$$\begin{aligned} S(\boldsymbol{p}_1) &= \{2,\ 4,\ 8,\ 16,\ \cdots,\ 2^n,\ \cdots\} \\ &= 2\{1,\ 2,\ 4,\ 8,\ \cdots,\ 2^{n-1},\ \cdots\} \\ &= 2\boldsymbol{p}_1 \\ S(\boldsymbol{p}_2) &= \{3,\ 9,\ 27,\ 81,\ \cdots,\ 3^n,\ \cdots\} \\ &= 3\{1,\ 3,\ 9,\ 27,\ \cdots,\ 3^{n-1},\ \cdots\} \\ &= 3\boldsymbol{p}_2 \end{aligned}$$

となる．よって，$\boldsymbol{p}_1,\ \boldsymbol{p}_2$ は S の，それぞれ固有値 2，固有値 3 に属する固有ベクトルであって

$$(S(\boldsymbol{p}_1),\ S(\boldsymbol{p}_2)) = (2\boldsymbol{p}_1,\ 3\boldsymbol{p}_2) = (\boldsymbol{p}_1,\ \boldsymbol{p}_2) \begin{pmatrix} 2 & 0 \\ 0 & 3 \end{pmatrix}$$

となることより，基底 <$\boldsymbol{p}_1,\ \boldsymbol{p}_2$> について S を表す行列は $\begin{pmatrix} 2 & 0 \\ 0 & 3 \end{pmatrix}$ となる．

> **研究**
>
> 高校で学ぶ「漸化式」の主題は，もっぱら
>
> $$a_{n+2} = 5a_{n+1} - 6a_n \quad (n = 1,\ 2,\ 3,\ \cdots)$$
>
> のように与えられた漸化式の'一般項'を求める（第 n 項を n の関数として表現する）ことであったが，線型変換 f の立場から見ると，第 n 項 a_n は，第 1 項 a_1 から $n-1$ 項ずらしたものであるから，数列 $\{a_n\}$ に変換 f を $n-1$ 回連続して施して出てくる数列の第 1 項が a_n である．
>
> $$\{a_1,\ a_2,\ a_3,\ a_4,\ \cdots,\ a_n,\ \cdots\}$$
> $$f \downarrow$$
> $$\{a_2,\ a_3,\ a_4,\ \cdots,\ a_n,\ \cdots\}$$
> $$f \downarrow$$
> $$\{a_3,\ a_4,\ \cdots,\ a_n,\ \cdots\}$$
> $$f \downarrow$$
> $$\vdots$$
> $$f \downarrow$$
> $$\{a_n,\ \cdots\}$$
>
> この変換 f のプロセスを $\langle \boldsymbol{p}_1,\ \boldsymbol{p}_2 \rangle$ を基底として表せば，行列 $B = \begin{pmatrix} 2 & 0 \\ 0 & 3 \end{pmatrix}$ の表す数ベクトル空間上の線型変換になり，$n-1$ 個の変換 f の合成変換 f^{n-1} は，対角行列 B の積として
>
> $$B^{n-1} = \begin{pmatrix} 2^{n-1} & 0 \\ 0 & 3^{n-1} \end{pmatrix}$$
>
> と簡単に計算できる，ということになる．

以上の議論は次のように，より形式的な，しかしよりわかりやすい表現になおすことができる．

漸化式
$$a_{n+2} = 5a_{n+1} - 6a_n \quad (n = 1,\ 2,\ 3,\ \cdots)$$
は，ベクトルと行列を用いて
$$\begin{pmatrix} a_{n+1} \\ a_{n+2} \end{pmatrix} = \begin{pmatrix} 0 & 1 \\ -6 & 5 \end{pmatrix} \begin{pmatrix} a_n \\ a_{n+1} \end{pmatrix} \quad (n = 1,\ 2,\ 3,\ \cdots)$$
と表すことができる（両辺のベクトルの第 1 成分の関係は，
$$a_{n+1} = a_{n+1}$$

という自明な関係なので，これ自身は意味がないが，上の形で表すことにより，
$$\begin{pmatrix} a_n \\ a_{n+1} \end{pmatrix} \longmapsto \begin{pmatrix} a_{n+1} \\ a_{n+2} \end{pmatrix}$$

という1項ずらすという変換が，行列 $A = \begin{pmatrix} 0 & 1 \\ -6 & 5 \end{pmatrix}$ を用いて表すことができるのである)．

すると，数列 $\{a_n\}$ の一般項 a_n は
$$\begin{pmatrix} a_n \\ a_{n+1} \end{pmatrix} = A^{n-1} \begin{pmatrix} a_1 \\ a_2 \end{pmatrix}$$

と表されることになるが，ここで，$\mathbb{R}^2$（あるいは $\mathbb{C}^2$）の標準基底 $\langle \boldsymbol{e}_1, \boldsymbol{e}_2 \rangle = \left\langle \begin{pmatrix} 1 \\ 0 \end{pmatrix}, \begin{pmatrix} 0 \\ 1 \end{pmatrix} \right\rangle$ から基底 $\left\langle \begin{pmatrix} 1 \\ 2 \end{pmatrix}, \begin{pmatrix} 1 \\ 3 \end{pmatrix} \right\rangle$ への取り替え行列 $P = \begin{pmatrix} 1 & 1 \\ 2 & 3 \end{pmatrix}$ をとると，

$$B = P^{-1}AP = \begin{pmatrix} 3 & -1 \\ -2 & 1 \end{pmatrix} \begin{pmatrix} 0 & 1 \\ -6 & 5 \end{pmatrix} \begin{pmatrix} 1 & 1 \\ 2 & 3 \end{pmatrix}$$

は，対角行列
$$B = \begin{pmatrix} 2 & 0 \\ 0 & 3 \end{pmatrix}$$

になり，したがって B の冪（累乗）が簡単に計算できる[3]ことを利用すると

---

[3] $B = P^{-1}AP$ の両辺に左から P を，右から P^{-1} を乗じて得られる式 $PBP^{-1} = A$ の累乗は，以下のように途中の P, P^{-1} が打ち消し合って

$$(PBP^{-1})^2 = PBP^{-1}PBP^{-1} = PB^2P^{-1}$$
$$(PBP^{-1})^3 = PBP^{-1}PBP^{-1}PBP^{-1} = PB^3P^{-1}$$

と計算できる．

$$A^{n-1} = (PBP^{-1})^{n-1} = PB^{n-1}P^{-1}$$
$$= \begin{pmatrix} 1 & 1 \\ 2 & 3 \end{pmatrix} \begin{pmatrix} 2^{n-1} & 0 \\ 0 & 3^{n-1} \end{pmatrix} \begin{pmatrix} 3 & -1 \\ -2 & 1 \end{pmatrix}$$
$$= \begin{pmatrix} 3 \cdot 2^{n-1} - 2 \cdot 3^{n-1} & -2^{n-1} + 3^{n-1} \\ 3 \cdot 2^n - 2 \cdot 3^n & -2^n + 3^n \end{pmatrix}$$

から,

$$a_n = (3 \cdot 2^{n-1} - 2 \cdot 3^{n-1})a_1 + (-2^{n-1} + 3^{n-1})a_2$$
$$= (3a_1 - a_2)2^{n-1} + (-2a_1 + a_2)3^{n-1}$$

が得られる.

■ 14.3　数ベクトル空間での固有値, 固有ベクトル

以上で, 固有ベクトルを見つけると, うまい話がある, ということを見てきた.《どのようにして, この固有ベクトルを見つけるか》——われわれの次の課題はこれである.

与えられた線型変換 $f: V \longrightarrow V$ の固有値, 固有ベクトルを求めるために, $V = F^n$ という, 最も基本的な数ベクトル空間の場合について考えよう. この場合は, 線型変換は, ある n 次正方行列 A,

$$f : F^n \longrightarrow F^n$$
$$\cup \qquad \cup$$
$$\begin{pmatrix} x_1 \\ x_2 \\ \vdots \\ x_n \end{pmatrix} \longmapsto A \begin{pmatrix} x_1 \\ x_2 \\ \vdots \\ x_n \end{pmatrix}$$

と表せるので, 上に述べた固有値, 固有ベクトルの定義は, 次のように書き表せる.

定義 14.3.1　与えられた正方行列 A に対し,

$$A\bm{x} = \lambda \bm{x} \text{ かつ } \bm{x} \neq \bm{0}$$

となる数ベクトル $\bm{x} \in F^n$ が存在するとき，このような定数 $\lambda \in F$ を，行列 A の**固有値**と呼ぶ．また，このような $\bm{x} \in F^n$ を，行列 A の λ に属す**固有ベクトル**と呼ぶ．

行列 A の固有値を求める上で決定的に重要なのは，次の定理である．

> **定理 14.3.1** n 次正方行列 A の固有値は，x についての n 次方程式
> $$\det(A - xE) = 0$$
> の，F に含まれる解である．ただし，E は n 次単位行列である．

この定理は，その主張自身の重要性もさることながら，その証明も線型代数の 1 つの真髄である．

証明 λ が n 次正方行列 A の固有値である

$\iff \begin{cases} A\bm{x} = \lambda \bm{x} \\ \bm{x} \neq \bm{0} \end{cases}$ となる $\bm{x} \in F^n$ が存在する

$\iff$ 同次形の連立 1 次方程式 $(A - \lambda E)\bm{x} = \bm{0}$ が，自明な解 $\bm{x} = \bm{0}$ 以外の解をもつ[4]

$\iff n$ 次正方行列 $A - \lambda E$ の階数 (rank) が n 未満である

$\iff$ 行列 $A - \lambda E$ が正則でない

$\iff \det(A - \lambda E) = 0$

$\iff x = \lambda$ が方程式 $\det(A - xE) = 0$ の解である ∎

n 次正方行列 A に対し，$\det(A - xE)$ は，x についての n 次式になる．実際，$A = (a_{ij})$ とおくと

---

[4] $A\bm{x} = \lambda \bm{x} \iff A\bm{x} - x\bm{x} = \bm{0}$ であり，この左辺は $A\bm{x} - \lambda \bm{x} = A\bm{x} - \lambda E\bm{x} = (A - \lambda E)\bm{x}$ と変形できる，というのが上の変形で効いている．

14.3 数ベクトル空間での固有値，固有ベクトル

$$\det(A - xE) = \begin{vmatrix} a_{11}-x & a_{12} & \cdots & a_{1n} \\ a_{21} & a_{22}-x & \cdots & a_{2n} \\ \vdots & \vdots & \ddots & \vdots \\ a_{n1} & a_{n2} & \cdots & a_{nn}-x \end{vmatrix}$$

を展開したとき，x についての最高次は，すべての列（あるいはすべての行）から，x を項に含む成分をとった場合の積

$$\begin{aligned}&(a_{11}-x)(a_{22}-x)\cdots(a_{nn}-x)\\=&(-1)^n x^n + (-1)^{n-1}(a_{11}+a_{22}+\cdots+a_{nn})x^{n-1}\\&+\cdots+a_{11}a_{22}\cdots a_{nn}\end{aligned} \qquad (14.1)$$

の中に現れる $(-1)^n x^n$ であり，その次の次数の項も上の展開 (14.1) から出てくる $(-1)^{n-1}(a_{11}+a_{22}+\cdots+a_{nn})x^{n-1}$ である．多項式 $\det(A-xE)$ の $n-2$ 次以下の項は，(14.1) 以外からも現れるので，これら以外は下に示す定数項を除いては，このように単純には計算できない．

他方，定数項は，多項式において $x=0$ とおくことによって得られることを考えれば，ただちに $\det(A)$ とわかる．

以上より，$\det(A-xE)$ は降べきの順に整理すると

$$\det(A-xE) = (-1)^n x^n + (-1)^{n-1}\mathrm{tr}(A)x^{n-1} + \cdots + \det(A)$$

と表される x の n 次多項式であり，$n-2$ 次以下，1 次以上の項の係数は（簡単に表すことはできないが），A の成分によって定まるものである．ここで x^{n-1} の係数に現れる $\mathrm{tr}(A)$ は，A の**トレース**（trace, 跡）と呼ばれ

$$\mathrm{tr}(A) = \sum_{i=1}^{n} a_{ii}$$

で定められるものである．

なお，多項式の最高次の係数に $(-1)^n$ がつくのは少々ウルサイので，行列 A の固有値を論ずるための x の多項式としては $\det(A-xE)$ の代わりに，その $(-1)^n$ 倍である $\det(xE-A)$ を考えることが多い．

260　第 14 章　固有値，固有ベクトルと行列の対角化

定義 14.3.2　行列 A に対し，x の n 次多項式 $\det(xE - A)$ を A の**特性多項式**（または**固有多項式**）と呼ぶ．また，それを 0 とおいて得られる x の n 次方程式

$$\det(xE - A) = 0$$

を，A の**特性方程式**（または**固有方程式**）と呼ぶ．A の固有多項式を，しばしば $\Phi_A(x)$ という記号で表す．

ここで，「特性」や「固有」という修飾語は，これが行列 A の持つ特性を最も端的に表現する重要性に由来する．

本質例題　49　固有値，固有ベクトルの導出法　　　　　　　基礎

$A = \begin{pmatrix} 0 & 1 \\ -6 & 5 \end{pmatrix}$ の場合，固有値，固有ベクトルを求め，A を対角化せよ．

■定義がしっかりわかっていれば難なく解ける（はずの）基本問題である．■

解答

A の固有多項式は，

$$\det(xE - A) = \begin{vmatrix} x & -1 \\ 6 & x-5 \end{vmatrix}$$
$$= x(x-5) - (-6) = x^2 - 5x + 6$$

という 2 次式であり，したがって A の固有方程式は 2 次方程式

$$x^2 - 5x + 6 = 0$$

である．これは，$\mathbb{R}$ において，$x = 2$ または 3 という解をもつので，A の $\mathbb{R}$ における固有値は 2 と 3 である．

固有値 λ に属する固有ベクトルは，

$$(\lambda E - A)\boldsymbol{x} = \boldsymbol{0}$$

すなわち，

長岡流処方せん

■いたみ止め
$\mathbb{R}$ でなく $\mathbb{C}$ においても同じである．

■いたみ止め
$\lambda \boldsymbol{x} - A\boldsymbol{x} = \boldsymbol{0}$，すなわち $A\boldsymbol{x} = \lambda \boldsymbol{x}$ と同値な式．

■いたみ止め
実直に計算する．

$$\begin{pmatrix} \lambda & -1 \\ 6 & \lambda-5 \end{pmatrix} \begin{pmatrix} x \\ y \end{pmatrix} = \begin{pmatrix} 0 \\ 0 \end{pmatrix}$$

という方程式を解いて求められるので，行列 A の $\lambda=2$, $\lambda=3$ に属する固有ベクトルとしてそれぞれ

$$\boldsymbol{p}_1 = \begin{pmatrix} 1 \\ 2 \end{pmatrix}, \ \boldsymbol{p}_2 = \begin{pmatrix} 1 \\ 3 \end{pmatrix}$$

がとれる．

したがって，行列 P を

$$P = (\boldsymbol{p}_1, \ \boldsymbol{p}_2) = \begin{pmatrix} 1 & 1 \\ 2 & 3 \end{pmatrix}$$

と定めると，対角行列

$$P^{-1}AP = \begin{pmatrix} 2 & 0 \\ 0 & 3 \end{pmatrix}$$

が得られる．

■ いたみ止め

$\lambda=2$, $\lambda=3$ を代入して計算するとすぐにわかる $\boldsymbol{p}_1 = \begin{pmatrix} 2 \\ 4 \end{pmatrix}$, $\boldsymbol{p}_2 = \begin{pmatrix} -1 \\ -3 \end{pmatrix}$ などでもよい．

> **注意**
>
> その1　$P^{-1}AP$ が上に示したような対角行列になることは，A の固有値が 2 と 3 と求められた時点で，残りの部分は具体的に計算しなくてもわかる．
>
> その2　固有ベクトルを求めるには，上のように，まず固有値を計算することがポイントである．たとえば，固有値 $\lambda = 2$ と求められたなら
>
> $$\begin{pmatrix} 2 & -1 \\ 6 & -3 \end{pmatrix} \begin{pmatrix} x \\ y \end{pmatrix} = \begin{pmatrix} 0 \\ 0 \end{pmatrix} \quad \therefore \begin{cases} 2x - y = 0 \\ 6x - 3y = 0 \end{cases}$$
>
> を解くことにより，その固有値に属する固有ベクトルが一例としては $\begin{pmatrix} 1 \\ 2 \end{pmatrix}$，一般には $\begin{pmatrix} t \\ 2t \end{pmatrix} = t \begin{pmatrix} 1 \\ 2 \end{pmatrix}$（ただし，$t$ は 0 でない任意の実数（または複素数））と求められる．
>
> 一般に，このような計算は，実際上 $Ax = \lambda x$ となる x の全体，すなわち固有値 λ に属する固有空間を決定する，という作業に相当するので，固有ベクトル自身は**一意的**には**決**まらないが，実用的には固有空間を生成するベクトル（固有空間の基底）として，できるだけ**簡単**そうなものを選べばよい．

さて，与えられた n 次の正方行列に対して，線型独立な n 個の固有ベクトルが見つかれば，それを基底に選ぶことによって，行列を単純化できるのであった．ここで単純化とは，精密にいえば，次の対角化ということである．

定義 14.3.3　与えられた行列 A が適当な正則行列 P により

$$P^{-1}AP = \begin{pmatrix} \alpha_1 & & & & O \\ & \alpha_2 & & & \\ & & \ddots & & \\ & & & \ddots & \\ O & & & & \alpha_n \end{pmatrix} \quad (\alpha_1, \alpha_2, \cdots, \alpha_n \in F)$$

と変形できるとき，A は**対角化可能**である，という．

本質例題 50 複素行列の対角化 　発展

$A = \begin{pmatrix} 0 & -1 \\ 1 & 0 \end{pmatrix}$ を複素行列として固有値，固有ベクトルを見つけることにより対角化せよ．

◨固有値，固有ベクトルを考えるときは，係数体として何を考えているのかが重要である．◧

解答

行列 A の固有多項式は，

$$\det(xE - A) = \begin{vmatrix} x & 1 \\ -1 & x \end{vmatrix} = x^2 + 1$$

であり，固有方程式は
$$x^2 + 1 = 0$$
である．したがって固有値は $\pm i$ である．

$$\begin{cases} A \text{ の } i \text{ に属す固有値ベクトルとして } \begin{pmatrix} 1 \\ -i \end{pmatrix} \\ A \text{ の } -i \text{ に属す固有値ベクトルとして } \begin{pmatrix} 1 \\ i \end{pmatrix} \end{cases}$$

がとれるので，$P = \begin{pmatrix} 1 & 1 \\ -i & i \end{pmatrix}$ とおけば，

$$P^{-1}AP = \begin{pmatrix} i & 0 \\ 0 & -i \end{pmatrix}$$

と A を対角化することができる．

長岡流処方せん

■いたみ止め

$\mathbb{R}$ の範囲では固有値は存在しない！したがって実行列の世界では，A は対角化できない．

14.4 異なる固有値に属す固有ベクトル

前節までは，線型変換，より直接的には行列の固有値と固有ベクトルが，'行列の対角化'に関わっていることを具体的に学んだ．これからは，これをさらなる応用を視野に入れて，より理論的に見ていこう．

まず，これまでに学んだことからほとんど明らかであるが，出発点となる最も重要な定理を明示的に述べよう．

定理 14.4.1 n 次元正方行列 A が対角化可能であるための必要十分条件は，線型独立な n 個の A の固有ベクトルが存在することである．

証明 十分性については 13.5 節に述べたので，必要性を示す．
ある正則行列 P に対し，

$$P^{-1}AP = \begin{pmatrix} \alpha_1 & & & & O \\ & \alpha_2 & & & \\ & & \ddots & & \\ & & & \ddots & \\ O & & & & \alpha_n \end{pmatrix}$$

となるとすると，

$$AP = P \begin{pmatrix} \alpha_1 & & & & O \\ & \alpha_2 & & & \\ & & \ddots & & \\ & & & \ddots & \\ O & & & & \alpha_n \end{pmatrix}$$

である．そこで，P を n 個の列ベクトル $\boldsymbol{p}_1, \boldsymbol{p}_2, \cdots, \boldsymbol{p}_n$ を横に並べたもの，すなわち

$$P = (\boldsymbol{p}_1, \boldsymbol{p}_2, \cdots, \boldsymbol{p}_n)$$

と見なせば，上の等式は，

$$\begin{cases} A\boldsymbol{p}_1 = \alpha_1 \boldsymbol{p}_1 \\ A\boldsymbol{p}_2 = \alpha_2 \boldsymbol{p}_2 \\ \quad \vdots \\ A\boldsymbol{p}_n = \alpha_n \boldsymbol{p}_n \end{cases}$$

を意味する．つまり，$\boldsymbol{p}_1, \boldsymbol{p}_2, \cdots, \boldsymbol{p}_n$ は，それぞれ $\alpha_1, \alpha_2, \cdots, \alpha_n$ に属する A の固有ベクトルである．しかも，P が正則であるから，これらは線型独立である[5]．■

行列 A が与えられたとき，A を対角化するための行列 P を求めるためには，固有ベクトルを求めることが不可欠であるが，対角化された結果を知りたいだけなら，固有ベクトルはわからなくても，固有値を知るだけで足りることに注意しておこう．

さて，異なる固有値 α_i, α_j ($\alpha_i \neq \alpha_j$) に属する固有ベクトル $\boldsymbol{p}_i, \boldsymbol{p}_j$ が異なることは自明である[6]が，これよりさらに進んで次のことがいえる．

定理 14.4.2 $\alpha_1, \alpha_2, \cdots, \alpha_k \in F$ が行列 A の相異なる固有値であるとすると，それぞれに属する固有ベクトル $\boldsymbol{p}_1, \boldsymbol{p}_2, \cdots, \boldsymbol{p}_k$ は線型独立である．

証明 固有値の個数 k についての数学的帰納法によって証明する．まず，$k=1$ のときは明らかである．

---
[5] P が正則 $\iff \mathrm{rank}(P) = n$
　　　　　$\iff \{\boldsymbol{p}_1, \boldsymbol{p}_2, \cdots, \boldsymbol{p}_n\}$ の中の線型独立なベクトルの最大数が n
　　　　　$\iff \boldsymbol{p}_1, \boldsymbol{p}_2, \cdots, \boldsymbol{p}_n$ が線型独立（第 5 章の 79 ページを参照）．

[6] $\begin{cases} A\boldsymbol{p}_i = \alpha_i \boldsymbol{p}_i \\ A\boldsymbol{p}_j = \alpha_j \boldsymbol{p}_j \end{cases}$ であるから，$\boldsymbol{p}_i = \boldsymbol{p}_j$ なら，$\alpha_i = \alpha_j$ となってしまう．

次に, $k=m$ (m はある自然数) のときは成り立つと仮定して, $k=m+1$ の場合, つまり, $m+1$ 個の固有値 $\alpha_1, \alpha_2, \cdots, \alpha_m, \alpha_{m+1}$ と, それぞれに属する固有ベクトル $\bm{p}_1, \bm{p}_2, \cdots, \bm{p}_m, \bm{p}_{m+1}$ をとって考える.

いま, ある $c_1, c_2, \cdots, c_m, c_{m+1} \in F$ に対し,

$$c_1\bm{p}_1 + c_2\bm{p}_2 + \cdots + c_m\bm{p}_m + c_{m+1}\bm{p}_{m+1} = \bm{0}$$

であると仮定する. 両辺に左から A をかけ, 固有ベクトルの性質を使うと,

$$c_1\alpha_1\bm{p}_1 + c_2\alpha_2\bm{p}_2 + \cdots + c_m\alpha_m\bm{p}_m + c_{m+1}\alpha_{m+1}\bm{p}_{m+1} = \bm{0}$$

が得られる. 初めの式の α_{m+1} 倍からこれをひくと, 最終項が消去されて

$$c_1(\alpha_{m+1} - \alpha_1)\bm{p}_1 + c_2(\alpha_{m+1} - \alpha_2)\bm{p}_2 + \cdots + c_m(\alpha_{m+1} - \alpha_m)\bm{p}_m = \bm{0}$$

となる. ここで帰納法の仮定より, $\bm{p}_1, \bm{p}_2, \cdots, \bm{p}_m$ は線型独立であるから,

$$c_1(\alpha_{m+1} - \alpha_1) = c_2(\alpha_{m+1} - \alpha_2) = \cdots = c_m(\alpha_{m+1} - \alpha_m) = 0$$

でなければならず, さらに, $\alpha_1, \alpha_2, \cdots, \alpha_m, \alpha_{m+1}$ がすべて異なるという仮定を思い出せば,

$$c_1 = c_2 = \cdots = c_m = 0$$

でなければならない. これを最初の式に代入すれば,

$$c_{m+1}\bm{p}_{m+1} = \bm{0}$$

であり, したがって c_{m+1} もまた

$$c_{m+1} = 0$$

であり, よって $\bm{p}_1, \bm{p}_2, \cdots, \bm{p}_m, \bm{p}_{m+1}$ は線型独立である. ∎

以上 2 つの定理を組み合わせると, ただちに次の定理が得られる. これは実用的には, きわめて大切である.

> **定理 14.4.3** n 次正方行列 A が異なる n 個の固有値 $\alpha_1, \alpha_2, \cdots, \alpha_n \in F$ をもつならば，A は対角化可能，すなわち，ある n 次正則行列 P によって
> $$P^{-1}AP = \begin{pmatrix} \alpha_1 & & & & O \\ & \alpha_2 & & & \\ & & \ddots & & \\ & & & \ddots & \\ O & & & & \alpha_n \end{pmatrix}$$
> となる．

> **注意**　「n 次」正方行列 A に対して，「n 個」の異なる固有値という点が大切である．

■ 14.5　固有値が重解（重根）になる場合

しかし，この定理の逆は成立しない．つまり，n 次正方行列 A が n 個の異なる固有値をもたなくても，対角化できることがある．**対角化のために本質的なのは，"n 個の異なる固有値"ではなく，"n 個の線型独立な固有ベクトル"だからである**[7]．

> **本質例題 51**　固有値が重根でも対角化可能である例　　　　**発展**
> $$A = \begin{pmatrix} 3 & -6 & -2 \\ 1 & -2 & -1 \\ -2 & 6 & 3 \end{pmatrix}$$ を固有値，固有ベクトルを用いて対角化せよ．

◤固有方程式 → 固有値 → 固有ベクトルを順に求めればよい．◢

---
[7] 実際，A がすでに対角行列になっているなら，最も単純な場合として $A = E$（単位行列）をとると，A の固有値は 1 だけであるが，任意の正則行列 P に対し，$P^{-1}AP$ は対角行列である！

まず，行列 A の固有多項式 $\Phi_A(x)$ を求めると，

$$\Phi_A(x) = \begin{vmatrix} x-3 & 6 & 2 \\ -1 & x+2 & 1 \\ 2 & -6 & x-3 \end{vmatrix} = x^3 - 4x^2 + 5x - 2$$
$$= (x-2)(x-1)^2$$

となる．そこで，A の固有方程式

$$\Phi_A(x) = 0$$

を解いて，A の固有値は $x=1$（2 重解），または $x=2$ である．

固有値 1 に属する固有ベクトル $\begin{pmatrix} x_1 \\ x_2 \\ x_3 \end{pmatrix}$ が満たすべき関係は

$$(E-A)\begin{pmatrix} x_1 \\ x_2 \\ x_3 \end{pmatrix} = \begin{pmatrix} 0 \\ 0 \\ 0 \end{pmatrix} \quad \therefore \begin{cases} -2x_1 + 6x_2 + 2x_3 = 0 \\ -x_1 + 3x_2 + x_3 = 0 \\ 2x_1 - 6x_2 - 2x_3 = 0 \end{cases}$$

という連立方程式であるが，これは単一の方程式 $x_1 - 3x_2 - x_3 = 0$ と同値である[8]．これを満たすものとして，たとえば $\boldsymbol{p}_1 = \begin{pmatrix} 1 \\ 0 \\ 1 \end{pmatrix}$ と $\boldsymbol{p}_2 = \begin{pmatrix} 3 \\ 1 \\ 0 \end{pmatrix}$ がとれる[9]．

---

[8] 係数行列 $\begin{pmatrix} -2 & 6 & 2 \\ -1 & 3 & 1 \\ 2 & -6 & -2 \end{pmatrix}$ の階数（ランク）が 1，それゆえ解の自由度は 2 である．

[9] 連立方程式の一般解は，

$$\begin{cases} x_1 = c_1 \\ x_2 = c_2 \\ x_3 = c_1 - 3c_2 \end{cases} \quad (c_1, c_2; \text{任意定数})$$

と表せるので無数にあり，上に示したものはそのうち

他方,固有値 2 に属する固有ベクトルとしては,$\boldsymbol{p}_3 = \begin{pmatrix} 2 \\ 1 \\ -2 \end{pmatrix}$ がとれる[10].

それゆえ,A の線型独立な 3 個の固有ベクトル $\boldsymbol{p}_1$, $\boldsymbol{p}_2$, $\boldsymbol{p}_3$ がとれる.この $\boldsymbol{p}_1$, $\boldsymbol{p}_2$, $\boldsymbol{p}_3$ を横に並べて

$$P = \begin{pmatrix} 1 & 3 & 2 \\ 0 & 1 & 1 \\ 1 & 0 & -2 \end{pmatrix}$$

をつくれば,

$$P^{-1}AP = \begin{pmatrix} 1 & 0 & 0 \\ 0 & 1 & 0 \\ 0 & 0 & 2 \end{pmatrix}$$

となる.

14.6 対角化可能であるための必要十分条件

行列式の基本性質 $\det(AB) = \det(A) \cdot \det(B)$ により,正方行列 A, B がある正則行列 P に対して

$$B = P^{-1}AP$$

となるならば,A, B の固有多項式は一致する.実際,

$$\det(xE - B) = \det(xE - P^{-1}AP) = \det(P^{-1}(xE - A)P)$$
$$= \det(xE - A)$$

$\begin{cases} c_1 = 1 \\ c_2 = 0 \end{cases}$, $\begin{cases} c_1 = 3 \\ c_2 = 1 \end{cases}$

のものに過ぎない.もちろん,これに限らず $\boldsymbol{p}_1$, $\boldsymbol{p}_2$ として線型独立な 2 つの解を 1 組選べばよい.

[10] 連立方程式 $\begin{cases} -x_1 + 6x_2 + 2x_3 = 0 \\ -x_1 + 4x_2 + x_3 = 0 \\ 2x_1 - 6x_2 - x_3 = 0 \end{cases}$ を解く.

上式[11] のような A, B の関係を，A は B に**相似**である，ということにすれば，いま述べたことは次のように言い換えることができる．

定理 14.6.1 相似な行列の固有多項式は一致する．したがって，相似な行列の固有値は（重複度も含めて）一致する．

注意 多項式 $f(x)$ で表される方程式 $f(x) = 0$ において，$f(x)$ が $(x-\alpha)^m$ で割り切れるが，$(x-\alpha)^{m+1}$ では割り切れないような定数 α と自然数 m が存在するとき，α はこの方程式の m 重解（m 重根）であるといい，m を α の**重複度** (multiplicity) と呼ぶ．

n 次元正方行列 $A = (a_{ij})$ について

$$\Phi_A(x) = \det(xE - A) = x^n - \mathrm{tr}(A)x^{n-1} + \cdots + (-1)^n \det(A)$$

であったことを思い出せば，

$$A \text{ と } B \text{ が相似} \Longrightarrow \begin{cases} \mathrm{tr}(A) = \mathrm{tr}(B) \\ \det(A) = \det(B) \end{cases}$$

が成り立つことは，上の定理から明らかである（もちろん $B = P^{-1}AP$ に基づいて直接証明することも容易である）．

さらに，A が対角化可能であるときには，（つまり，ある対角行列 $B = \begin{pmatrix} \alpha_1 & & & O \\ & \alpha_2 & & \\ & & \ddots & \\ & & & \ddots \\ O & & & \alpha_n \end{pmatrix}$ に相似であるときには，)

---

[11] $\det(P^{-1}(xE - A)P) = \det(P^{-1}) \cdot \det(xE - A) \cdot \det(P)$
$\phantom{[11] \det(P^{-1}(xE - A)P)} = \dfrac{1}{\det(P)} \cdot \det(xE - A) \cdot \det(P)$
$\phantom{[11] \det(P^{-1}(xE - A)P)} = \det(xE - A)$

$$\begin{cases} \mathrm{tr}(A) = \alpha_1 + \alpha_2 + \cdots + \alpha_n \\ \det(A) = \alpha_1 \alpha_2 \cdots \alpha_n \end{cases}$$

であることがわかる．つまり，**行列 A のトレースは A の固有値の和，行列 A の行列式は A の固有値の積**であることも，明確に見える．

n 次の固有方程式が異なる n 個の解（単根）を持つ場合は，対角化可能であることを前に示したが，固有方程式が重解をもつ場合は，対角化に関してどのような一般論を立てることができるであろうか．——この問題を解くために重要なのは，次の事実である．

定理 14.6.2 正方行列 A の固有方程式

$$\Phi_A(x) = 0$$

が $x = \alpha$ を m 重解にもつとき，固有値 α に属する線型独立な固有ベクトルは，せいぜい m 個しかとれない．

証明 固有値 α に属する固有ベクトルは，方程式

$$A\boldsymbol{x} = \alpha \boldsymbol{x}$$

すなわち，同次型 1 次方程式

$$(A - \alpha E)\boldsymbol{x} = \boldsymbol{0}$$

の解であるから，その線型独立な解の個数 μ は，係数行列 $A - \alpha E$ のランクを用いて

$$\mu = n - \mathrm{rank}(A - \alpha E)$$

と定められるものである．そこで上の方程式の線型独立な解を

$$\boldsymbol{x} = \boldsymbol{p}_1, \; \boldsymbol{p}_2, \; \cdots, \; \boldsymbol{p}_\mu$$

として，これを補う形で，F^n の基底

$$\langle \boldsymbol{p}_1, \; \boldsymbol{p}_2, \; \cdots, \; \boldsymbol{p}_\mu, \; \boldsymbol{p}_{\mu+1}, \; \cdots, \; \boldsymbol{p}_n \rangle$$

をとり，これらのベクトルを横一列に並べて行列 P を
$$P = (\boldsymbol{p}_1, \boldsymbol{p}_2, \cdots, \boldsymbol{p}_\mu, \boldsymbol{p}_{\mu+1}, \cdots, \boldsymbol{p}_n)$$
と作ると，
$$\begin{cases} A\boldsymbol{p}_1 = \alpha\boldsymbol{p}_1 \\ A\boldsymbol{p}_2 = \alpha\boldsymbol{p}_2 \\ \phantom{A\boldsymbol{p}_1}\vdots \\ A\boldsymbol{p}_\mu = \alpha\boldsymbol{p}_\mu \end{cases}$$
より
$$A(\boldsymbol{p}_1, \cdots, \boldsymbol{p}_\mu, \cdots, \boldsymbol{p}_n) = (\boldsymbol{p}_1, \cdots, \boldsymbol{p}_\mu, \cdots, \boldsymbol{p}_n)\begin{pmatrix} \alpha & & O & \\ & \ddots & & * \\ O & & \alpha & \\ \hline & O & & * \end{pmatrix}$$

すなわち，
$$P^{-1}AP = \begin{pmatrix} \alpha & & O & \\ & \ddots & & * \\ O & & \alpha & \\ \hline & O & & * \end{pmatrix}\begin{matrix} \\ \mu \\ \\ n-\mu \end{matrix}$$

となる．最後の式の右辺の形から，$P^{-1}AP$ の固有多項式は $(x-\alpha)^\mu$ で割り切れるはずである[12] から，$P^{-1}AP$ の固有方程式は α を少なくとも μ

---

[12] $P^{-1}AP = \begin{pmatrix} \alpha E_\mu & A_{12} \\ O & A_{22} \end{pmatrix}$ （E_μ は μ 次単位行列）

とおくと，
$$\det(xE - P^{-1}AP) = \begin{vmatrix} x-\alpha & & & & \\ & \ddots & & & -A_{12} \\ & & x-\alpha & & \\ \hline & O & & xE' - A_{22} \end{vmatrix}$$
$$= \begin{vmatrix} x-\alpha & & \\ & \ddots & \\ & & x-\alpha \end{vmatrix} \times \begin{vmatrix} xE' - A_{22} \end{vmatrix}$$
$$= (x-\alpha)^\mu \times |xE' - A_{22}|$$
（E' は $n-\mu$ 次単位行列）

重解にもつ．一方，この方程式は A の固有方程式と同じものである．したがって m の定義より $\mu \leq m$ でなければならない．■

これまでに述べた定理を総合すると，**対角化可能性についての最終形**ともいうべき次の定理が得られる．

定理 14.6.3 体 F の要素を成分にもつ n 次正方行列 A が対角化可能であるための必要十分条件は，A の固有方程式
$$\Phi_A(x) = 0$$
が，F において，重複度を考慮して n 個の解をもち，その相異なる値を $\alpha_1, \alpha_2, \cdots, \alpha_s$, またそれぞれの重複度を $m_1, m_2, \cdots, m_s$ とおくとき，各 α_i に属する固有空間の次元（すなわち，線型独立な固有ベクトルの個数）がちょうど m_i である $(i = 1, 2, \cdots, s)$ ことである．

注意

その 1 $\Phi_A(x) = 0$ は x についての n 次方程式であるから，$F = \mathbb{R}$ のときには（重複度を考慮して）n 個の解をもつとは限らないが，$F = \mathbb{C}$ の場合は**代数学の基本定理**によってそれが保証される．それゆえ，$F = \mathbb{C}$ の場合は，この定理に現れる条件の前半は自明に成立する．「実在しない」と考えられることの多い $F = \mathbb{C}$ で考えることの数学的自然さを表しているといってよい．

その 2 当然，$m_1 + m_2 + \cdots + m_s = n$ である．

その 3 代数学の基本定理はすでにデカルトによっても明確に予感されているが，その数学的重要性を認識し，何通りもの厳密な証明を与えたのはガウスである（Carl Friedrich Gauss, 現代では，Karl と綴ることも多い）．

【14章の復習問題】

1 $A = \begin{pmatrix} 4 & 1 & -4 \\ 2 & 3 & -4 \\ 2 & 1 & -2 \end{pmatrix}$ の固有値，固有ベクトルを求め，それを利用して対角化せよ．

2 次の行列は対角化可能か．もしそうであるならば，対角化する正則行列を1つ求めよ．

(1) $\begin{pmatrix} -2 & -6 & -10 \\ 1 & 1 & 0 \\ 1 & 3 & 6 \end{pmatrix}$ (2) $\begin{pmatrix} 1 & 4 & -8 \\ -1 & -3 & 5 \\ 0 & 0 & -3 \end{pmatrix}$ (3) $\begin{pmatrix} 1 & 0 & 0 \\ 3 & 7 & 6 \\ 2 & 4 & 5 \end{pmatrix}$

(4) $\begin{pmatrix} 1 & 0 & 0 \\ 1 & 1 & 0 \\ 0 & 1 & 1 \end{pmatrix}$ (5) $\begin{pmatrix} 1 & -1 & 1 \\ -1 & 1 & 1 \\ 1 & 1 & 1 \end{pmatrix}$ (6) $\begin{pmatrix} 3 & 1 & -3 \\ 0 & 3 & -1 \\ 1 & 0 & 0 \end{pmatrix}$

3 n 次正方行列 A が正則行列であるための必要十分条件は，0 が A の固有値にならないことを示せ．

15

複素行列の世界

14 章の結論は行列の固有値問題を考える上で複素数の世界がいかに自然であるかを明確に示唆している．そこで本章では，$F = \mathbb{C}$ の場合について，より濃密な考察をしよう．

■ 15.1 ユニタリ行列とエルミート行列

定義 15.1.1 複素正方行列 $A = (a_{ij})$ に対し，$\overline{a_{ji}}$ を (i, j) 成分にもつ行列，すなわち A の転置行列において各成分をその共役複素数に置き換えた行列

$$\,^t\overline{A} = (\overline{a_{ji}})$$

を，A の**随伴 (adjoint) 行列**と呼び，A^* で表す[1]．

転置行列と複素共役の性質から，同じ次数の複素正方行列 A, B について

$$(AB)^* = B^* A^*$$

が成り立つ．

定義 15.1.2 複素正方行列 A について

$$\begin{cases} \text{i)} \ A^* = A^{-1} \text{ となるとき，} A \text{ をユニタリ行列} \\ \text{ii)} \ A^* = A \text{ となるとき，} A \text{ をエルミート行列} \end{cases}$$

と呼ぶ．

> **注意** その 1　A が実正方行列のときは
>
> $$A: \text{エルミート行列} \iff \,^tA = A$$

---

[1] 実数 x について $\overline{x} = x$ であるので，A が実行列のときは $A^* = \,^tA$，すなわち実行列の世界では随伴行列は転置行列に過ぎない．

となる．このような A は，**実対称行列**と呼ばれる．${}^t\!A = A$（すなわち，転置しても元と変わらない）とは，A の成分が左上から右下にかけての対角線に関して対称である（$a_{ij} = a_{ji}$）ことを意味するからである．

同様に，実行列 A については

$$A : \text{ユニタリ行列} \iff {}^t\!A = A^{-1}$$

となり，このような A は**直交行列**と呼ばれる．それは，A を n 個の列ベクトルを横一列に並べたものと見なし $A = (\boldsymbol{a}_1, \boldsymbol{a}_2, \cdots, \boldsymbol{a}_n)$ とおくと，条件 ${}^t\!A = A^{-1}$，すなわち ${}^t\!A\,A = E$ は

$$\begin{pmatrix} {}^t\boldsymbol{a}_1 \\ {}^t\boldsymbol{a}_2 \\ \vdots \\ {}^t\boldsymbol{a}_n \end{pmatrix} (\boldsymbol{a}_1, \boldsymbol{a}_2, \cdots, \boldsymbol{a}_n) = \begin{pmatrix} 1 & & & O \\ & \ddots & & \\ & & \ddots & \\ O & & & 1 \end{pmatrix}$$

と表され，これは，ベクトル $\boldsymbol{a}_1, \boldsymbol{a}_2, \cdots, \boldsymbol{a}_n$ が

$${}^t\boldsymbol{a}_i\,\boldsymbol{a}_j = \delta_{ij} \quad (\delta_{ij} \text{ はクロネッカーのデルタ}),$$

という性質の内積の記号を使って表せば

$$(\boldsymbol{a}_i,\,\boldsymbol{a}_j) = \delta_{ij}$$

という性質を満たすこと，すなわち $\boldsymbol{a}_1, \boldsymbol{a}_2, \cdots, \boldsymbol{a}_n$ が互いに**直交する単位ベクトル**であることを意味する．これが直交行列という名前の由来である．**ユニタリ行列はこの直交行列の複素行列版である**．

その 2 エルミート行列は 19 世紀のフランスの数学者エルミート（Charles Hermite, 1822–1901）の名に由来する．フランス語の発音により近い「エレミット行列」と書く人も少なくない．他方，ユニタリ（unitary）は 'ユニット（unit＝単位）のような' の意である．

単位行列 E は，$E^* = E = E^{-1}$ であるから，エルミート行列であると同時にユニタリ行列である．このように，「エルミート行列」と「ユニタリ行列」は排反的な概念ではない．

15.1 ユニタリ行列とエルミート行列

図 15.1 エルミート (Charles Hermite, 1822–1901)

本質例題 52　エルミート行列とユニタリ行列　基礎

行列 H をエルミート行列とし，$E - iH$ が正則であるとする．
$$U = (E + iH)(E - iH)^{-1}$$
とおく．このとき，次の (1)〜(3) を示せ．

(1) U はユニタリ行列である．
(2) $E + U$ は正則である．
(3) $H = -i(E + U)^{-1}(U - E)$.

■見かけは難しそうであるが，ユニタリ行列，エルミート行列の定義に基づいて計算するだけである．計算はやや複雑であるが，目標をきちんと見据えて遂行すればよい．■

解答

(1) まず，$H^* = H$ であることから，
$$U^* = (E + iH^*)^{-1}(E - iH^*) = (E + iH)^{-1}(E - iH)$$
となることから，
$$U^*U = (E + iH)^{-1}(E - iH)(E + iH)(E - iH)^{-1}$$
である．
ここで，$(E - iH)(E + iH) = E + H^2 = (E + iH)(E - iH)$
であるから，$U^*U = E$.

長岡流処方せん

■ いたみ止め

複素正方行列 A, B について，一般に $(AB)^* = B^*A^*$ が成り立つ．したがってとくに $(AA^{-1})^* = E^*$ より
$$(A^{-1})^*A^* = E$$
$$\therefore\ (A^{-1})^* = (A^*)^{-1}$$
が成り立つことが繰り返し使われている．

同様に，$UU^* = E$. よって，U はユニタリ行列.

(2) $(E+U)(E-iH) = E(E-iH) + U(E-iH)$
$= (E-iH) + (E+iH) = 2E$.
よって，$E+U$ は逆行列として $\frac{1}{2}(E-iH)$ をもつので正則である．

(3) 最初に与えられた式から $U(E-iH) = E+iH$.
これを変形して $U - E = i(E+U)H$.
(2) より $E+U$ は正則であるから，
$H = -i(E+U)^{-1}(U-E)$ を得る．■

■ いたみ止め
$E-iH$ は試行錯誤で思い付かないとならない．

■ いたみ止め
H で U を表す式から，U で H を表す式が得られた．

以下では，複素数ベクトル空間 $\mathbb{C}^n$ において，

$$\boldsymbol{x} = \begin{pmatrix} z_1 \\ z_2 \\ \vdots \\ z_n \end{pmatrix}, \quad \boldsymbol{y} = \begin{pmatrix} w_1 \\ w_2 \\ \vdots \\ w_n \end{pmatrix}$$

に対して，

$$(\boldsymbol{x}, \boldsymbol{y}) = \sum_{i=1}^{n} z_i \overline{w_i} = {}^t\boldsymbol{x}\, \overline{\boldsymbol{y}}$$

で定められる標準的内積を考え，$\mathbb{C}^n$ を計量空間としてとらえることとする．複素行列 A が与えられたとき，この空間上の線型変換について次の単純で重要な関係が成り立つ．

定理 15.1.1 任意の $\boldsymbol{x}, \boldsymbol{y} \in \mathbb{C}^n$ に対し，$(A\boldsymbol{x}, \boldsymbol{y}) = (\boldsymbol{x}, A^*\boldsymbol{y})$

本質例題 53 行列と内積の基本関係 　標準

上の定理 15.1.1 を証明せよ．

◀ $\mathbb{C}^n$ における標準的な内積の定義がわかってさえいればよい．▶

15.1 ユニタリ行列とエルミート行列

解答

証明 内積の定義から

$$(A\bm{x},\ \bm{y}) = {}^t(A\bm{x})\,\overline{\bm{y}} = ({}^t\bm{x}\,{}^tA)\,\overline{\bm{y}} = {}^t\bm{x}({}^tA\,\overline{\bm{y}})$$
$$= {}^t\bm{x}(\overline{{}^t\overline{A}}\,\overline{\bm{y}}) = {}^t\bm{x}\,\overline{{}^t\overline{A}\,\bm{y}} = (\bm{x},\ {}^t\overline{A}\,\bm{y})$$
$$= (\bm{x},\ A^*\bm{y}) \blacksquare$$

> **長岡流処方せん**
>
> ■ いたみ止め
>
> 内積をベクトルの積になおして計算し、最後にまた目標とする内積の形にもってゆくだけ！

注意 A が実行列のときは，$A^* = {}^tA$ であるから

$$(A\bm{x},\ \bm{y}) = (\bm{x},\ {}^tA\bm{y})$$

となる．

この関係を用いて，ユニタリ行列，エルミート行列についての基本性質を導こう．

定理 15.1.2 （ユニタリ行列の特徴づけ）

n 次複素行列 A について次の各条件は互いに同値である．

i) $A^*A = E$，すなわち，A がユニタリ行列である．

ii) 任意の $\bm{x} \in \mathbb{C}^n$ に対し，$||A\bm{x}|| = ||\bm{x}||$．

iii) 任意の $\bm{x},\ \bm{y} \in \mathbb{C}^n$ に対し，

$$(A\bm{x},\ A\bm{y}) = (\bm{x},\ \bm{y})$$

iv) $A = (\bm{a}_1,\ \bm{a}_2,\ \cdots,\ \bm{a}_n)$ のとき，$(\bm{a}_i,\ \bm{a}_j) = \delta_{ij}$．すなわち，$n$ 個の列ベクトルは互いに直交する単位ベクトル．

本質例題 54 ユニタリ行列の特徴づけの証明　標準

上の定理 15.1.2 を証明せよ．

▶ 4 つの条件が互いに同値あることを示すのに，最も能率的なのは，その 4 つが論理的に 1 つのサイクルをなすことを示す，という方法である．◀

解答

証明　i) $\Longrightarrow$ ii) $\Longrightarrow$ iii) $\Longrightarrow$ iv) $\Longrightarrow$ i) を示す．

[i) $\Longrightarrow$ ii)]　任意の x に対し，
$$||Ax||^2 = (Ax, Ax) = (x, A^*Ax) = (x, x)$$
$$= ||x||^2 \quad \therefore ||Ax|| = ||x||.$$

いたみ止め
定理 15.1.1 と $A^*A = E$ より．

[ii) $\Longrightarrow$ iii)]　ii) より任意の x, y に対し，
$$||A(x+y)||^2 = ||x+y||^2.$$
ここで，
$$(左辺) = ||Ax + Ay||^2$$
$$= ||Ax||^2 + (Ax, Ay) + (Ay, Ax) + ||Ay||^2$$
$$= ||x||^2 + 2\mathrm{Re}(Ax, Ay) + ||y||^2,$$
$$(右辺) = ||x||^2 + (x, y) + (y, x) + ||y||^2$$
$$= ||x||^2 + 2\mathrm{Re}(x, y) + ||y||^2$$
であるから
$$\mathrm{Re}(Ax, Ay) = \mathrm{Re}(x, y) \tag{15.1}$$
同様に，
$$||A(x+iy)||^2 = ||x+iy||^2$$
を考えると，
$$\mathrm{Im}(Ax, Ay) = \mathrm{Im}(x, y) \tag{15.2}$$
を得る．(15.1), (15.2) より，

いたみ止め
定義 10.1.1 の iii) より，
$$(x, y) + (y, x)$$
$$= (x, y) + \overline{(x, y)}$$
$$= \mathrm{Re}(x, y)$$

いたみ止め
定義 10.1.1 の ii), iii) とその後の注意より
$$(iy, x)$$
$$= i(y, x)$$
$$= i\overline{(x, y)},$$
$$(x, iy)$$
$$= \overline{i}(x, y)$$
$$= -i(x, y)$$
となる．

15.1 ユニタリ行列とエルミート行列

$$(A\boldsymbol{x},\ A\boldsymbol{y}) = (\boldsymbol{x},\ \boldsymbol{y}) \quad \blacksquare$$

[iii) $\Longrightarrow$ iv)] x, y として $\boldsymbol{x} = \boldsymbol{e}_i = \begin{pmatrix} 0 \\ \vdots \\ 1 \\ \vdots \\ 0 \end{pmatrix} \leftarrow (i\,\text{列})$,

$\boldsymbol{y} = \boldsymbol{e}_j = \begin{pmatrix} 0 \\ \vdots \\ 1 \\ \vdots \\ 0 \end{pmatrix} \leftarrow (j\,\text{列})$ をとると $A\boldsymbol{e}_i = \boldsymbol{a}_i$, $A\boldsymbol{e}_j = \boldsymbol{a}_j$

であるから，$(\boldsymbol{a}_i,\ \boldsymbol{a}_j) = (A\boldsymbol{e}_i,\ A\boldsymbol{e}_j) = (\boldsymbol{e}_i,\ \boldsymbol{e}_j) = \delta_{ij}$

[iv) $\Longrightarrow$ i)] $A = (\boldsymbol{a}_1,\ \boldsymbol{a}_2,\ \cdots,\ \boldsymbol{a}_n)$ とすると

$$A^* = \begin{pmatrix} {}^t\overline{\boldsymbol{a}_1} \\ {}^t\overline{\boldsymbol{a}_2} \\ \vdots \\ {}^t\overline{\boldsymbol{a}_n} \end{pmatrix}$$

であるから，

$$\begin{aligned}
A^*A &= \begin{pmatrix} {}^t\overline{\boldsymbol{a}_1} \\ {}^t\overline{\boldsymbol{a}_2} \\ \vdots \\ {}^t\overline{\boldsymbol{a}_n} \end{pmatrix} (\boldsymbol{a}_1,\ \boldsymbol{a}_2,\ \cdots,\ \boldsymbol{a}_n) = \begin{pmatrix} {}^t\overline{\boldsymbol{a}_1}\boldsymbol{a}_1 & {}^t\overline{\boldsymbol{a}_1}\boldsymbol{a}_2 & \cdots & {}^t\overline{\boldsymbol{a}_1}\boldsymbol{a}_n \\ {}^t\overline{\boldsymbol{a}_2}\boldsymbol{a}_1 & {}^t\overline{\boldsymbol{a}_2}\boldsymbol{a}_2 & \cdots & {}^t\overline{\boldsymbol{a}_2}\boldsymbol{a}_n \\ \vdots & \vdots & & \vdots \\ {}^t\overline{\boldsymbol{a}_n}\boldsymbol{a}_1 & {}^t\overline{\boldsymbol{a}_n}\boldsymbol{a}_2 & \cdots & {}^t\overline{\boldsymbol{a}_n}\boldsymbol{a}_n \end{pmatrix} \\
&= \begin{pmatrix} \overline{(\boldsymbol{a}_1,\ \boldsymbol{a}_1)} & \overline{(\boldsymbol{a}_1,\ \boldsymbol{a}_2)} & \cdots & \overline{(\boldsymbol{a}_1,\ \boldsymbol{a}_n)} \\ \overline{(\boldsymbol{a}_2,\ \boldsymbol{a}_1)} & \overline{(\boldsymbol{a}_2,\ \boldsymbol{a}_2)} & \cdots & \overline{(\boldsymbol{a}_2,\ \boldsymbol{a}_n)} \\ \vdots & \vdots & & \vdots \\ \overline{(\boldsymbol{a}_n,\ \boldsymbol{a}_1)} & \overline{(\boldsymbol{a}_n,\ \boldsymbol{a}_2)} & \cdots & \overline{(\boldsymbol{a}_n,\ \boldsymbol{a}_n)} \end{pmatrix} = \begin{pmatrix} 1 & 0 & \cdots & 0 \\ 0 & 1 & \cdots & 0 \\ \vdots & \vdots & & \vdots \\ 0 & 0 & \cdots & 1 \end{pmatrix}
\end{aligned}$$

ゆえに，i), ii), iii), iv) はどの 2 つも互いに同値である．■

こうして，ユニタリ行列を特徴づけるには i) から iv) のどれを使ってもよいことがわかった！

エルミート行列について際立った性質は次の定理である．

定理 15.1.3 エルミート行列の固有値は実数であり，異なる固有値に属する固有ベクトルは互いに直交する．

本質例題 55 エルミート行列の固有値，固有ベクトル 基礎

上の定理 15.1.3 を証明せよ．

◢証明はちょっとしたコツをつかめば何でもない．ここで証明される性質は次節で大切な役割を演ずるので，定理の内容も大切であるが，証明方法も大切である．◣

解答

長岡流処方せん

■いたみ止め
エルミート行列のこの性質をうまく利用する！

証明 A をエルミート行列，$\alpha \in \mathbb{C}$ を A の固有値として，$A\boldsymbol{u} = \alpha \boldsymbol{u}$, $\boldsymbol{u} \neq \boldsymbol{0}$ とすると，$A^* = A$ より

$$(A\boldsymbol{u},\ \boldsymbol{u}) = (\boldsymbol{u},\ A^*\boldsymbol{u}) = (\boldsymbol{u},\ A\boldsymbol{u})$$

である．ここで，α と $\boldsymbol{u}$ の定義を考慮すると，

$$（左辺）= (\alpha\boldsymbol{u},\ \boldsymbol{u}) = \alpha\|\boldsymbol{u}\|^2$$
$$（右辺）= (\boldsymbol{u},\ \alpha\boldsymbol{u}) = \overline{\alpha}\|\boldsymbol{u}\|^2$$

であるから，上式は

$$\alpha\|\boldsymbol{u}\|^2 = \overline{\alpha}\|\boldsymbol{u}\|^2$$

となる.

$u \neq 0$ より, $\|u\| \neq 0$ であるから,
$$\alpha = \overline{\alpha}$$
となり, ゆえに, α は実数である.

つぎに, $\alpha \neq \beta$, $\alpha, \beta \in \mathbb{R}$ として
$$Au = \alpha u, \quad u \neq 0$$
$$Av = \beta v, \quad v \neq 0$$
とすると, $A^* = A$ より
$$(Au, v) = (u, A^*v) = (u, Av)$$
である. ここで, $\alpha, \beta \in \mathbb{R}$ であることを考慮すると,
$$(\text{左辺}) = (\alpha u, v) = \alpha(u, v)$$
$$(\text{右辺}) = (u, \beta v) = \beta(u, v)$$
であるから, 上式は
$$\alpha(u, v) = \beta(u, v)$$
となる.

$\alpha \neq \beta$ であるので,
$$\therefore (u, v) = 0. \quad \blacksquare$$

■ いたみ止め
一般に複素数 z について
$z \in \mathbb{R} \iff z = \bar{z}$.

■ いたみ止め
ここ以後, α, β は実数と仮定できる. 固有値 α, β に属する固有ベクトルとして, それぞれ u, v をとる.

■ **15.2 エルミート行列（対称行列）の対角化**

応用上きわめて重要なのは, 次の定理である.

定理 15.2.1 エルミート行列 H は適当なユニタリ行列 U を用いて対角化できる.

前節の知識を仮定すると, 証明は驚くほど簡単である.

証明 H が n 次のエルミート行列であるとすると,その固有値は n 個の実数として $\alpha_1, \alpha_2, \cdots, \alpha_n$ とおける.そして α_i に属する固有ベクトル $\boldsymbol{v}_i \in \mathbb{C}^n$ ($i = 1, 2, \cdots, n$) をとると,$\boldsymbol{v}_1, \boldsymbol{v}_2, \cdots, \boldsymbol{v}_n$ はどの 2 つも互いに直交するので,それぞれを

$$\boldsymbol{u}_i = \frac{\boldsymbol{v}_i}{\|\boldsymbol{v}_i\|} \quad (i = 1, 2, \cdots, n)$$

とすると,$\boldsymbol{u}_1, \boldsymbol{u}_2, \cdots, \boldsymbol{u}_n$ は互いに直交する単位ベクトルになる.そこで,$U = (\boldsymbol{u}_1, \boldsymbol{u}_2, \cdots, \boldsymbol{u}_n)$ とおけば,U はユニタリ行列で,しかも,$\boldsymbol{u}_1, \boldsymbol{u}_2, \cdots, \boldsymbol{u}_n$ がそれぞれ H の固有値 $\alpha_1, \alpha_2, \cdots, \alpha_n$ に属する固有ベクトルであったことから,

$$U^{-1}HU = \begin{pmatrix} \alpha_1 & & & O \\ & \alpha_2 & & \\ & & \ddots & \\ O & & & \alpha_n \end{pmatrix}$$

となる.■

注意 この証明には,実は小さな欠点がある.この欠点を克服し,証明を完全化するためには,もう 1 つのステップが本当は必要なのである.これについては後に述べる.熱心な読者には,この段階でどこに欠点があるか,ここで一旦は中断して考えてみることを勧めたい.

以下で,まずこの定理を実行列の世界にもってくると,次のようになる.

定理 15.2.2 対称行列 A は,適当な直交行列 P を用いて対角化できる.

以下で,まずこの定理の簡単な適用例を以下に示そう.より目覚ましい応用については,後の章で述べる.

15.2 エルミート行列（対称行列）の対角化

本質例題 56 実対称行列の対角化 　　　　　　　　　　　基礎

次の実対称行列を直交行列で対角化せよ．

(1) $\begin{pmatrix} 1 & -3 \\ -3 & 1 \end{pmatrix}$ 　　(2) $\begin{pmatrix} 0 & 0 & 1 \\ 0 & 1 & 0 \\ 1 & 0 & 0 \end{pmatrix}$

● 対称行列は，固有値が実数になること，異なる固有値に属する固有ベクトルは必ず直交することをきちんと意識して解けば何でもない．▶

解答

(1) $\lambda \begin{pmatrix} 1 & 0 \\ 0 & 1 \end{pmatrix} - \begin{pmatrix} 1 & -3 \\ -3 & 1 \end{pmatrix} = \begin{pmatrix} \lambda - 1 & 3 \\ 3 & \lambda - 1 \end{pmatrix}$ より，固有方程式は

$$(\lambda - 1)^2 - 3^2 = 0$$

これを解いて，固有値は -2 と 4 である．

固有値 -2 に属する固有ベクトルとして

$$\begin{pmatrix} -3 & 3 \\ 3 & -3 \end{pmatrix} \begin{pmatrix} x \\ y \end{pmatrix} = \begin{pmatrix} 0 \\ 0 \end{pmatrix} \text{ から } \boldsymbol{v}_1 = \begin{pmatrix} 1 \\ 1 \end{pmatrix}$$

がとれる．

同様に固有値 4 に属する固有ベクトルとして $\boldsymbol{v}_2 = \begin{pmatrix} 1 \\ -1 \end{pmatrix}$

がとれる．

そこで

$$P = \left(\frac{\boldsymbol{v}_1}{||\boldsymbol{v}_1||}, \frac{\boldsymbol{v}_2}{||\boldsymbol{v}_2||} \right) = \frac{1}{\sqrt{2}} \begin{pmatrix} 1 & 1 \\ 1 & -1 \end{pmatrix}$$

とすると，P は直交行列であって

$$P^{-1} \begin{pmatrix} 1 & -3 \\ -3 & 1 \end{pmatrix} P = \begin{pmatrix} -2 & 0 \\ 0 & 4 \end{pmatrix}$$

となる．

長岡流処方せん

■ いたみ止め
$\det(\lambda E - A) = 0$

■ いたみ止め
$A\boldsymbol{v} = \lambda \boldsymbol{v}$
$\Leftrightarrow (\lambda E - A)\boldsymbol{v} = \boldsymbol{0}$

■ いたみ止め
$\boldsymbol{v}_1$ と $\boldsymbol{v}_2$ の直交性は確認するまでもない！

■ いたみ止め
$\boldsymbol{v}_1, \boldsymbol{v}_2$ を正規化する．

(2) 同様に $A = \begin{pmatrix} 0 & 0 & 1 \\ 0 & 1 & 0 \\ 1 & 0 & 0 \end{pmatrix}$ の固有値は，1（重複度 2）と -1 である．

固有値 1 に属する固有ベクトルとして，互いに直交する

$$\boldsymbol{v}_1 = \begin{pmatrix} 1 \\ 0 \\ 1 \end{pmatrix} \quad \text{と} \quad \boldsymbol{v}_2 = \begin{pmatrix} 0 \\ 1 \\ 0 \end{pmatrix}$$

をとり，また固有値 -1 に属する固有ベクトルとして

$$\boldsymbol{v}_3 = \begin{pmatrix} 1 \\ 0 \\ -1 \end{pmatrix}$$

をとることができる．そこで

$$P = (\frac{\boldsymbol{v}_1}{||\boldsymbol{v}_1||}, \frac{\boldsymbol{v}_2}{||\boldsymbol{v}_2||}, \frac{\boldsymbol{v}_3}{||\boldsymbol{v}_3||})$$
$$= \frac{1}{\sqrt{2}} \begin{pmatrix} 1 & 0 & 1 \\ 0 & \sqrt{2} & 0 \\ 1 & 0 & -1 \end{pmatrix}$$

とおくと，$P^{-1}AP = \begin{pmatrix} 1 & 0 & 0 \\ 0 & 1 & 0 \\ 0 & 0 & -1 \end{pmatrix}$ となる．

さて，上の述べたように定理 15.2.1 の証明は，完了していない．それは，上の例題の (2) が示すように，H の固有値 $\alpha_1, \alpha_2, \cdots, \alpha_n$ がすべて異なるとは限らないからである（H はエルミート行列だから，固有方程式が実数解しかもたないことは確かだが，重解をもたないとはいえないのである！）．もし，これら固有値のなかに等しいものがある場合でも，互いに直交する n 個の固有ベクトル $\boldsymbol{v}_1, \boldsymbol{v}_2, \cdots, \boldsymbol{v}_n$ がとれれば問題はないのだが，たとえば，$\alpha_1 = \alpha_2 = \alpha$ のとき，

15.2 エルミート行列（対称行列）の対角化

$$\begin{cases} A\boldsymbol{v}_1 = \alpha\boldsymbol{v}_1, \ \boldsymbol{v}_1 \neq \boldsymbol{0} \\ A\boldsymbol{v}_2 = \alpha\boldsymbol{v}_2, \ \boldsymbol{v}_2 \neq \boldsymbol{0} \\ \boldsymbol{v}_1 \perp \boldsymbol{v}_2 \end{cases}$$

となるベクトル $\boldsymbol{v}_1$, $\boldsymbol{v}_2$ の存在がまだ示されていないのである．

この欠点を克服するには，少し複雑な議論を組み立てねばならない．これがわれわれの次の課題である．

そのために，複素行列において，エルミート行列，ユニタリ行列を含むより包括的な概念として正規行列のそれを与えよう．

定義 15.2.1 複素正方行列 A が

$$AA^* = A^*A$$

を満たすとき，A は**正規行列**(normal matrix) であるという．

正規行列については，一般に次の定理が成立する．

定理 15.2.3 複素正方行列 A が正規行列であるとき，$\alpha \in \mathbb{C}$ が x の n 次方程式

$$\det(xE - A) = 0$$

の k 重解であるなら，

$$\mathrm{rank}(A - \alpha E) = n - k$$

である．

> **注意** エルミート行列は正規行列の一種であるから，この定理が証明されれば上の証明の欠点を補うことができる．というのは，$\mathrm{rank}(A - \alpha E) = n - k$ であるということは
>
> $$\dim\{\boldsymbol{x} \mid A\boldsymbol{x} = \alpha\boldsymbol{x}\} = k$$
>
> つまり，A の固有値 α に属する線型独立なベクトルがちょうど k 個存在することを意味するからである．

第15章 複素行列の世界

さて，上の定理を証明するために，少し準備が必要である．まず，次の補題（予備定理）を証明しよう．

補題 複素正方行列 A が正規行列であるときには，$A\boldsymbol{u} = \alpha\boldsymbol{u}$ ならば，$A^*\boldsymbol{u} = \overline{\alpha}\boldsymbol{u}$ が成り立つ．

証明 正規行列 A については任意のベクトル $\boldsymbol{u}$ について一般に，

$$\begin{aligned}
||A\boldsymbol{u} - \alpha\boldsymbol{u}||^2 &= ||(A - \alpha E)\boldsymbol{u}||^2 \\
&= ((A - \alpha E)\boldsymbol{u},\ (A - \alpha E)\boldsymbol{u}) \\
&= ((A - \alpha E)^*(A - \alpha E)\boldsymbol{u},\ \boldsymbol{u})\ ^2 \\
&= ((A^* - \overline{\alpha}E)(A - \alpha E)\boldsymbol{u},\ \boldsymbol{u})\ ^3 \\
&= ((A^*A - \alpha A^* - \overline{\alpha}A + \alpha\overline{\alpha}E)\boldsymbol{u},\ \boldsymbol{u}) \\
&= ((AA^* - \alpha A^* - \overline{\alpha}A + \alpha\overline{\alpha}E)\boldsymbol{u},\ \boldsymbol{u})\ ^4 \\
&= ((A - \alpha E)(A^* - \overline{\alpha}E)\boldsymbol{u},\ \boldsymbol{u}) \\
&= ((A^* - \overline{\alpha}E)\boldsymbol{u},\ (A - \alpha E)^*\boldsymbol{u})\ ^5 \\
&= ((A^* - \overline{\alpha}E)\boldsymbol{u},\ (A^* - \overline{\alpha}E)\boldsymbol{u}) \\
&= ||(A^* - \overline{\alpha}E)\boldsymbol{u}||^2 \\
&= ||A^*\boldsymbol{u} - \overline{\alpha}\boldsymbol{u}||^2
\end{aligned}$$

が成り立つので，

$$||A\boldsymbol{u} - \alpha\boldsymbol{u}|| = 0 \Longrightarrow ||A^*\boldsymbol{u} - \overline{\alpha}\boldsymbol{u}|| = 0$$

である．∎

この補題を用いると，上の定理は簡単に証明できる．

---

[2] ここで $(\boldsymbol{x},\ A\boldsymbol{y}) = (A^*\boldsymbol{x},\ \boldsymbol{y})$ を用いた．
[3] 複素行列 $A,\ B$ について $(A + B)^* = A^* + B^*$
[4] ここで $A^*A = AA^*$ を用いた．
[5] ここでは $(A\boldsymbol{x},\ \boldsymbol{y}) = (\boldsymbol{x},\ A^*\boldsymbol{y})$ を用いている．$(A^*)^* = A$ であることを考えれば，(*4) と同じことである．

証明 はじめに $\mathrm{rank}(A - \alpha E) = n - l$ という仮定から，α が，方程式 $\det(xE - A) = 0$ の l 重解であることが示されれば，$l = k$ がいえるからである．仮定より，

$$(A - \alpha E)\boldsymbol{x} = \boldsymbol{0}, \quad \text{すなわち} \ A\boldsymbol{x} = \alpha \boldsymbol{x}$$

となる $\boldsymbol{x}$ で線型独立なものが l 個とれるので，それを $\boldsymbol{a}_1, \boldsymbol{a}_2, \cdots, \boldsymbol{a}_l$ とおく．これらが正規直交系でないときには，シュミットの直交化法を用いて互いに直交する単位ベクトルをつくり，それをあらためて $\boldsymbol{a}_1, \boldsymbol{a}_2, \cdots, \boldsymbol{a}_l$ とおく．

次に，これら l 個のベクトルを補う形で $\mathbb{C}^n$ の正規直交基底 $\boldsymbol{a}_1, \boldsymbol{a}_2, \cdots, \boldsymbol{a}_l, \boldsymbol{a}_{l+1}, \cdots, \boldsymbol{a}_n$ をつくり，それらを並べて行列 U を

$$U = (\boldsymbol{a}_1, \ \boldsymbol{a}_2, \ \cdots, \ \boldsymbol{a}_l, \boldsymbol{a}_{l+1}, \ \cdots, \ \boldsymbol{a}_n)$$

とおくと，正規直交基底のベクトルを並べて作られた行列 U はユニタリ行列であり，かつ $\boldsymbol{a}_1, \boldsymbol{a}_2, \cdots, \boldsymbol{a}_l$ が，A の固有値 α に属する固有ベクトルであったことから，

$$U^*AU = \begin{pmatrix} \alpha & & O & & B \\ & \ddots & & & \\ O & & \alpha & & \\ \hdashline & O & & & C \end{pmatrix} \begin{matrix} \updownarrow l \\ \\ \updownarrow n-l \end{matrix}$$

のようになる．この両辺の随伴行列をつくる[6]と

$$U^*A^*U = \begin{pmatrix} \overline{\alpha} & & O & & O \\ & \ddots & & & \\ O & & \overline{\alpha} & & \\ \hdashline & B^* & & & C^* \end{pmatrix} \begin{matrix} \updownarrow l \\ \\ \updownarrow n-l \end{matrix}$$

となるが，$\boldsymbol{a}_1, \boldsymbol{a}_2, \cdots, \boldsymbol{a}_l$ は，A^* の固有値 $\overline{\alpha}$ に属する固有ベクトルでもあったから

---

[6] ここで $(AB)^* = B^*A^*$ が使われる．

290　第 15 章　複素行列の世界

$$U^*A^*U = \begin{pmatrix} \overline{\alpha} & & O & & \\ & \ddots & & B' & \\ O & & \overline{\alpha} & & \\ \hdashline & O & & C' & \end{pmatrix} \begin{matrix} \updownarrow l \\ \\ \updownarrow n-l \end{matrix}$$

$$\overset{l \quad n-l}{}$$

という形にもなる．ここで，B, B'; C, C' はそれぞれ $l \times (n-l)$ 型；$(n-l) \times (n-l)$ 型のある行列である．したがって，

$$B^* = O \quad \therefore\ B = O$$

であり，

$$U^*AU = \begin{pmatrix} \alpha & & O & & \\ & \ddots & & O & \\ O & & \alpha & & \\ \hdashline & O & & C & \end{pmatrix} \begin{matrix} \updownarrow l \\ \\ \updownarrow n-l \end{matrix}$$

である．よって，

$$\det(xE - U^*AU) = \begin{vmatrix} x-\alpha & & O & & \\ & \ddots & & O & \\ O & & x-\alpha & & \\ \hdashline & O & & xE_{n-l}-C & \end{vmatrix}$$

$$\therefore\ \det(xE-A) = (x-a)^l \det(xE_{n-l}-C)$$

となる[7]．ここで E_{n-l} は $n-l$ 次単位行列である．また

---

[7] $\det(xE - U^*AU) = \det(xE - U^{-1}AU)$
$\qquad\qquad\qquad\qquad = \det(xE - A)$

を用いた．

ここで，α の多重度が少なくとも l であるといえた．

$$\alpha E - U^*AU = \begin{pmatrix} 0 & & O & \\ & \ddots & & O \\ O & & 0 & \\ \hline & O & & \alpha E_{n-l} - C \end{pmatrix}$$

$$\therefore \mathrm{rank}(\alpha E - U^*AU) = \mathrm{rank}(\alpha E_{n-l} - C)$$

である．この左辺は，

$$\mathrm{rank}(\alpha E - A) = n - l$$

に等しいから，$\alpha E_{n-l} - C$ は正則である[8]．ゆえに，

$$\det(\alpha E_{n-l} - C) \neq 0$$

となる[9]．これは，方程式

$$\det(xE - A) = 0$$

において，$x = \alpha$ がちょうど l 重解であることを示している．■

 以上で，正規行列に対しては，固有方程式における解の重複度と等しい個数の線型独立な固有ベクトルの存在が証明された．これで前に述べた欠陥は克服されたが，それだけでなく，定理 15.1.3 で述べた「異なる固有値に属する固有ベクトルは互いに直交する」という性質が，正規行列にまで容易に拡張できることがわかった．（証明には上の補題を利用すればよい．）その結果，次の重要な定理が得られたことになる．

定理 15.2.4 複素正方行列 A が正規行列であるならば，適当なユニタリ行列 U に対し，U^*AU が対角行列になる．

 この定理の逆も成り立つ．実際，適当なユニタリ行列 U に対し，A が

---

[8] $\alpha E_{n-l} - C$ は $n - l$ 次正方行列であるので，行列のランクが次数に等しい！
[9] つまり，$x = \alpha$ は方程式 $\det(xE_{n-l} - C) = 0$ の解ではない．

のように対角化されたとすれば，

$$U^*AU = \begin{pmatrix} \alpha_1 & & O \\ & \ddots & \\ O & & \alpha_n \end{pmatrix}$$

のように対角化されたとすれば，

$$A = U \begin{pmatrix} \alpha_1 & & O \\ & \ddots & \\ O & & \alpha_n \end{pmatrix} U^*$$

と変形できるので，U がユニタリ行列であることを考慮してこの両辺の随伴行列を考れば

$$A^* = U \begin{pmatrix} \overline{\alpha_1} & & O \\ & \ddots & \\ O & & \overline{\alpha_n} \end{pmatrix} U^*$$

が得られる．ここで，$U^*U = UU^* = E$ に注意すると，上の2式から

$$\begin{cases} AA^* = U \begin{pmatrix} \alpha_1 & & O \\ & \ddots & \\ O & & \alpha_n \end{pmatrix} \begin{pmatrix} \overline{\alpha_1} & & O \\ & \ddots & \\ O & & \overline{\alpha_n} \end{pmatrix} U^* \\ A^*A = U \begin{pmatrix} \overline{\alpha_1} & & O \\ & \ddots & \\ O & & \overline{\alpha_n} \end{pmatrix} \begin{pmatrix} \alpha_1 & & O \\ & \ddots & \\ O & & \alpha_n \end{pmatrix} U^* \end{cases}$$

となり，確かに，

$$AA^* = A^*A$$

が成り立つからである．

したがって，実用的に重要でしかも見た目に美しい次の定理を得る．

定理 15.2.5 複素正方行列 A について，

A が正規行列である
$\iff A$ が適当なユニタリ行列を用いて対角化できる

■ 15.3 三角化

前節では，ユニタリ行列によって対角化できる行列が正規行列にほかならないことを示した．したがって，正規行列以外の行列は，ユニタリ行列によっては，対角化できない．しかし，対角化の「次善の策」として**三角化**という方法がある．

> **定理 15.3.1** （三角化定理） 任意の複素正方行列 A は，適当な複素正則行列 P に対し，
> $$P^{-1}AP = \begin{pmatrix} \alpha_1 & & & \text{\Large *} \\ & \alpha_2 & & \\ & & \ddots & \\ \text{\Large O} & & & \alpha_n \end{pmatrix}$$
> となる．ここで，$\alpha_1, \alpha_2, \cdots, \alpha_n$ は，A の固有値である．

証明 A の次数 n についての数学的帰納法で示す．まず，$n = 1$ のときは自明だから，$n - 1$ 次のときは成り立つとする．

与えられた行列 A に対し，A の固有値 α_1 を1つとり，それに属する固有ベクトル $\boldsymbol{a}_1$ をとる．この $\boldsymbol{a}_1$ をはじめに含むように $\mathbb{C}^n$ の基底 $\langle \boldsymbol{a}_1, \cdots, \boldsymbol{a}_n \rangle$ をとって行列 P_1 を $P_1 = (\boldsymbol{a}_1, \cdots, \boldsymbol{a}_n)$ とおくと，
$$P_1^{-1}AP_1 = \left(\begin{array}{c|c} \alpha_1 & * \\ \hline O & A_1 \end{array} \right)$$

となる．ここで，A_1 はある $n-1$ 次正方行列である．それゆえ，帰納法の仮定により
$$P_2^{-1}A_1P_2 = \begin{pmatrix} \alpha_2 & & \text{\Large *} \\ & \ddots & \\ \text{\Large O} & & \alpha_n \end{pmatrix}$$

となる $n-1$ 次正則行列 P_2 が存在する．P_1, P_2 を用いて，n 次正方行列 P を

とおくと，P は，正則行列であって，その逆行列 P^{-1} は

$$P = P_1 \begin{pmatrix} 1 & {}^t\mathbf{0} \\ \mathbf{0} & P_2 \end{pmatrix}$$

$$P^{-1} = \begin{pmatrix} 1 & {}^t\mathbf{0} \\ \mathbf{0} & P_2^{-1} \end{pmatrix} P_1^{-1}$$

である．したがって，

$$P^{-1}AP = \begin{pmatrix} 1 & {}^t\mathbf{0} \\ \mathbf{0} & P_2^{-1} \end{pmatrix} P_1^{-1} A P_1 \begin{pmatrix} 1 & {}^t\mathbf{0} \\ \mathbf{0} & P_2 \end{pmatrix}$$

$$= \begin{pmatrix} 1 & {}^t\mathbf{0} \\ \mathbf{0} & P_2^{-1} \end{pmatrix} \begin{pmatrix} \alpha_1 & * \\ \mathbf{0} & A_1 \end{pmatrix} \begin{pmatrix} 1 & {}^t\mathbf{0} \\ \mathbf{0} & P_2 \end{pmatrix}$$

$$= \begin{pmatrix} \alpha_1 & {}^t\mathbf{0} \\ \mathbf{0} & P_2^{-1} A_1 P_2 \end{pmatrix} = \begin{pmatrix} \alpha_1 & & & * \\ & \alpha_2 & & \\ & & \ddots & \\ O & & & \alpha_n \end{pmatrix}$$

となる．すなわち n 次のときも O.K. である[10]．∎

上では，P を一般の複素正則行列の範囲で考えているが，P をユニタリ行列に限定することもできる．そのために，まず次の定理を証明しよう．

定理 15.3.2　任意の複素正方行列 A に対し，$A = UT$ となるユニタリ行列 U と上三角行列 T が存在する．

証明　$A = (\boldsymbol{a}_1, \cdots, \boldsymbol{a}_n)$ とおくと，$\boldsymbol{a}_1, \cdots, \boldsymbol{a}_n$ は線型独立なので，これらをもとにシュミットの直交化法により

$$\begin{cases} \mathcal{G}(\boldsymbol{a}_1) = \mathcal{G}(\boldsymbol{u}_1) \\ \mathcal{G}(\boldsymbol{a}_1, \boldsymbol{a}_2) = \mathcal{G}(\boldsymbol{u}_1, \boldsymbol{u}_2) \\ \qquad \vdots \\ \mathcal{G}(\boldsymbol{a}_1, \cdots, \boldsymbol{a}_n) = \mathcal{G}(\boldsymbol{u}_1, \cdots, \boldsymbol{u}_n) = \mathbb{C}^n \end{cases}$$

---

[10] この定理は，逆も成り立つ．証明は容易である．

となるような $\mathbb{C}^n$ の正規直交基底 $<u_1, \cdots, u_n>$ をつくることができる.

そこで,
$$\begin{cases} a_1 = t_{11}u_1 \\ a_2 = t_{12}u_1 + t_{22}u_2 \\ \quad \vdots \\ a_n = t_{1n}u_1 + t_{2n}u_2 + \cdots + t_{nn}u_n \end{cases}$$

とおくと,
$$(a_1, a_2, \cdots, a_n) = (u_1, u_2, \cdots, u_n)\begin{pmatrix} t_{11} & t_{12} & \cdots & t_{1n} \\ 0 & t_{22} & \cdots & t_{2n} \\ \vdots & \vdots & \ddots & \vdots \\ 0 & 0 & \cdots & t_{nn} \end{pmatrix}$$

となる. ■

> **注意** 行列 T は,基底の取り替え $<u_1, \cdots, u_n> \longrightarrow <a_1, \cdots, a_n>$ 行列に相当するので,その正則性は,言うまでもない.もちろん $t_{ii} \neq 0$ ($i = 1, 2, \cdots, n$) からも明らかである.

いま証明した事実を用いて,定理 15.3.1 の正則行列 P を

$$P = UT \quad (U:\text{ユニタリ行列},\ T:\text{上三角行列})$$

とおくと,この $U = PT^{-1}$ に対し

$$U^{-1}AU = (TP^{-1})A(PT^{-1}) = T(P^{-1}AP)T^{-1}$$

となるが,ここで,T,$P^{-1}AP$,T^{-1} は,みな上三角行列だから[11],$U^{-1}AU$

---

[11] 一般に,上三角行列どうしの積は上三角行列になる.すなわち

$$\begin{pmatrix} \alpha_1 & & \text{\Large *} \\ & \alpha_2 & \\ & & \ddots \\ O & & \alpha_n \end{pmatrix}\begin{pmatrix} \beta_1 & & \text{\Large *} \\ & \beta_2 & \\ & & \ddots \\ O & & \beta_n \end{pmatrix} = \begin{pmatrix} \alpha_1\beta_1 & & \text{\Large *} \\ & \alpha_2\beta_2 & \\ & & \ddots \\ O & & \alpha_n\beta_n \end{pmatrix}$$

ここで,対角成分は,対応する対角成分どうしの積になることに注意せよ.なお,*は,そこに入っている成分が何であってもかまわない,ということを意味しているのであるから,上式に現れる 3 か所の*は,当然,一般には異なる成分が並ぶことになる.

同様に,正則な上三角行列は,その逆行列も上三角行列である.

も上三角行列である．

【15章の復習問題】

1 行列 $H = \begin{pmatrix} 0 & 0 & 0 & i \\ 0 & 0 & i & 0 \\ 0 & -i & 0 & 0 \\ -i & 0 & 0 & 0 \end{pmatrix}$ を対角化するユニタリ行列を1つ求めよ．

2 2次のユニタリ行列をすべて求めよ．

3 3次正規行列 A について次を示せ．
 (1) A の固有値の絶対値がすべて1であるための必要十分条件は A がユニタリ行列となることである．
 (2) A の固有値がすべて実数であるための必要十分条件は A がエルミート行列となることである．

16

対角化の応用(1) ——2次形式——

15章までに対角化の手順とその基本的応用は述べた．本章ではより発展的な応用について述べる．まずはじめに，15章の定理 15.2.2
　　　"対称行列は直交行列によって対角化できる"
という定理の目覚ましい応用例として，《2次形式の標準化》という問題をとりあげよう．

■ 16.1　2次同次式

2つの文字 x, y の2次同次式には

$$x^2+y^2,\ x^2-y^2,\ xy,\ \cdots$$

などいろいろなものがあるが，これらは一般に，

$$ax^2+2bxy+cy^2 \qquad (a,\ b,\ c\ \text{は定数},\ (a,b,c)\neq(0,0,0))$$

と表すことができる[1]．
　いま

$$A=\begin{pmatrix} a & b \\ b & c \end{pmatrix},\ \boldsymbol{x}=\begin{pmatrix} x \\ y \end{pmatrix}$$

とおくと，上の式は，$\boldsymbol{x}$ と $A\boldsymbol{x}$ との内積，あるいは，行列の積 ${}^t\boldsymbol{x}A\boldsymbol{x}$ と同じものであることがわかる．
　これを一般化したものが，n 個の文字 x_1, x_2, $\cdots$, x_n についての2次形式である．

定義 16.1.1　A を n 次実対称行列，すなわち ${}^tA=A$ となる実正方行列とし，n 個の文字 x_1, x_2, $\cdots$, x_n に対し，これらを並べてできるベクト

---

[1] ここで xy の係数を b でなく $2b$ としているのは，yx という項が xy という項と同類項と見なされるためであるが，このようにおくことの具体的メリットは，少し後でわかる．

ル $\boldsymbol{x} = \begin{pmatrix} x_1 \\ x_2 \\ \vdots \\ x_n \end{pmatrix}$ に対して形式的に定義される，$x_1, x_2, \cdots, x_n$ の 2 次同

次式
$$A[\boldsymbol{x}] = {}^t\boldsymbol{x} A \boldsymbol{x} = \sum_{i,\,j} a_{ij} x_i x_j$$

を，A で定まる，$x_1, x_2, \cdots, x_n$ についての 2 次形式と呼ぶ．

例 16.1 $A = \begin{pmatrix} 2 & 0 \\ 0 & -1 \end{pmatrix}$, $\boldsymbol{x} = \begin{pmatrix} x_1 \\ x_2 \end{pmatrix}$ のとき，$A[\boldsymbol{x}] = 2{x_1}^2 - {x_2}^2$．

$A = \begin{pmatrix} 1 & 1 \\ 1 & 3 \end{pmatrix}$, $\boldsymbol{x} = \begin{pmatrix} x_1 \\ x_2 \end{pmatrix}$ のとき，$A[\boldsymbol{x}] = {x_1}^2 + 2x_1 x_2 + 3{x_2}^2$．

$A = \begin{pmatrix} 0 & \frac{1}{2} \\ \frac{1}{2} & 0 \end{pmatrix}$, $\boldsymbol{x} = \begin{pmatrix} x_1 \\ x_2 \end{pmatrix}$ のとき，$A[\boldsymbol{x}] = x_1 x_2$．

■ 16.2 2 次同次式の標準化

A が対称行列であることから，A は適当な直交行列 P を用いて対角化できる．そこで，この事実を利用して《与えられた 2 次形式をより標準的な形式へと変換する》ことを考える．すなわち，与えられた 2 次形式 $A[\boldsymbol{x}] = {}^t\boldsymbol{x} A \boldsymbol{x}$ において，

$$P^{-1} A P = B = \begin{pmatrix} \alpha_1 & & & O \\ & \alpha_2 & & \\ & & \ddots & \\ O & & & \alpha_n \end{pmatrix}$$

となる直交行列 P をとり $\boldsymbol{y} = P^{-1}\boldsymbol{x}$，つまり $\boldsymbol{x} = P\boldsymbol{y}$ とおくと，

16.2 2次同次式の標準化

$$
\begin{aligned}
{}^t\boldsymbol{x}A\boldsymbol{x} &= {}^t(P\boldsymbol{y})A(P\boldsymbol{y}) = {}^t\boldsymbol{y}({}^tPAP)\boldsymbol{y} \\
&= {}^t\boldsymbol{y}B\boldsymbol{y} = B[\boldsymbol{y}]
\end{aligned}
$$

すなわち, $\boldsymbol{y} = \begin{pmatrix} y_1 \\ y_2 \\ \vdots \\ y_n \end{pmatrix}$ と表せば, 元の 2 次形式 $A[\boldsymbol{x}]$ は, $B[\boldsymbol{y}]$, すなわち

$$\alpha_1 y_1{}^2 + \alpha_2 y_2{}^2 + \cdots + \alpha_n y_n{}^2$$

と書き換えることできる.

> **注意** 書き換えられた式で重要なのは, 一般に交叉項 (cross term) と呼ばれる $y_i y_j \ (i \neq j)$ という項が1つもなく, $y_i{}^2$ という形のものばかりが現れる, ということである.

本質例題 57 標準的な形式への変形 　基礎

$3x^2 + 8xy + 9y^2$ を交叉項のない形に変形せよ.

解答

与えられた 2 次形式に対応して, 行列 $A = \begin{pmatrix} 3 & 4 \\ 4 & 9 \end{pmatrix}$ を考えると, まず

$$
\begin{aligned}
\det(xE - A) &= \begin{vmatrix} x-3 & -4 \\ -4 & x-9 \end{vmatrix} = (x-3)(x-9) - 16 \\
&= x^2 - 12x + 11
\end{aligned}
$$

より, A の固有値は, 1 と 11 である. そこで,

長岡流処方せん

■ いたみ止め
まず, A の固有値を求めようとしている.

固有値 1 に属する固有ベクトルとして $\begin{pmatrix} 2 \\ -1 \end{pmatrix}$

固有値 11 に属する固有ベクトルとして $\begin{pmatrix} 1 \\ 2 \end{pmatrix}$

をとり，これらを正規化したものを横に並べて
$P = \dfrac{1}{\sqrt{5}} \begin{pmatrix} 2 & 1 \\ -1 & 2 \end{pmatrix}$ をつくると，P は直交行列であって，

$$P^{-1}AP = {}^tPAP = \begin{pmatrix} 1 & 0 \\ 0 & 11 \end{pmatrix}$$

■ いたみ止め
ベクトル $a \neq 0$ に対して a と同じ向きをもつ単位ベクトルを求めることを a を正規化するという．

となる．これを B とおき，また $x = \begin{pmatrix} x \\ y \end{pmatrix}$ に対して $y = \begin{pmatrix} X \\ Y \end{pmatrix}$

を

$$\begin{pmatrix} x \\ y \end{pmatrix} = P \begin{pmatrix} X \\ Y \end{pmatrix}$$

■ いたみ止め
直交行列では P^{-1} を計算する代わりに ${}^tP$ を代用できる．

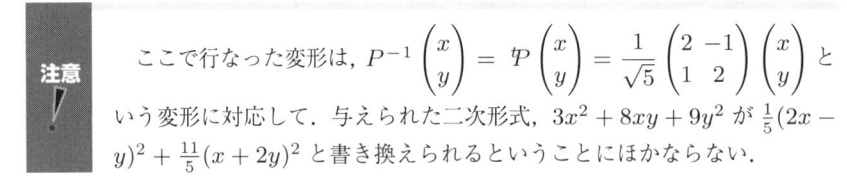

と定めると，

$$3x^2 + 8xy + 9y^2 = A[\boldsymbol{x}] = B[\boldsymbol{y}] = X^2 + 11Y^2$$

となる．

> **注意**
>
> ここで行なった変形は，$P^{-1} \begin{pmatrix} x \\ y \end{pmatrix} = {}^tP \begin{pmatrix} x \\ y \end{pmatrix} = \dfrac{1}{\sqrt{5}} \begin{pmatrix} 2 & -1 \\ 1 & 2 \end{pmatrix} \begin{pmatrix} x \\ y \end{pmatrix}$ という変形に対応して．与えられた二次形式，$3x^2 + 8xy + 9y^2$ が $\dfrac{1}{5}(2x-y)^2 + \dfrac{11}{5}(x+2y)^2$ と書き換えられるということにほかならない．

また幾何学的に見ると，上の例題で考えた変換

$$\boldsymbol{x} = P\boldsymbol{y}$$

は，P が図のような $\tan \alpha = \dfrac{1}{2}$ を満たす鋭角 α を用いて，

$$P = \begin{pmatrix} \cos\alpha & \sin\alpha \\ -\sin\alpha & \cos\alpha \end{pmatrix}$$

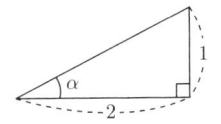

と表せることから，

$$\boldsymbol{y} \longmapsto \boldsymbol{x} \text{ は, 角} -\alpha \text{ の回転 } (\boldsymbol{x} \longmapsto \boldsymbol{y} \text{ は, 角}\alpha\text{の回転})$$

という合同変換（長さを変えない変換）であることを意味する．

したがって，たとえば，$3x^2 + 8xy + 9y^2 = 22$ という方程式が与えられたとすると，これが表す xy 平面上の曲線は，角 α だけ回転することにより，より単純な方程式 $x^2 + 11y^2 = 22$ で表されるものになる，ということである．後者が，図 16.1 の左のような楕円を表すことを既知とすれば，元の方程式の表す曲線も，これを回転したものに過ぎない，と理解できるわけである．

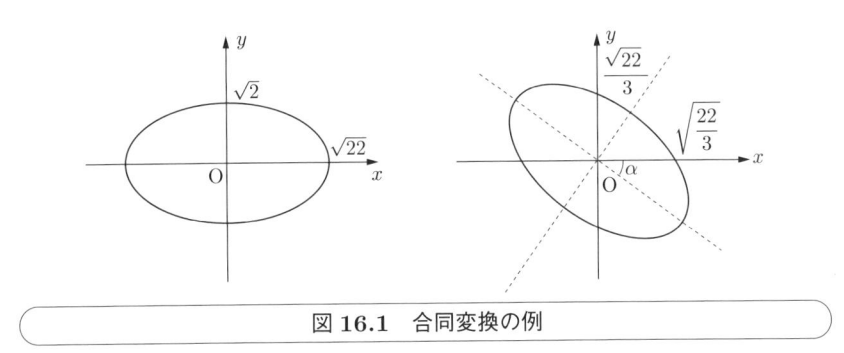

図 16.1 合同変換の例

■ 16.3　いろいろな 2 次曲線

この考え方を利用することにより，一般の，x, y の 2 次方程式

$$ax^2 + 2hxy + by^2 + 2cx + 2dy + e = 0 \tag{16.1}$$

の表す曲線を分類することができる．

本質的には，行列 $A = \begin{pmatrix} a & h \\ h & b \end{pmatrix}$ に対して，その固有値を α, β とおくと，2次形式 $ax^2 + 2hxy + by^2$ が，ある直交行列 P の表す合同変換

$$\begin{pmatrix} x \\ y \end{pmatrix} = P \begin{pmatrix} X \\ Y \end{pmatrix}$$

によって $\alpha X^2 + \beta Y^2$ という2次形式に変換されるということであるから，初めの2次方程式 (16.1) は

$$\alpha X^2 + \beta Y^2 + pX + qY + r = 0 \qquad (16.2)$$

という形の2次方程式となる．それゆえ，問題はこの方程式 (16.2) が一般に何を表すかということになる．

最も本質的な場合として，$\alpha \neq 0$ かつ $\beta \neq 0$ のときは，(16.2) は

$$\alpha \left(X + \frac{p}{2\alpha}\right)^2 + \beta \left(Y + \frac{q}{2\beta}\right)^2 + s = 0 \qquad \left(s = r - \frac{p^2}{4\alpha} - \frac{q^2}{4\beta}\right)$$

となり，これは

$$\alpha X^2 + \beta Y^2 + s = 0$$

の表す曲線を平行移動したものに過ぎない．そして，これが表す曲線は，α, β, s の符号によって，**楕円**（**1点**になる場合，空集合になる場合を含む）か**双曲線**（**交わる2直線**になる場合を含む）と決まる．

(i) α, β が同符号で s が異符号のときは楕円

(ii) α, β が同符号で $s = 0$ のときは，原点1点

(iii) α, β, s が同符号のときは空集合

(iv) α, β が異符号で $s \neq 0$ のときは双曲線

(v) α, β が異符号で $s = 0$ のときは交わる2直線

ということである（図 16.2）．

他方，$\alpha = 0$ または $\beta = 0$ のときは，$x^2 - y = 0$ のように**放物線**になる場合や，$x^2 - 1 = 0$ のように**平行2直線**（$x^2 = 0$ のようにそれが重なった1直線や $x^2 + 1 = 0$ のように空集合になる場合を含む）になる．

図 16.2　いろいろな 2 次曲線

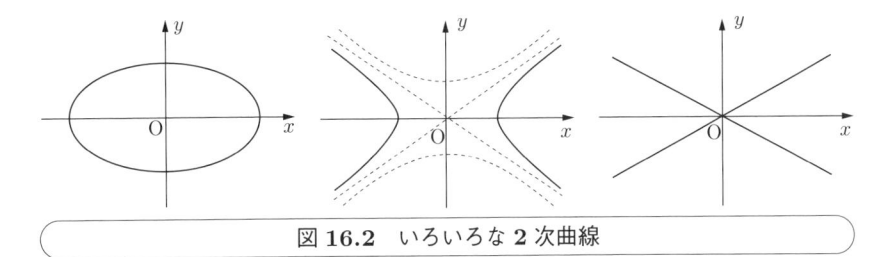

【付録的補遺】　2 次曲線の分類

この問題を一般的に述べるためには，次のような拡張記号を用意しておくとよい．

$F(x, y) = ax^2 + 2hxy + by^2 + 2cx + 2dy + e$ において，

$$A = \begin{pmatrix} a & h \\ h & b \end{pmatrix}, \ \boldsymbol{x} = \begin{pmatrix} x \\ y \end{pmatrix}, \ \boldsymbol{b} = \begin{pmatrix} c \\ d \end{pmatrix},$$

$$\widetilde{A} = \begin{pmatrix} a & h & c \\ h & b & d \\ \hline c & d & e \end{pmatrix} = \begin{pmatrix} A & \boldsymbol{b} \\ {}^t\boldsymbol{b} & e \end{pmatrix}, \ \widetilde{\boldsymbol{x}} = \begin{pmatrix} x \\ y \\ 1 \end{pmatrix}$$

とおけば，$A, \boldsymbol{x}, \boldsymbol{b}$ を用いて

$$F(x, y) = {}^t\boldsymbol{x} A \boldsymbol{x} + 2\,{}^t\boldsymbol{x} \boldsymbol{b} + e$$

となる．そして，さらに $\widetilde{A}, \widetilde{\boldsymbol{x}}$ を用いれば

$$F(x, y) = {}^t\widetilde{\boldsymbol{x}} \widetilde{A} \widetilde{\boldsymbol{x}}$$

と表せることに注意する．

さらに，直交行列の表す平面上の合同変換（回転，対称移動）に加えて，平行移動も許すことにして

$$\begin{pmatrix} x \\ y \end{pmatrix} = P \begin{pmatrix} X \\ Y \end{pmatrix} + \begin{pmatrix} x_0 \\ y_0 \end{pmatrix}$$

という変換を考える．ここで，P は行列 A の固有ベクトルを横に並べて作られる行列である．

単なる計算に過ぎないので詳細な議論は省略するが，結論的にまとめると次のようになる．α, β は A の固有値とする．

2次曲線 $F(x, y) = 0$ は，適当な座標の回転と平行移動によって，座標 (x, y) を座標 (X, Y) に変換すれば，次のいずれかになる．

I. $|\alpha\beta| \neq 0, |\widetilde{A}| \neq 0$ のとき，
   (1) $\alpha, \beta, |\widetilde{A}|$ が同符号ならば，空集合
   (2) α, β は同符号で，$|\widetilde{A}|$ の符号と異なるならば，楕円
   (3) α, β が異符号ならば，双曲線

II. $|\alpha\beta| \neq 0, |\widetilde{A}| = 0$ のとき，
   (1) α, β が同符号ならば，1点
   (2) α, β が異符号ならば，交わる2直線

III. $|\alpha\beta| = 0, |\widetilde{A}| \neq 0$ ならば，放物線

IV. $|\alpha\beta| = 0, |\widetilde{A}| = 0$ ならば，平行2直線，1直線または空集合

■ 16.4　いろいろな2次曲面

3変数の2次形式についても同様の議論が成立する．すなわち，x, y, z の2次形式

$$ax^2 + by^2 + cz^2 + 2dxy + 2exz + 2fyz$$
$$(a, b, c, d, e, f \text{ は，実数で，少なくとも1つは0でない})$$

は，$\boldsymbol{x} = \begin{pmatrix} x \\ y \\ z \end{pmatrix}, A = \begin{pmatrix} a & d & e \\ d & b & f \\ e & f & c \end{pmatrix}$ とおくと，${}^t\boldsymbol{x}A\boldsymbol{x}$ と表される．これを，

実対称行列 A の表す**2次形式**と呼び $A[\boldsymbol{x}]$ と表す．

例 16.2 $A = \begin{pmatrix} 1 & 0 & -1 \\ 0 & -2 & 1 \\ -1 & 1 & 3 \end{pmatrix}$ のとき

$$A[\boldsymbol{x}] = x^2 - 2y^2 + 3z^2 - 2xz + 2yz$$

である.

さて，xyz 空間において，方程式
$$ax^2 + by^2 + cz^2 + 2dxy + 2exz + 2fyz + gx + hy + jz + k = 0$$
は，一般に曲面を表す．ここで，$a, b, c, \cdots$ は実数の定数である．

例 16.3 $x^2 + y^2 + z^2 - 1 = 0$ は，原点を中心とする半径 1 の球面を表す（図 16.3 の左）．

例 16.4 $x^2 + y^2 - z = 0$ は，xz 平面上の放物線 $z = x^2$ を，z 軸を中心として回転してできる曲面（回転放物面）を表す（図 16.3 の右）．

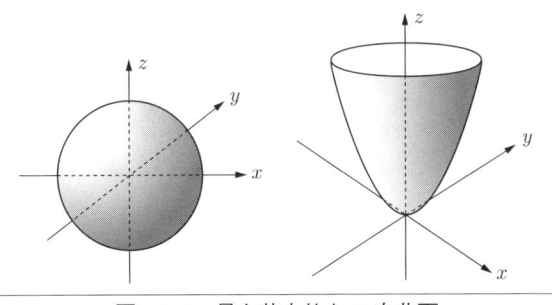

図 16.3 最も基本的な 2 次曲面

大雑把にいうと，上の方程式において曲面の形状を決定する主要な部分は，x, y, z の 2 次の項であるので，以後 g, h, j を無視する．これは

$$g = h = j = 0$$

という特別の場合を考えることに相当する．するとこのときには

$$A = \begin{pmatrix} a & d & e \\ d & b & f \\ e & f & c \end{pmatrix}, \quad \boldsymbol{x} = \begin{pmatrix} x \\ y \\ z \end{pmatrix}$$

として，考えるべき方程式は

$${}^t\boldsymbol{x} A \boldsymbol{x} + k = 0$$

と表される．

　われわれの課題は，座標軸を適当に選び直すことによって（言い換えれば，与えられた方程式の表す曲面を適当に移動することによって），与えられた曲面の方程式を標準的な形に直し，それによって曲面の形を判定する方法を探すことである．

　平面上の曲線に関して述べたのと同じことを，いわば 2 を 3 に変えるだけでよいのだが，理解を深めるために，少し違う表現で解説してみよう．

　座標軸の取り替えとは，基底の取り替えにほかならない．しかも，新しい基底 <$\boldsymbol{p}_1, \boldsymbol{p}_2, \boldsymbol{p}_3$> が，元の標準的基底 <$\boldsymbol{e}_1, \boldsymbol{e}_2, \boldsymbol{e}_3$> と同じく正規直交基底であれば，基底の取り替え <$\boldsymbol{e}_1, \boldsymbol{e}_2, \boldsymbol{e}_3$> ⟶ <$\boldsymbol{p}_1, \boldsymbol{p}_2, \boldsymbol{p}_3$> 行列 $P = (\boldsymbol{p}_1, \boldsymbol{p}_2, \boldsymbol{p}_3)$ は直交行列であるから，行列 P の表す $\mathbb{R}^3$ 上の線型変換は合同変換である．したがって，新しい基底に関する方程式の表す曲面は，元の曲面と合同な図形である．

　さて，A は対称行列であるから，実数の固有値 $\alpha_1, \alpha_2, \alpha_3$ と，それぞれに属する互いに直交する単位固有ベクトル $\boldsymbol{p}_1, \boldsymbol{p}_2, \boldsymbol{p}_3$ が存在する（選んだ固有ベクトルが単位ベクトルでないなら，正規化する）．そこで行列 P を $P = (\boldsymbol{p}_1, \boldsymbol{p}_2, \boldsymbol{p}_3)$ とおけば，P は，直交行列であって，これは，基底の取り替え <$\boldsymbol{e}_1, \boldsymbol{e}_2, \boldsymbol{e}_3$> ⟶ <$\boldsymbol{p}_1, \boldsymbol{p}_2, \boldsymbol{p}_3$> を表す．

$$\boldsymbol{x} = P\widehat{\boldsymbol{x}}, \quad \widehat{\boldsymbol{x}} = \begin{pmatrix} \widehat{x} \\ \widehat{y} \\ \widehat{z} \end{pmatrix}$$

とおけば，考えるべき方程式は

$$
{}^t(P\widehat{\boldsymbol{x}})A(P\widehat{\boldsymbol{x}}) + k = 0 \quad \therefore \quad {}^t\widehat{\boldsymbol{x}}\,{}^tPAP\widehat{\boldsymbol{x}} + k = 0
$$

と変形される．

P が直交行列であり，しかも $\boldsymbol{p}_1$, $\boldsymbol{p}_2$, $\boldsymbol{p}_3$ が α_1, α_2, α_3 に属する固有ベクトルであったから

$$
{}^tPAP = P^{-1}AP = \begin{pmatrix} \alpha_1 & 0 & 0 \\ 0 & \alpha_2 & 0 \\ 0 & 0 & \alpha_3 \end{pmatrix}
$$

となることに注意すると，上式は

$$
\alpha_1 \widehat{x}^2 + \alpha_2 \widehat{y}^2 + \alpha_3 \widehat{z}^2 + k = 0
$$

と変形できることになる．上で注意したように $\widehat{x}\widehat{y}\widehat{z}$ 座標軸は，xyz 座標軸を原点のまわりに適当に回転するか，それらをさらに裏返したものにすぎないので，曲面 $ax^2 + by^2 + cz^2 + 2dxy + 2exz + 2fyz + k = 0$ は，

$$
\alpha_1 x^2 + \alpha_2 y^2 + \alpha_3 z^2 + k = 0
$$

の表す曲面と合同である．

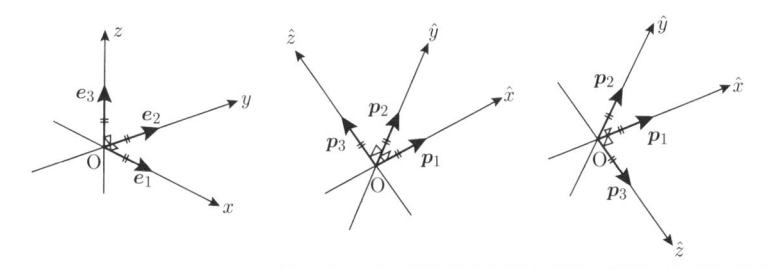

図 16.4 向きが不変の回転と向きが反転する裏返しの変換

しかるに後者は，$\alpha_1 \alpha_2 \alpha_3 \neq 0$ の場合は次のように分類される．

(I)　　$\alpha_1 > 0$, $\alpha_2 > 0$, $\alpha_3 > 0$ のとき

$$\begin{cases} k<0 \text{ のとき} & \text{楕円体(の表面)} \\ k=0 \text{ のとき} & 1 \text{ 点} \\ k>0 \text{ のとき} & \text{何も表さない} \end{cases}$$

(II)　$\alpha_1>0,\ \alpha_2>0,\ \alpha_3<0$ のとき

$$\begin{cases} k>0 \text{ のとき} & \text{一葉双曲面} \\ k=0 \text{ のとき} & \text{楕円錐面} \\ k<0 \text{ のとき} & \text{二葉双曲面} \end{cases}$$

(II) で $\alpha_1, \alpha_2, \alpha_3$ の符号が入れ替わるその他の場合は，これと座標軸の違いにすぎない．

他方，$\alpha_1, \alpha_2, \alpha_3$ のうちの 1 つ，たとえば $\alpha_3=0$ のときは，z の項が消えるので，z 軸方向に無限に伸びた柱面（楕円柱面，双曲柱面，……）となる．

以上の議論では，x, y, z の 1 次の項は，それが曲面の形状を決定する上で本質的でない，という理由で省いて考えてきた．実際，たとえば

$$x^2+y^2+2z^2+2x-4y+6z+5=0$$

は，$(x+1)^2+(y-2)^2+2(z+\frac{3}{2})^2=\frac{9}{2}$ と変形できることから，平行移動によって

$$x^2+y^2+2z^2=\frac{9}{2}$$

の表す楕円体となるからである．しかし，すべての 2 次曲面において，これができるわけではない．たとえば，上の分類に入らない曲面として，$z=x^2+y^2$ の表す**回転放物面**や $z=x^2-y^2$ の表す**放物双曲面**がある．以下に，図 16.5 に代表的な 2 次曲面を例示する．

以上で 2 次曲面の完全な分類が完成したわけではないが，分類のための基礎部分はできた，といっても良かろう．実際，これら例外的な場合をすべて包含するように 2 次曲面の分類を精密化することも難しいことではないが，そのような「完全な分類」とは，数学的には博物学的趣味ほどの価値もない．具体的な場面では，おのずとわかるからである．

16.4 いろいろな2次曲面　309

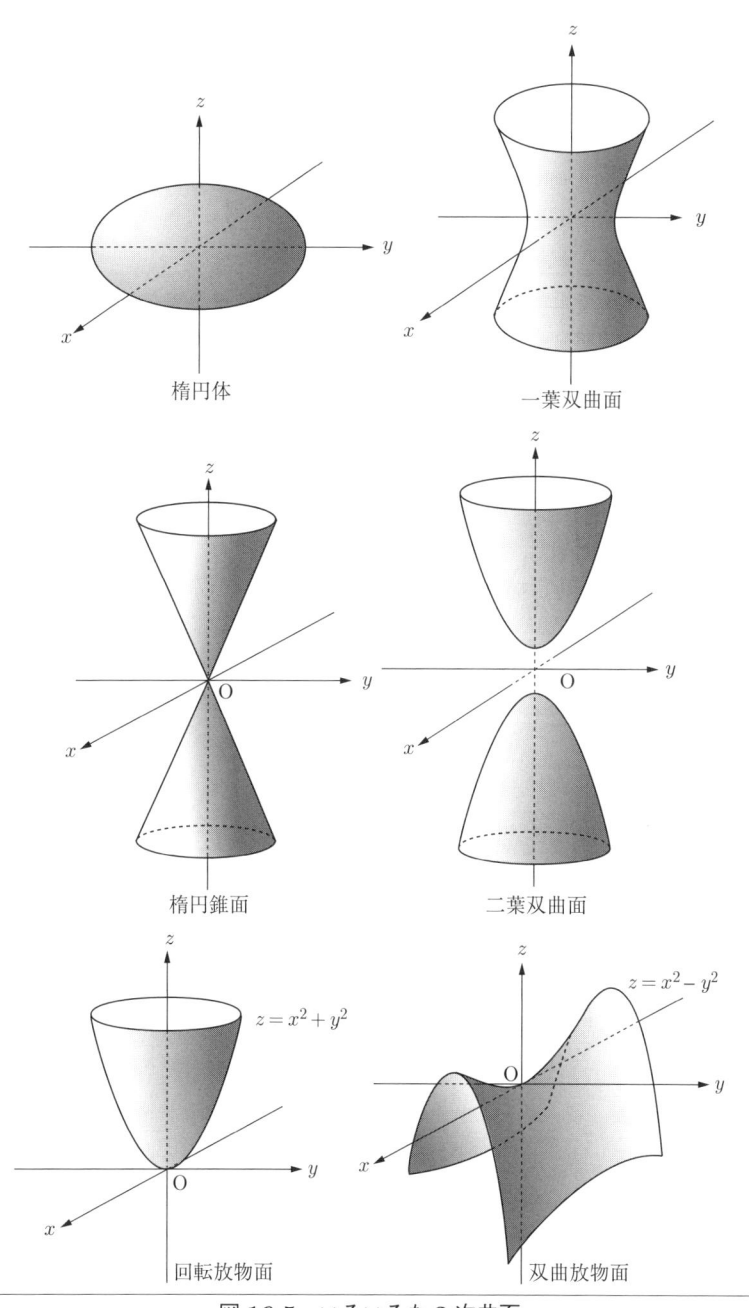

楕円体

一葉双曲面

楕円錐面

二葉双曲面

$z = x^2 + y^2$

回転放物面

$z = x^2 - y^2$

双曲放物面

図 **16.5**　いろいろな 2 次曲面

本質例題 58　2次方程式が表す曲面　　　　基礎

xyz 空間で 2 次方程式

$$(x-y)^2 + (y-z)^2 + (z-x)^2 = 3$$

の表す曲面を考えるが，何のためであるか調べよ．

■与えられた 2 次方程式の左辺の 2 次形式 $2x^2 + 2y^2 + 2z^2 - 2xy - 2yz - 2zx$ を標準化する．■

解答

$A = \begin{pmatrix} 2 & -1 & -1 \\ -1 & 2 & -1 \\ -1 & -1 & 2 \end{pmatrix}$, $\boldsymbol{x} = \begin{pmatrix} x \\ y \\ z \end{pmatrix}$ とおくと，与えられた方程式は，$A[\boldsymbol{x}] = 3$ と書ける．ところで，この行列 A の固有値 λ は

$$\det(A - \lambda E) = 0$$

を解いて，$\lambda = 3$（2重解）と $\lambda = 0$ である．

$\lambda = 3$ に属する固有ベクトルとして，互いに直交する $\boldsymbol{u}_1 = \begin{pmatrix} 1 \\ 0 \\ -1 \end{pmatrix}$, $\boldsymbol{u}_2 = \begin{pmatrix} 1 \\ -2 \\ 1 \end{pmatrix}$ をとり，$\lambda = 0$ に属す固有ベクトルとして $\boldsymbol{u}_3 = \begin{pmatrix} 1 \\ 1 \\ 1 \end{pmatrix}$ をとることができる．そこで，これらを利用して

$$P = \left(\frac{\boldsymbol{u}_1}{\|\boldsymbol{u}_1\|}, \frac{\boldsymbol{u}_2}{\|\boldsymbol{u}_2\|}, \frac{\boldsymbol{u}_3}{\|\boldsymbol{u}_3\|} \right) = \begin{pmatrix} \frac{1}{\sqrt{2}} & \frac{1}{\sqrt{6}} & \frac{1}{\sqrt{3}} \\ 0 & -\frac{2}{\sqrt{6}} & \frac{1}{\sqrt{3}} \\ -\frac{1}{\sqrt{2}} & \frac{1}{\sqrt{6}} & \frac{1}{\sqrt{3}} \end{pmatrix}$$

長岡流処方せん

■いたみ止め

まず，与えられた方程式を $2x^2 + 2y^2 + 2z^2 - 2xy - 2yz - 2zx = 3$ と変形する．

■いたみ止め

$\boldsymbol{u}_1, \boldsymbol{u}_2, \boldsymbol{u}_3$ は互いに直交するベクトルであるので，それを正規化して横に並べれば，直交行列ができる．

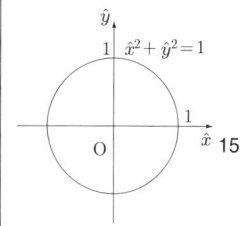

と P をつくると，P は直交行列であって，

$$P^{-1}AP = {}^tPAP = \begin{pmatrix} 3 & 0 & 0 \\ 0 & 3 & 0 \\ 0 & 0 & 0 \end{pmatrix}$$

となる．したがって

$$\boldsymbol{x} = P\widehat{\boldsymbol{x}} = P\begin{pmatrix} \widehat{x} \\ \widehat{y} \\ \widehat{z} \end{pmatrix}$$

とおくと，初めの方程式は

$P^{-1}AP[\widehat{\boldsymbol{x}}] = 3$ $\therefore$ $3\widehat{x}^2 + 3\widehat{y}^2 = 3$ すなわち，$\widehat{x}^2 + \widehat{y}^2 = 1$

となる．

P が直行行列であることから，$\widehat{x}$ 軸，$\widehat{y}$ 軸，$\widehat{z}$ 軸は，通常の x 軸，y 軸，z 軸を回転したり，向きを変えたりしたものにすぎないので，xyz 座標系と $\widehat{x}\widehat{y}\widehat{z}$ 座標系とは同じようなものとして扱うことができる．

さて，上で得た方程式

$$\widehat{x}^2 + \widehat{y}^2 = 1$$

は，$\widehat{x}\widehat{y}$ 平面上の原点を中心とする半径 1 の円を表し，したがって $\widehat{x}\widehat{y}\widehat{z}$ 空間においてはこの円を $\widehat{z}$ 軸方向に無限に伸ばした円柱面を表す．

したがって，与えられた方程式は，xyz 空間において，$\boldsymbol{u}_1$，$\boldsymbol{u}_2$ の張る平面 $x + y + z = 0$ 上の原点を中心とする円を，$\boldsymbol{u}_3$ 方向の直線 $x = y = z$ 方向に無限に伸ばした円柱面を表す．

【16章の復習問題】

1 x, y について，次の方程式は，それぞれどんな図形を表すか．

(1) $x^2 + 2y^2 + 2xy - 4x + 2y + 1 = 0$.

(2) $2xy + 2yz + 2zx = 1$

2 x, y, z についての方程式

$$a(x^2 + y^2 + z^2) + 2(xy + yz + zx) = 1$$

は，どんな図形を表すか．ただし，a は，$a > 1$ の定数とする．

17

対角化の応用 (2) ——微分方程式，差分方程式——

16 章では，2 次形式の標準化というやや突飛な感のある応用を見たが，本章では，より自然な応用例として，線型の微分方程式，漸近化式（差分方程式）の解法をとりあげよう．微分方程式について未習の人は，差分方程式のほうに進んで構わない．これについては高校で履修しているからである．

■ 17.1 線型微分方程式

定義 17.1.1 微分方程式 (differential equation, より詳しくは常微分方程式 ordinary differential equation (ODE)) とは，x の関数 y と，これに対する導関数 $y' = \frac{dy}{dx}$, $y'' = \frac{d^2y}{dx^2}$, $\cdots$ の間に，x についてつねに成り立つ関係式

$$F(x, y, y', y'', \cdots) = 0$$

のことであり，これが与えられたとき，この式を満足する関数 y をすべて決定することを**微分方程式を解く**という．与えられた微分方程式のすべての解を表現しうるものを**一般解**，それに対し特定の具体的な関数で表された解を**特殊解**という．

微分方程式のなかにあらわれる導関数の最高位が第 n 次導関数であるとき，その微分方程式は，n 階の微分方程式であるという．

たとえば

$$F(X_1, X_2, X_3, X_4) = X_1 - X_2^3 + X_3^2 + X_1 X_4 + 1$$

なら

$$x - y^3 + y'^2 + xy'' + 1 = 0$$

となり，これは y'' を最高位の導関数として含むので，2 階の微分方程式である．

有名な微分方程式として次のものがある．以下の例では独立変数として時間変数 t を考え，t に伴って変化する量 x を t の関数と考えることにしよう．このことを $x = x(t)$ と表すことが多い（最初に挙げた例と文字の使い方が異なることに注意しよう）．

例 17.1

$$\frac{dx}{dt} = kx \quad (k: \text{定数})$$

すなわち，x の「増加速度」が，その時点での「総量」に比例することを表すものである．

これは $k > 0$ のときはバクテリアなど，単純な生物の増殖モデルであり，また $k < 0$ のときは，放射性元素（放射性物質）が放射線を放出して崩壊することにより減少していくという現象を表す．

この微分方程式を満たす関数 $x = x(t)$ は，一般に

$$x = e^{kt} x_0$$

で与えられる．ここで x_0 は $t = 0$ における x の値（**初期値**）である．

例 17.2

$$\frac{d^2 x}{dt^2} = -\omega^2 x \quad (\omega: \text{定数})$$

つまり，x の「加速度」が，その時点での「総量」に負に比例する．

これは，バネの振動など最も基本的な振動現象（調和振動 harmonic oscillation）を記述する方程式である．

この微分方程式を満たす関数 $x = x(t)$ は，一般に

$$x = C_1 \cos \omega t + C_2 \sin \omega t$$

で与えられる．ここで C_1, C_2 は $t = 0$ における x と $\dot{x} = \frac{dx}{dt}$ の値（初期位置と初速度）で定まる定数である．

例 17.3

$$\frac{dx}{dt} = \alpha x - \beta x^2 \quad (\alpha > 0, \ \beta > 0 : 定数)$$

「増加の速度」が，その時点での「総量」に正に比例する部分と総量の平方に負に比例する部分からなる．

これは，最も簡単な人口密度モデルを与える微分方程式として有名である．この解として現れる曲線は**ロジスティック曲線**(logistic curve) と呼ばれる．

この微分方程式は前の 2 つと違って，以下に述べる意味で"線型"ではないが，いわゆる**変数分離形**であるために初等的な解法で解ける．すなわち，この微分方程式を満たす関数 $x = x(t)$ は，$\alpha = \beta = 1$ の場合（恒等的に $x = 0$ という特殊なものを除き）

$$x = \frac{Ce^t}{1 + Ce^t}$$

で与えられる．ここで C は任意の定数 $t = 0$ における x の値 a で $C = \dfrac{a}{1-a}$（ただし $a \neq 1$）で定まる定数である．

微分方程式の直観的なイメージを掴むには，次のような連立の微分方程式を用いた説明がよいかも知れない．

本質例題 59 連立線型微分方程式 〈基礎〉

平面上の点 $\mathrm{P}(x,y)$ におかれた点が，時刻 $t = 0$ において点 $\mathrm{A}(a,b)$ を出発し，

$$\begin{cases} \dfrac{dx}{dt} = -y \\ \dfrac{dy}{dt} = x \end{cases}$$

で定まる速度をもって運動するとする．このとき動点 P の描く軌跡（軌道）は，円 $x^2 + y^2 = a^2 + b^2$ になることを示せ．

▶ x, y は t の関数であるのだから，$x^2 + y^2$ も t の関数であるはずであるが，それが一定であることを示すには，…… と考えると良い．◀

解答

与えられた微分方程式から，

$$\frac{d}{dt}(x^2 + y^2) = 2\left(x\frac{dx}{dt} + y\frac{dy}{dt}\right) = 2(-xy + xy) = 0$$

となる．

よって $x^2 + y^2 = C$（C：定数）とおくことができる．

他方，与えられた仮定より $t = 0$ のとき $(x, y) = (a, b)$ であるから

$$C = a^2 + b^2$$

よって点 $P(x, y)$ は，

$$x^2 + y^2 = a^2 + b^2$$

の表す円周上を動く．■

長岡流処方せん

■ いたみ止め

"$x^2 + y^2$ を t で微分したものが 0
$\implies x^2 + y^2$ は t によらない定数"

上の例題で考えた微分方程式は，

$$\begin{cases} \dfrac{dx}{dt} = f(x, y) \\ \dfrac{dy}{dt} = g(x, y) \end{cases}$$

と一般化される（ここで，$f(x, y), g(x, y)$ は与えられた関数である）．t が時間変数であるとすれば，これは，平面上の各点において，そこにおかれた点の"速度"が，点の座標の関数として与えられている，ということである．このように，平面上の各点における速度（**ベクトル場**）が与えられれば，任意におかれた点のその後の運動は**過去未来永劫に渡って**決定されるはずである――これが微分方程式の描く基本的な世界像である．独立変数に時間を示唆する変数 t を選んできたのは，この理由による．

さて，ここからはまた x を独立変数とする関数について考えることにしよう．

定義 17.1.2 微分方程式が，未知関数 y およびその導関数 y', y'', $\cdots$ についての1次式であるとき，その微分方程式は**線型**であるという．すなわち，線型微分方程式 (linear ordinary differential equation) とは

$$a_n(x)\frac{d^n y}{dx^n} + a_{n-1}(x)\frac{d^{n-1} y}{dx^{n-1}} + \cdots + a_1(x)\frac{dy}{dx} + a_0(x)y = B(x)$$

のようなものである．ここで，特に，"定数項"がない場合，すなわち

$$B(x) = 0$$

の場合，上の微分方程式は**同次 (homogeneous) 形**であるという．要するに，微分方程式において，y, y', y'', $\cdots$ を含まない項がない，という場合である（線型同次を，1次同次ということもある）．

同次形線型常微分方程式では，**解の線型結合はまた解になる**ことが容易にわかる．

さらに，**非同次の線型常微分方程式の一般解は，その特殊解と同次形線型常微分方程式の一般解との和**に帰着されることが容易に証明できる．

また，一般に n 次の同次形常微分方程式は，n 個の線型独立な解をもつことが知られている．これらについての詳細な議論は他書に譲り，以下では，**定数係数の線型同次微分方程式**，より具体的には，

$$y'' - 3y' + 2y = 0 \quad \text{や} \quad y''' - 3y'' + 3y' - y = 0$$

のようなものを問題とする．

まず最初に，このような高階の線型微分方程式は，1階の連立線型微分方程式に還元できることを確認しよう．実際，たとえば3階の微分方程式

$$y''' + ay'' + by' + cy = 0$$

において，

$$\begin{cases} y' = z \\ y'' = z' = w \\ y''' = z'' = w' \end{cases}$$

とおくと，与えられた微分方程式は，3つの関数 y, z, w について連立微分方程式

$$\begin{cases} y' = z \\ z' = w \\ w' = -cy - bz - aw \end{cases}$$

に帰着できる．

これを一般化して，n 個の x の関数 $y_1, y_2, \cdots, y_n$ についての連立微分方程式

$$\begin{cases} y_1{}' = a_{11}y_1 + a_{12}y_2 + \cdots + a_{1n}y_n \\ y_2{}' = a_{21}y_1 + a_{22}y_2 + \cdots + a_{2n}y_n \\ \quad\vdots \\ y_n{}' = a_{n1}y_1 + a_{n2}y_2 + \cdots + a_{nn}y_n \end{cases}$$

を考える．そして $\boldsymbol{y} = \begin{pmatrix} y_1 \\ y_2 \\ \vdots \\ y_n \end{pmatrix}$ に対して $\dfrac{d}{dx}\boldsymbol{y} = \begin{pmatrix} y_1{}' \\ y_2{}' \\ \vdots \\ y_n{}' \end{pmatrix}$ と定義すれば，

行列 $A = (a_{ij})$ を用いて上の連立微分方程式は，

$$\frac{d}{dx}\boldsymbol{y} = A\boldsymbol{y}$$

と簡潔に表現できる．

このとき，右辺に現れる行列 A が，適当な正則行列 P を用いて

$$P^{-1}AP = \begin{pmatrix} \alpha_1 & & O \\ & \ddots & \\ O & & \alpha_n \end{pmatrix}$$

と対角化できる場合
$$\bm{y} = P\bm{z}$$
となる関数ベクトル（ベクトルの各成分が x の関数であるベクトル）$\bm{z} = \begin{pmatrix} z_1 \\ z_2 \\ \vdots \\ z_n \end{pmatrix}$ を考えれば，これについては

$$\frac{d}{dx}(P\bm{z}) = A(P\bm{z}) \quad P\frac{d}{dx}\bm{z} = (AP)\bm{z}$$
$$\therefore \frac{d}{dx}\bm{z} = P^{-1}AP\bm{z}$$

となる[1]．これは
$$\begin{cases} \dfrac{dz_1}{dx} = \alpha_1 z_1 \\ \dfrac{dz_2}{dx} = \alpha_2 z_2 \\ \quad \vdots \\ \dfrac{dz_n}{dx} = \alpha_n z_n \end{cases} \quad \text{を意味し，それぞれから} \quad \begin{cases} z_1 = c_1 e^{\alpha_1 x} \\ z_2 = c_2 e^{\alpha_2 x} \\ \quad \vdots \\ z_n = c_n e^{\alpha_n x} \end{cases} \quad \text{が得られる．}$$

ここで $c_1, c_2, \cdots, c_n$ は任意定数である．

したがって，P を (p_{ij}) と成分で考えれば

$$y_i = \sum_{j=1}^{n} p_{ij} z_j = \sum_{j=1}^{n} p_{ij} c_j e^{\alpha_j x} \quad (i = 1, 2, \cdots, n)$$

となる．

$$C_{ij} = p_{ij} c_j \quad (i = 1, 2, \cdots, n;\ j = 1, 2, \cdots, n)$$

---

[1] $P = (p_{ij})$ とおくと，$P\bm{z}$ の第 i 成分は $\sum_{j=1}^{n} p_{ij} z_j$ であり，したがって，$\dfrac{d}{dx}(P\bm{z})$ の第 i 成分は
$$\frac{d}{dx}\left(\sum_{j=1}^{n} p_{ij} z_j\right) = \sum_{j=1}^{n} p_{ij} \frac{d}{dx} z_j$$
であり，これは，$P\dfrac{d}{dx}\bm{z}$ の第 i 成分にほかならない．よって，$\dfrac{d}{dx}(P\bm{z}) = P\dfrac{d}{dx}\bm{z}$ である．

320　第17章　対角化の応用(2) ——微分方程式，差分方程式——

とおけば

$$y_i = \sum_{j=1}^{n} C_{ij} e^{\alpha_j x} \quad (i = 1, 2, \cdots, n)$$

を得る．つまり，$y_1, y_2, \cdots, y_n$ は，いずれも

$$e^{\alpha_1 x}, e^{\alpha_2 x}, \cdots, e^{\alpha_n x}$$

の線型結合で表すことができる．

■ 17.2　具体的な微分方程式の解法

本質例題 60　線型3階微分方程式（同次型）の解法　　標準

微分方程式

$$y''' - 6y'' + 11y' - 6y = 0$$

を解け．

◀上で述べてきたことを具体例で再現するだけの話である．▶

解答

$$\begin{cases} y_1 = y \\ y_2 = y' = y_1' \\ y_3 = y'' = y_1'' = y_2' \end{cases}$$

とおくと

$$y_3' = y''' = 6y'' - 11y' + 6y = 6y_3 - 11y_2 + 6y_1$$

であるから，

$$\frac{d}{dx} \begin{pmatrix} y_1 \\ y_2 \\ y_3 \end{pmatrix} = \begin{pmatrix} 0 & 1 & 0 \\ 0 & 0 & 1 \\ 6 & -11 & 6 \end{pmatrix} \begin{pmatrix} y_1 \\ y_2 \\ y_3 \end{pmatrix}.$$

長岡流処方せん

■ いたみ止め

つまり，

$$\begin{cases} y_1' = y_2 \\ y_2' = y_3 \\ y_3' = 6y_1 - 11y_2 + 6y_3 \end{cases}$$

という連立微分方程式に帰着された．

そこで, $A = \begin{pmatrix} 0 & 1 & 0 \\ 0 & 0 & 1 \\ 6 & -11 & 6 \end{pmatrix}$ とおくと

$$\Phi_A(x) = x^3 - 6x^2 + 11x - 6 = (x-1)(x-2)(x-3)$$

より, A は 1, 2, 3 を固有値にもつ. それぞれの固有値に属す固有ベクトル $\boldsymbol{p}_1$, $\boldsymbol{p}_2$, $\boldsymbol{p}_3$ をとり, $P = (\boldsymbol{p}_1, \boldsymbol{p}_2, \boldsymbol{p}_3)$ とおけば

$$P^{-1}AP = \begin{pmatrix} 1 & 0 & 0 \\ 0 & 2 & 0 \\ 0 & 0 & 3 \end{pmatrix}$$

■ いたみ止め
A を対角化した.

となるから,

$$\begin{pmatrix} y_1 \\ y_2 \\ y_3 \end{pmatrix} = P \begin{pmatrix} z_1 \\ z_2 \\ z_3 \end{pmatrix}$$

を満たす関数 z_1, z_2, z_3 は微分方程式

$$\begin{cases} \dfrac{dz_1}{dx} = z_1 \\ \dfrac{dz_2}{dx} = 2z_2 \\ \dfrac{dz_3}{dx} = 3z_3 \end{cases}$$

を満たすので,

$$\begin{cases} z_1 = c_1 e^x \\ z_2 = c_2 e^{2x} \\ z_3 = c_3 e^{3x} \end{cases} \quad (c_1, c_2, c_3 : \text{任意定数})$$

■ いたみ止め
これらは最も単純な微分方程式.

であり, したがって z_1, z_2, z_3 のある線型結合である $y_1 = y$ も

$$y = C_1 e^x + C_2 e^{2x} + C_3 e^{3x} \quad (C_1, C_2, C_3 : \text{任意定数})$$
$$\cdots\cdots (\text{答})$$

となる.

■ いたみ止め
C_1, C_2, C_3 という任意定数を含むので, 行列 P をまじめに計算する必要がない！

> **注意**
>
> 以上の解法は，与えられた微分方程式において，
>
> $$\left\{\begin{array}{l} y''' \text{ を } t^3 \\ y'' \text{ を } t^2 \\ y' \text{ を } t \\ y \text{ を } 1 \end{array}\right\} \tag{17.1}$$
>
> に形式的に置き換えて，t についての 3 次方程式
>
> $$t^3 - 6t^2 + 11t - 6 = 0 \tag{17.2}$$
>
> を立て，これを解いて異なる 3 つの解 $t = 1, 2, 3$ を求められたなら，与えられた微分方程式の解が
>
> $$y = C_1 e^x + C_2 e^{2x} + C_3 e^{3x}$$
>
> と与えられることを意味している．
> ここに現れる方程式 (17.2) は，その最初の登場の仕方 (17.1) から見ると異様だが，実は，行列 A の特性方程式にほかならない．この意味で，(17.2) を，考えるべき**微分方程式の特性方程式**と呼ぶ．

■ 17.3　線型漸化式の解法

以前，本質例題 41，例 14.2 でふれたような定数係数の線型同次型漸化式

$$a_{n+3} - 6a_{n+2} + 11a_{n+1} - 6a_n = 0 \quad (n = 1, 2, 3, \cdots)$$

についても，上とほとんど同じ考え方により，連立漸化式

$$\begin{pmatrix} a_{n+1} \\ b_{n+1} \\ c_{n+1} \end{pmatrix} = \begin{pmatrix} 0 & 1 & 0 \\ 0 & 0 & 1 \\ 6 & -11 & 6 \end{pmatrix} \begin{pmatrix} a_n \\ b_n \\ c_n \end{pmatrix}$$

に帰着され，上で現れた P に対して

$$\begin{pmatrix} a_n \\ b_n \\ c_n \end{pmatrix} = P \begin{pmatrix} \alpha_n \\ \beta_n \\ \gamma_n \end{pmatrix}$$

で定まる数列 $\{\alpha_n\}$，$\{\beta_n\}$，$\{\gamma_n\}$ についての，より単純化された漸化式

$$\begin{cases} \alpha_{n+1} = \alpha_n \\ \beta_{n+1} = 2\beta_n \\ \gamma_{n+1} = 3\gamma_n \end{cases}$$

を解いて得られる,

$$\alpha_n = C_1,\ \beta_n = C_2 2^n,\ \gamma_n = C_3 3^n$$

の線型結合として

$$a_n = C_1 + C_2 2^n + C_3 3^n \quad (n = 1,\ 2,\ 3,\ \cdots)$$

が得られる.

ここでも,行列 $A = \begin{pmatrix} 0 & 1 & 0 \\ 0 & 0 & 1 \\ 6 & -11 & 6 \end{pmatrix}$ を対角化するために使われた特性方程式 $\Phi_A(x) = 0$ は,与えられた漸化式において

$$\begin{Bmatrix} a_{n+3} & \text{を} & t^3 \\ a_{n+2} & \text{を} & t^2 \\ a_{n+1} & \text{を} & t \\ a_n & \text{を} & 1 \end{Bmatrix}$$

に置き換えて得られる方程式と(未知数を表す文字の違いという非本質的な違いを除き),完全に同じものなのである.

■ 17.4　線型微分方程式と線型漸化式

ところで,微分方程式 $\dfrac{d}{dx}\boldsymbol{y} = A\boldsymbol{y}$ や,漸化式 $\boldsymbol{x}_{n+1} = A\boldsymbol{x}_n$ において,$\boldsymbol{y}$ や $\boldsymbol{x}_n$ がベクトルであること,また A が行列であることを意図的に「忘れ」(次元を 1 次元に下げて),

$$\dfrac{dy}{dx} = ay \quad \text{や} \quad x_{n+1} = ax_n \quad (n = 0, 1, 2, \cdots)$$

を考えると,その解としてそれぞれ

$$y = ce^{ax} \quad \text{や} \quad x_n = ca^n \quad (n = 0, 1, 2, \cdots)$$

が得られる．ここで c は任意の定数である．

論理的にはいささか性急であるが，ここで突然，a が行列 A であったことを「思い出す」（次元を上げて考える）と，それぞれは，

$$\boldsymbol{y} = e^{xA}\boldsymbol{c}, \quad \boldsymbol{x}_n = A^n\boldsymbol{c} \quad (n=0,1,2,\cdots)$$

となるはずである．ここでベクトル $\boldsymbol{c}$ は，

$$\begin{cases} 微分方程式においては, x=0 のときの \boldsymbol{y} の値 \\ 漸化式においては, n=0 のときの \boldsymbol{x}_n の値 \end{cases}$$

から決まる任意の定ベクトルである（数学的に整合的な式になるようにするために左辺では，積の順序を交換している）．

このうち後者についてはその成立は自明である[2]ので，このような次元の「忘却」と「想起」はいかにも有効そうに見えるであろう！

もちろん，前者についてもこれが合理化されるためには，正方行列 M に対して e^M という概念を定義してやらなければならない．

一見すると，数でもない行列を指数にもつことなどあり得ないと断定してしまいそうであるが，2乗，3乗，4乗，……といった自然数に対して定義された指数表現 a^n が，やがて 0 や負の整数を指数にもつ場合，さらには有理数や実数の指数の場合まで定義され，そして，次章で簡単にふれる有名なオイラーの公式

$$e^{i\theta} = \cos\theta + i\sin\theta$$

を通じて複素数の場合まで拡張されたのであったから，行列を指数とする場合があり得ないと断定するのは早計である．それどころか，実は，対角化を通じて e^M の概念が定義されることを後に見るであろう．そして，これが単なる概念の拡張（いわば数学のための数学）にとどまらず，問題に

---

[2] $\boldsymbol{x}_{n+1} = A\boldsymbol{x}_n$ $(n=0,1,2,3,\cdots)$ が成り立つとき，$\boldsymbol{x}_n = A^n\boldsymbol{x}_0$ $(n=0,1,2,\cdots)$ が成り立つので，$\boldsymbol{x}_0 = \boldsymbol{c}$ となる $\boldsymbol{c}$ をとると，$\boldsymbol{x}_n = A^n\boldsymbol{c}$ $(n=0,1,2,\cdots)$ となる．

対する，より本質的なアプローチを用意するものであることが明らかになるはずである．

【17章の復習問題】

1 漸化式
$$x_{n+2} = x_{n+1} + x_n, \quad n = 1, 2, \cdots$$
が与えられているとする．以下の問に答えよ．

(1) $\boldsymbol{x}_n = \begin{pmatrix} x_n \\ x_{n+1} \end{pmatrix}$ とおくとき，上の漸化式を行列を用いて表せ．

(2) $x_1 = x_2 = 1$ のとき，上の数列の一般項を行列の対角化を利用して求めよ．

2 定数係数線型同次型漸化式，
$$a_{n+2} - 3a_{n+1} + 2a_n = 0 \quad (n = 1, 2, 3, \cdots)$$
の一般項を a_1, a_2 で表せ．

3 定数係数線型同次型微分方程式，
$$y'' - 3y' + 2y = 0$$
を解け．

4 漸化式
$$x_{n+3} = ax_{n+2} + bx_{n+1} + cx_n \quad (a, b, c \text{ は定数}, \quad n = 1, 2, \cdots)$$
を満たす数列 $\{x_n\}$ の一般項は，方程式
$$t^3 = at^2 + bt + c$$
が異なる 3 解 α, β, γ をもつときには，x_1, x_2, x_3 より決まる定数 λ, μ, ν を用いて
$$x_n = \lambda \alpha^n + \mu \beta^n + \nu \gamma^n$$
と表されることを示せ．

18 ジョルダンの標準形(1)

15 章で論じたように，実行列の世界では対角化できないものも，複素行列の世界では対角化できる，という事実は，実在しない想像上の数と呼ばれた複素数のもつ可能性の 1 つを物語っている．しかし，複素行列の世界でさえ，対角化は一般に可能でない．対角化不可能な行列に対して，対角化に代わる《準対角化》ともいうべきものがある．これが，本章以後に述べるジョルダンの標準形である．

■ 18.1 対角化に代わる"準対角化"

ジョルダンの標準形を理解するには，少し準備が必要である．まずは対角化不可能な行列を例にみよう．

その前に対角化可能性について大切なポイントを復習しておこう．

例 18.1 $A = \begin{pmatrix} \cos\theta & -\sin\theta \\ \sin\theta & \cos\theta \end{pmatrix}$ (θ は $0 \leq \theta < 2\pi$ の実数) とおくと，A の固有方程式は

$$\det(xE - A) = \begin{vmatrix} x - \cos\theta & \sin\theta \\ -\sin\theta & x - \cos\theta \end{vmatrix} = (x - \cos\theta)^2 + \sin^2\theta$$
$$= x^2 - 2x\cos\theta + 1$$

となる．したがって，行列 A は

$$\cos^2\theta = 1 \quad \therefore \quad \cos\theta = \pm 1$$

のときを除いて**実行列の範囲で考えるなら固有値をもたない**．したがって実行列の範囲では対角化もできない

しかし複素行列の世界で考えれば，A は固有値

$$\cos\theta \pm i\sin\theta = e^{\pm i\theta}$$

をもち[1]，それぞれに対する固有ベクトルが $\begin{pmatrix} 1 \\ \mp i \end{pmatrix}$ となることから，$P = \begin{pmatrix} 1 & 1 \\ -i & i \end{pmatrix}$ とおけば，

$$P^{-1}AP = \begin{pmatrix} e^{i\theta} & 0 \\ 0 & e^{-i\theta} \end{pmatrix}$$

と対角化できる．

このように対角化可能性は，考えている体が $\mathbb{R}$ であるか，$\mathbb{C}$ であるかによって変わってくる．

しかし，体の取り方によらず，対角化不可能という例も存在する．

例 18.2 行列 $A = \begin{pmatrix} 2 & 1 & 0 \\ -1 & 3 & -1 \\ -1 & 0 & 1 \end{pmatrix}$ の固有多項式は

$$\det(xE - A) = \begin{vmatrix} x-2 & -1 & 0 \\ 1 & x-3 & 1 \\ 1 & 0 & x-1 \end{vmatrix} = x^3 - 6x^2 + 12x - 8$$
$$= (x-2)^3$$

---

[1] $e^{ix} = \cos x + i\sin x$ という等式はオイラーの公式という名で呼ばれる重要な関係である．さまざまな証明があるが，ここでは厳密な議論を避け，とりあえずよく知られているであろう冪級数展開

$$e^x = 1 + x + \frac{x^2}{2!} + \frac{x^3}{3!} + \frac{x^4}{4!} + \cdots$$

において，x を ix に置き換えたものを "i について整理"し，よく知られた関係式

$$\begin{cases} \sin x = x - \dfrac{x^3}{3!} + \dfrac{x^5}{5!} - \cdots \\ \cos x = 1 - \dfrac{x^2}{2!} + \dfrac{x^4}{4!} - \cdots \end{cases}$$

と見比べる，という覚えやすい「証明」だけにとどめよう．

厳密で詳しい証明に興味のある人は，(複素)関数論をテーマとする書物を参照されたい．

となり，固有値 2 を 3 重解（3 重根）にもつ．

しかるに，行列

$$A - 2E = \begin{pmatrix} 0 & 1 & 0 \\ -1 & 1 & -1 \\ -1 & 0 & -1 \end{pmatrix}$$

のランクは 2 であり，したがって，固有値 2 に属する固有空間の次元は 1 である．言い換えると，$A\begin{pmatrix} x \\ y \\ z \end{pmatrix} = 2\begin{pmatrix} x \\ y \\ z \end{pmatrix}$ は $\begin{cases} y = 0 \\ x + z = 0 \end{cases}$ と同値であり，したがって自由度が 1 の解

$$\begin{pmatrix} x \\ y \\ z \end{pmatrix} = t\begin{pmatrix} 1 \\ 0 \\ -1 \end{pmatrix} \quad (t: 任意)$$

をもつだけである．それゆえ，A は，複素行列の範囲で考えても対角化できない．

しかるに，いささか唐突で恐縮だが，

$$P = \begin{pmatrix} 1 & 1 & -1 \\ 0 & 1 & 1 \\ -1 & 0 & 1 \end{pmatrix}$$

として $P^{-1}AP$ を計算すると，A の 3 個の固有値 2 が対角線に一列に並んだ上三角行列

$$P^{-1}AP = \begin{pmatrix} 2 & 1 & 0 \\ 0 & 2 & 1 \\ 0 & 0 & 2 \end{pmatrix}$$

ができる．これがこれから目標とする A のジョルダンの標準形である．そのために必要な概念を解説しよう．

18.2 行列多項式

体 F の要素 $a_0, a_1, \cdots, a_n$ と文字 x を用いて
$$a_0 + a_1 x + \cdots + a_n x^n$$
と表される式を，x についての **F-係数多項式**と呼び，$P(x)$ などの記号で表す．

注意すべきは，この段階では，x は単なる文字，したがって $P(x)$ も単なる式であるということである．これに対し，値を考えることができる高校で学んだ「式の値」を少し厳密にいうと次のようになる．

「多項式 $P(x)$ の x に F の要素 α を代入する」とは，$P(x)$ における文字の積 $x^k = x \times x \times \cdots \times x$ や F の要素との形式的な積 $a_k x^k$ を，体 F における意味のある積と意図的に'混同'して
$$a_k \alpha^k = a_k \cdot \alpha \cdot \alpha \cdot \cdots \cdot \alpha \quad (\cdot \text{は} F \text{における演算})$$
をつくり，このような項を，F の要素と'混同'して，体 F のなかで加え合わせた和
$$a_0 + a_1 \alpha + \cdots + a_n \alpha^n$$
をつくることである．

このような'混同'が可能なものについては，どんなものでも多項式に含まれる'文字'に'代入'ができる．そこで以下のように定義する．

定義 18.2.1 体 F の要素を係数にもつ多項式
$$P(x) = a_0 + a_1 x + \cdots + a_m x^m$$
と正方行列 $A \in M(n;\ F)$ に対し，
$$a_0 E + a_1 A + \cdots + a_m A^m$$
という行列を，$P(A)$ とおき，**行列多項式**と呼ぶ．ただし，E は n 次単位行列である[2]．

---
[2] $P(x)$ の定数項 a_0 が $P(A)$ において $a_0 E$ となることに注意せよ．つまり $x^0 = 1$ が $A^0 = E$ に置き換えられるのである．

多項式の間に
$$f(x) + g(x) = s(x), \quad f(x) \cdot g(x) = p(x)$$
という関係が成り立っているときには，いわゆる「式の値」，つまり，x を任意の $\alpha \in F$ に置き換えたものについても同様の関係が成り立つ．すなわち，
$$f(\alpha) + g(\alpha) = s(\alpha), \quad f(\alpha) \cdot g(\alpha) = p(\alpha)$$
である．行列の和と積については（積の交換律を除き）$\mathbb{R}$ や $\mathbb{C}$ におけるのと同様の通常の計算法則がすべて成立するので，上と同じ理由で，x を正方行列 A に置き換えたものについても
$$f(A) + g(A) = s(A), \quad f(A) \cdot g(A) = p(A)$$
が成り立つ．

> **注意**
>
> 2つの文字 x, y についての多項式 $f(x, y)$ に対しても行列多項式 $f(A, B)$ を考えることができるが，
> $$AB = BA$$
> が保証されないので，多項式 $f(x, y), g(x, y), h(x, y)$ の間に
> $$f(x, y) \cdot g(x, y) = h(x, y)$$
> という関係があったとしても
> $$f(A, B) \cdot g(A, B) = h(A, B)$$
> は成り立つとは限らない．たとえば
> $$(x - y)(x + y) = x^2 - y^2$$
> は，中学生にもよく知られた関係式であるが，行列 A, B については
> $$(A - B)(A + B) = A^2 - B^2$$
> が成り立つとは限らない．もちろん

は成り立つ．

例 18.3 $f(x) = x^2 + x + 1$, $A = \begin{pmatrix} 0 & 1 & 0 \\ 0 & 0 & 1 \\ 1 & 0 & 0 \end{pmatrix}$ とするとき

$$f(A) = A^2 + A + E = \begin{pmatrix} 0 & 0 & 1 \\ 1 & 0 & 0 \\ 0 & 1 & 0 \end{pmatrix} + \begin{pmatrix} 0 & 1 & 0 \\ 0 & 0 & 1 \\ 1 & 0 & 0 \end{pmatrix} + \begin{pmatrix} 1 & 0 & 0 \\ 0 & 1 & 0 \\ 0 & 0 & 1 \end{pmatrix}$$

$$= \begin{pmatrix} 1 & 1 & 1 \\ 1 & 1 & 1 \\ 1 & 1 & 1 \end{pmatrix}$$

である．

また，$g(x) = x - 1$, $h(x) = x^3 - 1$ とおくと，多項式 $f(x)$, $g(x)$, $h(x)$ の間に $f(x)g(x) = h(x)$ が成り立つが，対応する行列多項式についても

$$f(A)g(A) = \begin{pmatrix} 1 & 1 & 1 \\ 1 & 1 & 1 \\ 1 & 1 & 1 \end{pmatrix} \begin{pmatrix} -1 & 1 & 0 \\ 0 & -1 & 1 \\ 1 & 0 & -1 \end{pmatrix} = \begin{pmatrix} 0 & 0 & 0 \\ 0 & 0 & 0 \\ 0 & 0 & 0 \end{pmatrix}$$

$$h(A) = \begin{pmatrix} 0 & 1 & 0 \\ 0 & 0 & 1 \\ 1 & 0 & 0 \end{pmatrix}^3 - \begin{pmatrix} 1 & 0 & 0 \\ 0 & 1 & 0 \\ 0 & 0 & 1 \end{pmatrix} = \begin{pmatrix} 0 & 0 & 0 \\ 0 & 0 & 0 \\ 0 & 0 & 0 \end{pmatrix}$$

となる．

対角化に関連してしばしば現れた相似な行列の関係

$$B = P^{-1}AP$$

について次の定理が成り立つ．

定理 18.2.1
正方行列 A, B と，ある正則行列 P について，
$$A = PBP^{-1}$$
であるならば，任意の F-係数多項式 $f(x)$ に対し，
$$f(A) = Pf(B)P^{-1}$$
である．すなわち，A が B に相似なら，$f(A)$ は $f(B)$ に相似である．

本質例題 61 相似な行列の行列多項式の関係 〔標準〕

定理 18.2.1 を証明せよ．

● 最初は $f(x) = x^2 + 2x + 3$ のような具体例で考えてみるとよい．●

解答

証明 $f(x) = a_0 + a_1 x + a_2 x^2 + \cdots + a_n x^n = \sum_{k=0}^{n} a_k x^k \ (a_k \in F)$ とおくと，任意の $k(=0, 1, \cdots, n)$ について
$$a_k A^k = a_k (PBP^{-1})^k = a_k PB^k P^{-1} = P(a_k B^k)P^{-1}$$
であるから
$$f(A) = \sum_{k=0}^{n} a_k A^k = \sum_{k=0}^{n} P(a_k B^k) P^{-1}$$
$$= P\left(\sum_{k=0}^{n} a_k B^k\right) P^{-1} = Pf(B)P^{-1}. \ \blacksquare$$

長岡流処方せん

■ いたみ止め
たとえば，
$$A^2 = (PBP^{-1})^2$$
$$= \cdots$$
$$= PB^2 P^{-1}$$

■ 18.3 フロベニウスの定理，ハミルトン・ケイリーの定理

行列多項式に関して重要な定理を述べよう．

定理 18.3.1 （フロベニウスの定理）

複素正方行列 A の固有値を，$\alpha_1, \alpha_2, \cdots, \alpha_n$ （このなかに等しいものがあってもよい）とおくと，任意の $\mathbb{C}$-係数多項式

$$f(x) = a_0 + a_1 x + a_2 x^2 + \cdots + a_m x^m \quad (a_0, a_1, a_2, \cdots, a_m \in \mathbb{C})$$

に対し，行列 $f(A)$ の固有値は，$f(\alpha_1), f(\alpha_2), \cdots, f(\alpha_n)$ で与えられる．

証明 15 章で示した三角化定理を用いて，$P^{-1}AP$ が上三角行列になるような複素正方行列 P をとる．すなわち，

$$P^{-1}AP = \begin{pmatrix} \alpha_1 & & * \\ & \ddots & \\ O & & \alpha_n \end{pmatrix}$$

とする．このとき任意の自然数 k に対し，両辺の k 乗，すなわち，

$$(P^{-1}AP)^k = \begin{pmatrix} \alpha_1 & & * \\ & \ddots & \\ O & & \alpha_n \end{pmatrix}^k$$

を作ると，

$$P^{-1}A^k P = \begin{pmatrix} \alpha_1{}^k & & * \\ & \ddots & \\ O & & \alpha_n{}^k \end{pmatrix}$$

となる[3]．ゆえに，

$$P^{-1}f(A)P = \begin{pmatrix} f(\alpha_1) & & * \\ & \ddots & \\ O & & f(\alpha_n) \end{pmatrix}$$

である．したがって，$f(A)$ の固有値は，$f(\alpha_1), f(\alpha_2), \cdots, f(\alpha_n)$ である．■

---

[3] 15 章の脚注参照．

18.3 フロベニウスの定理, ハミルトン・ケイリーの定理

定理 18.3.2 （ハミルトン・ケイリーの定理）

正方行列 A に対し, A の固有多項式を

$$\Phi_A(x) = \det(xE - A)$$

とおくと,

$$\Phi_A(A) = O \text{ (零行列)}$$

が成り立つ.

> **注意** $\Phi_A(x) = \det(xE - A)$ という固有多項式の定義の右辺に「直接 $x = A$ を代入する」と
>
> $$\det(A - A) = \det O = 0$$
>
> であるから,「定理の成立は自明」と思ってしまう危険がある. しかし, 上の定理は $\Phi_A(A) = O$ の成立を主張しているのであって, 右辺は 0 でなく零行列 O であることに注意したい. たとえば, $n = 2$ という最も単純な場合, $A = \begin{pmatrix} a & b \\ c & d \end{pmatrix}$ とおくと, $\Phi_A(x)$ は
>
> $$\Phi_A(x) = \begin{vmatrix} x - a & -b \\ -c & x - d \end{vmatrix} = (x - a)(x - d) - bc$$
> $$= x^2 - (a + d)x + (ad - bc)$$
>
> という 2 次式になるので, $\Phi_A(A)$ は
>
> $$\Phi_A(A) = A^2 - (a + d)A + (ad - bc)E$$
>
> を意味する. これが零行列になることを主張しているのである.

本質例題 62 ハミルトン・ケイリーの定理の確認　　**標準**

$A = \begin{pmatrix} 0 & 1 & 0 \\ 0 & 0 & 1 \\ 6 & -11 & 6 \end{pmatrix}$ の固有多項式を $\Phi_A(x)$ とする.

(1) $\Phi_A(x)$ を求めよ．
(2) $\Phi_A(A)$ を計算せよ．

●ハミルトン・ケイリーの定理の証明に先立ってその意味を具体例で確認ということである．●

解答

(1) $\Phi_A(x) = \begin{vmatrix} x & -1 & 0 \\ 0 & x & -1 \\ -6 & 11 & x-6 \end{vmatrix} = x^2(x-6) - 6 + 11x$
$= x^3 - 6x^2 + 11x - 6.$

(2) $\Phi_A(A) = A^3 - 6A^2 + 11A - 6E.$ この右辺を実直に計算すれば，それが O になることが示される．

長岡流処方せん

■いたみ止め
各自，計算してみよ．

注意 $\Phi_A(A)$ の成分を計算するには，$\Phi_A(x)$ を因数分解した式 $(x-1)(x-2)(x-3)$ を利用して $(A-E)(A-2E)(A-3E)$ を計算するほうが楽である．

さて，この定理の証明にはいろいろなアプローチがあるが，一般的な証明はいずれも必ずしも簡単ではない．しかし，A を複素行列で考えると，簡単な証明が可能である．ここでは，それを紹介するにとどめよう．

図 18.1 W. Hamilton (1805–1865), A. Cayley (1821–1895)

18.3 フロベニウスの定理，ハミルトン・ケイリーの定理

証明 行列 A の固有値を $\alpha_1, \alpha_2, \cdots, \alpha_n$ として，A の固有多項式 $\Phi_A(x)$ を

$$\Phi_A(x) = (x - \alpha_1)(x - \alpha_2) \cdots (x - \alpha_n)$$

と因数分解する（「代数学の基本定理」により，$\mathbb{C}$ において，n 次式は必ず n 個の 1 次式の積に因数分解できる．）と，これから

$$\Phi_A(A) = (A - \alpha_1 E)(A - \alpha_2 E) \cdots (A - \alpha_n E)$$

が成り立つ．そこで，A を上三角化することとして

$$P^{-1}AP = \begin{pmatrix} \alpha_1 & & & \text{\Large *} \\ & \alpha_2 & & \\ & & \ddots & \\ \text{\Large O} & & & \alpha_n \end{pmatrix}$$

となる正則行列 P をとると，この P に対し，

$$\begin{aligned}
P^{-1}\Phi_A(A)P &= P^{-1}(A - \alpha_1 E)(A - \alpha_2 E) \cdots (A - \alpha_n E)P \\
&= P^{-1}(A - \alpha_1 E)PP^{-1}(A - \alpha_2 E)P \cdots P^{-1}(A - \alpha_n E)P \\
&= (P^{-1}AP - \alpha_1 E)(P^{-1}AP - \alpha_2 E) \cdots (P^{-1}AP - \alpha_n E)
\end{aligned}$$

となる．ここで，

$$P^{-1}AP - \alpha_1 E = \begin{pmatrix} 0 & & & \text{\Large *} \\ & * & & \\ & & \ddots & \\ \text{\Large O} & & & * \end{pmatrix} \quad ((1,1) \text{ 成分が } 0 \text{ の上三角行列})$$

$$P^{-1}AP - \alpha_2 E = \begin{pmatrix} * & & & \text{\Large *} \\ & 0 & & \\ & & \ddots & \\ \text{\Large O} & & & * \end{pmatrix} \quad ((2,2) \text{ 成分が } 0 \text{ の上三角行列})$$

$$\vdots$$

$$P^{-1}AP - \alpha_n E = \begin{pmatrix} * & & & \text{\Large *} \\ & * & & \\ & & \ddots & \\ \text{\Large O} & & & 0 \end{pmatrix} \quad ((n,n) \text{ 成分が } 0 \text{ の上三角行列})$$

であるから，左から順に掛けていけばわかるように，
$$(P^{-1}AP - \alpha_1 E)(P^{-1}AP - \alpha_2 E)\cdots(P^{-1}AP - \alpha_n E) = O$$
である． ∎

■ 18.4 行列の級数

まず，行列の列の極限を定義しよう．

定義 18.4.1 同じ次数の正方行列の列 $\{A_k\}_{k=1,\,2,\,3,\,\ldots}$ において
$$A_k = (a_{ij}{}^{(k)})$$
と表すとき，すべての i, j について
$$\lim_{k \to \infty} a_{ij}{}^{(k)} = b_{ij}$$
が存在するなら，行列の列 $\{A_k\}$ は，行列
$$B = (b_{ij})$$
に収束するといい，
$$\lim_{k \to \infty} A_k = B$$
と表す．

行列の列 $\{A_k\}_{k=1,\,2,\,3,\,\ldots}$ の部分和 $S_m = \sum_{k=1}^{m} A_k$ でつくられる列 $\{S_m\}$ の極限により，行列級数 $\sum_{k=1}^{\infty} A_k$ も定義できる．すなわち，

定義 18.4.2 同じ次数の正方行列の列 $\{A_k\}_{k=1,\,2,\,3,\,\ldots}$ に対し，
$$\lim_{m \to \infty} \sum_{k=1}^{m} A_k = C$$
となる C が存在するとき，この C について，
$$\sum_{k=1}^{\infty} A_k = C$$
あるいは $A_1 + A_2 + A_3 + \cdots + A_k + \cdots = C$ と表す．

複素係数の冪級数

$$f(z) = a_0 + a_1 z + a_2 z^2 + a_3 z^3 + \cdots + a_k z^k + \cdots$$

と，正方行列 A に対し，

$$f(A) = a_0 E + a_1 A + a_2 A^2 + a_3 A^3 + \cdots + a_k A^k + \cdots$$

と定義すると，

$$a_0 E + a_1 A + a_2 A^2 + a_3 A^3 + \cdots = B$$

であるとは，上の定義から，

$$\lim_{m \to \infty} \sum_{k=0}^{m} a_k A^k = B$$

の意味であることになる．

より厳密にいえば次のようになる．

定義 18.4.3 複素係数多項式 $S_m(z) = \displaystyle\sum_{k=0}^{m} a_k z^k$ で定まる行列 $S_m(A) = \displaystyle\sum_{k=0}^{m} a_k A^k$ から作られる行列の列 $\{S_m(A)\}_{m=0, 1, 2, \cdots}$ の極限行列 B が存在するとき

$$f(A) = a_0 E + a_1 A + a_2 A^2 + a_3 A^3 + \cdots + a_m A^m + \cdots = B$$

と表す．

例 18.4 $A = \begin{pmatrix} \alpha & 0 \\ 0 & \beta \end{pmatrix}$ $(\alpha, \beta \in \mathbb{C})$ とおくと，$A^k = \begin{pmatrix} \alpha^k & 0 \\ 0 & \beta^k \end{pmatrix}$ である $(k = 1, 2, 3, \cdots)$．そこで，

$$f(z) = 1 + z + \frac{z^2}{2!} + \frac{z^3}{3!} + \cdots + \frac{z^k}{k!} + \cdots = e^z$$

とおくと，

$$f(A) = E + A + \frac{A^2}{2!} + \frac{A^3}{3!} + \cdots + \frac{A^k}{k!} + \cdots$$

$$= \begin{pmatrix} 1 + \alpha + \dfrac{\alpha^2}{2!} + \cdots + \dfrac{\alpha^k}{k!} + \cdots & 0 \\ 0 & 1 + \beta + \dfrac{\beta^2}{2!} + \cdots + \dfrac{\beta^k}{k!} + \cdots \end{pmatrix}$$

$$= \begin{pmatrix} e^\alpha & 0 \\ 0 & e^\beta \end{pmatrix}$$

いま述べた話を一般化して，正方行列の無限級数

$$E + A + \frac{A^2}{2!} + \frac{A^3}{3!} + \cdots + \frac{A^k}{k!} + \cdots$$

を，e^A と表すことにすると，上の例で示したことは，

$$A = \begin{pmatrix} \alpha & 0 \\ 0 & \beta \end{pmatrix} \implies e^A = \begin{pmatrix} e^\alpha & 0 \\ 0 & e^\beta \end{pmatrix}$$

と表現できる．これが得られる上で決定的だったのは，A^n が

$$A^n = \begin{pmatrix} \alpha^n & 0 \\ 0 & \beta^n \end{pmatrix}$$

のように簡単に計算できたことであるが，そのためには A が対角行列であることが本質的であった．では，A が対角行列でない場合にはどうなるであろうか．

$A = \begin{pmatrix} -1 & 2 \\ -3 & 4 \end{pmatrix}$ を例にとって考えよう．A の固有値は，方程式

$$\begin{vmatrix} x+1 & -2 \\ 3 & x-4 \end{vmatrix} = 0 \quad \text{すなわち，} \quad x^2 - 3x + 2 = 0$$

を解いて，1 と 2 である．

固有値1に属す固有ベクトル $\begin{pmatrix} 1 \\ 1 \end{pmatrix}$ と固有値2に属す固有ベクトル $\begin{pmatrix} 2 \\ 3 \end{pmatrix}$ を横に並べて $P = \begin{pmatrix} 1 & 2 \\ 1 & 3 \end{pmatrix}$ とおくと，行列 A は

$$P^{-1}AP = \begin{pmatrix} 1 & 0 \\ 0 & 2 \end{pmatrix}$$

と対角化できる．これを B とおけば，B については e^B が

$$e^B = \begin{pmatrix} e & 0 \\ 0 & e^2 \end{pmatrix}$$

と簡単に計算できる．

そこで問題は，この e^B と，われわれの求めたい e^A の関係ということになる．そのための準備として，まず，次の定理の成立は，成分を計算することからすぐにわかる[4]．

定理 18.4.1 同じ次数の正方行列 B, P, Q, A_1, A_2, A_3, $\cdots$ について

$$\lim_{m \to \infty} A_m = B \implies \lim_{m \to \infty} PA_mQ = PBQ$$

したがって，特に P が正則であるときには

$$\lim_{m \to \infty} A_m = B \iff \lim_{m \to \infty} P^{-1}A_mP = P^{-1}BP$$

が成り立つ．

$A = PBP^{-1}$ であれば，$A^n = PB^nP^{-1}$ であるから，この関係を考慮すると，

---

[4] $P = (p_{ij})$, $A_m = (a_{ij}{}^{(m)})$, $Q = (q_{ij})$ などとおいて，PA_mQ, PBQ の (i, l) 成分

$$\sum_{k=1}^{n}\sum_{j=1}^{n} p_{ij}a_{jk}{}^{(m)}q_{kl}, \quad \sum_{k=1}^{n}\sum_{j=1}^{n} p_{ij}b_{jk}q_{kl}$$

を考え，この成分ごとに，$n \to \infty$ とするだけである．

$$\begin{aligned}
e^A &= E + A + \frac{A^2}{2!} + \frac{A^3}{3!} + \cdots + \frac{A^n}{n!} + \cdots \\
&= E + PBP^{-1} + \frac{1}{2!}PB^2P^{-1} + \frac{1}{3!}PB^3P^{-1} + \cdots \\
&\quad + \frac{1}{n!}PB^nP^{-1} \qquad\qquad + \cdots \\
&= P\left(E + B + \frac{B^2}{2!} + \frac{B^3}{3!} + \cdots + \frac{B^n}{n!} + \cdots\right)P^{-1} \\
&= Pe^B P^{-1}
\end{aligned}$$

となる[5].

ここで述べた議論は，有限次の多項式の場合の定理 18.2.1 を冪級数，すなわち無限次の多項式に一般化したものであるといってもよい．

本質例題 63　一般の正方行列 A に対する e^A の計算　　標準

$A = \begin{pmatrix} -1 & 2 \\ -3 & 4 \end{pmatrix}$ について e^A を求めよ．

■ 上で述べてきた議論を具体例で確認するだけである．■

解答

$P = \begin{pmatrix} 1 & 2 \\ 1 & 3 \end{pmatrix}$ に対して

$$P^{-1}AP = \begin{pmatrix} 1 & 0 \\ 0 & 2 \end{pmatrix}$$

となること．また，これを B とおくと，

$$e^B = \begin{pmatrix} e & 0 \\ 0 & e^2 \end{pmatrix}$$

長岡流処方せん

■ いたみ止め
まず，A を対角化する．

■ いたみ止め
対角行列 B については e^B が簡単に求められる．

---

[5] $+\cdots$ という表現を避けて厳密に表現すると，ここでは本質的でない煩雑さが増して議論が不透明になるので，上では厳密さを犠牲にして簡単に表しているが，この最後の変形で，上に示した関係を使っている．

となることから，

$$e^A = Pe^B P^{-1} = \begin{pmatrix} 1 & 2 \\ 1 & 3 \end{pmatrix} \begin{pmatrix} e & 0 \\ 0 & e^2 \end{pmatrix} \begin{pmatrix} 3 & -2 \\ -1 & 1 \end{pmatrix}$$
$$= \begin{pmatrix} 3e - 2e^2 & -2e + 2e^2 \\ 3e - 3e^2 & -2e + 3e^2 \end{pmatrix}$$

【18 章の復習問題】

1 $M(n;\mathbb{C})$ の上三角行列 $A_1, A_2, \cdots, A_n$ に対し, $\forall i$ について, A_i の (i,i) 成分が 0 であるとき, すなわち,

$$A_1 = \begin{pmatrix} 0 & & & & \text{\Large *} \\ & \alpha_2^{(1)} & & & \\ & & \ddots & & \\ & & & \ddots & \\ 0 & & & & \alpha_n^{(1)} \end{pmatrix}, \quad A_2 = \begin{pmatrix} \alpha_1^{(2)} & & & & \text{\Large *} \\ & 0 & & & \\ & & \ddots & & \\ & & & \ddots & \\ 0 & & & & \alpha_n^{(2)} \end{pmatrix}, \cdots,$$

$$A_n = \begin{pmatrix} \alpha_1^{(n)} & & & & \text{\Large *} \\ & \alpha_2^{(n)} & & & \\ & & \ddots & & \\ & & & \ddots & \\ 0 & & & & 0 \end{pmatrix}$$

となっているとき, これらの積は, $A_1 A_2 \cdots A_n = O$ となることを, $n=3, n=4$ の場合で確かめよ.

2 行列 $A = \begin{pmatrix} 1 & 0 & 0 \\ 1 & -1 & 0 \\ 0 & 1 & 1 \end{pmatrix}$ に対し, $A^n - A^{n-2} = A^2 - E \;(n \geq 3)$ を示し, A^{60} を求めよ.

19

ジョルダンの標準形(2)

本章では，いよいよジョルダンの標準形の「本丸」に迫る．n 次正方行列 A に対し，その固有多項式 $\Phi_A(x)$ が $(x-\alpha)^n$ となる場合が基本となる．

■ 19.1 冪零行列

まず，少し特殊な性質の行列について紹介する．

$A = \begin{pmatrix} 2 & 1 & 0 \\ 0 & 2 & 1 \\ 0 & 0 & 2 \end{pmatrix}$ は，$N = \begin{pmatrix} 0 & 1 & 0 \\ 0 & 0 & 1 \\ 0 & 0 & 0 \end{pmatrix}$ とおくと，$A = 2E + N$ と表すことができる．ここで，行列 N は

$$N^2 = \begin{pmatrix} 0 & 1 & 0 \\ 0 & 0 & 1 \\ 0 & 0 & 0 \end{pmatrix} \begin{pmatrix} 0 & 1 & 0 \\ 0 & 0 & 1 \\ 0 & 0 & 0 \end{pmatrix} = \begin{pmatrix} 0 & 0 & 1 \\ 0 & 0 & 0 \\ 0 & 0 & 0 \end{pmatrix}$$

$$\therefore\ N^3 = N^2 N = \begin{pmatrix} 0 & 0 & 1 \\ 0 & 0 & 0 \\ 0 & 0 & 0 \end{pmatrix} \begin{pmatrix} 0 & 1 & 0 \\ 0 & 0 & 1 \\ 0 & 0 & 0 \end{pmatrix} = \begin{pmatrix} 0 & 0 & 0 \\ 0 & 0 & 0 \\ 0 & 0 & 0 \end{pmatrix} = O$$

という性質をもつので，

$$n \geq 3 \implies N^n = O \tag{19.1}$$

であり，したがって，A^n は，

$$A^n = (2E + N)^n$$

$\hspace{12em} \downarrow\ \text{☆}$

$$= (2E)^n + n(2E)^{n-1} N + \frac{n(n-1)}{2}(2E)^{n-2} N^2$$

$$= 2^{n-2}\left\{ 2^2 E + 2nN + \frac{n(n-1)}{2} N^2 \right\}$$

$$= 2^{n-2} \begin{pmatrix} 2^2 & 2n & \dfrac{n(n-1)}{2} \\ 0 & 2^2 & 2n \\ 0 & 0 & 2^2 \end{pmatrix}$$

のように簡単に計算できる．ここで本質的な役割を果たしているのが，E と N の交換可能性と性質 (19.1) である．つまり変形☆のところで，二項定理と呼ばれる多項式の展開

$$\begin{aligned}(2+x)^n =& 2^n + {}_n\mathrm{C}_1 2^{n-1}x + {}_n\mathrm{C}_2 2^{n-2}x^2 + {}_n\mathrm{C}_3 2^{n-3}x^3 \\ & + \cdots + {}_n\mathrm{C}_{n-1} 2 x^{n-1} + x^n\end{aligned}$$

が用いられ，N^3 以後の項が無視されているのである．

定義 19.1.1　一般に，正方行列 A に対し，A^2, A^3, $\cdots$ と A の冪をつくっていくうちに，いつか零行列が現れるとき，すなわち

$$A^m = O$$

となる自然数 m が存在するとき，A を**冪零 (nilpotent) 行列**と呼ぶ[1]．

例 19.1　$N = \begin{pmatrix} 0 & 1 & 0 \\ 0 & 0 & 1 \\ 0 & 0 & 0 \end{pmatrix}$ なら，$N^2 \neq O$, $N^3 = O$．

$M = N^2 = \begin{pmatrix} 0 & 0 & 1 \\ 0 & 0 & 0 \\ 0 & 0 & 0 \end{pmatrix}$ なら，$M \neq O$, $M^2 = O$．

---

[1] ある自然数 m について $A^m = O$ となるなら，当然 '$\mu \geq m \Longrightarrow A^\mu = O$' であるから，重要なのは，このような冪乗のなかで最小のもの（つまり初めて O になるような m）である．

n 次の冪零行列 A について，このような m は必ず n 以下の範囲にあることが次の定理で保証される．

定理 19.1.1
$A \neq O$ であるような n 次正方行列 A について，
$$A^m = O$$
となる自然数 m が存在すれば，$A^n = O$ である．

証明 $A^m = O$ となる自然数 m のなかで，最小のものを考えることができるのであらためて $A^m = O$, $A^{m-1} \neq O$ とする．さて，ハミルトン・ケイリーの定理によれば，A の固有多項式

$$\begin{aligned}\Phi_A(x) &= \det(xE - A) \\ &= x^n + \alpha_1 x^{n-1} + \alpha_2 x^{n-2} + \cdots + \alpha_{n-1}x + \alpha_n\end{aligned}$$
($\alpha_1, \alpha_2, \cdots, \alpha_{n-1}, \alpha_n$ は，A の成分で定まる F の元)

に対し，

$$\Phi_A(A) = O$$
$$\therefore \quad A^n + \alpha_1 A^{n-1} + \alpha_2 A^{n-2} + \cdots + \alpha_{n-1}A + \alpha_n E = O$$

が成り立つ．この両辺に A^{m-1} を乗ずると，m 乗以上の冪の項はすべて O となって消えるので，$\alpha_n A^{m-1} = O$ だけが残るが，$A^{m-1} \neq O$ であったから $\alpha_n = 0$ でなければならない．したがって

$$A^n + \alpha_1 A^{n-1} + \alpha_2 A^{n-2} + \cdots + \alpha_{n-1}A = O$$

である．次に，この両辺に A^{m-2} を乗ずると，先と同様にして

$$\alpha_{n-1} A^{m-1} = O \quad \therefore \quad \alpha_{n-1} = 0$$

が得られる．

以下，この操作を繰り返すことにより順に，

$$\alpha_{n-2} = 0$$
$$\vdots$$
$$\alpha_1 = 0$$

が導かれる．これは $A^n = O$ を意味する．■

> **注意** $A = O$ であれば $A^n = O$ は自明であるので，定理の仮定にある $A \neq O$ は本質的な制約ではない．

この定理により，n 次正方行列については，冪零行列を

$$A \text{ が冪零行列} \iff A^n = O$$

と定義することもできることがわかる．

例 19.2 $A = \begin{pmatrix} 0 & 1 & 0 \\ -1 & 1 & -1 \\ -1 & 0 & -1 \end{pmatrix}$ とおくと，$A \neq O$, $A^2 \neq O$, $A^3 = O$. したがって

$$A^n = O \iff n \geq 3$$

である．

行列の場合と同様，線型変換についても冪零の概念を定義できる．

定義 19.1.2 V を体 F 上の線型空間とする．V 上の線型変換 f が，ある自然数 n について

$$f^n = 0$$

すなわち，

$$\underbrace{f(f(\cdots f}_{n \text{ 個}}(\boldsymbol{x}) \cdots)) = \boldsymbol{0} \qquad \forall \boldsymbol{x} \in V$$

を満たすとき，f を**冪零変換**と呼ぶ．

例 19.3 $f: \mathbb{R}^2 \longrightarrow \mathbb{R}^2$
$\qquad\qquad\quad \cup \qquad\quad \cup$
$\qquad\qquad (x, y) \longmapsto (2y, 0)$

は，$f^2 = 0$ を満たす．

■ 19.2 冪零行列とそのジョルダンの標準形

われわれの当面の目標は，このような冪零変換を表す標準的，規範的な行列の形式を述べることである．

次のように対角成分がすべて α で，その右上の成分がすべて 1，残りの成分はすべて 0 である k 次正方行列を，k 次**ジョルダン細胞**といい，$\boldsymbol{J}_k(\alpha)$ という記号で表す．すなわち

$$J_k(\alpha) = \begin{pmatrix} \alpha & 1 & & O \\ & \alpha & \ddots & \\ & & \ddots & 1 \\ O & & & \alpha \end{pmatrix}$$

たとえば，

$$J_1(2) = (2), \ J_2(3) = \begin{pmatrix} 3 & 1 \\ 0 & 3 \end{pmatrix}, \ J_3(-2) = \begin{pmatrix} -2 & 1 & 0 \\ 0 & -2 & 1 \\ 0 & 0 & -2 \end{pmatrix}$$

という具合である．

正方行列 A が次のように対角ブロックがすべてジョルダン細胞からなり，その他のブロックがすべて 0 であるとき，A を**ジョルダン行列**という[2]．

---
[2] 対角行列は，次数 1 のジョルダン細胞からなるジョルダン行列ということができる．

$$A = \begin{pmatrix} \boxed{J_{i_1}(\alpha_1)} & & & O \\ & \boxed{J_{i_2}(\alpha_2)} & & \\ & & \ddots & \\ O & & & \boxed{J_{i_m}(\alpha_m)} \end{pmatrix}$$

定理 19.2.1 n 次正方行列 A が冪零行列であるならば,適当な正則行列 P をとると,

$$P^{-1}AP = \begin{pmatrix} J_{m_1}(0) & & O \\ & \ddots & \\ O & & J_{m_k}(0) \end{pmatrix}$$

となる.ここでもちろん,$m_1, m_2, \cdots, m_k$ は,$m_1+m_2+\cdots+m_k = n$ を満たす自然数である[3].
(したがって,体 F 上の n 次元線型空間 V 上の線型変換 f は,V の適当な基底についてジョルダン行列で表される.)

証明 $A = O$ のときはすでにジョルダン細胞である.そこで,$A \neq O$ とし,A の次数 n についての数学的帰納法で証明する.

まず,$n = 1$ のときは自明である.そこで,n を 2 以上のある整数として,A が $n - 1$ 次以下のときは示すべき結論がいえていると仮定する.

$A \neq O$, $A^n = O$ であるから,自然数 k $(2 \leq k \leq n)$ で,

$$A^{k-1} \neq O \text{ かつ } A^k = O$$

となるもの(初めて零行列となる冪)が存在する.この k に対し,$A^{k-1} \neq O$ であることから,

$$A^{k-1}\boldsymbol{e} \neq \boldsymbol{0}$$

---

[3] A に対してこのように定まるジョルダン行列を,A のジョルダン標準形と呼ぶ.一般の正方行列のジョルダン標準形は,p.364 で定義する.

となる $e \in V$ が存在する．この e に対し，k 個のベクトル
$$e, \; Ae, \; A^2e, \; \cdots, \; A^{k-1}e$$
をつくると，これらは線型独立である[4]．

そこで，これらの生成する空間を W とおくと，W は k 次元の部分空間で，かつ A の表す線型変換 $T_A: V \to V$ について不変である（ここで，$F^n = V$ とおいた）．そして

$$(T_A(A^{k-1}e), \; \cdots, \; T_A(Ae), \; T_A(e))$$
$$= (\mathbf{0}, \; A^{k-1}e, \; \cdots, \; A^2e, \; Ae)$$

$$= (A^{k-1}e, \; \cdots, \; Ae, \; e) \begin{pmatrix} 0 & 1 & 0 & \cdots & \cdots & 0 \\ \vdots & 0 & \ddots & \ddots & & \vdots \\ \vdots & \vdots & \ddots & \ddots & \ddots & \vdots \\ \vdots & \vdots & & \ddots & \ddots & 0 \\ \vdots & \vdots & & & \ddots & 1 \\ 0 & 0 & \cdots & \cdots & \cdots & 0 \end{pmatrix}$$

つまり，それゆえ，W の基底として
$$\langle A^{k-1}e, \; \cdots, \; A^2e, \; Ae, \; e \rangle$$

をとれば，変換 T_A を W 上の線型変換と見なしたもの（T_A の W への制限．制限については，p.363, p364 の「注意」を参照）は，固有値 0 のジョルダン細胞 $J_k(0)$ で表される．

---

[4]
$$c_1 e + c_2 Ae + c_3 A^2 e + \cdots + c_k A^{k-1} e = \mathbf{0}$$
とおく．両辺に A^{k-1} を掛けて，
$$A^k = O, \; \text{したがって} \; A^{k+1} = \cdots = A^{2k-2} = O$$
であることを用いると，
$$c_1 A^{k-1} e = \mathbf{0}$$
より $c_1 = 0$ となる．
次に，両辺に A^{k-2} を掛けて，$c_2 = 0$ となる．以下同様にして，$c_3 = \cdots = c_k = 0$ が得られる．

よって，$k=n$ なら，これが求めるものである．

$k<n$ の場合は，空間 V を，W ともう1つの T_A-不変部分空間 U との直和
$$V = U \oplus W$$
として表してやれば，変換 T_A を U 上の線型変換と見なしたものの表現行列は，数学的帰納法の仮定によりジョルダン行列であるから，U の基底，W の基底を並べて得られる V の基底について，変換 T_A は次のような行列，すなわちあるジョルダン行列で表せる．■

この証明では，V が，ある T_A-不変部分空間 W に対し，別の T_A-不変部分空間 U があって，それらの直和として表せる（つまり，V の基底を W の基底 $<A^{k-1}e, A^{k-2}e, \cdots, Ae, e>$ に追加する形でつくったとき，追加されたものの全体でつくられる空間も，T_A-不変になる）ことを実は証明せずに用いてしまっている．やや面倒であるので，初読の際はとばしてもよいが，これを証明するには次のようにすればよい．

V の T_A-不変部分空間 U で，$U \cap W = \{\mathbf{0}\}$ となるもののなかで，次元が最大なものの1つをとると[5]，$V = U \oplus W$ となることを示そう．$U \cap W = \{\mathbf{0}\}$ なので，$U + W = V$ となることを示せばよい．そこで
$$U + W \subsetneq V$$
すなわち，
$$\text{ある } \boldsymbol{a} \in V \text{ は，} \boldsymbol{a} \notin U + W$$
であると仮定して矛盾を導こう．

まず，初めの仮定により $A^k\boldsymbol{a} = \mathbf{0} \in U+W$ であるから，初めて $U+W$ に入るような A の冪，すなわち
$$\begin{cases} A^{l-1}\boldsymbol{a} \notin U+W \\ A^l \boldsymbol{a} \in U+W \end{cases}$$

---

[5] このような U が存在することは，自明な T_A-不変部分空間 $\{\mathbf{0}\}$ をとればよい．

となる自然数 l $(2 \leq l \leq k)$ をとる[6]．この l に対し，

$$A^l \boldsymbol{a} = \boldsymbol{u} + \sum_{i=0}^{k-1} c_i A^i \boldsymbol{e} \quad \left(\begin{cases} \boldsymbol{u} \in U \\ c_i \in F \end{cases} \right)$$

と表し，A^{k-1} を左から掛けると，

$$A^{l+k-1} \boldsymbol{a} = A^{k-1} \boldsymbol{u} + \sum_{i=0}^{k-1} c_i A^{k+i-1} \boldsymbol{e} \quad \therefore \quad \boldsymbol{0} = A^{k-1} \boldsymbol{u} + c_0 A^{k-1} \boldsymbol{e}$$

となる．$U \cap W = \{\boldsymbol{0}\}$ の仮定より

$$-A^{k-1} \boldsymbol{u} = c_0 A^{k-1} \boldsymbol{e} = \boldsymbol{0}$$

でなければならないが，$A^{k-1} \boldsymbol{e} \neq \boldsymbol{0}$ より $c_0 = 0$ でなければならない．

そこで

$$\boldsymbol{b} = A^{l-1} \boldsymbol{a} - \sum_{i=1}^{k-1} c_i A^{i-1} \boldsymbol{e}$$

とおくと，$\boldsymbol{b} \notin U + W$ である．また $A\boldsymbol{b} = \boldsymbol{u} \in U$ である．

U と $\boldsymbol{b}$ で生成される空間を U' とおくと，

$$\begin{cases} \dim U' = \dim U + 1 > \dim U \\ U' : T_A\text{-不変部分空間} \\ U' \cap W = \{\boldsymbol{0}\} \end{cases}$$

となり，U の次元についての仮定と矛盾する．■

定理 19.2.2 上の定理において，ジョルダン行列は，順序の違いを除けば，ただ 1 通りに決まる．

注意 「順序の違いを除けば」というのは，よりわかりやすい冪零行列でない例をとって説明すると，$\begin{pmatrix} J_2(3) & & \\ & J_1(-2) & \\ & & J_2(4) \end{pmatrix}$ と $\begin{pmatrix} J_1(-2) & & \\ & J_2(3) & \\ & & J_2(4) \end{pmatrix}$

---

[6] 仮定より $A^0 \boldsymbol{a} = \boldsymbol{a} \notin U + W$，よって，$l \geq 2$ である．

のようなものは区別しない，ということであり，他方，

$$J_4(2) = \begin{pmatrix} 2 & 1 & 0 & 0 \\ 0 & 2 & 1 & 0 \\ 0 & 0 & 2 & 1 \\ 0 & 0 & 0 & 2 \end{pmatrix} \quad \text{と} \quad \begin{pmatrix} J_1(2) & \\ & J_3(2) \end{pmatrix} = \begin{pmatrix} 2 & 0 & 0 & 0 \\ 0 & 2 & 1 & 0 \\ 0 & 0 & 2 & 1 \\ 0 & 0 & 0 & 2 \end{pmatrix}$$

や

$$\begin{pmatrix} J_2(2) & \\ & J_2(2) \end{pmatrix} = \begin{pmatrix} 2 & 1 & 0 & 0 \\ 0 & 2 & 0 & 0 \\ 0 & 0 & 2 & 1 \\ 0 & 0 & 0 & 2 \end{pmatrix}$$

は区別される，ということである．言い換えれば，

$$\begin{aligned} &1\text{次ジョルダン細胞} \quad J_1(\alpha), \cdots \\ &2\text{次ジョルダン細胞} \quad J_2(\beta), \cdots \\ &\qquad\qquad\qquad\vdots \end{aligned}$$

の個数 $m_1, m_2, \cdots$ が変換 T によって決まるということである．

■ 19.3　最も基本的な行列のジョルダンの標準形

前節で示した定理から次の重要な定理が導かれる．

定理 19.3.1　n 次複素正方行列 A の固有方程式が，$\alpha \in \mathbb{C}$ を n 重解としてもつならば，ある複素正則行列 P に対して，$P^{-1}AP$ はジョルダン行列になる．

証明　$S = A - \alpha E$ とおくと，

$$\det(xE - A) = (x - \alpha)^n$$

であることから，行列 S の固有多項式は

$$\det(xE - S) = \det((x + \alpha)E - A) = x^n$$

であり，したがって，ハミルトン・ケイリーの定理から，

$$S^n = O$$

すなわち，S は冪零行列である．

よって，適当な正則行列 P により

$$P^{-1}SP = J \quad (J \text{ は，対角成分がすべて } 0 \text{ のジョルダン行列})$$

となる．ところで，$A = S + \alpha E$ より

$$P^{-1}AP = P^{-1}SP + \alpha E = J + \alpha E$$

であるから，これはジョルダン行列である．■

> **注意!**
>
> **その1** 上では，A が複素行列であり，α が複素数であることを強調しているが，実行列の世界であっても，A の固有多項式が実係数の範囲で，
>
> $$\Phi_A(x) = (x - \alpha)^n \quad (\alpha \in \mathbb{R})$$
>
> と因数分解されるときには，もちろん，同じ結論が成り立つ．
>
> **その2** この定理の仮定の下で，第15章の三角化定理よって得られる上三角行列の対角成分はすべて α なので，定理より得られたジョルダン行列は，何個かのジョルダン細胞
>
> $$J_{m_i}(\alpha) \quad (i = 1, 2, \cdots, k; \; m_1 + m_2 + \cdots + m_k = n)$$
>
> から構成されていることになる．ここで $k \geq 1$ である．
>
> もちろん，k の値は行列 A によって定まる．たとえば，A として2種類のジョルダン行列
>
> $$\begin{pmatrix} \alpha & 0 \\ 0 & \alpha \end{pmatrix} = \begin{pmatrix} J_1(\alpha) & \\ & J_1(\alpha) \end{pmatrix}, \quad \begin{pmatrix} \alpha & 1 \\ 0 & \alpha \end{pmatrix} = J_2(\alpha)$$
>
> を考えると，両方とも α を重複度2の固有値としてもつが，それぞれのジョルダン行列（これは A 自身！）は，左については $k = 2$ ($m_1 = m_2 = 1$)，右については $k = 1$ ($m_1 = 2$) である．

例 19.4 $A = \dfrac{1}{2}\begin{pmatrix} 5 & 1 \\ -1 & 7 \end{pmatrix}$ のとき,

$$\det(xE - A) = \begin{vmatrix} x - \dfrac{5}{2} & -\dfrac{1}{2} \\ \dfrac{1}{2} & x - \dfrac{7}{2} \end{vmatrix} = \left(x - \dfrac{5}{2}\right)\left(x - \dfrac{7}{2}\right) + \dfrac{1}{4}$$
$$= x^2 - 6x + 9 = (x-3)^2$$

より,2 次の行列 A は固有値 3 を 2 重解としてもつ.唐突ながら,いま

$$P = \begin{pmatrix} 1 & -1 \\ 1 & 1 \end{pmatrix}$$

とおくと,

$$P^{-1}AP = \begin{pmatrix} 3 & 1 \\ 0 & 3 \end{pmatrix}$$

となる(なお,A の固有値 3 に属する固有空間は 1 次元なので,A は対角化不可能である!).

ところで,上の P はどのようにして見出されるのであろうか? 実は,行列 A が固有値 3 を重解をもつことに対応して,$S = A - 3E$ とおくと

$$S = \begin{pmatrix} -\dfrac{1}{2} & \dfrac{1}{2} \\ -\dfrac{1}{2} & \dfrac{1}{2} \end{pmatrix} = \dfrac{1}{2}\begin{pmatrix} -1 & 1 \\ -1 & 1 \end{pmatrix}$$

であり,S は $S^2 = \begin{pmatrix} 0 & 0 \\ 0 & 0 \end{pmatrix}$ を満たす冪零行列である.S 自身は零行列でないので,そこでいま,$S\boldsymbol{p}_1 \neq \boldsymbol{0}$ となる $\boldsymbol{p}_1$ が存在する.そこで,たとえば,$\boldsymbol{p}_1 = \begin{pmatrix} -1 \\ 1 \end{pmatrix}$ をとり,これとは線型独立な $\boldsymbol{p}_2$ として

$$\boldsymbol{p}_2 = S\boldsymbol{p}_1 = \begin{pmatrix} 1 \\ 1 \end{pmatrix}$$

をとると，$S^2 = O$ から，計算するまでもなく，$S\bm{p}_2 = \bm{0}$ であるので，

$$P = (\bm{p}_2,\ \bm{p}_1) = \begin{pmatrix} 1 & -1 \\ 1 & 1 \end{pmatrix}$$

とおくと，$P^{-1}SP$ がジョルダン行列 $\begin{pmatrix} 0 & 1 \\ 0 & 0 \end{pmatrix}$ となり，

$$P^{-1}AP = P^{-1}SP + 3E$$

がジョルダン行列 $\begin{pmatrix} 3 & 1 \\ 0 & 3 \end{pmatrix}$ となる，ということである．

本質例題 64　ジョルダン標準形への最初の一歩　　**基礎**

行列 $A = \begin{pmatrix} 1 & -1 \\ 9 & -5 \end{pmatrix}$ について，ある正則行列 P をとって $P^{-1}AP$ がジョルダン行列になるようにせよ．

▶ジョルダン行列を作るための上で解説した計算プロセスを独力でめぐることができるかどうかのチェックである．◀

解答

A の固有値は，固有方程式

$$\begin{vmatrix} x-1 & 1 \\ -9 & x+5 \end{vmatrix} = 0$$

を解いて，$x = -2$（2重解）である．そこで

$$S = A + 2E = \begin{pmatrix} 3 & -1 \\ 9 & -3 \end{pmatrix}$$

とおくと，

$$S^2 = \begin{pmatrix} 0 & 0 \\ 0 & 0 \end{pmatrix}$$

長岡流処方せん

■いたみ止め

この S を考えるのがポイント．そして S は冪零行列になる．

■いたみ止め

$\begin{cases} S\bm{p}_1 \neq \bm{0} \\ S\bm{p}_2 = \bm{0} \end{cases}$ となるベクトル $\bm{p}_1, \bm{p}_2$ を用いて，$P = (\bm{p}_2, \bm{p}_1)$ を作る．

である．そこで $p_1 = \begin{pmatrix} 1 \\ 1 \end{pmatrix}$, $p_2 = Sp_1 = \begin{pmatrix} 2 \\ 6 \end{pmatrix}$ をとって

$$P = (p_2, p_1) = \begin{pmatrix} 2 & 1 \\ 6 & 1 \end{pmatrix}$$

とおくと，

$$P^{-1}SP = \begin{pmatrix} 0 & 1 \\ 0 & 0 \end{pmatrix}$$

$$\therefore \quad P^{-1}AP = P^{-1}(S + 2E)P$$

$$= P^{-1}SP + 2E = \begin{pmatrix} -2 & 1 \\ 0 & -2 \end{pmatrix}.$$

注意 後の議論でわかるように，P の選び方は一意的でない．P として，たとえば $\begin{pmatrix} 3 & 1 \\ 9 & 0 \end{pmatrix}$ を選んでも $P^{-1}AP = \begin{pmatrix} -2 & 1 \\ 0 & -2 \end{pmatrix}$ となる．

■ 19.4　広義固有空間

以上では与えられた行列 A の固有方程式 $\Phi_A(x) = 0$ が単一の重複解（1個の重根）をもつ場合を考えた．これは，極めて特殊なケースでしかない．しかし，この特殊なケースが解決されていると，一般の場合への拡張——本章のテーマであるジョルダンの標準形——もただちに実現するのである．

まずこれまで曖昧に使ってきた概念を正式に定式化し，基本性質を証明しておこう．

定義 19.4.1　V を体 F 上の n 次元線型空間とし，f を V 上の線型変換とする．$\alpha \in F$ が f の固有値であるとき，

$$f(x) - \alpha x = 0$$

を満たすベクトル x の全体，つまり α に属する固有ベクトルの全体と $\mathbf{0}$ を合

わせたもの，言い換えれば，ι を V 上の恒等写像として

$$V(\alpha) = \{\boldsymbol{x} \,|\, (f - \alpha\iota)(\boldsymbol{x}) = \boldsymbol{0}\}$$

を，固有値 α に属す**固有空間**というのに対し，

$$W(\alpha) = \{\boldsymbol{x} \,|\, (f - \alpha\iota)^n(\boldsymbol{x}) = \boldsymbol{0}\}$$

を，固有値 α に属す**広義固有空間**（または**一般固有空間**）という．

> **注意**
>
> 上では，線型空間 V 上の線型変換 f の言葉で述べたが，より具体的な行列の言葉に翻訳することは容易である．すなわち，行列 A に対し，α を A の固有値として，
>
> 固有空間は，
>
> $$V(\alpha) = \{\boldsymbol{x} \in F^n \,|\, (A - \alpha E)\boldsymbol{x} = \boldsymbol{0}\}$$
>
> 広義固有空間は，
>
> $$W(\alpha) = \{\boldsymbol{x} \in F^n \,|\, (A - \alpha E)^n \boldsymbol{x} = \boldsymbol{0}\}$$
>
> とするだけである．

固有空間 $V(\alpha)$ に対し，$W(\alpha)$ を広義固有空間と呼ぶのは，$W(\alpha)$ が固有空間とよく似た性質をもつためである．実際，まず明らかに広義固有空間 $W(\alpha)$ は V の部分空間であり，また $V(\alpha) \subset W(\alpha)$（つまり，固有空間は，広義固有空間の部分空間）である．さらに，$W(\alpha)$ は f-不変である[7]．

α が固有値でないときも $W(\alpha)$ を定義する上の式は意味をもつが，そのときは $W(\alpha) = \{\boldsymbol{0}\}$ である[8]．

さらに，$\alpha \neq \beta$ なら，$W(\alpha) \cap W(\beta) = \{\boldsymbol{0}\}$ である[9]．

それゆえ，$\alpha \neq \beta$ のとき

$$W(\alpha) + W(\beta) = W(\alpha) \oplus W(\beta)$$

---

[7] p.378 の *1 参照．
[8] p.378 の *2 参照．
[9] p.379 の *3 参照．

となる. 当然のことながら, これが相異なるすべての固有値の広義固有空間に拡張されることが重要である.

補題 1 複素正方行列 A の異なる固有値を $\alpha_1, \alpha_2, \cdots, \alpha_p$ とし, それぞれの広義固有空間 $W(\alpha_1), W(\alpha_2), \cdots, W(\alpha_p)$ から, $\mathbf{0}$ 以外のベクトル $\boldsymbol{x}_1, \boldsymbol{x}_2, \cdots, \boldsymbol{x}_p$ を 1 つずつ勝手にとってくると, これらは必ず線型独立になる.

証明 $\boldsymbol{x}_1, \boldsymbol{x}_2, \cdots, \boldsymbol{x}_k$ ($k = 1, 2, \cdots, p$) が線型独立であることを k についての数学的帰納法で証明する.

まず, $k = 1$ のときは自明である[10]. そこで, ある $k \geq 2$ について, $k-1$ 個のベクトルのときは証明されているとして, k 個のベクトル $\boldsymbol{x}_1, \boldsymbol{x}_2, \cdots, \boldsymbol{x}_k$ をとってきて,

$$c_1 \boldsymbol{x}_1 + c_2 \boldsymbol{x}_2 + \cdots + c_k \boldsymbol{x}_k = \boldsymbol{0} \quad (c_1, c_2, \cdots, c_k \in \mathbb{C})$$

とする. この両辺に $(A - \alpha_k E)^n$ を施すと, 左辺では最後の項が消えて

$$c_1 (A - \alpha_k E)^n \boldsymbol{x}_1 + c_2 (A - \alpha_k E)^n \boldsymbol{x}_2 + \cdots + c_{k-1} (A - \alpha_k E)^n \boldsymbol{x}_{k-1} = \boldsymbol{0}$$

となる. ここですべての $W(\alpha_i)$ は A の表す線型変換で不変, したがって $A - \alpha_k E$ の表す線型変換で不変である[11].

それゆえ

$$\begin{cases} \boldsymbol{x}_1{'} = (A - \alpha_k E)^n \boldsymbol{x}_1 \\ \boldsymbol{x}_2{'} = (A - \alpha_k E)^n \boldsymbol{x}_2 \\ \quad \vdots \\ \boldsymbol{x}_{k-1}{'} = (A - \alpha_k E)^n \boldsymbol{x}_{k-1} \end{cases}$$

---

[10] $k = 2$ のときも, 379 ページの *3 で証明した.
[11] $\boldsymbol{x} \in W(\alpha_i)$ について $A\boldsymbol{x} \in W(\alpha_i)$ であることは, p.379 の *1 の通りである. $\boldsymbol{x} \in W(\alpha_i)$ ならば $(A - \alpha_k E)\boldsymbol{x} = A\boldsymbol{x} - \alpha_k \boldsymbol{x} \in W(\alpha_i)$ は, $W(\alpha_i)$ が部分空間であることからただちに導かれる.

とおくと,
$$\boldsymbol{x}_1' \in W(\alpha_1),\ \boldsymbol{x}_2' \in W(\alpha_2),\ \cdots,\ \boldsymbol{x}_{k-1}' \in W(\alpha_{k-1})$$
であるので，これらは帰納法の仮定により線型独立である．

したがって
$$c_1\boldsymbol{x}_1' + c_2\boldsymbol{x}_2' + \cdots + c_{k-1}\boldsymbol{x}_{k-1}' = \boldsymbol{0}$$
より
$$c_1 = c_2 = \cdots = c_{k-1} = 0$$
でなければならない．これをはじめの仮定に代入すれば，$c_k\boldsymbol{x}_k = \boldsymbol{0}$ より $c_k = 0$ も導かれる．よって，$\boldsymbol{x}_1, \cdots, \boldsymbol{x}_{k-1}, \boldsymbol{x}_k$ も線型独立である．■

補題 2 複素正方行列 A の固有値 α の重複度を m とすると，α の広義固有空間 $W(\alpha)$ について
$$\dim W(\alpha) = m$$
が成り立つ．

証明 第 15 章の定理 15.3.1 により，適当な正則行列 P に対し，A は次のように上三角化される．

$$P^{-1}AP = \left(\begin{array}{ccc|ccc} \alpha & & * & & & \\ & \alpha & & & * & \\ & & \ddots & & & \\ O & & \alpha & & & \\ \hline & & & * & & * \\ & O & & & \ddots & \\ & & & O & & * \end{array}\right) \begin{array}{l} \updownarrow m \\ \\ \updownarrow n-m \end{array}$$

この行列を B とおくと，行列 B の，固有値 α に属す広義固有空間
$$\{\boldsymbol{y} \mid (B - \alpha E)^n \boldsymbol{y} = \boldsymbol{0}\}$$

は $B-\alpha E$ の形より[12],

$$y = \begin{pmatrix} y_1 \\ \vdots \\ y_m \\ 0 \\ \vdots \\ 0 \end{pmatrix} \in \mathbb{C}^n$$

となる y の全体であるから，m 次元空間をなす．同型写像 $x = Py$ により，この空間は，

$$W(\alpha) = \{x \mid (A-\alpha E)^n x = \mathbf{0}\}$$

に移される．ゆえに，$\dim W(\alpha) = m$ が成り立つ．■

上の2つの補題から，次の定理が導かれたことになる．

定理 19.4.1　n 次複素正方行列 A の相異なるすべての固有値を $\alpha_1, \alpha_2, \cdots, \alpha_p$，それぞれの重複度を $m_1, m_2, \cdots, m_p$ とおけば，$\mathbb{C}^n$ は，$W(\alpha_1), W(\alpha_2), \cdots, W(\alpha_p)$ の直和に分解される．すなわち，

$$\mathbb{C}^n = W(\alpha_1) \oplus W(\alpha_2) \oplus \cdots \oplus W(\alpha_p)$$

となる．
そして，$\dim W(\alpha_i) = m_i \ (i = 1, 2, \cdots, p)$ である．

---

[12] $B - \alpha E$ は，対角成分に m 個の 0 と $n-m$ 個の 0 でない数が並ぶ図のような行列である．これについて $(B-\alpha E)^n$ を考えてみよ！

$$\begin{pmatrix} 0 & * & \vdots & & * & \\ & \ddots & 0 & & * & \\ O & & 0 & & & \\ \hdashline & & & * & * & \\ & O & & & \ddots & * \\ & & & O & & * \end{pmatrix} \begin{matrix} \Big\} m \\ \\ \Big\} n-m \end{matrix}$$

■ 19.5 ジョルダンの標準形（一般の場合）

以上を準備した上で，次の定理を示そう．

定理 19.5.1 $\mathbb{C}^n$ 上の与えられた任意の線型変換 f に対し，適当な基底をとると，f はジョルダン行列で表現できる．

証明 f の相異なるすべての固有値を $\alpha_1, \alpha_2, \cdots, \alpha_p$ として，それぞれの広義固有空間 $W(\alpha_1), W(\alpha_2), \cdots, W(\alpha_p)$ をとると，$\mathbb{C}^n$ は $W(\alpha_1), W(\alpha_2), \cdots, W(\alpha_p)$ の直和に分解でき，しかもすべての $W(\alpha_i)$ は，f-不変である．

したがって，$W(\alpha_1), W(\alpha_2), \cdots, W(\alpha_p)$ それぞれの基底を並べて $\mathbb{C}^n$ の基底をつくることができ，その基底について f は下図のような行列で表現できるが，対角線上に並ぶ各ブロックの行列は，変換 f を，それぞれの空間 $W(\alpha_1), W(\alpha_2), \cdots, W(\alpha_p)$ に制限して考えたときの行列であり，しかも各空間 $W(\alpha_i)$ での固有値は α_i のみであるから，それぞれの基底をうまくとれば，この対角ブロックのそれぞれの行列をジョルダン行列にすることができる．そしてそれぞれの対角ブロックがジョルダン行列になれば，全体もジョルダン行列である．■

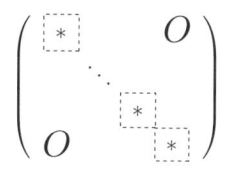

$$\begin{pmatrix} \boxed{*} & & & O \\ & \ddots & & \\ & & \boxed{*} & \\ O & & & \boxed{*} \end{pmatrix}$$

注意 ここで述べたことを精密化するには，**写像の制限**という概念を用いなければならない．すなわち，写像 $f \colon X \to Y$ において，X のある部分集合 S が与えられたとき，定義域を S に限定したもの，つまり，写像

$$\begin{array}{rcl} g \colon S & \longrightarrow & Y \\ \cup & & \cup \\ x & \longmapsto & f(x) \end{array}$$

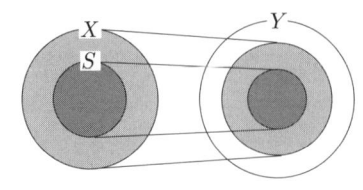

を, f の, S に対する制限と呼び, $g = f|_S$ などと表すのであった. S の要素の像を考えている限りでは実質上 f と変わらないが, 定義域が違うという意味で写像としては区別される. f が $V = F^n$ 上の線型写像で, S がその真部分空間である場合は, V と S の次元の違いのために, g を表す行列は, f を表す行列より型が小さくなる. たとえば, $A = \begin{pmatrix} 2 & 1 & 0 \\ -1 & 3 & 0 \\ 0 & 0 & 4 \end{pmatrix}$ の定める $\mathbb{R}^3$ 上の線型変換 T_A に対し, $\mathbb{R}^3$ の部分空間として

$$S = \left\{ \begin{pmatrix} x_1 \\ x_2 \\ 0 \end{pmatrix} \,\middle|\, x_1, x_2 \in \mathbb{R} \right\}$$

をとると, S は 2 次元の空間であるから, T_A を S に制限したものは 2 次の行列 $\begin{pmatrix} 2 & 1 \\ -1 & 3 \end{pmatrix}$ で表されることになる.

本書では詳しく論ずる余裕はなかったが, 定理 19.2.2 において, 与えられた冪零行列 A に対し, そのジョルダン行列を構成するジョルダン細胞は, 順序の違いを除くと一意に定まるのであったから, 上の定理において示されたジョルダン行列も, ジョルダン細胞の並べ方の違いを無視すれば一意に決まる. この意味で, 上の定理によって得られるジョルダン行列を, A のジョルダン標準形と呼ぶ. 上の定理を行列の言葉に言い換えると, 次のようになる.

定理 19.5.2 任意の複素正方行列 A に対し, 適当な複素正則行列 P をとれば, $P^{-1}AP$ はジョルダン行列になる.

ジョルダンの標準形を導く上で本質的であったのは，固有多項式 $\Phi_A(x)$ を，1次の因数の累乗の積の形

$$(x-\alpha_1)^{m_1}(x-\alpha_2)^{m_2}\cdots(x-\alpha_p)^{m_p}$$

にまで因数分解できるという仮定であったので，これが満たされるならば，実行列の場合でも，ジョルダンの標準形を得ることはできる．すなわち，次の定理が得られる．

定理 19.5.3 実正方行列 A に対し，その固有多項式が，$\mathbb{R}$-係数の1次の因数の積まで因数分解できるならば，適当な実正則行列 P に対し，$P^{-1}AP$ がジョルダン行列になる．

■ 19.6　ジョルダンの標準形への変形の具体例

以上で，ジョルダン標準形がつくれることの理論的証明は一応できたが，これだけでは実用的な目的には不十分であろう．すべての場合を包含するアルゴリズムを一般的に定式化しようとすると，いたずらに煩雑な表現が避けられないので，ここでは，典型的な例をいくつか見ることを通じて，納得してもらうことにしたい．

本質例題 65　ジョルダン標準形への変形　　　　　　　　　　基礎

$A = \begin{pmatrix} 2 & 3 & -2 \\ -3 & 14 & -7 \\ -5 & 19 & -9 \end{pmatrix}$ のジョルダン標準形を作れ．

◀ ジョルダン標準形を作るためのアルゴリズムは，ステップ数は多いが，決して難解ではない．最終結果としての標準形だけでなく，それに変形するための正則行列を求める良い勉強になる．▶

解答

まず A の固有多項式は,

$$\Phi_A(x) = x^3 - 7x^2 + 16x - 12 = (x-2)^2(x-3)$$

となるので, A の固有値は 2（重複度 2）と 3 である.

固有値 2 に対しては,

$$A - 2E = \begin{pmatrix} 0 & 3 & -2 \\ -3 & 12 & -7 \\ -5 & 19 & -11 \end{pmatrix} \quad \therefore \operatorname{rank}(A-2E) = 2 = 3-1$$

であるから, 固有値 2 に属する固有空間は 1 次元, したがって固有値 2 に属するジョルダン細胞は 1 個だけあり, それは $J_2(2)$ である.

次にジョルダンの標準形をつくるための行列を見い出そう.

$$(A-2E)^2 = \begin{pmatrix} 1 & -2 & 1 \\ -1 & 2 & -1 \\ -2 & 4 & -2 \end{pmatrix}$$

である. そこで, まず,

$$(A-2E)^2 \boldsymbol{p}_2 = \boldsymbol{0}, \ (A-2E)\boldsymbol{p}_2 \neq \boldsymbol{0}$$

となる $\boldsymbol{p}_2$ として, たとえば $\boldsymbol{p}_2 = \begin{pmatrix} 0 \\ 1 \\ 2 \end{pmatrix}$ をとり, $\boldsymbol{p}_1$ を

$$\boldsymbol{p}_1 = (A-2E)\boldsymbol{p}_2 = \begin{pmatrix} -1 \\ -2 \\ -3 \end{pmatrix}$$ ととると,

$$(A-2E)\boldsymbol{p}_1 = (A-2E)^2 \boldsymbol{p}_2 = \boldsymbol{0}$$

となる.

長岡流処方せん

■ いたみ止め

$\operatorname{rank}(A-2E)$ を調べることにより, 固有値 2 の固有空間の次元がわかる.

■ いたみ止め

$\dim\{\boldsymbol{x} | (A-2E)\boldsymbol{x} = \boldsymbol{0}\} = 1$ であるから, 固有値 2 に属す線型独立な固有ベクトルは 1 個しか取れない. もし, $\operatorname{rank}(A-2E) = 1 = 3-2$ なら, 固有値 2 に属す線型独立な固有ベクトルが 2 の重複度と同じ数 = 2 だけとれるので, ジョルダン細胞 $J_1(2)$ が 2 個できる. これは, いわゆる対角化可能の場合である！

■ いたみ止め

もちろん, これは唯一の方法ではない. 最初に $(A-2E)^2 \boldsymbol{p}_2 = \boldsymbol{0}$, $(A-2E)\boldsymbol{p}_2 \neq \boldsymbol{0}$ となる $\boldsymbol{p}_2$ として $\boldsymbol{p}_2 = \begin{pmatrix} 1 \\ 1 \\ 1 \end{pmatrix}$ をとり, この $\boldsymbol{p}_2$ を用いて $\boldsymbol{p}_1$ を $\boldsymbol{p}_1 = (A-2E)\boldsymbol{p}_2 = \begin{pmatrix} 1 \\ 2 \\ 3 \end{pmatrix}$ のように $\langle \boldsymbol{p}_1, \boldsymbol{p}_2 \rangle$ をとってもよい.

こうして，固有値 2 の広義固有空間の都合のよい基底 **<p_1, p_2>** が得られる．

次に，固有値 3 については

$$(A-3E) = \begin{pmatrix} -1 & 3 & -2 \\ -3 & 11 & -7 \\ -5 & 19 & -12 \end{pmatrix} \quad \therefore \operatorname{rank}(A-3E) = 2 = 3-1$$

したがって $\dim\{x \mid (A-3E)x = 0\} = 1$ となることから，本質的には 1 個の固有ベクトル p_3 として，たとえば $p_3 = \begin{pmatrix} -1 \\ 1 \\ 2 \end{pmatrix}$ がとれる．

以上の 3 つのベクトル p_1, p_2, p_3 を並べて，

$$P = (p_1,\ p_2,\ p_3) = \begin{pmatrix} -1 & 0 & -1 \\ -2 & 1 & 1 \\ -3 & 2 & 2 \end{pmatrix}$$

とすれば，この P に対し，

$$P^{-1}AP = \begin{pmatrix} 2 & 1 & 0 \\ 0 & 2 & 0 \\ 0 & 0 & 3 \end{pmatrix} = \begin{pmatrix} J_2(2) & O \\ O & J_1(3) \end{pmatrix}$$

となる．

■ **いたみ止め**

固有値 2 に属する広義固有空間 $W(2)$ の基底として p_1, p_2 をとることができ，これを列に含むようにして正則行列 $P = (p_1,\ p_2,\ p_3)$ を選べば，

$$P^{-1}AP = \begin{pmatrix} 2 & 1 & * \\ 0 & 2 & * \\ O & & * \end{pmatrix}.$$

注意

p_1, p_2 を決めるには次のように，まず方程式 $(A-2E)x = 0$ の解として $x = p_1 = \begin{pmatrix} 1 \\ 2 \\ 3 \end{pmatrix}$ をとり，次に方程式

$$(A - 2E)x = p_1$$

を解いて，$\bm{x} = \bm{p}_2 = \begin{pmatrix} 1 \\ 1 \\ 1 \end{pmatrix}$ をとる．

このようにして作られる，

$$P = (\bm{p}_1,\ \bm{p}_2,\ \bm{p}_3) = \begin{pmatrix} 1 & 1 & -1 \\ 2 & 1 & 1 \\ 3 & 1 & 2 \end{pmatrix}$$

に対して，

$$P^{-1}AP = \begin{pmatrix} 2 & 1 & 0 \\ 0 & 2 & 0 \\ 0 & 0 & 3 \end{pmatrix} = \begin{pmatrix} J_2(2) & O \\ O & J_1(3) \end{pmatrix}$$

とすることもできる．

本質例題 66　ジョルダン標準形の計算　　基礎

$A = \begin{pmatrix} 0 & 7 & -4 \\ -3 & 14 & -7 \\ -4 & 17 & -8 \end{pmatrix}$ のジョルダン標準形を求めよ．

■前の例題との違いは，固有値の多重度である．■

解答

長岡流処方せん

A の固有多項式が，

$$\Phi_A(x) = x^3 - 6x^2 + 12x - 8 = (x-2)^3$$

となることより，A の固有値は 2（重複度 3）のみである．

■いたみ止め
固有値 2 に属する固有空間は 1 次元である！

$A - 2E = \begin{pmatrix} -2 & 7 & -4 \\ -3 & 12 & -7 \\ -4 & 17 & -10 \end{pmatrix}$　$\therefore\ \mathrm{rank}(A - 2E) = 2 = 3 - 1$

であるから，固有値 2 に属する固有空間は 1 次元であり，したがってジョルダン細胞は $J_3(2)$ 1 個だけ，つまり，A のジョルダン標準形は，$J_3(2) = \begin{pmatrix} 2 & 1 & 0 \\ 0 & 2 & 1 \\ 0 & 0 & 2 \end{pmatrix}$ のはずである．

そこで以下，A をこのジョルダンの標準形に変形する行列を求める．

$$(A-2E)^2 = \begin{pmatrix} -1 & 2 & -1 \\ -2 & 4 & -2 \\ -3 & 6 & -3 \end{pmatrix}, \quad (A-2E)^3 = \begin{pmatrix} 0 & 0 & 0 \\ 0 & 0 & 0 \\ 0 & 0 & 0 \end{pmatrix}$$

■ いたみ止め

$A - 2E$ は冪零行列．

であるから，

$$(A-2E)^2 \boldsymbol{p}_3 \neq \boldsymbol{0} (\text{したがって当然, } (A-2E)\boldsymbol{p}_3 \neq \boldsymbol{0})$$

となるような $\boldsymbol{p}_3$ として，たとえば $\boldsymbol{p}_3 = \begin{pmatrix} -1 \\ 1 \\ 2 \end{pmatrix}$ をとり，$\boldsymbol{p}_2$ として，$\boldsymbol{p}_2 = (A-2E)\boldsymbol{p}_3 = \begin{pmatrix} 1 \\ 1 \\ 1 \end{pmatrix}$ をとると

$$(A-2E)^2 \boldsymbol{p}_2 = (A-2E)^3 \boldsymbol{p}_3 = \boldsymbol{0}$$

となり，さらに，$\boldsymbol{p}_1$ として，$\boldsymbol{p}_1 = (A-2E)\boldsymbol{p}_2 = \begin{pmatrix} 1 \\ 2 \\ 3 \end{pmatrix}$ をとると

$$(A-2E)\boldsymbol{p}_1 = (A-2E)^3 \boldsymbol{p}_3 = \boldsymbol{0}$$

となる．そして，$<\boldsymbol{p}_1, \boldsymbol{p}_2, \boldsymbol{p}_3>$ が固有値 2 に属する広義固有空間の都合のよい基底となる．

そこで，$P = (\boldsymbol{p}_1, \boldsymbol{p}_2, \boldsymbol{p}_3) = \begin{pmatrix} 1 & 1 & -1 \\ 2 & 1 & 1 \\ 3 & 1 & 2 \end{pmatrix}$ とおけば，

$$P^{-1}AP = \begin{pmatrix} 2 & 1 & 0 \\ 0 & 2 & 1 \\ 0 & 0 & 2 \end{pmatrix} = J_3(2)$$

となる．

> **注意**
>
> 行列 P を作るために，はじめの $\boldsymbol{p}_3$ として $\boldsymbol{p}_3 = \begin{pmatrix} 1 \\ 0 \\ 0 \end{pmatrix}$ をとれば，
>
> $\boldsymbol{p}_2$ として，$\boldsymbol{p}_2 = (A - 2E)\boldsymbol{p}_3 = \begin{pmatrix} -1 \\ -2 \\ -3 \end{pmatrix}$ を，さらに，$\boldsymbol{p}_1$ として，
>
> $\boldsymbol{p}_1 = (A - 2E)\boldsymbol{p}_2 = \begin{pmatrix} -2 \\ -3 \\ -4 \end{pmatrix}$ をとることになり，
>
> $$P = (\boldsymbol{p}_1, \boldsymbol{p}_2, \boldsymbol{p}_3) = \begin{pmatrix} -2 & -1 & 1 \\ -3 & -2 & 10 \\ -4 & -3 & 0 \end{pmatrix}$$
>
> となるのが，このときも
>
> $$P^{-1}AP = \begin{pmatrix} 2 & 1 & 0 \\ 0 & 2 & 1 \\ 0 & 0 & 2 \end{pmatrix} = J_3(2)$$
>
> となる．

固有値が3重解になるからといって，ジョルダンの標準形が上のように決まるわけではない．さらに別の例をやってみよう．

19.6 ジョルダンの標準形への変形の具体例

本質例題 67 やや複雑なジョルダン標準形　　　　基礎

$A = \begin{pmatrix} 1 & 2 & -1 \\ -1 & 4 & -1 \\ -1 & 2 & 1 \end{pmatrix}$ のジョルダン標準形を求めよ．

● 固有方程式だけでジョルダン標準形が決まるわけではないことは，意外な盲点である．▶

解答

A の固有多項式が

$$\Phi_A(x) = x^3 - 6x^2 + 12x - 8 = (x-2)^3$$

となることから，A の固有値は 2（重複度 3）のみである．

$$A - 2E = \begin{pmatrix} -1 & 2 & -1 \\ -1 & 2 & -1 \\ -1 & 2 & -1 \end{pmatrix} \quad \therefore \ \mathrm{rank}(A - 2E) = 1$$

であるから，$\dim\{\boldsymbol{x} \mid (A - 2E)\boldsymbol{x} = \boldsymbol{0}\} = 2$，すなわち，$A$ の固有空間は 2 次元である．

したがって，ジョルダン細胞は，$J_1(2)$，$J_2(2)$ の 2 個である．

A をジョルダン行列に変形する行列を求めよう．

$$\mathrm{rank}(A - 2E)\boldsymbol{p}_2 \neq \boldsymbol{0},\ (A - 2E)^2 \boldsymbol{p}_2 = \boldsymbol{0}$$

となる $\boldsymbol{p}_2$ として $\boldsymbol{p}_2 = \begin{pmatrix} 1 \\ 0 \\ 0 \end{pmatrix}$ をとる．そして $\boldsymbol{p}_1$ を

$$\boldsymbol{p}_1 = (A - 2E)\boldsymbol{p}_2 = \begin{pmatrix} -1 \\ -1 \\ -1 \end{pmatrix}$$

長岡流処方せん

■ **いたみ止め**
この情報が決定的に重要．

■ **いたみ止め**
$\boldsymbol{p}_2$ として $\begin{pmatrix} 0 \\ 1 \\ 1 \end{pmatrix}$ をとれば，また違った

$$P = \begin{pmatrix} 1 & 1 & -1 \\ 1 & 1 & 0 \\ 1 & 1 & 1 \end{pmatrix}$$

がとれる．

と定めれば，$(A-2E)\boldsymbol{p}_1 = \boldsymbol{0}$ である．さらに，この $\boldsymbol{p}_1$ とは線型独立な，固有値 2 に属する固有ベクトルとして

$$\boldsymbol{p}_3 = (A-2E)\boldsymbol{p}_2 = \begin{pmatrix} -1 \\ 0 \\ 1 \end{pmatrix}$$

をとって，

$$P = (\boldsymbol{p}_1, \boldsymbol{p}_2, \boldsymbol{p}_3) = \begin{pmatrix} -1 & 1 & -1 \\ -1 & 0 & 0 \\ -1 & 0 & 1 \end{pmatrix}$$

と定めれば，

$$P^{-1}AP = \begin{pmatrix} 2 & 1 & 0 \\ 0 & 2 & 0 \\ 0 & 0 & 2 \end{pmatrix} = \begin{pmatrix} J_2(2) & O \\ O & J_1(2) \end{pmatrix}$$

となる．

以上の例からわかるように，3次の行列 A では，固有多項式が1次式の積にまで因数分解されるのは，

i) $(x-\alpha)(x-\beta)(x-\gamma)$ $\alpha \neq \beta, \beta \neq \gamma, \gamma \neq \alpha$
ii) $(x-\alpha)^2(x-\beta)$ $\alpha \neq \beta$
iii) $(x-\alpha)^3$

の3通りの場合があるが，このうち i) は対角化可能という最も単純な場合である．

ii), iii) のように固有方程式が重解をもつ（固有値の重複度が2以上になる）場合は，$\mathrm{rank}(A-\alpha E)$ の値が重要になる．

ii) では $\mathrm{rank}(A-\alpha E) = 1$ なら，ジョルダン標準形は $\begin{pmatrix} J_1(\alpha) & & O \\ & J_1(\alpha) & \\ O & & J_1(\beta) \end{pmatrix}$,

すなわち $\begin{pmatrix} \alpha & 0 & 0 \\ 0 & \alpha & 0 \\ 0 & 0 & \beta \end{pmatrix}$ となる.

$\mathrm{rank}(A-\alpha E)=2$ なら $\begin{pmatrix} J_2(\alpha) & O \\ O & J_1(\beta) \end{pmatrix}$, すなわち $\begin{pmatrix} \alpha & 1 & 0 \\ 0 & \alpha & 0 \\ 0 & 0 & \beta \end{pmatrix}$ となる.

iii) では, $\mathrm{rank}(A-\alpha E)=0$ なら $A=\alpha E$ がすでにジョルダン標準形である.

$\mathrm{rank}(A-\alpha E)=1$ なら, $\begin{pmatrix} J_1(\alpha) & O \\ O & J_2(\alpha) \end{pmatrix} = \begin{pmatrix} \alpha & 0 & 0 \\ 0 & \alpha & 1 \\ 0 & 0 & \alpha \end{pmatrix}$

$\mathrm{rank}(A-\alpha E)=2$ なら, $\bigl(J_3(\alpha)\bigr) = \begin{pmatrix} \alpha & 1 & 0 \\ 0 & \alpha & 1 \\ 0 & 0 & \alpha \end{pmatrix}$

となる.

これらのいわゆる「場合の数」が 2 や 3 の "分解の個数"

$$2 = 1+1 = 0+2$$
$$3 = 1+1+1 = 1+2 = 0+3$$

に関連していることがわかれば, 行列の次数が高くなるにつれて, 固有多項式の因数分解ができたとしても, ありうるジョルダンの標準形のバラエティは, 次第に複雑化することが予感できよう. 実際, 固有方程式が

$$(x-2)^4 = 0$$

となる 4 次の行列 A に対しては, そのジョルダンの標準形が, 自明な $2E$ の他に

$$\begin{pmatrix} J_1(2) & O \\ O & J_3(2) \end{pmatrix}, \begin{pmatrix} J_2(2) & O \\ O & J_2(2) \end{pmatrix}, (J_4(2))$$

の3つのタイプ（合計4つ）がある！

■ 19.7 線型の世界，非線型の世界

19.7.1 ジョルダンの標準形の応用

複素正則行列 A が対角化できない場合に，e^A はどのように定義できるか，という問題である．これについては次の定理がある．

> **定理 19.7.1** 行列 A が，ある複素正方行列 P によって，そのジョルダン標準形 B に変形できたとして，B の対角成分をとってつくられる対角行列を D，その他の部分，すなわち $B-D$ を N とおく．すると，
> $$e^B = e^D \sum_{i=0}^{l-1} \frac{1}{i!} N^i$$

証明 $$e^B = e^{D+N} = \sum_{k=0}^{\infty} \frac{1}{k!}(D+N)^k$$

であるが，$DN = ND$ であり，また B のジョルダン細胞の最大次数を l とおくと，
$$N^l = O$$

であるから，
$$(D+N)^k = \sum_{i=0}^{k} {}_k\mathrm{C}_i D^{k-i} N^i = \sum_{i=0}^{l-1} {}_k\mathrm{C}_i D^{k-i} N^i$$

となる[13]．

---
[13] この式は，さしあたり，$k > l$ の場合の式と考えたほうがわかりやすいが，$k < l$ のときも成り立つ．

したがって
$$e^B = e^D \sum_{i=0}^{l-1} \frac{1}{i!} N^i$$
となる[14]. ∎

例 19.5 $A = \begin{pmatrix} 2 & 3 & -2 \\ -3 & 14 & -7 \\ -5 & 19 & -9 \end{pmatrix}$ のときは, $P = \begin{pmatrix} 1 & 1 & -1 \\ 2 & 1 & 1 \\ 3 & 1 & 2 \end{pmatrix}$ に対して

$$P^{-1}AP = \begin{pmatrix} 2 & 1 & 0 \\ 0 & 2 & 0 \\ 0 & 0 & 3 \end{pmatrix} = \begin{pmatrix} 2 & 0 & 0 \\ 0 & 2 & 0 \\ 0 & 0 & 3 \end{pmatrix} + \begin{pmatrix} 0 & 1 & 0 \\ 0 & 0 & 0 \\ 0 & 0 & 0 \end{pmatrix}$$

となる. そこで

$$D = \begin{pmatrix} 2 & 0 & 0 \\ 0 & 2 & 0 \\ 0 & 0 & 3 \end{pmatrix}, \ N = \begin{pmatrix} 0 & 1 & 0 \\ 0 & 0 & 0 \\ 0 & 0 & 0 \end{pmatrix}$$

とおくと, $N^2 = O$ であるから,

$$e^{P^{-1}AP} = e^{D+N} = e^D \sum_{i=0}^{1} \frac{1}{i!} N^i$$
$$= \begin{pmatrix} e^2 & 0 & 0 \\ 0 & e^2 & 0 \\ 0 & 0 & e^3 \end{pmatrix} \begin{pmatrix} 1 & 1 & 0 \\ 0 & 1 & 0 \\ 0 & 0 & 1 \end{pmatrix} = \begin{pmatrix} e^2 & e^2 & 0 \\ 0 & e^2 & 0 \\ 0 & 0 & e^3 \end{pmatrix}$$

---

[14] この部分の計算は,
$$e^z = \sum_{k=0}^{\infty} \frac{1}{k!} z^k$$
に対し,
$$e^{z+w} = \sum_{k=0}^{\infty} \frac{1}{k!} (z+w)^k = \sum_{k=0}^{\infty} \frac{1}{k!} z^k \sum_{j=0}^{\infty} \frac{1}{j!} w^j = e^z e^w$$
という計算とパラレルである.

これより

$$e^A = P \begin{pmatrix} e^2 & e^2 & 0 \\ 0 & e^2 & 0 \\ 0 & 0 & e^3 \end{pmatrix} P^{-1} = \begin{pmatrix} -e^2 + e^3 & 7e^2 - 2e^3 & -4e^2 + e^3 \\ -e^2 - e^3 & 9e^2 + 2e^3 & -5e^2 - e^3 \\ -e^2 - 2e^3 & 11e^2 + 4e^3 & -6e^2 - 2e^3 \end{pmatrix}$$

となる.

同様に行列 xA については,

$$P^{-1}(xA)P = xD + xN$$

より

$$e^{P^{-1}(xA)P}$$

$$= e^{xD} \sum_{i=0}^{1} \frac{1}{i!}(xN)^i = \begin{pmatrix} e^{2x} & 0 & 0 \\ 0 & e^{2x} & 0 \\ 0 & 0 & e^{3x} \end{pmatrix} \begin{pmatrix} 1 & x & 0 \\ 0 & 1 & 0 \\ 0 & 0 & 1 \end{pmatrix} = \begin{pmatrix} e^{2x} & xe^{2x} & 0 \\ 0 & e^{2x} & 0 \\ 0 & 0 & e^{3x} \end{pmatrix}$$

$\therefore\ e^{xA}$

$$= \begin{pmatrix} e^{2x} & xe^{2x} & 0 \\ 0 & e^{2x} & 0 \\ 0 & 0 & e^{3x} \end{pmatrix} P^{-1} = \begin{pmatrix} -xe^{2x} + e^{3x} & 2e^{2x} + 5xe^{2x} - 2e^{3x} & -e^{2x} - 3xe^{2x} + e^{3x} \\ e^{2x} - 2xe^{2x} - e^{3x} & -e^{2x} + 10xe^{2x} + 2e^{3x} & e^{2x} - 6xe^{2x} - e^{3x} \\ 2e^{2x} - 3xe^{2x} - 2e^{3x} & -4e^{2x} + 15xe^{2x} + 4e^{3x} & 3e^{2x} - 9xe^{2x} - 2e^{3x} \end{pmatrix}$$

となる.

このことから, 連立微分方程式

$$\begin{cases} \frac{dy_1}{dx} = 2y_1 + 3y_2 - 2y_3 \\ \frac{dy_2}{dx} = -3y_1 + 14y_2 - 7y_3 \\ \frac{dy_3}{dx} = -5y_1 + 19y_2 - 9y_3 \end{cases}$$

の解 $\begin{pmatrix} y_1 \\ y_2 \\ y_3 \end{pmatrix}$ の各成分は, 結局 e^{2x} と xe^{2x} と e^{3x} の線型結合で表せること

がわかる.

一般に, 微分方程式

19.7 線型の世界，非線型の世界

$$\frac{d^n}{dx^n}y + a_1\frac{d^{n-1}}{dx^{n-1}}y + \cdots + a_{n-1}\frac{dy}{dx} + a_n y = 0$$

において，関数 y に $\frac{dy}{dx}$ を対応させる線型変換を D と表すと，上の微分方程式は

$$(D^n + a_1 D^{n-1} + \cdots + a_{n-1}D + a_n I)y = 0$$

と書ける．ただし，I は恒等変換である．そして，このような y の一般形を求める問題は，

$$A = \begin{pmatrix} 0 & 1 & 0 & \cdots & 0 \\ 0 & 0 & 1 & \cdots & 0 \\ \vdots & \vdots & \vdots & & \vdots \\ 0 & 0 & 0 & \cdots & 1 \\ -a_n & -a_{n-1} & -a_{n-2} & \cdots & -a_1 \end{pmatrix}$$

に対して，行列 e^{xA} を計算することに帰着する．

これを計算するには，A の固有方程式

$$\Phi_A(x) = 0$$

すなわち，

$$x^n + a_1 x^{n-1} + \cdots + a_{n-1}x + a_n = 0$$

を考えるが，これが α を m 重解としてもつ場合は，α に属する広義固有空間 $W(\alpha)$，つまり $(D - \alpha I)^m y = 0$ を満たす線型独立な y を m 個見つければよいが，それが，

$$e^{\alpha x},\ xe^{\alpha x},\ \cdots,\ x^{m-1}e^{\alpha x}$$

で与えられることは，計算によって確かめられる．上で得た結果は，これを，より一般的な問題設定の下で，しかし，特別な具体例において見たものである．

19.7.2 線型代数の応用——線型計画法

　線型代数の応用は，しかし，これまで述べてきたような数学の理論的問題の解決ばかりにあるのではない．残念ながら，本書でこれについて論ずる余裕はないが，線型代数という手法が，意外に身近な場面で役に立つということを示唆する話題として，「線型計画法」という手法は特に有名である．最も単純な場合は，高校レベルの数学でも登場するものであるが，読者は他書を参考にしてこの手法を理解して欲しい．

359, 360 ページの脚注

*1　実際，$\forall \boldsymbol{x} \in W(\alpha)$ に対し，
$$f(\boldsymbol{x}) = f(\boldsymbol{x}) - \alpha \boldsymbol{x} + \alpha \boldsymbol{x} = (f - \alpha \iota)(\boldsymbol{x}) + \alpha \boldsymbol{x}$$
$\therefore \quad (f - \alpha \iota)^n (f(\boldsymbol{x}))$
$$= (f - \alpha \iota)^{n+1}(\boldsymbol{x}) + (f - \alpha \iota)^n (\alpha \boldsymbol{x})$$
$$= (f - \alpha \iota)((f - \alpha \iota)^n (\boldsymbol{x})) + \alpha (f - \alpha \iota)^n (\boldsymbol{x})$$
$$= (f - \alpha \iota)(\boldsymbol{0}) + \alpha \boldsymbol{0} = \boldsymbol{0} + \boldsymbol{0} = \boldsymbol{0}$$
$\therefore \quad f(\boldsymbol{x}) \in W(\alpha)$ ■

以上の証明は，行列の言葉で次のように表現することもできる．
$$A\boldsymbol{x} = A\boldsymbol{x} - \alpha \boldsymbol{x} + \alpha \boldsymbol{x} = (A - \alpha E)\boldsymbol{x} + \alpha \boldsymbol{x}$$
$(A - \alpha E)^n (A\boldsymbol{x}) = (A - \alpha E)^n \{(A - \alpha E)\boldsymbol{x} + \alpha \boldsymbol{x}\}$
$$= (A - \alpha E)^{n+1}\boldsymbol{x} + (A - \alpha E)^n (\alpha \boldsymbol{x})$$
$$= (A - \alpha E)\{(A - \alpha E)^n \boldsymbol{x}\} + \alpha (A - \alpha E)^n \boldsymbol{x}$$
$$= (A - \alpha E)\boldsymbol{0} + \alpha \boldsymbol{0} = \boldsymbol{0}$$

このような翻訳はいつでも簡単にできるので，以下では省略し，線型変換，行列を適宜使い分けていくことにしよう．

*2　$\boldsymbol{x} \in W(\alpha)$ かつ $\boldsymbol{x} \neq \boldsymbol{0}$ となる $\boldsymbol{x}$ が存在したとすると，
$$\begin{cases} (f - \alpha \iota)(\boldsymbol{x}) \neq \boldsymbol{0} \\ (f - \alpha \iota)^n (\boldsymbol{x}) = \boldsymbol{0} \end{cases}$$
であるから，
$$\begin{cases} (f - \alpha \iota)^p (\boldsymbol{x}) \neq \boldsymbol{0} \\ (f - \alpha \iota)^{p+1}(\boldsymbol{x}) = \boldsymbol{0} \end{cases}$$
となる自然数 $p\ (1 \leq p < n)$ がただ 1 つ存在する．しかるに

$$x' = (f - \alpha\iota)^p(x)$$

とおけば，x' は

$$\begin{cases} x' \neq \mathbf{0} \\ (f - \alpha\iota)(x') = \mathbf{0} \end{cases}$$

より，f の固有値 α に属す固有ベクトルであることになり，α が固有値でない，という仮定に矛盾する．

*3 実際，$x \in W(\alpha) \cap W(\beta)$, $x \neq \mathbf{0}$ となる x が存在したと仮定すると，

$$(f - \alpha\iota)^n(x) = \mathbf{0}$$

より $\begin{cases} (f - \alpha\iota)^p(x) \neq \mathbf{0} \\ (f - \alpha\iota)^{p+1}(x) = \mathbf{0} \end{cases}$

となる整数 p $(1 \leq p < n)$ がただ 1 つ存在する．そこで

$$x' = (f - \alpha\iota)^p(x)$$

とおくと，$x' \neq \mathbf{0}$ であって

$$(f - \alpha\iota)(x') = (f - \alpha\iota)^{p+1}(x) = \mathbf{0}$$

$$\therefore \quad f(x') - \alpha x' = \mathbf{0}.$$

(つまり，x' は，固有値 α に属す固有ベクトルである．)

したがって $(f - \beta\iota)(x') = (\alpha - \beta)x'$.

それゆえ $(f - \beta\iota)^n(x') = (\alpha - \beta)^n x' \neq \mathbf{0}$.

他方，$f - \alpha\iota$ と $f - \beta\iota$ の可換性

$$(f - \alpha\iota)(f - \beta\iota) = f^2 - (\alpha + \beta)f + \alpha\beta\iota = (f - \beta\iota)(f - \alpha\iota)$$

に注意すれば，

$$\begin{aligned}(f - \beta\iota)^n(x') &= (f - \beta\iota)^n (f - \alpha\iota)^p(x) \\ &= (f - \alpha\iota)^p (f - \beta\iota)^n(x) \\ &= (f - \alpha\iota)^p \mathbf{0} \\ &= \mathbf{0}\end{aligned}$$

【19章の復習問題】

1 以下の行列について，それぞれの固有値についての広義固有空間を求めよ．

$$A = \begin{pmatrix} 2 & -3 & -5 \\ 3 & 14 & 19 \\ -2 & -7 & -9 \end{pmatrix}, \quad B = \begin{pmatrix} 0 & -4 & 4 \\ 2 & 6 & -4 \\ 1 & 2 & 6 \end{pmatrix},$$

$$C = \begin{pmatrix} -2 & -2 & 0 \\ 4 & 4 & -1 \\ 2 & 1 & 2 \end{pmatrix}$$

2 以下の行列のジョルダン標準形を求めよ．

$$A = \begin{pmatrix} 4 & 2 & 0 \\ 0 & 3 & -2 \\ 1 & 2 & 0 \end{pmatrix}, \quad B = \begin{pmatrix} 3 & -3 & -1 \\ 3 & -4 & -2 \\ -4 & 7 & 4 \end{pmatrix}$$

$$C = \begin{pmatrix} 5 & -7 & -3 \\ 4 & -6 & -3 \\ -4 & 7 & 4 \end{pmatrix}, \quad D = \begin{pmatrix} 2 & 0 & 2 \\ -2 & 1 & -4 \\ 0 & 0 & 1 \end{pmatrix}$$

復習問題略解

第1章 ベクトルの基礎概念

1. $\cos\theta = \dfrac{\sqrt{6}}{3}, \quad S = 14.$
2. (1) $e_1 = a - b$
   (2) $e_2 = -2a + 3b$
   (3) $c = -8a + 11b$
3. $-\dfrac{5}{3}x + \dfrac{4}{3}y - \dfrac{2}{3}z + w = 0.$

第2章 行列の基本概念

1. 2×2 型である場合 $A = \begin{pmatrix} 0 & -1 \\ 1 & 0 \end{pmatrix}$, ${}^tA = \begin{pmatrix} 0 & 1 \\ -1 & 0 \end{pmatrix}$, 2×3 型である場合 $A = \begin{pmatrix} 0 & -1 & -2 \\ 1 & 0 & -1 \end{pmatrix}$, ${}^tA = \begin{pmatrix} 0 & 1 \\ -1 & 0 \\ -2 & -1 \end{pmatrix}$, 3×2 型である場合 $A = \begin{pmatrix} 0 & -1 \\ 1 & 0 \\ 2 & 1 \end{pmatrix}$, ${}^tA = \begin{pmatrix} 0 & 1 & 2 \\ -1 & 0 & 1 \end{pmatrix}$ となる.

    (注) $A = (i-j)$ なら, ${}^tA = (j-i)$ と表される. 復習問題3と一緒に考えよ.

2. 与えられた方程式は
$$\begin{cases} 2x + 3y = 4 \\ 2x + 3y = a \\ (b-6)y = -3 \end{cases}$$

    と同値である.
    したがって $a = 4$, かつ $b \neq 6$ のとき, かつそのときに限り解をもち, その解は
$$x = \dfrac{4b - 15}{2(b-6)}, \quad y = -\dfrac{3}{b-6}$$

    となる.

3. $A = (a_{ij})$, $B = (b_{ij})$ とおけば, $A + B = (a_{ij} + b_{ij})$ より

$$^t(A+B) = (a_{ji} + b_{ji}).$$

他方,$^tA = (a_{ji})$,$^tB = (b_{ji})$ であるから $^tA + {}^tB = (a_{ji} + b_{ji})$.

$$\therefore \quad {}^t(A+B) = {}^tA + {}^tB.$$

第 3 章 逆行列の概念,正則行列の概念

1. (1) tr $([A,B]) = 0$ であり,一方,tr $E = n$ であるから $[A,B] \neq E$.
(2) $^t[A,B] = {}^tB\,{}^tA - {}^tA\,{}^tB = -({}^tA\,{}^tB - {}^tB\,{}^tA) = -[{}^tA, {}^tB]$ を用いる.
(3) $[A^m, B] = m[A,B]A^{m-1}$. ただし,$A^0 = E$ となる.

2. n 次正方行列 B_+, B_- をそれぞれ
$$B_+ = E - A + A^2 - \cdots + (-1)^{k-1}A^{k-1}$$
$$B_- = E + A + A^2 + \cdots + A^{k-1}$$
と定めると,$A^k = O$ であることから,
$$(E+A)B_+ = B_+(E+A) = E, \quad (E-A)B_- = B_-(E-A) = E$$
となる.すなわち,B_+, B_- がそれぞれ $(E+A)^{-1}, (E-A)^{-1}$ である.
(注) 実は,上の B_+, B_- は実数 t が $|t| < 1$ をみたすとき,
$$(1 \pm t)^{-1} = 1 \mp t + t^2 \mp t^3 + \cdots$$
と無限級数展開できることに基づいて $E+A, E-A$ の逆行列を類推したものである.

第 4 章 連立 1 次方程式

1. $\begin{pmatrix} 1 & 4 & 0 & 0 \\ 0 & 6 & -1 & a \\ 1 & 0 & 2 & b \\ 1 & 1 & -1 & 0 \end{pmatrix}$ は,行の基本変形により,

$\begin{pmatrix} 1 & 0 & 0 & -a - b/2 \\ 0 & 1 & 0 & a/4 + b/8 \\ 0 & 0 & 1 & a/2 + 3b/4 \\ 0 & 0 & 0 & 10a + 9b \end{pmatrix}$ となるから,与えられた方程式は,

$$\begin{cases} x = -a - b/2 \\ y = a/4 + b/8 \\ z = a/2 + 3b/4 \\ 0 = 10a + 9b \end{cases}$$

と同値変形できる．したがって，解をもつためには，$a = -\frac{9}{10}b$ であることが必要十分である．

注 $a \neq -\frac{9}{10}b$ のとき，方程式は**不能**，すなわち解をもたない．

2. 拡大係数行列は行の基本変形により，

$$\begin{pmatrix} 1 & 3 & -1 & 5 \\ 0 & -5 & 5 & -10 \\ 0 & 0 & 0 & k-1 \end{pmatrix}$$

となるので，$k = 1$ のときのみ解をもつ（ただし，不定）．このとき，一般解は

$$\begin{pmatrix} x_1 \\ x_2 \\ x_3 \end{pmatrix} = t \begin{pmatrix} -2 \\ 1 \\ 1 \end{pmatrix} + \begin{pmatrix} -1 \\ 2 \\ 0 \end{pmatrix} \quad (t \text{ は任意定数})$$

3.「解をもつ」ことは，

$$x_1 = x_2 = \cdots = x_n = 0$$

について，与えられた方程式が成り立つことから明らかである．
このように「木で鼻をくくった」解答以外に，次のような実直な解答もある．すなわち，定数項がすべて 0 であるから，拡大係数行列に基本変形を施していけば，

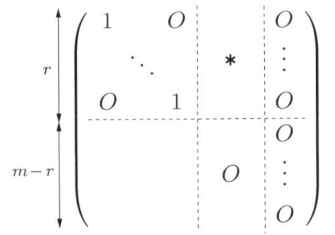

$$\left. \begin{matrix} r \updownarrow \\ \\ m-r \updownarrow \end{matrix} \right. \left(\begin{array}{ccc|c} 1 & & O & O \\ & \ddots & & * & \vdots \\ O & & 1 & & O \\ \hline & & & & O \\ & & & O & \vdots \\ & & & & O \end{array} \right)$$

となるので，$x_{r+1}, \cdots, x_m$ の値を任意に決め，それに応じて $x_1, \cdots, x_r$ の値を定めることによって解が定められる．

第 5 章 階数 (rank) の概念

1. (1) 3 (2) 2

2. $\text{rank}\, A = r$ とすると，m 次正則行列 P と n 次正則行列 Q があって，
$$PAQ = F_{mn}(r)$$
と標準形にすることができる．よって，
$${}^t(PAQ) = {}^tF_{mn}(r) = F_{nm}(r)$$
一方，${}^t(PAQ) = {}^tQ\,{}^tA\,{}^tP$ であるから，主張は証明された．

3. (1) $\mathrm{rank}(A) = \begin{cases} 1 & (a = 1) \\ 2 & (a = -2) \\ 3 & (\text{その他}) \end{cases}$

(2) $\mathrm{rank}(B) = \begin{cases} 0 & (a = b = 0) \\ 1 & (a = b \neq 0) \\ 2 & (a = -2b \neq 0) \\ 3 & (\text{その他}) \end{cases}$

第 6 章　行列式に向けて

1. $\sigma = (1,3)(2,6,5)(4,9,7)(8) = (1,3)(2,5)(2,6)(4,7)(4,9)$
2. (1) 偶置換　(2) 奇置換　(3) 奇置換　(4) 偶置換　(5) 奇置換

第 7 章　行列式の概念とその計算

1. $\begin{vmatrix} A & B \\ B & A \end{vmatrix} = \begin{vmatrix} A+B & A+B \\ B & A \end{vmatrix} = \begin{vmatrix} A+B & O \\ B & A-B \end{vmatrix} = |A+B||A-B|$

細かい説明は省いているが，行と列の基本変形は繰り返しである．

2. (1) 第 4 列に第 2 列，第 3 列を加えた後，その第 4 列から $a+b+c+d$ をくくりだす．第 4 列は第 1 列と等しくなり，行列式の値は 0．
   (2) $(a-b)(a-c)(a-d)(b-c)(b-d)(c-d)$

3. まず $a_{ii} = -a_{ii}$ より $a_{ii} = 0$ であることに注意する．これより

$$|A| = \begin{vmatrix} 0 & a & b & \cdots \\ -a & 0 & c & \cdots \\ -b & -c & 0 & \cdots \\ \cdots & & & \end{vmatrix} = \begin{vmatrix} 0 & -a & -b & \cdots \\ a & 0 & -c & \cdots \\ b & c & 0 & \cdots \\ \cdots & & & \end{vmatrix}$$

$$= (-1)^n |A| = -|A|$$

が導かれる．ここで第 2 の等号では行と列の入れ換えによる行列式の不変性を用い，第 3 の等号では各行から -1 をくくりだし，n が奇数であることを第 4 の等号で使っている．したがって，$|A| = 0$ となる．

第 8 章　余因子行列の概念

1. 第 1 行についての余因子展開は，

$$a \begin{vmatrix} e & f \\ h & i \end{vmatrix} - d \begin{vmatrix} b & c \\ h & i \end{vmatrix} + g \begin{vmatrix} b & c \\ e & f \end{vmatrix} = a(ei - fh) - d(bi - ch) + g(bf - ce)$$

第 1 列についての余因子展開は，

$$a\begin{vmatrix} e & f \\ h & i \end{vmatrix} - b\begin{vmatrix} d & f \\ g & i \end{vmatrix} + c\begin{vmatrix} d & e \\ g & h \end{vmatrix} = a(ei - fh) - b(di - fg) + c(dh - eg)$$

2. 第 1 列で展開すると次のようになる.

$$a_{11}(-1)^{1+1}\begin{vmatrix} a_{22} & 0 & 0 \\ 0 & a_{33} & a_{34} \\ 0 & a_{43} & a_{44} \end{vmatrix} + a_{21}(-1)^{2+1}\begin{vmatrix} a_{12} & 0 & 0 \\ 0 & a_{33} & a_{34} \\ 0 & a_{43} & a_{44} \end{vmatrix}$$

$$= a_{11}a_{22}(-1)^{1+1}\begin{vmatrix} a_{33} & a_{34} \\ a_{43} & a_{44} \end{vmatrix} + (-1)a_{21}a_{12}(-1)^{1+1}\begin{vmatrix} a_{33} & a_{34} \\ a_{43} & a_{44} \end{vmatrix}$$

$$= (a_{11}a_{22} - a_{21}a_{12})\begin{vmatrix} a_{33} & a_{34} \\ a_{43} & a_{44} \end{vmatrix}$$

3. $\boldsymbol{a} = \boldsymbol{e}_1 + \boldsymbol{e}_3, \boldsymbol{b} = \boldsymbol{e}_1 - \boldsymbol{e}_2, \boldsymbol{c} = -\boldsymbol{e}_1 + \boldsymbol{e}_3$ より,

1)$f(\boldsymbol{a}, \boldsymbol{e}_2, \boldsymbol{e}_3) = f(\boldsymbol{e}_1 + \boldsymbol{e}_3, \boldsymbol{e}_2, \boldsymbol{e}_3)$
$= f(\boldsymbol{e}_1, \boldsymbol{e}_2, \boldsymbol{e}_3) + f(\boldsymbol{e}_3, \boldsymbol{e}_2, \boldsymbol{e}_3) = 1 + 0 = 1$

2)$f(\boldsymbol{a}, \boldsymbol{b}, \boldsymbol{e}_3) = f(\boldsymbol{e}_1 + \boldsymbol{e}_3, \boldsymbol{e}_1 - \boldsymbol{e}_2, \boldsymbol{e}_3)$
$= f(\boldsymbol{e}_1, \boldsymbol{e}_1, \boldsymbol{e}_3) - f(\boldsymbol{e}_1, \boldsymbol{e}_2, \boldsymbol{e}_3)$
$\quad + f(\boldsymbol{e}_3, \boldsymbol{e}_1, \boldsymbol{e}_3) - f(\boldsymbol{e}_3, \boldsymbol{e}_2, \boldsymbol{e}_3) = -1$

3)$f(\boldsymbol{a}, \boldsymbol{b}, \boldsymbol{c}) = f(\boldsymbol{e}_1 + \boldsymbol{e}_3, \boldsymbol{e}_1 - \boldsymbol{e}_2, -\boldsymbol{e}_1 + \boldsymbol{e}_3)$
$= -f(\boldsymbol{e}_1, \boldsymbol{e}_1, \boldsymbol{e}_1) + f(\boldsymbol{e}_1, \boldsymbol{e}_1, \boldsymbol{e}_3) + f(\boldsymbol{e}_1, \boldsymbol{e}_2, \boldsymbol{e}_1) - f(\boldsymbol{e}_1, \boldsymbol{e}_2, \boldsymbol{e}_3)$
$\quad - f(\boldsymbol{e}_3, \boldsymbol{e}_1, \boldsymbol{e}_1) + f(\boldsymbol{e}_3, \boldsymbol{e}_1, \boldsymbol{e}_3) + f(\boldsymbol{e}_3, \boldsymbol{e}_2, \boldsymbol{e}_1) - f(\boldsymbol{e}_3, \boldsymbol{e}_2, \boldsymbol{e}_3)$
$= -1 + f(\boldsymbol{e}_3, \boldsymbol{e}_2, \boldsymbol{e}_1) = -1 - f(\boldsymbol{e}_1, \boldsymbol{e}_2, \boldsymbol{e}_3) = -2$

4. $\begin{pmatrix} d & -b \\ -c & a \end{pmatrix}$

第 9 章　線型空間の基本概念

1. (1) 線型独立　(2) 線型従属　(3) $k \neq \pm 1$ のとき線型独立. $k = \pm 1$ のとき線型従属.

2. $\alpha_1, \alpha_2, \ldots, \alpha_n \in \mathbb{R}$ に対し,

$$\alpha_1 \boldsymbol{a}_1 + \cdots + \alpha_n \boldsymbol{a}_n = A\begin{pmatrix} \alpha_1 \\ \vdots \\ \alpha_n \end{pmatrix} = \boldsymbol{0} \quad \cdots\cdots(\diamondsuit)$$

とおく. $\det(A) \neq 0$ ならば, A は正則で, $(\alpha_1, \cdots, \alpha_n$ の連立 1 次方程式としてみたときの) $(\diamondsuit)$ の解は自明解 $\alpha_1 = \cdots = \alpha_n = 0$ のみ. ∴ $\boldsymbol{a}_1, \cdots, \boldsymbol{a}_n$ は線型独立. $\det(A) = 0$ ならば, $(\diamondsuit)$ は非自明解 $(\alpha_1, \cdots, \alpha_n) \neq (0, \cdots, 0)$

をもつ. よって, $a_1, \cdots, a_n$ は線型従属.
3. $a, b, c \in \mathbb{C}$ に対し, $az_1 + bz_2 + cz_3 = \mathbf{0}$ とする. すなわち,

$$\begin{cases} a + b + c = 0 & \cdots (1) \\ a + b\omega + c\omega^2 = 0 & \cdots (2) \\ a + b\omega^2 + c\omega = 0 & \cdots (3) \end{cases}$$

ところで, $\omega^3 - 1 = (\omega - 1)(\omega^2 + \omega + 1) = 0$ かつ, $\omega \neq 1$ より, $1 + \omega + \omega^2 = 0$ であるから,

$$\begin{aligned} (1) + (2) + (3) &\implies 3a = 0 \\ (1) + (2) \times \omega + (3) \times \omega^2 &\implies 3c = 0 \\ (1) + (2) \times \omega^2 + (3) \times \omega &\implies 3b = 0 \end{aligned}$$

これより, $a = b = c = 0$ となって線型独立性が示された.

4. a_1, a_2, e_i が線型独立であればよい. 行列 (a_1, a_2, e_i) の行列式を D_i とすると,

$$\begin{aligned} D_i &= |(e_1 + 2e_2 + 3e_3, 5e_1 + 4e_2 + 6e_3, e_i)| \\ &= -6|(e_1, e_2, e_i)| - 9|(e_1, e_3, e_i)|. \end{aligned}$$

よって, $D_1 = 0, D_2 = 9, D_3 = -6$. だから, a_1, a_2, e_1 は線型従属. (実際, $a_2 - 2a_1 = 3e_1$ である.) よって, e_2 か e_3 を選べばよい.

第10章 線型空間の発展的概念

1. V を $\mathbb{R}$ 上の線型空間とするとき, $(\cdot, \cdot) : V \times V \to \mathbb{R}$ が V の内積であるとは, v, w を V の任意の元, α を $\mathbb{R}$ の任意の元とするとき
   (a) $(\cdot, \cdot)$ は V 上の双線型形式であり,
   (b) $(v, w) = (w, v)$ が成立し,
   (c) $(v, v) \geq 0$ かつ $(v, v) = 0 \Rightarrow v = 0$ が成立する
   ときをいうのであった. いずれも容易に示せる.

2. (1) $c_1 u_1 + \cdots + c_s u_s = \sum_{i=1}^{s} c_i u_i = \mathbf{0}$ とする. このとき, $j = 1, 2, \cdots, s$ に対して,

$$0 = \left(\sum_{i=1}^{s} c_i u_i, u_j \right) = \sum_{i=1}^{s} c_i (u_i, u_j) = c_j.$$

よって, $u_1, \cdots, u_s$ は線型独立.

(2) $\langle u_1, \cdots, u_n \rangle$ は $\mathbb{R}^n$ の基底なので, 任意の $x \in \mathbb{R}^n$ は,

$$x = c_1 u_1 + \cdots + c_n u_n \quad (c_1, \cdots, c_n \in \mathbb{R})$$

と書ける. よって,
$$(x, u_j) = \left(\sum_{i=1}^n c_i u_i, u_j\right) = c_j \quad (j = 1, 2, \cdots, n).$$

ゆえに, $x = \displaystyle\sum_{j=1}^n (x, u_j) u_j$.

(3) $||x||^2 = \left(\displaystyle\sum_{i=1}^n (x, u_i) u_i, \sum_{j=1}^n (x, u_j) u_j\right) = \sum_{i=1}^n |(x, u_i)|^2$.

3. W の任意の元は, $\begin{pmatrix} x \\ y \\ z \\ u \end{pmatrix} = \begin{pmatrix} y - z + u \\ y \\ z \\ u \end{pmatrix} = y\boldsymbol{a}_1 + z\boldsymbol{a}_2 + u\boldsymbol{a}_3$ と書ける.

ここで, $\boldsymbol{a}_1 = {}^t(1,1,0,0)$, $\boldsymbol{a}_2 = {}^t(-1,0,1,0)$, $\boldsymbol{a}_3 = {}^t(1,0,0,1)$ である. $\boldsymbol{a}_1, \boldsymbol{a}_2, \boldsymbol{a}_3$ は線形独立であるから, <$\boldsymbol{a}_1, \boldsymbol{a}_2, \boldsymbol{a}_3$> が W の基底である.
さて, <$\boldsymbol{a}_1, \boldsymbol{a}_2, \boldsymbol{a}_3$> をシュミットの方法で正規直交化する. まず $||\boldsymbol{a}_1|| = \sqrt{2}$ より, $\boldsymbol{u}_1 = \dfrac{1}{\sqrt{2}} \boldsymbol{a}_1 = \dfrac{1}{\sqrt{2}} {}^t(1,1,0,0)$ とする. 次に $\boldsymbol{a}_2 - (\boldsymbol{a}_2, \boldsymbol{u}_1)\boldsymbol{u}_1 = \dfrac{1}{2} {}^t(-1,1,2,0)$, かつ $||\boldsymbol{a}_2 - (\boldsymbol{a}_2, \boldsymbol{u}_1)\boldsymbol{u}_1|| = \dfrac{\sqrt{6}}{2}$ より, $\boldsymbol{u}_2 = \dfrac{1}{\sqrt{6}} {}^t(-1,1,2,0)$. さらに, $(\boldsymbol{a}_3, \boldsymbol{u}_1) = \dfrac{1}{\sqrt{2}}$, $(\boldsymbol{a}_3, \boldsymbol{u}_2) = -\dfrac{1}{\sqrt{6}}$ なので, $\boldsymbol{a}_3 - (\boldsymbol{a}_3, \boldsymbol{u}_1)\boldsymbol{u}_1 - (\boldsymbol{a}_3, \boldsymbol{u}_2)\boldsymbol{u}_2 = \dfrac{1}{3} {}^t(1,-1,1,3)$. また, $||\boldsymbol{a}_3 - (\boldsymbol{a}_3, \boldsymbol{u}_1)\boldsymbol{u}_1 - (\boldsymbol{a}_3, \boldsymbol{u}_2)\boldsymbol{u}_2|| = \dfrac{2}{\sqrt{3}}$ より, $\boldsymbol{u}_3 = \dfrac{\sqrt{3}}{6} {}^t(1,-1,1,3)$. この <$\boldsymbol{u}_1, \boldsymbol{u}_2, \boldsymbol{u}_3$> は W の正規直交基底である (他にもありうる).

第 11 章 線型写像, 線型変換の諸概念

1.
$$T_A(\mathbb{R}^3) = \left\{ \begin{pmatrix} v+w \\ v \\ w \end{pmatrix} \middle| v, w \in \mathbb{R} \right\}, \quad \ker(T_A) = \left\{ \begin{pmatrix} -2t \\ t \\ t \end{pmatrix} \middle| t \in \mathbb{R} \right\}.$$

2.
$$\begin{cases} D(f_1) = 0 \\ D(f_2) = 1 = f_1 \\ D(f_3) = 2(x+1) = 2f_2 \end{cases}$$

より，求める行列は $\begin{pmatrix} 0 & 1 & 0 \\ 0 & 0 & 2 \\ 0 & 0 & 0 \end{pmatrix}$ である．

3. $V = \mathbb{R}^3$ のある要素，たとえば $\boldsymbol{a} = \begin{pmatrix} 1 \\ 2 \\ 3 \end{pmatrix}$ をとったとき，$\forall \boldsymbol{x} = \begin{pmatrix} x_1 \\ x_2 \\ x_3 \end{pmatrix} \in V$ に対し，$f(\boldsymbol{x}) = (\boldsymbol{a}, \boldsymbol{x}) = x + 2y + 3z$ と定義すると，f は $V \longrightarrow \mathbb{R}$ の線型写像であり，したがって V^* の要素となる．

逆に $V \longrightarrow \mathbb{R}$ の任意の線型写像 f に対し，$\boldsymbol{e}_1 = \begin{pmatrix} 1 \\ 0 \\ 0 \end{pmatrix}$, $\boldsymbol{e}_2 = \begin{pmatrix} 0 \\ 1 \\ 0 \end{pmatrix}$, $\boldsymbol{e}_3 = \begin{pmatrix} 0 \\ 0 \\ 1 \end{pmatrix}$ の像を $f(\boldsymbol{e}_1) = a$, $f(\boldsymbol{e}_2) = b$, $f(\boldsymbol{e}_3) = c$ とおくと，$\forall \boldsymbol{x} \in V$ に対し，$\boldsymbol{x} = x\boldsymbol{e}_1 + y\boldsymbol{e}_2 + z\boldsymbol{e}_3 = \begin{pmatrix} x \\ y \\ z \end{pmatrix}$ とおくと，

$$f(\boldsymbol{x}) = f(x\boldsymbol{e}_1 + y\boldsymbol{e}_2 + z\boldsymbol{e}_3)$$
$$= xf(\boldsymbol{e}_1) + yf(\boldsymbol{e}_2) + zf(\boldsymbol{e}_3)$$
$$= xa + yb + zc$$

となり，これはベクトル $\boldsymbol{x}$ とベクトル $\boldsymbol{a}$ の内積である．

第 12 章　線型写像の表現の単純化

1. 直接計算して，$B^n = (P^{-1}AP)^n = P^{-1}A^nP$ を得る．また，$B = \begin{pmatrix} 1 & 0 \\ 0 & 2 \end{pmatrix}$ となることから，$B^n = \begin{pmatrix} 1 & 0 \\ 0 & 2^n \end{pmatrix}$ である．$P^{-1} = \begin{pmatrix} -1 & 2 \\ 1 & -1 \end{pmatrix}$ より，$A^n = PB^nP^{-1} = \begin{pmatrix} 2^{n+1} - 1 & 2 - 2^{n+1} \\ 2^n - 1 & 2 - 2^n \end{pmatrix}$

2. $T(\boldsymbol{p}_1) = 2\boldsymbol{p}_1, T(\boldsymbol{p}_2) = 3\boldsymbol{p}_2$ より $\boldsymbol{x}' = x'\boldsymbol{p}_1 + y'\boldsymbol{p}_2$, $B = \begin{pmatrix} 2 & 0 \\ 0 & 3 \end{pmatrix}$ とおけば，$T(\boldsymbol{x}') = B\boldsymbol{x}'$．よって，$B$ が求める行列．

3. (1)　E_1, E_2, E_3 が V の基底をなすことより示される．

(2) F_1, F_2, F_3 は線型独立なので，V の基底をなす．また，$F_1 = E_1 + E_3, F_2 = E_1 + E_2, F_3 = E_2 + E_3$ より，

$$P = \begin{pmatrix} 1 & 1 & 0 \\ 0 & 1 & 1 \\ 1 & 0 & 1 \end{pmatrix}$$

とおけば，$(F_1, F_2, F_3) = (E_1, E_2, E_3)P$ であり，P が基底の取り替え行列である．

(3) $X = aF_1 + bF_2 + cF_3$, $Y = a'F_1 + b'F_2 + c'F_3$, $AX = 3aF_1 + (-2a+b)F_2 + 3cF_3 = Y$ より，$R = \begin{pmatrix} 3 & 0 & 0 \\ -2 & 1 & 0 \\ 0 & 0 & 3 \end{pmatrix}$ とおけば，$\begin{pmatrix} a' \\ b' \\ c' \end{pmatrix} = R \begin{pmatrix} a \\ b \\ c \end{pmatrix}$．よって，$R$ が基底 <F_1, F_2, F_3> に関する T_A の行列表現である．

第 13 章　不変部分空間から固有ベクトルへ

1. $a_1 = \begin{pmatrix} 1 \\ 1 \\ 0 \\ 0 \end{pmatrix}, a_2 = \begin{pmatrix} 0 \\ 0 \\ 1 \\ 1 \end{pmatrix}, a_3 = \begin{pmatrix} 1 \\ 1 \\ 2 \\ -1 \end{pmatrix}, a_4 = \begin{pmatrix} 1 \\ -1 \\ 0 \\ 0 \end{pmatrix}$ とおくと，これらは線型独立で W_1 は a_1 と a_2 で，W_2 は a_2 で W_3 は a_4 で生成される空間である．よって，$\mathbb{R}^4 = W_1 \oplus W_2 \oplus W_3$．

2. (1) $\alpha \in \mathbb{R}$, $x_1, x_2 \in W^\perp$ および $y \in W$ に対し，$(x_1 - x_2, y) = 0, (\alpha x_1, y) = 0$．よって $W^\perp$ は部分空間．

   (2) W の正規直交基底 <$u_1, \ldots, u_m$> をとる．任意のベクトル $x \in \mathbb{R}^n$ に対し，

   $$x_1 = (x, u_1)u_1 + \cdots + (x, u_m)u_m, \quad x_2 = x - x_1$$

   とおくと，$x_1 \in W$ である．一方，$k = 1, 2, \cdots, m$ に対し，

   $(x_2, u_k) = (x, u_k) - (x_1, u_k)$
   $= (x, u_k) - \sum_{j=1}^m (x, u_j)(u_j, u_k) = 0.$

   よって $x_2 \in W^\perp$ である．ゆえに任意の $x \in \mathbb{R}$ は，$x = x_1 + x_2$ ($x_1 \in W, x_2 W^\perp$) と表現される．表現の一意性は次のようにして示さ

れる．
$$x = x_1 + x_2 = x_1' + x_2' \quad (x_1, x_1' \in W, x_2, x_2' \in W^\perp)$$
とすると，$x_1 - x_1' = x_2' - x_2$. 左辺は W に，右辺は $W^\perp$ に属するから，
$$\|x_1 - x_1'\|^2 = (x_1 - x_1', x_2' - x_2) = 0.$$
よって $x_1 - x_1' = \mathbf{0}$. ∴ $x_1 = x_1', x_2 = x_2'$.

(3) $x \in W, y \in W^\perp$ とすると，$(x, y) = 0$. よって，$x \in (W^\perp)^\perp$，ゆえに $W \subset (W^\perp)^\perp$. また，$\dim(W^\perp)^\perp = n - \dim W^\perp = n - (n - \dim W) = \dim W$. これより，$(W^\perp)^\perp = W$ である．

(4) $\mathbb{R}^n = (W + W') \oplus (W + W')^\perp$ より，$w \in \mathbb{R}^n$ は，$w = x + y + z$ ($x \in W, y \in W', z \in (W + W')^\perp$) と書け，$(z, x + y) = 0$ である．一方，$\mathbb{R}^n = W \oplus W^\perp = W' \oplus W'^\perp$ より，$y + z \in W^\perp, x + z \in W'^\perp$ であるから，$(x, y + z) = (y, x + z) = 0$. これより，$(z, x) = (z, y) = 0$. だから，$z \in W^\perp$ かつ $z \in W'^\perp$.
∴ $(W + W')^\perp \subset W^\perp \cap W'^\perp$. 逆に，$z \in W^\perp \cap W'^\perp$ ならば，$(z, x + y) = (z, x) + (z, y) = 0$. ∴ $z \in (W + W')^\perp$. よって，$W^\perp \cap W'^\perp \subset (W + W')^\perp$. 以上より，$(W + W')^\perp = W^\perp \cap W'^\perp$.

(5) (3)(4) より，$(W^\perp + W'^\perp)^\perp = (W^\perp)^\perp \cap (W'^\perp)^\perp = W \cap W'$.
∴ $(W \cap W')^\perp = ((W^\perp + W'^\perp)^\perp)^\perp = W^\perp + W'^\perp$.

また，$a_1 = \begin{pmatrix} 1 \\ 0 \\ -1 \end{pmatrix}, a_2 = \begin{pmatrix} 0 \\ 1 \\ -1 \end{pmatrix}$ とおくと，W は a_1 と a_2 で生成される．このとき，直交補空間 $W^\perp$ は $\begin{pmatrix} 1 \\ 1 \\ 1 \end{pmatrix}$ で生成される．また，$b = \begin{pmatrix} 1 \\ 0 \\ 0 \end{pmatrix}$ とおくと，b は a_1, a_2 に線型独立．よって，b で生成される空間 W' は直交補空間以外の補空間の例を与える．

3. (1)
$$Q^2 = (E - P)^2 = E - 2P + P^2 = E - P = Q$$
$$PQ = P(E - P) = P - P^2 = P - P = O$$
$$P + Q = P + E - P = E$$

(2) $x, y \in \mathbb{R}^n, a \in \mathbb{R}$ に対し，$Px - Py = P(x - y) \in W_1, a(Px) = P(ax) \in W_1$. Q についても同様．よって，W_1, W_2 は $\mathbb{R}^n$ の部分空間．次に，$x \in \mathbb{R}^n$ は $x = Px + (E - P)x \in W_1 + W_2$ であるので，$W_1 \cap W_2 = \{\mathbf{0}\}$ を示せばよい．$x \in W_1 \cap W_2$ とすると，ある $u, v \in \mathbb{R}^n$

があって，$x = Pu = Qv$ と書ける．$\therefore Px = P(Pu) = Pu = x$. 一方，$Px = P(Qv) = 0$ であるので，$x = 0$. すなわち，$\mathbb{R}^n = W_1 \oplus W_2$.
(3) $W_1 \oplus W_2 = \mathbb{R}^n$ なので，任意の $x \in \mathbb{R}^n$ は

$$x = x_1 + x_2 \in W_1 \oplus W_2$$

の形に一意に分解される．変換 $x \mapsto x_1, x \mapsto x_2$ をそれぞれ P, Q と表すと，これは線型で（よってこれを表現する行列で表現できる），

$$x = x_1 + x_2 = Px + Qx,$$

特に，$E = P + Q$. Px に対してこの分解を用いると，

$$Px = P^2 x + QPx$$

であるが，$Px \in W_1$ と分解の一意性より，

$$Px = Px + 0.$$

よって，$P^2 = P, QP = O$. また，$Q^2 = (E - P)^2 = E - P = Q$ を得る．

次に一意性を示す．2 通りあったとして，それを P_1, Q_1, P_2, Q_2 とすると，

$$x = P_1 x + Q_1 x = P_2 x + Q_2 x$$

となるが，

$$P_1 x - P_2 x = Q_1 x - Q_2 x \in W_1 \cap W_2 = \{0\}.$$

よって，$P_1 = P_2, Q_1 = Q_2$.
4. 考え方は問題 3 と同じであるため省略する．

第 14 章 固有値，固有ベクトルと行列の対角化

1.

$$\begin{aligned}
\Phi_A(\lambda E - A) &= \begin{vmatrix} \lambda - 4 & -1 & 4 \\ -2 & \lambda - 3 & 4 \\ -2 & -1 & \lambda + 2 \end{vmatrix} \\
&= (\lambda - 4)(\lambda - 3)(\lambda + 2) + 8 + 8 \\
&\quad + 8(\lambda - 3) + 4(\lambda - 4) - 2(\lambda + 2) \\
&= \lambda^3 - 5\lambda^2 + 8\lambda - 4 = (\lambda - 1)(\lambda - 2)^2
\end{aligned}$$

であるから，A の固有値は方程式
$$\Phi_A(\lambda E - A) = 0 \quad \therefore \quad (\lambda - 1)(\lambda - 2) = 0$$
を解いて，
$$\lambda = 1 \text{ または } \lambda = 2 \text{ (2 重解)}$$
である．

i) 固有値 1 に属する固有ベクトルは
$$(E - A)\begin{pmatrix} x \\ y \\ z \end{pmatrix} = \begin{pmatrix} 0 \\ 0 \\ 0 \end{pmatrix} \quad \text{すなわち} \quad \begin{pmatrix} -3 & -1 & 4 \\ -2 & -2 & 4 \\ -2 & -1 & 3 \end{pmatrix} \begin{pmatrix} x \\ y \\ z \end{pmatrix} = \begin{pmatrix} 0 \\ 0 \\ 0 \end{pmatrix}$$
から
$$\begin{cases} -3x - y + 4z = 0 \\ -2x - 2y + 4z = 0 \\ -2x - y + 3z = 0 \end{cases} \quad \therefore \quad \begin{cases} x = z \\ y = z \end{cases}$$

となるので，$\begin{pmatrix} 1 \\ 1 \\ 1 \end{pmatrix}$ の 0 でないスカラー倍である．

ii) 固有値 2 に属する固有値ベクトルは
$$(2E - A)\begin{pmatrix} x \\ y \\ z \end{pmatrix} = \begin{pmatrix} 0 \\ 0 \\ 0 \end{pmatrix} \quad \text{すなわち} \quad \begin{pmatrix} -2 & -1 & 4 \\ -2 & -1 & 4 \\ -2 & -1 & 4 \end{pmatrix} \begin{pmatrix} x \\ y \\ z \end{pmatrix} = \begin{pmatrix} 0 \\ 0 \\ 0 \end{pmatrix}$$
から
$$-2x - y + 4z = 0$$
となるから，固有値 2 に属する線型空間は，2 次元でその空間を張るベクトルとして，たとえば $\begin{pmatrix} 1 \\ -2 \\ 0 \end{pmatrix}$ と $\begin{pmatrix} 2 \\ 0 \\ 1 \end{pmatrix}$ がとれる．

ゆえに
$$P = \begin{pmatrix} 1 & 1 & 2 \\ 1 & -2 & 0 \\ 1 & 0 & 1 \end{pmatrix}$$
を用いて行列 A は
$$P^{-1}AP = \begin{pmatrix} 1 & 0 & 0 \\ 0 & 2 & 0 \\ 0 & 0 & 2 \end{pmatrix}$$

と対角化される.

2. (1) A の固有多項式は,$\det(\lambda E - A) = (\lambda-1)(\lambda-2)^2$. 固有値 2 に属する固有ベクトルは ${}^t(1,1,-1)$ のスカラ倍のみであるから,対角化不可能である.

   (2) A の固有多項式は,$\det(\lambda E - A) = (\lambda+3)(\lambda+1)^2$. 固有値 -1 に属する固有ベクトルは ${}^t(2,-1,0)$ のスカラ倍のみであるから,対角化不可能である.

   (3) A の固有値は 1(重複度 2) と 11 である.固有値 1 に属する線型独立な固有ベクトルとして $\boldsymbol{u} = {}^t(2,0,-1)$ と $\boldsymbol{v} = {}^t(2,-1,0)$ を,固有値 11 に属する固有ベクトルとして $\boldsymbol{w} = {}^t(0,3,2)$ をとることができる.よって,A は対角化可能で,$P = (\boldsymbol{u}, \boldsymbol{v}, \boldsymbol{w})$ とおけば,$P^{-1}AP = \begin{pmatrix} 1 & 0 & 0 \\ 0 & 1 & 0 \\ 0 & 0 & 11 \end{pmatrix}$

   となる.

   (4) B の固有値は 1(重複度 3) である.固有値 1 に属する固有ベクトルは ${}^t(0,0,1)$ のスカラ倍のみである.よって,B は対角化できない.

   (5) C の固有値は -1 と 2(重複度 2) である.固有値 -1 に属する固有ベクトルとして $\boldsymbol{u} = {}^t(1,1,-1)$ を,固有値 2 に属する線型独立な固有ベクトルとして $\boldsymbol{v} = {}^t(0,1,1)$ と $\boldsymbol{w} = {}^t(1,1,0)$ をとることができる.よって,C は対角化可能で,$P = (\boldsymbol{u}, \boldsymbol{v}, \boldsymbol{w})$ とおけば,$P^{-1}CP = \begin{pmatrix} -1 & 0 & 0 \\ 0 & 2 & 0 \\ 0 & 0 & 2 \end{pmatrix}$

   となる.

   (6) D の固有値は 2(重複度 3) である.固有値 2 に属する固有ベクトルは ${}^t(2,1,1)$ のスカラ倍のみである.よって,D は対角化できない.

3. λ が A の固有値

   $$x = \lambda \text{ が方程式 } \det(A - xE) = 0 \text{ の解}$$

   であるから,

   $$A \text{ が } 0 \text{ を固有値にもつ} \iff \det A = 0 \iff A \text{ は正則でない}.$$

第 15 章 複素行列の世界

1. H の固有値は,-1 と 1 である.固有値 -1 に属する固有空間の正規直交基底として,${}^t\left(\dfrac{1}{\sqrt{2}}, 0, 0, \dfrac{i}{\sqrt{2}}\right)$ と ${}^t\left(0, \dfrac{1}{\sqrt{2}}, \dfrac{i}{\sqrt{2}}, 0\right)$ がとれる.また,固有値 1 に属する固有空間の正規直交基底として,${}^t\left(\dfrac{i}{\sqrt{2}}, 0, 0, \dfrac{1}{\sqrt{2}}\right)$ と

$^t\left(0, \dfrac{i}{\sqrt{2}}, \dfrac{1}{\sqrt{2}}, 0\right)$ がとれる. よって, H を対角化するユニタリ行列 U は

$$U = \dfrac{1}{\sqrt{2}} \begin{pmatrix} 1 & 0 & 0 & i \\ 0 & 1 & i & 0 \\ 0 & i & 1 & 0 \\ i & 0 & 0 & 1 \end{pmatrix}.$$

このとき, $U^*HU = \begin{pmatrix} -1 & 0 & 0 & 0 \\ 0 & -1 & 0 & 0 \\ 0 & 0 & 1 & 0 \\ 0 & 0 & 0 & 1 \end{pmatrix}$.

2. 2次の行列を $A = \begin{pmatrix} a & b \\ c & d \end{pmatrix}$ とおく. ただし, $a, b, c, d \in \mathbb{C}$. A がユニタリ行列となるためには,

$$\begin{cases} |a|^2 + |b|^2 = |c|^2 + |d|^2 = 1 \\ a\bar{c} + b\bar{d} = 0 \end{cases}$$

であることが必要十分. これを a, b, c, d について解くと, 2次のユニタリ行列は,

$$\begin{pmatrix} \pm e^{i\alpha} & 0 \\ 0 & \pm e^{i\beta} \end{pmatrix}, \quad \begin{pmatrix} 0 & \pm e^{i\alpha} \\ \pm e^{i\beta} & 0 \end{pmatrix}, \quad \begin{pmatrix} \lambda e^{i\theta_1} & \mu e^{i\theta_2} \\ \mu e^{i\theta_3} & \lambda e^{i\theta_4} \end{pmatrix}$$

のいずれかの形に書ける. ここで, α, β は任意の実パラメータであり, $\lambda, \mu, \theta_1, \theta_2, \theta_3, \theta_4$ は $\lambda^2 + \mu^2 = 1, \lambda\mu \neq 0, \theta_1 - \theta_3 = \theta_2 - \theta_4 + (2m+1)\pi$ (m は整数) を満たす実パラメータである.

3. A に対し, 適当なユニタリ行列 U を選ぶと次のようにできる.

$$U^*AU = \begin{pmatrix} \alpha & 0 & 0 \\ 0 & \beta & 0 \\ 0 & 0 & \gamma \end{pmatrix}. \quad \text{すなわち} \quad A = U \begin{pmatrix} \alpha & 0 & 0 \\ 0 & \beta & 0 \\ 0 & 0 & \gamma \end{pmatrix} U^*.$$

(1) ゆえに, $AA^* = E$ の必要十分条件は次のようになる.

$$U \begin{pmatrix} \alpha & 0 & 0 \\ 0 & \beta & 0 \\ 0 & 0 & \gamma \end{pmatrix} U^* U \begin{pmatrix} \bar{\alpha} & 0 & 0 \\ 0 & \bar{\beta} & 0 \\ 0 & 0 & \bar{\gamma} \end{pmatrix} U^* = U \begin{pmatrix} |\alpha|^2 & 0 & 0 \\ 0 & |\beta|^2 & 0 \\ 0 & 0 & |\gamma|^2 \end{pmatrix} U^* = E.$$

すなわち, $|\alpha| = |\beta| = |\gamma| = 1$.

(2) 同様に，$A^* = A$ の必要十分条件は

$$U \begin{pmatrix} \bar{\alpha} & 0 & 0 \\ 0 & \bar{\beta} & 0 \\ 0 & 0 & \bar{\gamma} \end{pmatrix} U^* = U \begin{pmatrix} \alpha & 0 & 0 \\ 0 & \beta & 0 \\ 0 & 0 & \gamma \end{pmatrix} U^*.$$

∴ $\bar{\alpha} = \alpha, \bar{\beta} = \beta, \bar{\gamma} = \gamma.$

第 16 章 対角化の応用 (1)

1. (1) $\boldsymbol{x} = \begin{pmatrix} x \\ y \end{pmatrix}, \boldsymbol{x}' = \boldsymbol{x} - \boldsymbol{x}_0 = \begin{pmatrix} x' \\ y' \end{pmatrix}, \boldsymbol{x}_0 = \begin{pmatrix} 5 \\ -3 \end{pmatrix}, A = \begin{pmatrix} 1 & 1 \\ 2 & 2 \end{pmatrix}$ とおくと，与えられた式は $A[\boldsymbol{x}'] = 12$ と書ける．A の固有値は $\dfrac{3 \pm \sqrt{5}}{2}$ である．これを α, β とおくと，それぞれに属する互いに直交する固有ベクトルとして，$\boldsymbol{u}_1 = \begin{pmatrix} 1 \\ \alpha - 1 \end{pmatrix}, \boldsymbol{u}_2 = \begin{pmatrix} \beta - 2 \\ 1 \end{pmatrix}$ をとることができる．そこで，$\boldsymbol{x}' = P\hat{\boldsymbol{x}}$, $P = \left(\dfrac{\boldsymbol{u}_1}{\|\boldsymbol{u}_1\|}, \dfrac{\boldsymbol{u}_2}{\|\boldsymbol{u}_2\|} \right), \hat{\boldsymbol{x}} = \begin{pmatrix} \hat{x} \\ \hat{y} \end{pmatrix}$ とすると，$A[\boldsymbol{x}'] = P^{-1}AP[\hat{\boldsymbol{x}}] = 12$. すなわち，$\alpha\hat{x}^2 + \beta\hat{y}^2 = 12$ と書ける．$\alpha > 0, \beta > 0$ なので，これは，$\hat{x}\hat{y}$-平面において，楕円を表す．よって，$(5, -3)$ を通り，$\boldsymbol{u}_1, \boldsymbol{u}_2$ で張られた直線をそれぞれ L_1, L_2 とすると，与えられた式は，xy-平面で，L_1, L_2 を軸とした楕円を表す．

(2) $\boldsymbol{x} = \begin{pmatrix} x \\ y \\ z \end{pmatrix}, A = \begin{pmatrix} 0 & 1 & 1 \\ 1 & 0 & 1 \\ 1 & 1 & 0 \end{pmatrix}$ とおくと，与えられた式は $A[\boldsymbol{x}] = 1$ と書ける．A の固有値は -1（2 重根）と 2 で，それぞれに属する互いに直交する固有ベクトルとして，$\boldsymbol{u}_1 = \begin{pmatrix} 1 \\ 0 \\ -1 \end{pmatrix}, \boldsymbol{u}_2 = \begin{pmatrix} 1 \\ -2 \\ 1 \end{pmatrix}, \boldsymbol{u}_3 = \begin{pmatrix} 1 \\ 1 \\ 1 \end{pmatrix}$ をとることができる．そこで，$\boldsymbol{x} = P\hat{\boldsymbol{x}}, P = \left(\dfrac{\boldsymbol{u}_1}{\|\boldsymbol{u}_1\|}, \dfrac{\boldsymbol{u}_2}{\|\boldsymbol{u}_2\|}, \dfrac{\boldsymbol{u}_3}{\|\boldsymbol{u}_3\|} \right), \hat{\boldsymbol{x}} = \begin{pmatrix} \hat{x} \\ \hat{y} \\ \hat{z} \end{pmatrix}$ とすると，$A[\boldsymbol{x}] = P^{-1}AP[\hat{\boldsymbol{x}}] = 1$. すなわち，$-\hat{x}^2 - \hat{y}^2 + 2\hat{z}^2 = 1$ と書ける．これは，$\hat{x}\hat{y}\hat{z}$-空間において，$\hat{z}$-軸を中心とした回転双曲面を表す．したがって，与えられた式は，xyz-空間で，$\boldsymbol{u}_1, \boldsymbol{u}_2$ の張る平面 $x + y + z = 0$ に垂直で，原点を通る $\boldsymbol{u}_3$ の張る直線 $x = y = z$ を中心とした回転双曲面を表す．

2. $\boldsymbol{x} = \begin{pmatrix} x \\ y \\ z \end{pmatrix}, A = \begin{pmatrix} a & 1 & 1 \\ 1 & a & 1 \\ 1 & 1 & a \end{pmatrix}$ とおくと，与えられた式は $A[\boldsymbol{x}] = 1$ と書ける．A の固有値は $a-1$ (2重根) と $a+2$ で，それぞれに属する互いに直交する固有ベクトルとして，$\boldsymbol{u}_1 = \begin{pmatrix} 1 \\ 0 \\ -1 \end{pmatrix}, \boldsymbol{u}_2 = \begin{pmatrix} 1 \\ -2 \\ 1 \end{pmatrix}, \boldsymbol{u}_3 = \begin{pmatrix} 1 \\ 1 \\ 1 \end{pmatrix}$ をとることができる．そこで，$\boldsymbol{x} = P\hat{\boldsymbol{x}}, P = \left(\dfrac{\boldsymbol{u}_1}{\|\boldsymbol{u}_1\|}, \dfrac{\boldsymbol{u}_2}{\|\boldsymbol{u}_2\|}, \dfrac{\boldsymbol{u}_3}{\|\boldsymbol{u}_3\|} \right), \hat{\boldsymbol{x}} = \begin{pmatrix} \hat{x} \\ \hat{y} \\ \hat{z} \end{pmatrix}$ とすると，$A[\boldsymbol{x}] = P^{-1}AP[\hat{\boldsymbol{x}}] = 1$. すなわち，$(a-1)\hat{x}^2 + (a-1)\hat{y}^2 + (a+2)\hat{z}^2 = 1$ と書ける．これは，$\hat{x}\hat{y}\hat{z}$-空間において，$\hat{z}$-軸を中心とした回転楕円体を表す．したがって，与えられた式は，xyz-空間で，$\boldsymbol{u}_1, \boldsymbol{u}_2$ の張る平面 $x+y+z=0$ に垂直で，原点を通る $\boldsymbol{u}_3$ の張る直線 $x=y=z$ を中心とした回転楕円体を表す．

第 17 章 対角化の応用 (2)

1. (1)
$$x_{n+2} = (\alpha + \beta)x_{n+1} - \alpha\beta x_n$$

これと，与えられた漸化式を比較して，$\alpha + \beta = 1, \alpha\beta = -1$ を得る．よって，α, β は，$t^2 - t - 1 = 0$ の解は $t = \mu_-, \mu_+ (\mu_-, \mu_+)$ である．ここで，$\mu_\pm = \dfrac{1 \pm \sqrt{5}}{2}$. これより，与えられた漸化式は次の 2 通りに変形される．

$$x_{n+2} - \mu_+ x_{n+1} = \mu_-(x_{n+1} - \mu_+ x_n) \qquad (19.2)$$
$$x_{n+2} - \mu_- x_{n+1} = \mu_+(x_{n+1} - \mu_- x_n) \qquad (19.3)$$

(2) 上式より，
$$x_{n+2} - \mu_+ x_{n+1} = \mu_-^{n-1}(x_2 - \mu_+ x_1) = \mu_-^n$$
$$x_{n+2} - \mu_- x_{n+1} = \mu_+^{n-1}(x_2 - \mu_- x_1) = \mu_+^n$$

辺々を引いて，

$$x_n = \dfrac{1}{\sqrt{5}}\left(\mu_+^n - \mu_-^n\right) = \dfrac{1}{\sqrt{5}}\left(\left(\dfrac{1+\sqrt{5}}{2}\right)^n - \left(\dfrac{1-\sqrt{5}}{2}\right)^n\right)$$

を得る．

2. $\boldsymbol{a}_n = \begin{pmatrix} a_n \\ a_{n+1} \end{pmatrix}, A = \begin{pmatrix} 0 & 1 \\ -2 & 3 \end{pmatrix}$ とおくと, $\boldsymbol{a}_{n+1} = A\boldsymbol{a}_n$. $\Phi_A(t) = (t-1)(t-2) = 0$ より, 固有値 $1, 2$ に属する固有ベクトル $\boldsymbol{u}_1 = \begin{pmatrix} 1 \\ 1 \end{pmatrix}, \boldsymbol{u}_2 = \begin{pmatrix} 1 \\ 2 \end{pmatrix}$ をとり, $P = (\boldsymbol{u}_1, \boldsymbol{u}_2) = \begin{pmatrix} 1 & 1 \\ 1 & 2 \end{pmatrix}$ とおくと, $P^{-1}AP = \begin{pmatrix} 1 & 0 \\ 0 & 2 \end{pmatrix}$. だから, $(P^{-1}AP)^n = P^{-1}A^n P = \begin{pmatrix} 1 & 0 \\ 0 & 2^n \end{pmatrix}$ と, $\boldsymbol{a}_n = A\boldsymbol{a}_{n-1} = A^{n-1}\boldsymbol{a}_1$ より,
$$\boldsymbol{a}_{n+1} = P \begin{pmatrix} 1 & 0 \\ 0 & 2^n \end{pmatrix} P^{-1} \boldsymbol{a}_1 = \begin{pmatrix} 2 - 2^n & 2^n - 1 \\ 2 - 2^{n+1} & 2^{n+1} - 1 \end{pmatrix} \boldsymbol{a}_1.$$
よって, $a_n = a_1(2 - 2^{n-1}) + a_2(2^{n-1} - 1)$ (a_1, a_2 は任意定数 (初期値)). ゆえに, 一般解は $a_n = C_1 + C_2 2^n$ (C_1, C_2 は任意定数 (初期値 a_1, a_2 より定まる)).

3. $y_1 = y, y_2 = y', \boldsymbol{y} = \begin{pmatrix} y_1 \\ y_2 \end{pmatrix}, A = \begin{pmatrix} 0 & 1 \\ -2 & 3 \end{pmatrix}$ とおくと, $\boldsymbol{y}' = A\boldsymbol{y}$. $\Phi_A(t) = (t-1)(t-2) = 0$ より, 固有値 $1, 2$ に属する固有ベクトル $\boldsymbol{u}_1, \boldsymbol{u}_2$ をとり, $P = (\boldsymbol{u}_1, \boldsymbol{u}_2)$ とおくと, $P^{-1}AP = \begin{pmatrix} 1 & 0 \\ 0 & 2 \end{pmatrix}$. そこで, $\boldsymbol{y} = P\boldsymbol{z}, \boldsymbol{z} = \begin{pmatrix} z_1 \\ z_2 \end{pmatrix}$ と定義される $\boldsymbol{z}$ は, $\boldsymbol{z}' = P^{-1}AP\boldsymbol{z} = \begin{pmatrix} z_1 \\ 2z_2 \end{pmatrix}$ を満たす. よって, $\boldsymbol{z} = \begin{pmatrix} c_1 e^x \\ c_2 e^{2x} \end{pmatrix}$ (c_1, c_2 は任意定数). $y = y_1$ は z_1, z_2 の線型結合で表されるから, 一般解は $y(x) = C_1 e^x + C_2 e^{2x}$ (C_1, C_2 は任意定数).

4. 問題の漸化式を満たす数列 $\{x_n\}$ の全体の作る $\mathbb{C}$ 上の線型空間を $\mathcal{P}$ と書いて, 写像 T を
$$T : \mathcal{P} \ni \{x_n\} \mapsto \{x'_n\} = \{x_{n+1}\} \in \mathcal{P}$$
のように定めると, T は $\mathcal{P}$ 上の線型変換になる.
$\mathcal{P}$ の要素として, 最初の 3 項が
$$x_1 = 1, \, x_2 = 0, \, x_3 = 0$$
$$x_1 = 0, \, x_2 = 1, \, x_3 = 0$$
$$x_1 = 0, \, x_2 = 0, \, x_3 = 1$$

であるものをそれぞれ，
$$e_1 = \{1,0,0,c,ac,\cdots\}$$
$$e_2 = \{0,1,0,b,ab+c,\cdots\}$$
$$e_3 = \{0,0,1,a,a^2+b,\cdots\}$$

とおく．すると，$<e_1,e_2,e_3>$ は $\mathcal{P}$ の基底をなし，しかも
$$T(e_1) = ce_3, T(e_2) = e_1 + be_3, T(e_3) = e_2 + ae_3$$
より，
$$(T(e_1), T(e_2), T(e_3)) = (e_1, e_2, e_3) \begin{pmatrix} 0 & 1 & 0 \\ 0 & 0 & 1 \\ c & b & a \end{pmatrix}$$

よって変換 T は $<e_1,e_2,e_3>$ を $\mathcal{P}$ の基底として，行列 $A = \begin{pmatrix} 0 & 1 & 0 \\ 0 & 0 & 1 \\ c & b & a \end{pmatrix}$ で表される．行列 A の固有値は固有方程式
$$x^3 - ax^2 - bx - c = 0$$
の解である．仮定より，この方程式は異なる 3 解 α, β, γ をもつので，
$$T(\boldsymbol{a}) = \alpha \boldsymbol{a}, T(\boldsymbol{b}) = \beta \boldsymbol{b}, T(\boldsymbol{c}) = \gamma \boldsymbol{c}$$

となる線型独立な $\mathcal{P}$ の要素 $\boldsymbol{a}, \boldsymbol{b}, \boldsymbol{c}$ が存在して，$<\boldsymbol{a},\boldsymbol{b},\boldsymbol{c}>$ が $\mathcal{P}$ の基底を与える．T は 1 項ずらす写像であったので，$\boldsymbol{a} = \{\alpha^n\}, \boldsymbol{b} = \{\beta^n\}, \boldsymbol{c} = \{\gamma^n\}$ ととることができる．（実際，$\boldsymbol{a} = \{a_1, \cdots, a_n, \cdots\}$ とおくと，$T(\boldsymbol{a}) = \alpha \boldsymbol{a}$ より，$\{a_2, \cdots, a_{n+1}, \cdots\} = \{\alpha a_1, \cdots, \alpha a_n, \cdots\}$ であるから，$\boldsymbol{a}$ は公比 α の等比数列をなす．）したがって，任意の $\boldsymbol{x} = \{x_n\} \in \mathcal{P}$ が $\boldsymbol{x} = \lambda'\boldsymbol{a} + \mu'\boldsymbol{b} + \nu'\boldsymbol{c}$ と一意的に表せることから，与えられた漸化式を満たす数列 $\{x_n\}$ の一般項は，x_1, x_2, x_3 より決まる定数 λ, μ, ν を用いて
$$x_n = \lambda \alpha^n + \mu \beta^n + \nu \gamma^n$$
と表される（ただし，$c = 0$ のときは $n \geq 2$ とする）．

第 18 章 ジョルダンの標準形 (1)

1. $n = 3$ のとき，
$$A_1 = \begin{pmatrix} 0 & * & * \\ 0 & \alpha_2^{(1)} & * \\ 0 & 0 & \alpha_3^{(1)} \end{pmatrix}, \quad A_2 = \begin{pmatrix} \alpha_1^{(2)} & * & * \\ 0 & 0 & * \\ 0 & 0 & \alpha_3^{(2)} \end{pmatrix},$$

$$A_3 = \begin{pmatrix} \alpha_1^{(3)} & * & * \\ 0 & \alpha_2^{(3)} & 0 \\ 0 & 0 & 0 \end{pmatrix}$$

より, 直接計算して $A_1 A_2 A_3 = O$. $n = 4$ のときも同様.

2. $\Phi_A(x) = (x-1)^2(x+1)$ であるから, ハミルトン・ケイリーの定理より, $(A-E)^2(A+E) = O$. これより, $A^3 = A^2 + A - E$ がわかる. よって, $n = 3$ のときに, $A^n = A^{n-2} + A^2 - E$ は示された. また, 数学的帰納法を用いて任意の $n \geq 3$ について $A^n = A^{n-2} + A^2 - E$ が成り立つこともわかる. これより,

$$A^n = A^{n-2l} + l(A^2 - E) \quad (n \geq 2l+1)$$

が導かれる. $n = 60, l = 30$ とすると,

$$A^{60} = A^0 + 30(A^2 - E) = E + 30(A^2 - E) = \begin{pmatrix} 1 & 0 & 0 \\ 0 & 1 & 0 \\ 30 & 0 & 1 \end{pmatrix}$$

を得る.

第 19 章 ジョルダンの標準形 (2)

1. ● A は固有値 2 (2 重根) と 3 をもつ. 3 に属する固有ベクトルは, $\boldsymbol{a} = \begin{pmatrix} 1 \\ -2 \\ 1 \end{pmatrix}$ であり, したがって, 固有値 3 に属する広義固有空間 $W(3)$ は固有空間 $V(3)$ に等しく, $\boldsymbol{a}$ で生成される. 一方, $A_1 = A - 2E$ とおくと, $A_1^3 = \begin{pmatrix} 1 & -1 & -2 \\ -2 & 2 & 4 \\ 1 & -1 & -2 \end{pmatrix}$ であり, $A_1^3 \boldsymbol{x} = \boldsymbol{0}$ の解は, $\boldsymbol{b} = \begin{pmatrix} 1 \\ 1 \\ 0 \end{pmatrix}$, $\boldsymbol{c} = \begin{pmatrix} 2 \\ 0 \\ 1 \end{pmatrix}$ として, $\boldsymbol{x} = s\boldsymbol{b} + t\boldsymbol{c}$ (s, t は任意定数) と表される. よって, 固有値 2 に属する広義固有空間 $W(2)$ は, $\boldsymbol{b}$ と $\boldsymbol{c}$ で生成される.

● B の固有値は, $2, 5 + \sqrt{3}, 5 - \sqrt{3}$ で, それぞれに属する固有ベクトルは, $\boldsymbol{a} = \begin{pmatrix} -2 \\ 1 \\ 0 \end{pmatrix}$, $\boldsymbol{b} = \begin{pmatrix} 1 - \sqrt{3}i \\ -1 + \sqrt{3}i \\ 1 \end{pmatrix}$, $\boldsymbol{c} = \begin{pmatrix} 1 + \sqrt{3}i \\ -1 - \sqrt{3}i \\ 1 \end{pmatrix}$. よって, それぞれに属する広義固有空間は, それぞれの固有空間に等しい.

- C は固有値 1（2 重根）と 2 をもつ. 2 に属する固有ベクトルは, $a = \dfrac{1}{2}\begin{pmatrix} -1 \\ 2 \\ 0 \end{pmatrix}$ であり, したがって, 固有値 2 に属する広義固有空間 $W(2)$ は固有空間 $V(2)$ に等しく, a で生成される空間である. 一方, $(A-E)^3 x = 0$ の解は, $b = \begin{pmatrix} 0 \\ 1 \\ 0 \end{pmatrix}$, $c = \begin{pmatrix} -2 \\ 0 \\ 1 \end{pmatrix}$ として, $x = sb + tc$（s, t は任意定数）と表される. よって, 固有値 1 に属する広義固有空間 $W(1)$ は, b と c で生成される空間である.

2.
- A は固有値 2（2 重根）と 3 をもつ. それぞれに属する固有ベクトルは, $u = \begin{pmatrix} -2 \\ 2 \\ 1 \end{pmatrix}$, $w = \begin{pmatrix} -2 \\ 1 \\ 0 \end{pmatrix}$ である. $(A - 2E)x = u$ を解くと, $x = ru + v_1$, $v_1 = \begin{pmatrix} -3 \\ 2 \\ 0 \end{pmatrix}$（$r$ は任意）を得る. よって $P = (u, v_1, w)$ とおくと, ジョルダン標準形は, $P^{-1}AP = \begin{pmatrix} 2 & 1 & 0 \\ 0 & 2 & 0 \\ 0 & 0 & 3 \end{pmatrix}$ となる.

  <u>注</u> 本文に示したように, ジョルダン標準形を作るための行列 P の作り方は一意的でないが, そのひとつの方法をマスターするとよい.

- B は固有値 1（3 重根）をもつ. ジョルダン標準形は, $P^{-1}BP = \begin{pmatrix} 1 & 1 & 0 \\ 0 & 1 & 1 \\ 0 & 0 & 1 \end{pmatrix}$ である.

- C は固有値 1（3 重根）をもつ. ジョルダン標準形は, $P^{-1}CP = \begin{pmatrix} 1 & 1 & 0 \\ 0 & 1 & 0 \\ 0 & 0 & 1 \end{pmatrix}$ である.

- D は固有値 1（2 重根）と 2 をもつ. ジョルダン標準形は, $P^{-1}DP = \begin{pmatrix} 1 & 0 & 0 \\ 0 & 1 & 0 \\ 0 & 0 & 2 \end{pmatrix}$ である（この場合は対角化できる）.

索　引

英数字

Abelian group, 148
additive group, 148
adjoint, 275

basis, 167
blocking, 33

A. Cayley, 336
Charles Hermite, 276
chicken & egg, 55
cofactor, 135
column, 26
commutative group, 148
commutativity, 148
component, 27
coordinate, 1
Gabriel Cramer, 144
crossterm, 299
cycle, 91

determinant, 107, 143
differential equation, 313
dimension, 169, 194
direct product, 1
dual space, 212

eigenspace, 252
eigenvalue, 251
eigenvector, 251
Einheit, 49
explicit, 127

f-invariant, 239
Fourier, 153
F-係数多項式, 330
f-不変, 239
f-不変部分空間, 251

generate, 166
group, 97

W. Hamilton, 336
harmonic oscillation, 314
homogeneous, 317

implicit, 127
inner product, 11, 173
invertible, 50

kernel, 83
k 次ジョルダン細胞, 349
k 次正方行列, 349

lemma, 137
linear, 187
linear combination, 5, 158
linearly dependent, 159
linearly independent, 159
linear ordinary differential equation, 317
linear space, 147
linear subspace, 154
logistic curve, 315

matrix, 26, 143
metric, 173
$m \times n$ 型行列, 27, 66
multiplicity, 270

nilpotent, 346
non-singular, 50
normal, 182
normal matrix, 287
n 次元ユークリッド空間, 18
n 交代群, 102
n 次対称群, 97
n 次列零ベクトル, 80

ordered pair, 1
ordinary differential equation (ODE), 313
orthogonal, 179
orthonormal, 182
orthonormal basis, 182

pertation, 85

quotient space, 198

radius vector, 1
row, 26

scale, 5
sgn, 107

sign, 107
spanned, 166
structure, 96
subspace, 154
substitution, 85, 86

tangible, 57
trace, 259
transposed matrix, 30

unique, 163
unit, 49
unitary, 276

vector, 1
vector space, 147
vector subspace, 154
vehicle, 1
visible, 57
V 上の線型変換, 187

well-defined, 176
W への制限, 241

zero vector, 5

ア行
アーベル群, 148
阿弥陀（あみだ）くじ, 57
石川五右衛門, 98
一意的, 163
一意的に, 234
一意的には決まらない, 262
1次結合, 158
1次従属, 159
1次独立, 159
位置ベクトル, 6
一葉双曲面, 308
一般解, 313
一般固有空間, 359

陰的, 127

上三角行列, 112

n 次単位行列, 27
n 次未知列ベクトル, 66
m 次既知列ベクトル, 66
エルミート, 276
エルミート行列, 275

オイラーの公式, 324
同じ移動量, 2

カ行
階数 (rank), 76, 143
回転, 303
回転放物面, 305, 308
ガウス, 273
可換群, 148
可逆, 50, 62
核, 83
拡大係数行列, 34
加減法, 24
加速度, 314
加法, 4
加法群, 148
関数, 103
関数空間, 152
関数の合成の表, 94
関数論, 328
簡単そうなもの, 262

幾何学的解釈, 160
奇置換, 101
基底, 167
基底の取り替え行列, 215, 219
帰納法の仮定, 266
基本行列, 58
基本行列の積, 63
基本ベクトル, 129

基本変形の可逆性, 77
逆, 50
逆行列, 50
逆行列の公式, 144
逆写像, 87
逆写像 f^{-1}, 191
逆置換, 87
逆ベクトル, 5
行, 26
共線条件, 9
行の基本変形, 34, 58, 63
共面条件, 13
行列, 26, 143
行列式, 107, 111, 143
行列式の概念の定義, 105
行列多項式, 330
曲線を分類, 301
ギリシア文字, 86

偶置換, 101
グラム・シュミットの直交化, 184
クラメル, 144
クラメルの公式, 145
クロネッカのデルタ, 139
群, 85
群をなす, 97

係数行列, 34
係数体, 147
計量空間, 12, 173
計量線型空間, 173
結合法則, 4
減法, 5

交換可能性（可換性）, 148
交換法則, 4
広義固有空間, 359
高校で学ぶ漸化式, 255

交叉項, 299
合成写像, 87
構造, 96
構造の一致, 94
交代行列, 30
交代群, 103
交代式, 101, 103
交代性, 115, 123
恒等写像, 87
恒等置換, 87
合同変換, 301
互換, 91
Cauchy-Schwarz の不等式, 177
固有空間, 252, 262, 359
固有空間の基底, 262
固有多項式, 260, 328
固有値, 251, 258
固有値の積, 271
固有値の和, 271
固有値問題, 275
固有ベクトル, 251, 258
混同, 330

サ行
差積, 101
座標, 1
サラスの方法, 109
触ることのできる, 57
三角化, 293
三角不等式, 177
3 次元ユークリッド空間, 17

式, 103
シグマ, 86
σ と τ の偶奇性, 113
次元, 169, 194
自然な線型写像, 198
実 n 次元計量空間, 17, 18

実 n 次列ベクトル空間, 23
実行列の範囲, 327
実計量空間, 174
実 3 次元計量空間, 17
実質的なものの個数, 79
実数体 $\mathbb{R}$, 147
実数倍, 152
実数ベクトル空間, 174
実対称行列, 276
実 2 次元計量空間, 11
自明の解, 80
写像, 187
写像の制限, 363
重解, 268
自由度, 69
重複度, 270
十分性, 264
縮退する, 83
シュミットの直交化法, 289
巡回置換, 91
順序対, 1
順列, 85
小行列式, 135
商空間, 198
常微分方程式, 313
初期位置, 314
初期値, 314
初速度, 314
ジョルダン行列, 349
ジョルダンの標準形, 327, 329, 350
ジョルダン標準形, 364
振動現象, 314

随伴 (adjoint) 行列, 275
数学的帰納法, 132, 293, 350
数列空間, 151
スカラー倍, 18
スカラー量, 5

スケール, 5

正規行列, 287
正規直交, 23, 182
正規直交基底, 19, 182
整合的, 176
正射影, 184
整数の性質, 102
生成される空間, 166
生成される部分空間, 166
生成する部分空間, 166
正則, 50, 62
生物の増殖モデル, 314
成分, 27
成分表示, 202
正方行列, 27
積に分解する, 92
絶対値記号, 131
漸化式, 209
漸近化式（差分方程式）の解法, 313
線型, 187, 317
線型空間, 147
線型空間の公理, 148
線型結合, 5, 158
線型写像, 187
線型従属, 118, 159
線型代数の基本概念, 143
線型同次型漸化式, 322
線型独立, 159
線型独立なものの最大個数, 80
線型微分方程式, 313, 317
線型部分空間, 154
全射, 189

増加速度, 314
双曲線, 302
双曲柱面, 308
操作, 57

相似, 270
相似な行列の関係, 332
想像上の数, 327
双対空間, 212
存在する, 234

タ行
体, 147
対応表, 87
対角化可能, 262
対角化可能性, 327
対角行列, 111, 245
対角成分の積, 111
対称移動, 303
対称行列, 30
対称群, 103
対称式, 103
代数学の基本定理, 337
代数的な演算, 4
代数的な構造, 85
代入法, 24
タウ, 86
楕円, 302
楕円錐面, 308
楕円体, 308
楕円柱面, 308
高々 n 次元, 209
（多重）線型性, 117
多重線型性, 123
縦ベクトル（列ベクトル）, 3
単位, 50
単位行列, 111
単位元, 95
単位元の唯一性の証明, 50
単一の重複解, 358
単射, 189

置換, 85, 86

置換の概念, 85
置換の集合, 85
置換の積, 86
置換の積の表, 94
置換の符号, 106
中点, 7
柱面, 308
調和振動, 314
直積集合, 1
直和, 233
直和に分解される, 233
直和分解, 251
直交, 11, 179
直交行列, 276
直交性, 179
直交性の仮定, 181

定数係数の線型同次微分方程式, 317
デカルト, 273
転置行列, 30
天文学的数字, 97

導関数の最高位, 313
動径, 1
同型写像, 193
同型性, 94
同次1次方程式, 80
同次 (homogeneous) 形, 317
同次型連立1次方程式, 80
同値関係, 3
等置法, 24
同類の集合（商集合）, 3
特殊解, 313
特殊な性質の行列, 345
特性多項式, 260
トレース（跡）, 42, 259

ナ行
内積, 11, 18, 173

内積の初歩的な導入方法, 11
長さ, 91
なす角, 178
並べ替える操作（変換）, 85

二項定理, 346
2次曲線, 304
2次曲面, 308
2次形式, 298, 304
2次形式の標準化, 297
2次元ユークリッド空間, 11
2次同次式, 297
二葉双曲面, 308
ニワトリと卵, 55

乗りもの, 1
ノルム, 176
ノルムが1に等しい, 182

ハ行
掃き出し法, 33
バクテリア, 314
バネの振動, 314
ハミルトン・ケイリーの定理, 335, 347
張られる空間, 166

非可換, 47
左逆行列, 55
左分配法則, 46
必要性, 264
微分演算子, 188
微分方程式, 313
微分方程式の特性方程式, 322
微分方程式を解く, 313
表現, 57
標準基底, 212
標準形, 75
標準的, 規範的な行列, 349
標準的内積, 278

フーリエ (Fourier) 級数, 153
複素共役, 173
複素行列, 287
複素計量空間, 174
複素数体 $\mathbb{C}$, 147
複素数の世界, 275, 327
複素数ベクトル空間, 175, 278
複素ベクトル空間, 178
符号つきの体積, 130
符号つきの面積, 128
不定, 69
不定性の度合, 79
不能, 79
部分空間, 154
ブロック分割, 33
フロベニウスの定理, 334

平行移動, 303
平行 2 直線, 302
冪級数, 339
冪級数展開, 328
冪（累乗）, 256
冪零 (nilpotent) 行列, 346
冪零変換, 349
ベクトル, 1, 173
ベクトル空間, 12, 147
ベクトルの実数倍（スカラー倍）, 4
ベクトルの成分, 3
ベクトル場, 316
変換, 187
変形を表現する, 57
変数分離形, 315

放射性元素, 314
放射性物質, 314
放物線, 302
放物双曲面, 308
補空間, 236

補題, 137

マ行
交わる 2 直線, 302

右逆行列, 55
みぎ分配法則, 47
未知数, 25

無数に解を持つ, 69

明示的, 127
目に見える, 57

ヤ行
有限次元, 168
有向線分, 2
ユニーク, 164
ユニタリ, 276
ユニタリ行列, 275
ユニタリ空間, 174

良い形, 34
余因子, 135
余因子行列, 141
余因子展開, 134
要素, 173
陽的, 127
余弦定理, 10
横ベクトル（行ベクトル）, 3

ラ行
ラグランジュの定理, 97

零行列, 335
零（れい）ベクトル, 5
列, 26
列の基本変形, 61, 63
連立 1 次方程式, 25, 143
連立の微分方程式, 315
連立方程式の解法, 24

ロジスティック曲線, 315

ワ行
和, 18
和空間, 231
割り算, 50

和（和集合）, 232

著者●長岡亮介（ながおか りょうすけ）
1947年，長野県に生まれる。1972年，東京大学理学部数学科卒業。1977年，東京大学大学院理学系研究科科学史科学基礎論専門課程博士課程単位取得退学。津田塾大学学芸部助教授，人東文化人学法学部教授，放送大学教授を経て2009年4月より，明治大学理工学部数学科教授。専門は数理思想史。主な著書に，『ニュートン自然哲学の系譜』（共著，「知の革命史2」）1982，朝倉書店）など。

長岡亮介（ながおかりょうすけ）　線型代数入門講義（せんけいだいすうにゅうもんこうぎ）　—現代数学（げんだいすうがく）の《技法（ぎほう）》と《心（こころ）》—

2010年9月25日　第1刷発行
2019年6月10日　第6刷発行

Printed in Japan
©Ryosuke Nagaoka, 2010

著　者　長岡亮介
発行所　東京図書株式会社
　　　　〒102-0072 東京都千代田区飯田橋 3-11-19
　　　　電話● 03(3288)9461
　　　　振替● 00140-4-13803
　　　　http://www.tokyo-tosho.co.jp
　　　　ISBN 978-4-489-02082-7

R〈日本複写権センター委託出版物〉
本書を無断で複写複製（コピー）することは，著作権法上の例外を除き，禁じられています。
本書をコピーされる場合は，事前に日本複写権センター（JRRC）の許諾を受けてください。
JRRC〈http://www.jrrc.or.jp　eメール：info@jrrc.or.jp　Tel：03-3401-2382〉

◆◆◆ **親切設計で完全マスター！** ◆◆◆

改訂版 すぐわかる微分積分
改訂版 すぐわかる線形代数

●石村園子 著────────A5判

じっくりていねいな解説が評判の定番テキスト。無理なく理解が進むよう［定義］→［定理］→［例題］の次には，［例題］をまねるだけの書き込み式［演習］を載せた。学習のポイントはキャラクターたちのつぶやきで，さらに明確に。ロングセラーには理由がある！

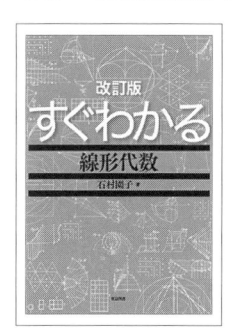

改訂版 すぐわかる微分方程式
●石村園子 著────────A5判

すぐわかる代数
●石村園子 著────────A5判

すぐわかる確率・統計
●石村園子 著────────A5判

すぐわかるフーリエ解析
●石村園子 著────────A5判

すぐわかる複素解析
●石村園子 著────────A5判

学習指導要領改訂に合わせ、行列の基礎から解説

弱点克服 大学生の線形代数 改訂版
――― 江川 博康 著

高校の学習指導要領改訂のため、行列を学ばないようになった今、線形代数における「スタート地点」はみな同じ。ならばベクトル・行列の基礎を固め、得点源の科目にしてしまおう。

1題を見開き2ページにぎゅっと圧縮し、重要な定理や公式を必ず近くで紹介。これらの問題をしっかり解けるようになったら、高得点を狙えるだろう。

弱点克服 大学生の微積分
――― 江川 博康 著

弱点克服 大学生の複素関数/微分方程式
――― 江川 博康 著

弱点克服 大学生のフーリエ解析
――― 矢崎 成俊 著

弱点克服 大学生の確率・統計
――― 藤田 岳彦 著

数学の森
大学必須数学の鳥瞰図
●岡本和夫・長岡亮介 著　　　　　　　　　　　A5判

「空を舞う鳥のように《森》全体を俯瞰し，数学と戯れる。」
高校数学の復習から大学で学ぶべき数学まで——大学必須数学——を，まるごとすべて，学びやすい順序で効率的に解説し，コンパクトな一冊にまとめた。これを学んだのち，みなさんの専門分野に羽ばたいてほしい。理系人のよすがとして，辞典や図鑑のように一生手許に置いておきたくなる。味わい深く語る著者お二人ならではの魅力が満載の，贅沢な一冊。
さあ，数学の《森》へ！

齋藤正彦　線型代数学
●齋藤正彦 著　　　　　　　　　　　　　　　A5判

長年にわたる東大での講義をまとめた，線型代数学の教科書。行列の定義から始め，区分けと基本変形を道具として，1次方程式，行列式，線型空間を解説し，ジョルダン標準形に至る。奇をてらわずに，正攻法で読者を導く。簡潔な文体の中に，著者ならでは洗練された数学のエッセンスがちりばめられている。

齋藤正彦　微分積分学
●齋藤正彦 著　　　　　　　　　　　　　　　A5判

高等学校の要約からベクトル解析の概要まで，随所で新しい驚きと大胆なアイデアにあふれる読んでいて心地よい微積分教科書。定義がきちんとされているか，厳密な証明は済んだか，といったことも常に念頭に置いて議論が進む。